지식의 최전선

The Frontiers of Knowledge

지식의 최전선

지금 우리가 묻고 있는 과학, 역사 그리고 마음에 대한

앤서니 그레일링A. C. Grayling 지음

이송교 옮김

아이콤마

뉴 칼리지 오브 더 휴머니티스(NCH)의 창립 학생, 교수진, 임직원,
그리고 그 유산을 이어가는 모든 이에게:
정신의 함양을 즐기기를

차례

머리말

—

인류는 최근 짧은 시간 안에 우주, 과거, 그리고 우리 자신에 관해 엄청나게 많은 것을 배웠다. 19세기 이후로, 우리는 잊었거나 한 번도 알려지지 않았던 수천 년의 역사를 발굴했다. 고전기classical period(기원전 5세기경 고대 그리스 사회의 전성기로 서구 세계의 정치, 예술, 과학, 문학, 철학의 뿌리가 됐다 — 옮긴이) 이전에 번성했던 위대한 문명의 역사, 또 그보다 더 이전에 인류가 진화해 온 과정을 알아냈다. 20세기 초부터는 도달할 수 있는 가장 작은 규모와 가장 큰 규모의 물리적 세계에 관해, 즉 양자론quantum theory에서부터 시공간의 기원 및 우주론cosmology에 이르기까지, 이전까지는 상상도 할 수 없던 발견을 했다. 그리고 불과 수십 년 전부터는 뇌 속을 들여다보면서, 그 구조를 세세하게 그려내고 실제로 작동하는 모습을 관찰할 수 있게 됐다.

정말 엄청나고 흥미로우며 중요한 진보다. 우리는 비교적 최근이라고 할 수 있는 19세기 사람들이 살던 세상과도 상당히 다른, 훨씬 더 풍부한 우주에 살고 있다. 하지만 이러한 진보와 관련해 주목해야 할 점이 있다. 한때 우리는 지식의 진보가 우리의 무지를 없애준다고 믿었다. 그러나 최근에 이뤄낸 이 거대한 진보는 우리가 얼마나 아는 게 없는지를 여실히 보여주고 있다. 따라서 탐구 활동은 '우리의 지식이 늘어갈수록, 우리의 무지도 늘어간다'는 역설을 낳는다. 우리는 무엇을 알고 있는가? 무엇을 모르는지는 알고 있는가? 지식이 늘어갈수록 무지도 늘어가기 때문에 필연적으로 극복하거나 고려해야 할 장벽과 어려움이 있다는 탐구의 본질에 관해서는 얼마나 알고 있는가?

이 책은 지식의 최전선에 있는 세 가지 중요한 분야, 즉 과학, 역사, 심리학에서 이러한 질문에 대한 답을 찾고자 한다. 좀 더 구체적으로는 첫째, 기초물리학과 우주론, 둘째, 고전기 이전의 과거와 인류 진화의 발견, 셋째, 뇌와 마음을 다루는 새로운 학문인 신경과학neuroscience을 살펴볼 것이다.

사상의 발전과 철학의 역사에 관한 다양한 글을 써오면서, 나는 지식의 최전선에 기여한 인류의 활동, 그리고 탐구의 본질과 방법 및 문제점에 관해 깊은 흥미를 느꼈다. 이러한 질문들은 철학의 핵심이다. 우리가 무엇을 아는지, 어떻게 아는지, 그리고 그게 왜 중요한지 넓은 의미에서 성찰하는 것이야말로 곧 인간 노력의 핵심이기 때문이다.

이 책의 목표는 그중에서도 최전선에 있는 가장 중요한 세 가지 노력을 탐구하는 것으로, 이러한 노력이 현재 어느 위치에 와 있으며, 이 자리에 오기까지 어떻게 발전해 왔는지를 설명하고자 한다. 또 현시점에서 이러한 지식이 우리가 아직 배우지 못한 것에 대해 무엇을 시사하고 있는지 논의할 것이다.

앤서니 그레일링A. C. Grayling
뉴 칼리지 오브 더 휴머니티스New College of the Humanities
런던London, 2021년

감사의 글

—

나는 친구들과 동료들에게 오랜 세월에 걸쳐 많은 것을 배웠다. 너무 많아서 이들을 전부 나열할 수는 없지만, 몇 년에 걸쳐 나눈 대화와 내게 도움을 준 저서를 고려해서 몇 사람만 특별히 언급하고자 한다. 물리학과 우주에 관해서는 테진데르 비르디Tejinder Virdee와 로렌스 크라우스Lawrence Krauss, 뇌, 마음, 의식에 관해서는 애덤 제만Adam Zeman, 대니얼 데닛Daniel Dennett, 퍼트리샤 처칠랜드Patricia Churchland, 진화에 관해서는 리처드 도킨스Richard Dawkins, 계몽과 사상의 진보에 관해서는 스티븐 핑커Steven Pinker, 철학적 차원에 관해서는 사이먼 블랙번Simon Blackburn과 피터 싱어Peter Singer, 앨릭스 오렌스타인Alex Orenstein에게 많은 도움을 받았다. 또 역사 해석 논쟁에 관해 의견을 준 론 위튼Ron Witton 박사, 기술적인 부분을 조언해 준 캐럴라인 윌리엄스Caroline Williams와 존 그리빈John Gribbin 박사, 바이킹 출판사의 박학다식하고 통찰력 있는 편집자 대니얼 크루Daniel Crewe, 참고문헌 조사를 도와준 몰리 차지Mollie Charge에게도 감사하다고 전하고 싶다. 마지막으로 우리 오톨린 클럽Ottoline Club 교수 세미나에서 다양한 의견을 내고 뛰어난 통찰력을 보여준 '뉴 칼리지 오브 더 휴머니티스New Collage of the Humanities'의 동료들에게 고마움을 표한다.

들어가는 글

—

우리는 이 세계, 과거, 그리고 우리 자신에 관해 무엇을 알고 있을까? 아주 최근, 겨우 지난 150년 동안 이 세 가지 주제를 탐구하는 분야는 놀랍도록 진보했다. 보통은 각각 **과학, 역사, 심리학**이라는 이름으로 불리지만 이런 이름은 그 분야에서 우리가 무엇을 성취했는지, 그 성취가 의미하는 바가 무엇이며 우리를 어디로 이끄는지에 관해서는 제대로 전달하지 못한다. 각 분야의 성취는 빠르게 발달한 탐구 기술 덕분에 가능했다. 이는 인류가 관측할 수 있는 범위를 이전에는 접근할 수 없었던 규모로까지 엄청나게 확장해 주었다. 오늘날 우리는 과거로 시간을 거슬러 올라가는 것뿐만 아니라, 공간적으로도 가장 먼 은하부터 복잡한 사람의 뇌 속, 나아가 원자의 내부 구조까지 들여다볼 수 있다. 이러한 진보의 각 단계에서, 이전에는 생각지도 못했던 새로운 질문과 의구심이 생겨났다. 가장 중요하게는 **지식의 역설**, 즉 **우리의 지식이 늘어갈수록, 우리의 무지도 늘어간다**는 역설을 맞닥뜨리게 됐다. 이 책에서 다루는 중요한 세 가지 탐구 영역인 세계, 과거, 마음에 관한 탐구의 경우 특히 그렇다.

  최근, 지식이 진보하면서 우리는 점차 지식의 역설에 익숙해지고 있다. 하지만 진보가 이렇게 빠르고 광범위하게 일어나기 전까지, 사람들은 지식이 무지를 **줄여나가고** 있다고 믿었다. 지식이 축적되고 있다고 믿었다. 탐구의 지평을 성공적으로 넓혀 나가다 보면, 지식의 최전선에 도달해 인류가 알아야 할 모든 것을 알게 될 거라고 낙관적으로 전망했다. 이러한 관점이 극적으로 뒤집혔다는 사실을 이제 사람들은 받아들이고 있다. 하지만 탐구 자체의 본질에 의구심을 품게 하는 이 사실이 내포하는 진정한 의미는 아직 완전히 소화하지 못한 것 같다.

인류 역사 전반에 걸쳐, 지식이 성장하는 모든 단계에는 지식의 최전선이 있었다. 그 경계를 넘어 도전한 선구자들이 건너편에 있는 **미지의 땅**terra incognita을 정의했다. 이들이 향하던 방향이 잘못된 경우도 꽤 있었다. 그렇기에 현재 최전선에 관해 던져야 하는 가장 중요한 질문은 '선구자들이 향하는 방향이 옳은가?'이다. 물론 그에 대한 적절한 대답은 '가보기 전에 어떻게 아는가?'이다. 하지만 과거 최전선의 역사를 살펴보고 현재 최전선에 대한 접근법을 살펴보면, 도움이 될 만한 몇 가지 단서들이 있을지도 모른다.

'지식'의 의미가 꽤 다르긴 하지만, 우리 조상들은 수천 년도 아닌 수백만 년 동안 많은 것을 알고 있었다. 최초로 석기가 나타나기 시작한 시점은 침팬지와 인류의 조상이 갈라지는 진화 역사의 중간 지점인 330만 년 전으로 거슬러 올라간다. 당시 우리 조상이 지니고 있던 건 **'어떻게'에 관한 지식**이었다. 도구를 만들고, 집을 짓고, 불을 피우고, 동굴 벽화를 그리고, 동식물을 길들이고, 커다란 돌을 깎아서 옮기고, 관개수로를 파고, 직물을 짜고, 도기를 빚고, 구리와 주석으로 청동을 주조하고, 철을 제련하고, 그렇게 계속 이어져 오늘날의 첨단 기술까지 다다른 실용적 지식이었다.

'어떻게'에 관한 지식이 발생한 지 아마도 오래 지나지 않아, 분명 **'무엇'에 관한 지식**을 얻으려는 노력도 일어났을 것이다. '무엇'에 관한 지식이란 **왜, 어떻게** 작동하는지를 **설명**하는 이론적 지식이다. 거의 확신하건대 우리 조상들은 자연의 힘에 행위를 귀속시키는 방식을 포함해 설명의 틀을 구성했을 것이다. 천둥과 바람, 비, 천체의 움직임을 설명하기 위해 우리 조상은 자신의 행위 즉, 강물에 직접 돌을 던지고 물방울이

튀는 것을 보면서 '내가 저것을 일으켰다'는 느낌을 받았다. 이를 바탕으로 뭔가 움직이거나 소리를 내거나 어떤 식으로든 변화하는 것의 뒤에 또는 그 안에는 행위자agent 즉, 움직이게 하는 주체가 있어야만 한다고 생각했다. 나아가 조상들은 동물이 의도적으로 행동하는 것 같은 모습을 보면서, 동물도 분명히 사람과 비슷한 정신적 삶을 지니고 있다고 생각했다. 사슴이 소심해 보이고. 사자가 용맹해 보이는 모습이 실제 내면의 감정을 반영하고 있는 거라고 생각했다. 다시 말해 사슴이 달아나는 건 두렵기 때문이고, 사자가 공격하는 건 화가 났기 때문이라고 믿는다. 종교적 믿음의 애니미즘적 뿌리는 고대에 세계를 설명하는 이론을 정립하려던 노력에서도 확인할 수 있다. 예를 들어, 소크라테스 이전 시대의 철학자 탈레스Thales는 자석이 철을 끌어당기는 것과 같은 현상을 설명하기 위해 '만물에는 영혼들이 깃들어 있다'는 가설을 세웠다. 여기서 '영혼soul'이란 생기를 불어넣어 주는 원리를 의미했다.[1]

역사를 살펴보면 '무엇'에 관한 지식을 설명한 것은 주로 '종교적' 믿음이었다. 종교는 자연 현상, 또는 자연을 통제하는 행위자를 달랠 수 있길 바라면서 의식, 기도, 희생을 통해 상호작용하는 방법을 제시했다. 그리고 이 방법은 다시 '어떻게'에 관한 지식에 기여했다. 시간이 흘러 자연에 영향을 미치는 데 쓰이던 종교 예배나 의식이 좀 더 실용적이고 일상적인 전문 지식으로 대체되면서, 통제의 대상이 자연에서 사회로 넘어왔다는 흥미로운 추측도 해볼 수 있다. '금기taboo'라는 개념에서 알 수 있듯 이러한 특정 행동을 통제하는 방식은 더 이상 자연이나 자연의 신에 영향을 미치는 데 필요한 요인이 아니라 여겨졌고, 이때 사회적 통제는 '도덕morality'이라는 개념의 형태로 지속되었을 것이다. 이 추측이 사실이든 아니든, 인류 역사에서 아주 최근까지도 '어떻게'에 관한 지식이 '무엇'에 관한 지식보다 훨씬 더 앞서 있었으며, '무엇'에 관한 지식을 얻으려는 노력은 주로 상상, 공상, 두려움, 희망 사항 같은 개념에 의존해 있었던 건 사실이다.

앞에서 탈레스를 예로 든 것처럼, 인류가 '어떻게'를 넘어서 '무엇'을 알고자 노력한 것, 특히 상상이나 전통적 믿음을 배제하고서 노력한 건 기원전 6세기에 고대 그리스 철학자들이 등장하면서부터다. 기원전 585년 에게해Aegean Sea 동부 해안의 이오니아Ionia에서 활발히 활동한 탈레스는 종종 '최초의 철학자'로 묘사되곤 한다. 현실의 본질과 근원에 관해서 질문하고, 미신에 의존하지 않고 답을 찾았기 때문이다. 탈레스는 신화나 시 구절보다 더 타당한 설명을 갈망하면서, 아리스토텔레스Aristotle가 '우주 만물의 구성 요소이자 원리'라고 정의한 **아르케**arche('원리')를 우리 주변에서 찾으려 했다. 탈레스가 **아르케**의 후보로 선택한 것은 **물**이었다. 탈레스는 다음과 같이 생각했다. '물은 어디에나 있으며 필수적이다. 바다에도 있고 하늘에서도 떨어지고 우리 혈관을 타고 흐르며, 식물 속에도 있다. 모든 생물은 물이 없으면 죽는다. 심지어 물이 흙 자체를 만들어 낸다고까지 말할 수 있다. 매년 나일강이 범람하면서 쏟아내는 방대한 양의 흙을 보라.' 결정적으로 물은 탈레스가 아는 한 고체(얼음), 액체(기본 상태의 물), 기체(수증기)라는 세 가지 물질 상태를 전부 보여주는 유일한 물질이었다. 탈레스가 보기에 모든 곳에 있고 필수적이며 생산적이고 성질이 변하는 물이야말로 다른 모든 것을 구성하고 좌우하는 물질, 즉 우주의 **아르케**가 틀림없었다.[2]

시대를 고려했을 때, 탈레스의 사고는 정말 기발했다. 하지만 무엇보다 중요한 점은 이 사고가 신화나 전설, 상상이 아니라 **관측과 이성에만** 의존했다는 점이다. 이것이 탈레스가 최초의 철학자로 불리는 이유다. 탈레스 이전에도 분명 많은 사람이 비슷한 생각을 했겠지만, 기록으로 남아 있지 않다. 따라서 우리는 탈레스를 역사의 새로운 국면을 연 최초의 인물로 여긴다. '어떻게'에 관한 지식인 **기술**은 수백만 년 전부터 발전해 왔지만, '무엇'에 관한 지식인 **과학**은 바로 이 시점에 탄생했다.

하지만 관측과 이성이 제힘을 발휘하려면 시험을 거쳐 결과를 수정하고 축적하는 탐구 과정이 필요하다는 걸 명심해야 한다. 관측과 이성만으로는 충분하지 않다. 우리 조상들은 관측과 이성을 토대로 태양이 하늘을 가로질러 이동한다는 세계관을 정립했다. 실제로 관측해 보면 우리를 포함한 지구상의 모든 것은 멈춰 있고 태양이 움직이는 것처럼 보이므로, 지구가 아닌 태양이 움직인다는 결론은 합당해 보인다. 똑같은 이유로 달이 움직인다는 결론도 내릴 수 있다(알다시피 이건 옳은 결론이다). 직관과 달리 사실은 지구가 태양을 중심으로 움직이고 있다는 결과에 도달하려면, 관측과 이성을 반복적으로 더 깊이 있게 적용해야 한다.

따라서 '무엇'에 관한 지식의 역사는 '어떻게'에 관한 지식의 역사보다 늦게 출발할 수밖에 없었고, 시험을 거치며 지식이 충분히 축적될 때까지 비틀거리며 성장했다는 게 일반적 관점이다. 게다가 '무엇'에 관한 지식은 막강한 전통적 이해 집단, 주로 종교의 반대에 부딪히는 경우가 굉장히 잦았다. 결국 '무엇'에 관한 지식은 근대사가 시작할 무렵인 16세기와 17세기에 와서야 빠르게 성장하기 시작했다.[3] 그리고 19세기 이후로는 그야말로 눈부신 성장을 이루고 있다.

하지만 '무엇'에 관한 지식은 여전히 성장하고 있고, 여전히 불완전하다는 점에 주목하자. 이 지식의 많은 부분은 아직도 극 초기 상태에 있는 것으로 보인다. 증거가 더 쌓이고 탐구 방법과 기술이 더 개선될수록, 항상 그렇듯이 일부는 조정되고 수정되고 버려질 것이다. 따라서 **지금까**

지 지식이 폭발적으로 늘어나면서 우리가 품게 된, 이 세상과 우리 자신에 관한 질문에는 현재 잠정적으로만 답할 수 있을 뿐이다. 물론 그래도 인류는 끊임없이 해답을 갈망하며 답을 찾아 나설 것이다.

'우리는 무엇을 아는가?'라고 질문하다 보면 자연스레 '그것을 어떻게 아는가?', '우리가 알 수 있는 것에 한계가 있는가?'라는 질문으로 이어진다. 이런 질문들은 또 다른 질문으로 이어진다. '믿음'이나 '의견'과 달리 '지식'이 의미하는 바는 무엇인가? '단순한' 믿음이나 의견과 확연히 구분되는 '지식'에 대한 엄격한 정의가 있다면, '우리가 손에 쥐고 있는 게 지식보다는 믿음에 가깝지 않은가?'라는 의구심이 들지 않는가? 만약 지식을 **의심의 여지 없는 근거하에 받아들여진 진실**이라고 매우 엄격하게 정의한다면, 지식이라는 게 애초에 가능하기는 한 걸까? 수학 외에 의심할 여지가 없는 게 뭐가 있을까? 이 중요한 질문들을 자세히 다루기 전에, 도움이 될 만한 몇 가지 예비지식을 지금부터 살펴보자.

철학의 주요 영역 중 하나는 **인식론**epistemology, 즉 '지식에 관한 이론'이다.[4] 인식론을 펼치는 적절한 방법은 무언가를 안다는 주장이 회의적인 도전을 받았을 때 어떻게 대응할 수 있는지를 보여주는 것이다. 여기서 핵심으로 떠오르는 것은 '나는 지금 내 앞에 노트북이 있다는 사실을 안다'와 같이 굉장히 단순한 지식 주장과, '내가 꿈을 꾸고 있거나 노트북의 환각을 보는 걸 수도 있다. 어떻게 그 가능성을 배제할 수 있을까?'와 같이 옳고 그름을 논하기 난해한 주장에 대한 철학적 논쟁이다. 이렇게 논쟁하다 보면 '우리가 아는 게 **하나라도** 있을까? 우리가 어떻게 무언가를 **알** 수 있을까?'라는 질문을 하게 된다. '무언가를 안다'는 가장 단순하고 직접적인 주장 자체가 회의적 도전을 맞닥뜨렸을 때 제대로 방어할 수 없다면, 분명 문제다.

그리고 공교롭게도 실제로 문제가 있다. 데카르트의 '사악한 악마가 우리를 속이고 있을지도 모른다'와 같은 회의적 도전은 좀 이상하게 들리기도 한다(참고로 데카르트는 우리가 무언가를 **확실히** 알 수 있을지를 탐구하고자, 순전히 발견적heuristic 학습법의 수단으로 악마 비유를 든 것이다). 하지만 얼마나 이상하든지 간에 이러한 회의적 도전은, 확실성을 달성할 수 있는 수학과 논리학을 제외하면 우리가 엄밀한 의미에서는 아무것도 모른다는 사실을 가르쳐 주고 있다.[5] 우리가 달성할 수 있는 최선은 엄격한 의미에서는 **지식**이 아니라, **매우 믿을만하고 근거가 탄탄한 믿음**이라는 점을 받아들여야 한다는 뜻이다. 나아가 이런 믿음 가운데 어떤 것이든지 간에, 얼마나 훌륭한 증거로 얼마나 강력히 뒷받침되든지 간에, 나중에 틀렸다고 밝혀질 수 있다는 뜻이다.

이것이 바로 과학의 기반을 이루는 견해다. 과학은 정의상 언제든 **파기될 수 있다**. 새로운 증거가 현 이론에 의문을 제기하면, 과학 이론은 그에 따라 조정되거나 개정된다. 과학은 단연코 인류가 이룬 가장 위대한 지적 성취다. 과학적 방법은 다양한 주제를 신중하고 면밀하게, 책임감 있게 탐구하며 정립한 패러다임이다. 극단적으로 자기 비판적이며, 실험 데이터로 철저히 통제된다. 다시 말해 우리의 바람과 상관없이 실제 세상이 존재하는 방식에 따라 통제된다. 과학자들은 인식론적 책임감을 깊이 통감하기 때문에 무언가를 **안다**고 섣불리 주장하지는 않지만, 자신들의 이론이 엄격한 시험과 평가를 거쳐 최대한 신뢰를 얻도록 한다. 예를 들어, 고에너지물리학 실험 분야에는 5시그마라고 알려진 신뢰도에 도달하지 않으면 결과를 발표하지 않는 표준 관행이 있다. 5시그마란 모든 실험 과정에서 얻은 결과가 단순히 통계적 변동에 불과할 확률이 350만 분의 1밖에 안 된다는 뜻이다. 〈피지컬 리뷰 레터스Physical Review

Letters〉 지에서는 결과가 5시그마 신뢰도에 도달하면 '발견discovery'으로 인정한다.

이러한 지적 책임은 자연과학뿐만 아니라 역사, 사회과학 등 모든 신중한 탐구 분야의 특징이다. 기술과 방법론은 주제에 따라 바뀔 수 있지만, 탐구 **윤리**ethics는 모든 학문에 적용된다. 뒤에서 곧 설명하겠지만 모든 탐구 분야가 맞닥뜨리는 문제들이 있는데, 이런 문제들을 다룰 때 윤리는 특히 더 중요해진다.

과학이 모든 것을 설명할 수 있고 결국 설명하게 될 거라는 **과학주의**scientism와 과학 자체는 엄연히 다르다는 점을 명심하자. 입자물리는 정치 체계를 설명하려 하지 않는다. 무기화학은 낭만주의 시의 빼어남을 논하려 하지 않는다. 과학은 주제가 구체적으로 특정된 학문이다. 과학의 각 분야는 물질의 기본 구조, 생물 종의 진화, 멀리 있는 은하의 특성, 바이러스 감염을 막을 백신 개발 등에 초점을 맞춘다. 과학은 자기 자신을 엄격히 검열하는 학문으로, 과학자들은 언제나 자신과 동료들의 연구를 발표하기 전에 오랜 시간 정밀히 조사하고 철저히 통제한다.[6] 이는 보편적인 이야기다. 역사학이나 다른 사회과학과 인문학은 과학에 비해서 사회나 사람들의 상태에 관한 언급을 많이 하긴 하지만, 지적 정직성intellectual integrity에 관한 한 전부 동일한 고려 사항이 적용된다.

우리는 지적 정직성을 고려하는 과정에서 회의적 문제, 방법론적 문제, 경고성 문제 등 탐구를 방해하는 여러 문제를 맞닥뜨리게 된다. 최근 지식이 극적으로 진보해 우리의 무지를 더욱 적나라하게 드러내면서, 이러한 문제들은 더더욱 극명해지고 있다. 필자는 이러한 문제를 12가지로 분류해 설명하고, 뒤에 이어지는 논의의 관련된 부분에서 이 문제를 제기할 것이다. 각각 다음과 같이 이름 붙였다.

핀홀 문제 Pinhole Problem. 모든 탐구는 굉장히 좁은 시공간 영역에 국한되어 있는 데이터에서 제한적으로 출발한다. 마치 핀홀pinhole(아주 작은 바늘구멍 – 옮긴이)을 통해 보는 것처럼, 우주나 과거를 바라보는 시야가 한정되는 것이다. 우리의 탐구 방법이 핀홀 너머를 성공적으로 볼 수 있도록 이끌어 주고 있는가?

은유 문제 Metaphor Problem. 탐구 결과를 제대로 이해하고 표현하기 위해서 어떤 은유를 들 수 있을까? 그러한 은유가 오해를 불러일으킬 가능성은 없는가?

지도 문제 Map Problem. 지도와 그 지도가 묘사하는 땅 사이의 차이를 생각해 보자. 이론과 그 이론이 기술하는 현실 사이의 관계는 무엇일까?

기준 문제 Criteria Problem. 어떤 연구를 계획하거나 연구 결과를 승인할 때, '단순함', '최적성', 심지어는 '아름다움', '우아함'과 같은 기준을 적용하는 정당성은 무엇이고, 필요한 경우에는 그 기준을 어떻게 교정하는가? 이렇게 '이론적으로 정립하기 어려운 기준'에 호소하는 일이 탐구에 도움이 되는가, 아니면 탐구를 왜곡하는가?

진실 문제 Truth Problem. 경험적 탐구가 파기될 가능성을 지니고 있다는 점을 감안할 때, 그 신뢰도가 부족하다고 판단할 만한 충분한 기준(과학에서의 5시그마처럼)은 무엇인가? 이는 진실이라는 개념을 탐구가 (아마 도달할 수는 없지만) 이상적으로 수렴해 가는 목표로서, 실용적으로만 다뤄야 한다는 뜻인가? 그렇다면 '진실'이라는 개념 자체는 어디에 있는가?

프톨레마이오스 문제 Ptolemy Problem. 프톨레마이오스의 천동설은 바다를 무사히 항해하도록 도와주고 일식을 예측하는 등 많은 경우에 '잘 작동했다.' 이는 비록 틀린 이론일지라도 어떤 면에서는 효과적일 수 있다는 사실을 보여준다. 어떻게 하면 실생활에 잘 적용된다고 해서 타당한 이론으로 오해하는 일을 피할 수 있을까?

망치 문제 Hammer Problem. '손에 쥔 도구가 망치뿐이면 모든 것이 못으로 보인다'라는 문장으로 명쾌하게 요약되는 이 문제는 우리가 현재 지니고 있는 방법과 장비로 밝혀낼 수 있는 것만 보려는 경향이 있다는 점을 상기해 준다.

등불 문제 Lamplight Problem. 우리는 밤에 가로등 밑에서만 잃어버린 열쇠를 찾아 헤맨다. 우리가 볼 수 있는 유일한 장소이기 때문이다. 접근할 수 없는 것에 접근할 수 없다는 명백한 이유로, 우리는 탐구할 수 있는 것만을 탐구한다.

간섭자 문제 Meddler Problem. '관찰자 효과Observer Effect'라고도 부른다. 조사하거나 관찰하는 행동이 그 대상에게 영향을 미칠 수 있다. 야생 동물을 연구할 때, 관찰하지 않고 있다고 가정하고 연구하는 걸까 아니면 관찰 행위에 영향을 받은 행동을 연구하는 걸까? 현미경으로 검사하기 위해 표본을 자르고 염색하는 행동이 결과를 왜곡할 가능성을 확실히 배제할 수 있을까? 아원자 입자subatomic particle(원자보다 더 작은 입자들 – 옮긴이)들을 더 작은 단위로 깨트린다고 해서, 그 입자들이 원래 어떻게 형성됐는지를 제대로 밝혀낼 수 있을까?

판독 문제 Reading-in Problem. 주로 역사와 심리학에 관한 문제다. 이 분야에서는 종종 연구자의 경험에 따라 주관적으로 또는 시대적 차이를 고려하지 않고 데이터를 해석하곤 한다. 이러한 왜곡을 일으키는 원인을 제거할 수 있을까?

파르메니데스 문제 Parmenides Problem. 모든 것을 하나의 궁극적 원인이나 원리로 설명하려 하는 **환원주의**에 내재한 위험이다. 얼핏 보면 기초적 실수 중에서도 최악인 것 같지만, 놀랍게도 자연과학hard science이 흔히 지니고 있는 특징이다.

종결 문제 Closure Problem. 결론에 도달하고, 완벽히 설명하고, 이야기를 끝맺고 싶은 충동이다. '이것은 저것 때문이다'라고 만족스러운 서술을 하려는 건 인간의 자연스러운 욕망이다. 여기서 '저것'은 또 다른 '저것'이 더 필요 없도록 설명의 사슬을 끊어버리는 것이어야 한다. 고전적인 예로는 '틈새의 신god of the gaps(과학적으로 설명할 수 없는 지식의 간극을 신이 존재하는 증거로 삼는 견해 – 옮긴이)'을 가정해 설명하려는 시도를 들 수 있다. 파르메니데스 문제와 비슷한 위험을 안고 있다.

이 책에서 다루는 세 가지 탐구 분야는 이 다양한 문제들에 크고 작은 영향을 받는다. 각 분야에서 가장 두드러진 문제들을 논의하고, 결론에서 한 번 더 다루도록 하겠다.

이 문제들 때문에 일부 사상가들은 우리가 어떻게 해도 절대로 알 수 없는 것들이 있다고 생각한다. 예를 들어 의식의 본질에 관해 질문하는 것은 눈이 눈 자체를 보려고 노력하는 것과 같아서 결코 제대로 답할 수 없다고 말한다. 이는 어떠한 탐구자도 받아들여서는 안 되는 절망적인 주장이다. '지식에 한계가 있는가?'라는 질문이 의미가 있다면, 그러한 한계가 있을 수 있다는 점을 암시하는 기껏해야 패배주의적인 질문일 뿐이다. 하지만 그 질문은 답할 수 없기에 의미가 없다. 우리가 지식의 한계를 넘어선 뒤 그 한계가 어디였는지 뒤돌아 볼 수 있는 모순되는 위치에 도달해야만 답할 수 있는 질문이다. **사실상 불가능하다.** 따라서 '아무 것도 알 수 없다'는 불가지론agnoiology적 입장은 일반적 탐구의 이론 또는 목적으로서 받아들여질 수 없다. 그 대신 우리는 지식의 무한한 가능성에 전념해야 한다. 지식의 무한한 가능성은 우리가 우주와 우리 자신에 대해 끊임없이 더 나은 지식을 추구하도록 자극한다. 하지만 이때, 앞에서 언급한 여러 문제를 심사숙고해야 한다. 이를 통해 우리는 탐구 과정에서 무엇을 피하고 무엇을 고려해야 하는지 배운다. 탐구 과정에 도사린 어려움을 생각했을 때, 지식을 발전시키고 무지를 줄이려면 어떤 노력을 해야 하는지 배운다.

이 책은 좁은 철학적 의미에서의 인식론에 관한 것이 아니다. 다시 말해 '지식'을 **의심의 여지 없는 근거하에 진실로 받아들여진 것**이라고 **가장 엄격하게** 정의했을 때 우리가 알 수 있는 게 무엇인가 하는, 가장 기본적인 지식 주장에 대한 회의적 도전에 답하는 책이 아니다. 이 책의 목적은 우리가 **비공식적으로** '지식'이라고 부르는 **매우 믿을만하고 근거가 탄탄한 믿음**을 더 넓은 철학적 의미에서 탐구하고 이해하는 것이다. 지금부터 나는 '지식'이라는 용어를 후자의 뜻으로 사용하겠다. 백과사전이 담긴 '지식'의 개념도 그렇고, 사실 우리가 지식이라고 하면 보통 이것을 가리킨다. 그런 의미에서 이 책은 우리가 최근에 배운 과학, 역사, 심리학에 관한 지식과 무지에 관한 책이다.

이 책에서 다룰 탐구 분야와 관련해 다음과 같은 질문을 던지고 싶다. 우리가 각 탐구 분야에서 지금 아는 것은 무엇이고, 또 한때 안다고 생각했던 것은 무엇인가? 그 지식의 습득 과정에서 작용한 주장, 방법, 가정 중에 의구심이 드는 부분이 있는가? 철학의 건설적 과제 가운데 하나는 철학이 할 수 있는 이와 같은 질문을 통해 수행하는 개념의 정리 작업이다. 존 로크John Locke가 17세기에 급성장한 과학의 위대한 천재들을 지지하면서 쓴 『인간지성론Essay Concerning human Understanding』에서 묘사했듯이, 탐구 과정을 따라가며 길을 깨끗이 정리하는 데 도움을 주는 '기초 작업자' 역할을 하는 것이다. 지식을 탐색하고 성찰한다는 철학의 일반적 의미에서 볼 때, 철학이 해야 할 일을 적절히 묘사한 은유법이라 할 수 있다.

앞으로 살펴볼 세 가지 탐구 분야, 세계, 과거, 마음을 좀 더 자세히 풀어쓰면 다음과 같다. 제1부에서는 입자물리학과 우주론을 다룬다. 제2부에서는 역사, 고고학, 고인류학palaeoanthropology을 다룬다. 제3부에서는 마음과 두뇌를 연구하는 신경과학과 인지과학을 다룬다.

최근에 새롭게 등장해 놀라운 속도로 성장하고 있는 첨단 지식 분야는 더 있지만, 우리가 우리 자신을 이해하는 데 가장 큰 변화를 가져온 건 분명 이 세 분야일 것이다. 아마 미래에는 다른 방식으로 인류에 중요한 영향을 미친 과학 영역들을 추가하게 될 것이다. 예를 들면 의학 분야의 유전자 치료, '유전공학', 줄기세포 연구의 응용 등이 있다. 이러한 발전은 성공이 코앞이긴 하나 아직 불완전하며, 그 영향력에 관한 추측도 제각각이다. 어떤 사람들은 이 기술이 이롭게 쓰일 거라고, 평균 수명이 늘어나면서 인류를 더욱더 괴롭히고 있는 심혈관계 질환이나 암과 같은 수많은 질병을 치료하고, 노화 자체를 늦추는 데 쓰일 거라고 전망한다. 하지만 지금보다 훨씬 더 건강하게 더 오래 사는 삶이 사회적, 심리적, 경제적으로 미치는 영향에 대해서는 연구나 논의가 거의 이루어지지 않았다.

인류의 미래에 영향을 미칠 또 다른 일련의 발전으로는 인공지능AI이 있다. 너무나도 당연해서 이미 시대에 뒤처진 발언인지도 모르겠다. 인공지능은 이미 우리 삶에 들어와 있고 다양한 방식으로 작동하고 있으며, 대부분 유익하게 쓰이고 있다. 하지만 이 발전이 어디까지 진행될 것이며 복합적으로 어떤 영향을 미칠 것인가 하는 질문은 여전히 논쟁의 여지가 있다.[7]

'최근'이라는 단어는 이 책에서 다루는 세 가지 탐구 분야에서 중요한 개념이다. 생각해 보라. J. J. 톰슨J. J. Thomson이 전자를 발견하면서 아원자 입자를 최초로 관측한 게 1897년이다. 어니스트 러더퍼드Ernest

Rutherford의 연구실에 있던 한스 가이거Hans Geiger와 어니스트 마스든Ernest Marsden에 의해 원자핵이 최초로 기술된 건 1909년이다. 알베르트 아인슈타인Albert Einstein의 특수 상대성 이론은 1905년에, 일반 상대성 이론은 1915년에 발표됐다. 양자론은 20세기의 첫 10년간 발전하다가 1927년 솔베이 회의Solvay Conference에서 공식적으로 물리학자들의 지지를 받았다. 광자photon라는 이름은 솔베이 회의 바로 1년 전에 붙었다. '표준 모형Standard Model'은 1970년대에야 널리 받아들여지게 됐고, 2012년 7월 힉스장의 존재가 실험적으로 확인되면서 비로소 완성됐다.

1920년대에 이르러서야 태양계가 속한 우리은하The Milky Way Galaxy가 그 자체로 온전한 우주가 아니라, 그저 무수한 은하 가운데 하나일 뿐이라는 사실이 에드윈 허블Edwin Hubble의 관측을 통해 밝혀졌다. 1924년의 일이었다. 또 1929년에 허블은 우주가 팽창하고 있다는 사실을 발견했고, 이는 '빅뱅 이론Big Bang Theory'의 탄생으로 이어졌다. 1992년, 미국 우주항공국NASA의 우주배경복사탐사선 코비COBE가 빅뱅이 남긴 배경복사의 존재를 확인했다. 빅뱅은 현재 계산상 137억 2,000만 년 전에 일어난 것으로 추정된다.[8]

물론 이런 발견을 이끈 것은 그 이전에 존재했던 추측과 가정이었다. 고대 그리스 학자들은 물질이 최소 단위('원자atom'란 더는 나누거나 쪼갤 수 없다는 뜻이다)로 이루어져 있다고 주장했다. 피에르 가상디Pierre Gassendi와 로버트 보일Robert Boyle 같은 17세기 사상가들은 물질과 기체의 구성요소인 **소체**corpuscle('작은 물체')를 가정했다. 그리고 19세기에 존 돌턴John Dalton과 로버트 브라운Robert Brown이 더 확실한 관측을 기반으로 동일한 주장을 펼쳤다. 18세기에 철학자 이마누엘 칸트Immanuel Kant는 우주가 팽창하고 있다고 주장했고, '칸트-라플라스 성운설Kant-Laplace Nevular Hypothesis'을 창시하며 이 분야에 공헌했다. 갈릴레오 갈릴레이Galileo Galilei, 아이작 뉴턴Issac Newton, 마이클 패러데이Michael Faraday, 제임스 클러크 맥스웰James Clerk Maxwell 등 이전 시대의 과학자들이 없었다면, 톰슨, 러더퍼드, 아인슈타인, 그리고 이들을 계승한 20세기 과학자들의 업적 가운데 그 어떤 것도 가능하지 않았을 것이다. 하지만 현재 우리 손에 있는 물리학과 우주론의 대부분이 굉장히 최근에 정립됐다는 것 또한 사실이다. 이 모든 진보는 최근 100년 동안에 이루어졌다.

이러한 지식의 성장으로 알게 된 가장 놀라운 점은 우리가 물리적 실재의 겨우 5%에만 접근할 수 있다는 사실이다. 인류가 빅뱅에서 현재에 이르는 우주의 역사를 증거에 기반하여 재구성한 지 100년도 채 안 됐지만(실로 엄청난 업적이다), 풀리지 않은 수수께끼들은 이미 더 기묘한 가능성을 제시하고 있다. 우리 우주가 다중우주 가운데 하나일 뿐이라던가, 우주 역사의 셀 수 없이 무수한 갈래 가운데 하나라던가, 아니면 핀홀을 통해 바라본 일종의 가상현실일 수 있다는 것이다. 이러한 가능성이 대두하는 이유는 **암흑물질**dark matter과 **암흑에너지**dark energy라는 가설적 존재 덕분이고, 상대성 이론과 양자론의 통합에 관련한 제안들이 매우 사변적이라는 특징에 따른 것이다.

한편, 오래된 과거에 관한 지식도 다른 문제들에 시달리고 있다. 고전 고대classical antiquity부터 오늘날에 이르기까지, 우리가 역사에 관해 알고 있는 지식은 상당히 광범위하다. 물질적 유물과 일부 문학 등에 살아남아 당시부터 현재까지 하나의 연속된 선으로 죽 이어져 왔기 때문이다.[9] 하지만 호메로스Homeros의 시와 히브리어 성경Hebrew bible(기독교의 '구약성경') 속 역사와 전설에서 가져온, 추가로 알려진 그 이전 과거에 관한 지식은 모두 가정적 지식이었다. 히브리어 성경에 따르면 역사는 구약성경 역사서가 기술되기 6,000여 년 전 우주 창조까지 거슬러 올라간다. 또한 이집트의 파라오, 칼데아의 우르Ur of the Chaldees, 바빌론 왕국 등 고전기보다 더 먼 과거를 암시하는 여러 장소와 그 특징에 관한 전설과 신화를 통해 더 깊은 역사 속 시간 감각을 유지했다. 르네상스 시대에 들어서자, 골동품 수집가들이 그때까지 알고 있던 모호한 역사 너머의 물품들을 찾아다니며 사람들의 흥미를 자극했다. 하지만 오래된 역사를 파헤치려는 체계적인 노력은 18세기 후반, 주로 19세기부터 이루어졌다. 말 그대로 고고학의 시작이었다. 그리고 이때서야 비로소, 오랜 과거가 인류의 시야에 들어오기 시작했다.

　1798년 나폴레옹은 이집트를 침략하면서 학자 200명을 데려가 이집트의 지형학, 식물학, 동물학, 광물학, 사회, 경제, 역사를 연구하게 했다. 학자들은 룩소르Luxor, 덴데라Dendera, 필레Philae, 왕가의 계곡Valley of the Kings에 있는 신전과 기념비를 측정하고 그림으로 남겼다. 10년도 지나지 않아 학자들은 자신들이 발견한 내용을 편찬하기 시작했고, 1828년에 총 23권의 『이집트지Description d'Égypte』가 백과사전 형식으로 완성되면서, 이집트, 나아가 레반트Levant(그리스, 시리아, 이집트를 포함하는 지중해 동부 연안 – 옮긴이)에 전 세계인의 뜨거운 관심이 쏠리게 됐다. 수많은 학자가 로제타스톤Rosetta Stone에 새겨진 상형문자hieroglyphics를 공들여 번역하기 시작했는데, 1820년대 초 장 프랑수아 샹폴리옹Jean-François Champollion이 로제타스톤 비문의 카르투슈cartouche(윤곽 안에 국왕이나 신의 이름을 표기한 긴 타원형 장식 – 옮긴이)와 필레philae의 오벨리스크 등 여러 유물에 공통으로 등장하는 이름을 분석해 언어의 음성학 일부를 밝혀내는 데 성공하면서 큰 진전을 보였다.

　19세기 들어 과거를 말 그대로 고고학적으로 파헤치려는 관심이 빠르게 확산하면서 비전문가들 또한 급격히 늘어났다. 구약성경에 나온 역사를 입증할 증거를 찾는 것이 주목적인 사람도 있었고, 골동품과 수집품 수집이 목적인 사람도 있었으며, 이러한 비전문가들의 등장에 자극받아 이 물건들이 돈이 된다는 걸 알아차린 도굴꾼들도 있었다. 골동품 수집가와 도굴꾼들에게 처음 불을 지핀 것은 메소포타미아Mesopotamia에서 발견된 최초의 대규모 유적지, 니네베Nineveh(아시리아 제국의 수도 — 옮긴이)였다. 모술Mosul 프랑스 총영사 폴 에밀 보타Paul-Émile Botta가 티그리스강Tigris 동쪽 강둑에 있는 언덕을 발굴하여 중요해 보이는 건물을 발견했는데 이것은 나중에 사르곤 2세의 궁전으로 밝혀졌다. 1842년의 일이다. 5년 후, 영국의 젊은 외교관 오스틴 레이어드Austen Layard 역시 (본인의 표현에 따르면) '최소한의 시간과 돈만 들여서' 예술적, 역사적 유물을 가능한 한 많이 수집할 목적으로 언덕을 발굴했다. 하지만 가장 유명한 세기의 발굴을 이끈 건 다름 아닌 호메로스 서사시의 매력이었는데, 바로 1970년 하인리히 슐리만Heinrich Schliemann이 주도한 트로이 발굴이다. 이 유명한 작업은 득보다 실이 훨씬 더 많았다. 슐리만은 트로이 유적이 있던 히살리크Hissarlik 유적지를 여러 개의 고고학적 층으로 마구 자르는 파괴적 방법을 사용했으며, 트로이 발견과 이후 1970년대 미케네Mycenae 발견에서는 자신의 권리를 지나치게 주장했다. 슐리만 이전 시대 사람들이나 동시대 사람들 대부분이 그렇게 무신경한 방법을 썼다. 가뜩이나 파손되기 쉬운 유적지에 더 많은 손상을 입히면서, 세월조차 없애지 못했던 증거들을 무참히 없애버렸다.

이후 수십 년 동안 사람들은 훨씬 더 신중하고 체계적으로 고고학에 접근하며, 특히 근동Near East(지은이는 이 책에서 레반트, 메소포타미아, 이집트 및 주변 지역을 가리킬 때 '중동'이 아닌 '근동'이라는 용어를 사용할 것이라고 밝히고 있다 – 옮긴이)의 초기 문명들을 더 예리하고 풍부한 시각으로 바라보게 됐다. 20세기 들어 과학의 기여도가 늘면서 고고학적 방법도 발전했다. 1940년대부터 방사성 탄소 연대측정법Radiocarbon dating이 쓰이기 시작했고 이후 레이더와 라이다lidar(레이저 펄스로 거리를 측정하고 물성을 감지하는 장치 – 옮긴이) 같은 다양한 형태의 원격 탐사가 이루어졌다. 3D 레이저 스캐닝, 항공 고고학, 라만 분광법Raman spectrometry, 휴대용 형광 X선 분석기, 치아와 뼈에 대한 의료 분석, 오래된 DNA 검사, 옛날 사람들이 먹고 버린 조개껍데기 더미나 화장실 같은 정보의 보고를 검사하는 포렌식 기법으로 지구 화학과 지구 물리학이 발전했고, 이 모든 것이 고고학의 조사 능력을 크게 향상시켰다. 이러한 발전에 논란의 여지가 없었던 건 아니다. 고고학이 과거 시대에 관한 미지의 층을 더 많이 벗겨 내고 이해의 층을 더 많이 쌓아가고 있지만, '과정processual' 고고학과 '후기 과정post-processual' 고고학 사이의 방법론적 논쟁, 고고학에 대한 과학적 접근과 인문학적 접근 사이의 갈등이 이어지고 있다.

커다란 수수께끼들도 여전히 남아 있다. 기원전 1200년쯤 청동기 시대 문명이 붕괴하고, 고도로 발달했던 지중해 동부와 근동 문명이 몇 세기 동안이나 '암흑기Dark Age'라는 구렁텅이 속에서 허우적거리게 된 원인은 무엇일까? 이집트 기록에는 '바다 민족Sea People'이라는 미지의 사람들이 연속적으로 침략했기 때문이라고 서술되어 있지만, 역사학자들은 대체로 그 원인이 훨씬 더 복잡하다는 데 동의한다. 예를 들면 동쪽으로는 인더스 계곡Indus Valley에서 서쪽으로는 영국까지 뻗어 있던 대규모 무역로의 붕괴, 기후변화, 기근 등이 복합적 원인으로 작용했을 것이다. 암흑기는 고고학이 걷어내기 전까지, 그 이전의 과거를 두꺼운 천으로 꽁꽁 덮어둔 채였다. 메소포타미아, 레반트, 에게해, 이집트의 인상적인 건축물과 정교한 예술품이 상당히 최근까지 완전히 베일 속에 싸여 있었던 점은 참으로 놀랍다.

하지만 이러한 발견은 대부분 지난 6,000년 정도의 역사하고만 관련이 있다. 체계적인 농경과 도시화가 시작된 신석기 시대 이후 1만 2,000년 동안 이어져 온 역사에 대해서는 아주 일부만 알려줄 뿐이다. 하물며 그보다 이전의 역사, **호모 사피엔스**Homo sapiens와 그 친척, 나아가 더 오래된 조상들의 복잡하고 머나먼 이야기는 우리에게 희미한 흔적으로만 남아 있다. 과학은 여기서도 중요한 역할을 해왔다. 과학적 탐구를 꾸준히 거듭한 결과 고인류학과 인류 발생론에 대한 증거가 점점 더 많아졌다. 하지만 증거가 쌓일수록 인류의 기원은 점점 더 미궁 속으로 빠져들고 있다. 치아, 뼈, 도구 등을 새로 발견할 때마다 우리의 오랜 과거에 관한 그림이 선명해지기보다는 오히려 복잡해지고 있는 것이다. 한 가지 예로 이 책을 쓰기 약 10년 전에 남아프리카에서 발견된 화석 인류인 **호모 날레디**Homo naledi는 여러 특징이 헷갈리게 섞여 있다. 원시적인 머리, 상체, 엉덩이, 구부러진 손가락 등은 300만 년 전에 살았던 오스트랄로피테신australopithecine('남쪽의 유인원'이라는 의미 – 옮긴이)을 연상시킨다. 하지만 발달한 손과 발은 네안데르탈인Neanderthals이나 현생인류와 유사하다. 유골을 정밀하게 연대측정한 결과, 날레디가 상당히 최근인 약 30만 년 전에 살았다는 놀라운 결과가 나왔다. 날레디가 초기 현대 **호모**Homo(사람속 – 옮긴이)와 동시대에 살았으며, 자신도 **호모** 계통에 속했다는 뜻이다.

우주의 가장 커다란 규모와 작은 규모를 조사하는 일, 인류와 문명의 묻혔던 과거를 들추는 일에 어려움이 뒤따른다는 사실은 놀랍지 않다. 새삼 놀라운 것은 그 과정에서 **우리의 지식이 늘어갈수록, 우리의 무지도 늘어간다**는 익숙하면서도 골치 아픈 지식의 역설이 더 생생하게 드러난다는 점이다. 그렇다면 세 번째 탐구 분야인 뇌과학과 심리학은 어떨까? 우리 자신, 마음, 의식, 인간 본성에 관한 지식은 우리와 가장 긴밀한 분야이자 우리가 가장 관심 있는 분야가 아닌가? 우리가 문학, 오락, 소문, 명상, 불안, 희망, 사랑, 꿈, 두려움 등에서 늘 이 분야를 다루는 것만 봐도 알 수 있지 않은가? 하지만 이 분야에서조차 지식이 폭발적으로 증가할수록 수수께끼가 더 깊어진다는 역설은 유효하다. 우리가 누구이고 무엇인가에 대한 철학, 예술, 문학, 그 밖의 온갖 자기 성찰적 헌신에도 불구하고 우리는 여전히 인간의 본질과 심리를 완전히, 아니 어쩌면 절반도 이해하지 못하고 있다. 게다가 그 기반이 되는 복잡한 물질적 실재인 두뇌에 관해서는 더더욱 이해하지 못하고 있다.

기능적 자기공명영상, 줄여서 'fMRI_{functional magnetic resonance imaging}'를 이용해 신체에 손상을 가하지 않고 실시간으로 뇌 활동을 보면서, 기능적, 심리적 능력과 특정 뇌 영역을 연관 짓게 된 건 불과 최근 수십 년 사이의 일이다. 신경심리학적 도구로서 fMRI가 출현하기 이전에는 언어, 움직임, 시각, 청각, 기억, 감정 조절 등의 기능 상실 및 저하를 뇌 특정 부분의 부상 및 질병과 짝짓는 '손상 연구_{lesion study}'에 주로 의존해야 했다. 뇌 연구는 손상된 뇌를 고치고, 치매를 예방하고, 뇌전증_{epilepsy}을 치료하는 법을 찾는 중요하고 실용적인 응용 분야로 이어진다. 이러한 일은 뇌에서 정신적 능력이 차지하는 위치가 어딘지 파악하는 것과 명백한 관련이 있다. 하지만 뇌 연구만으로 인간 본질과 심리에 관해 알고자 하는 모든 걸 알아내는 건 불가능할지 모른다. 진화심리학은 이런 면에서 또 다른 관점을 제공한다. 논란의 여지가 있지만, 신경심리학도 마찬가지다. 진화심리학과 신경심리학 모두 초기 단계로 아직 방법과 장비가 개발 중이다 보니, 전통적 관점이나 믿음과는 여전히 크게 대립하고 있다.

인간 심리라는 소재는 본질적으로 다루기 어려우므로 이해하려는 시도 자체가 엄청난 도전이다. 하지만 그러한 본질을 제외하더라도, 판도라의 상자를 열지도 모른다는 두려움과 불안은 탐구에 큰 장애물로 작용한다. 최악의 경우에는 공상과학소설에 나오는 것처럼 극단적인 시나리오를 상상하기도 한다. 사람의 뇌에 칩을 심어 생각과 행동을 통제하고 사생활을 침해하는 등, 1900년대 포드 모델 T와 같은 영장류의 두뇌를 최신식 페라리와 같은 인공지능이 압도하고 인간을 탄압하는 모습을 그려보는 것이다.

무언가를 아는 것은 분명히 매우 중요하다. 물론 3,000년 전 청동기 시대가 왜 붕괴했는지 이해하는 것은 뇌의 구조와 기능을 이해하는 것보다 덜 중요해 보일 수 있다. 뇌를 이해하면 관련 질병이나 부상을 치료할 수 있는 반면, 청동기 시대의 붕괴를 이해하는 건 단순히 호기심의 문제 같아 보인다. 하지만 이러한 역사 연구를 통해 역사상 여러 번 반복된 경제적, 사회적 문제, 나아가 문화적 재앙을 초래한 요소들에 관한 값진 교훈을 얻을 수 있다. 그런 면에서 모든 지식은 유용하고, 대부분 필수적이다.

하지만 무언가를 아는 것 못지않게 **어떻게 알았는지** 이해하는 것도 중요하다. 과학 및 역사 지식을 어떻게 습득했는지, 습득 과정에서 어떤 문제점을 극복했는지, 나아가 사용한 가정이나 방법에 대해 제기할 수 있는 의문은 어떤 것이 있는지를 살펴보면서 아는 것을 평가하는 법, 책임감 있게 사고하는 법, 지적 정직성을 추구하는 법에 관해 많은 것을 배울 수 있다. 이러한 요소들은 인류 활동의 모든 영역에서 매우 중요하면서도, 굉장히 손에 넣기 어렵다. 우리의 주의를 흐트러뜨리고, 진실을 과장하거나 은폐하고, 타인을 속이고 조종하는 기술은 정치에서부터 광고에 이르기까지 도처에 무수히 존재한다. 버트런드 러셀Rertrand Russel이 말한 것처럼, 이 모든 속임수는 '사람들은 대부분 생각할 바엔 죽는 게 낫다고 생각한다. 그리고 실제로 그렇게 한다'라는 진실에 기초한다. 안타깝게도 남을 속이는 것이 진실하게 행동하는 것보다 훨씬 더 중요해 보이기 때문이다. 그러므로 우리가 무언가를 알고 어떻게 알게 됐는지를 이해한다면 정치 집단과 기업이 우리에게 상품, 생각, 정책, 거짓말 등 무언가를 팔거나 주입하려고 기를 쓰는 가상현실 혹은 준현실semi-reality 같은 작금의 상황을 크게 바로잡을 수 있다.

이 책의 논의는 다음과 같이 구성했다. 먼저 물리학, 고대 역사, 두뇌와 마음에 관해 오늘날 우리가 알고 있는 지식에 도달하는 과정(늘 선형적이진 않았고 갑자기 도약하기도 했다)에서, 지식의 최전선**이었던** 것들을 다룬다. 그다음 각 탐구 분야에서 최근에 이루어진 주요 발견을 살펴본다. 마지막으로 각 분야와 관련해서 질문과 문제점, 앞으로의 전망 등을 생각해본다. 이 책은 흥미를 지닌 일반 독자를 대상으로 쓴 것이므로 각 분야에 관한 사전 지식은 필요 없다. 여러분이 특정 분야의 전문가라면, 관련 분야에서는 곧장 질문과 문제점을 논의하는 부분으로 건너뛰어도 좋다. 전반적으로 명료하고 정확하게 전달하는 게 목표지만 이 분야들은 전부 활발하게 발전하고 있고 경쟁이 치열하다 보니, 내가 여기서 주장하는 어떤 관점도 보편적 동의를 얻을 거라고는 기대하지 않는다. 하지만 논쟁은 좋은 것이다. 논쟁이야말로 진보의 바퀴를 굴리는 동력이다.

제1부

___

과학

●

과장 없이 있는 그대로 얘기하건대, 과학은 인류의 가장 위대한 지적 성취이다. '과학'은 포괄적 용어지만, 굉장히 명확하다. 우리는 대부분 학교에서 기초물리, 과학, 생물학을 배운다. 하지만 실제 과학은 이 분야 중 일부만을 파고들거나 둘 이상을 결합하기도 하면서, 물리적 실재의 기본 구성 요소부터 삶의 복잡성, 나아가 머나먼 우주까지 더 생소하고 깊은 주제를 다룬다. 과학 탐구는 아주 최근에 기하급수적으로 성장했다. 기술과 의학 분야에 이러한 수많은 발견을 적용한 것은, 말 그대로 혁명적이고 변혁적이었다.

하지만 여전히 지구상의 사람들 대다수가 이제껏 과학이 무엇을 밝혀냈는지 거의 알지 못하며, 여러모로 과학 혁명이 일어난 16세기와 17세기 이전의 낡은 세계관을 고수하고 있는 것이 현실이다. 당시에는 신이 우주를 창조했고 물리적으로나 도덕적으로나 그 중심에 인류가 있다는 세계관이 지배적이었다. 여전히 그렇게 믿는 사람이 많지만, 이런 세계관은 이제 기능적으로는 미약해졌다. 이제 세상은 거의 모든 실용적 측면에서 과학과 기술에 의존하고 있다.

과학이 이토록 큰 성공을 거두었음에도 참으로 놀라운 사실은, 과학이 거침없는 발전을 거듭하면서 동시에 '우리의 지식이 늘어갈수록, 우리의 무지도 늘어간다'는 지식의 역설을 더 선명하게 드러낸다는 점이다. 이러한 역설은 기초물리학과 우주론에서 더더욱 두드러진다. 반면에 생물학과 의학에서는 크게 나타나지 않는다. 특히 의학의 경우에는 응용과학을 통해 세상의 일면을 통제하는 능력이 예전에는 상상도 할 수 없을 만큼 발전했다. 따라서 이번 장에서는 지식의 역설이 가장 선명하게 드러나는 물리학과 우주론을 중심으로 살펴보겠다. 그리고 여기에 두 가지 요소를 더 추가할 것이다. 과학 이전에 있었던 기술의 역사를 간략히 훑어보고, 과학적 탐구를 형성하는 사고 구조의 중첩으로 설명할 수 있는 것에 대해 알아볼 것이다. '세상이 어떤 모습이어야 하는가' 또 그에 대한 만족스러운 설명은 어떤 형태를 취해야 하는가에 대한 가정이야말로 우리네 현실감각의 놀랍도록 오랜 특징이며, 이 점이 과학의 눈부신 성공이 불러온 혼란을 일부 설명해 줄지도 모르기 때문이다.

1. 과학 이전의 기술

'어떻게'에 관한 지식과 '무엇(또는 왜)'에 관한 지식이 상호배타적인 건 아니지만, 둘의 차이는 크다. 인류는 독창적이고 탐구적이며, 문제를 해결할 줄 아는 종이다. 우리는 역사 전반에 걸쳐 생존에 필요한 기술은 물론이고, 되먹임 고리feedback loop(출력을 다시 입력으로 재투입해서 시스템을 수정하거나 제어하는 순환 회로 – 옮긴이)를 통해 긍정적인 방향으로 진화를 이끈 기술을 발명했다. 테오도르 아도르노Theodor Adorno는 창이 유도 미사일로 발전한 과정에서 알 수 있듯 인류는 시간이 지나며 점점 더 똑똑해졌지만, 유도 미사일 자체가 갖는 위험성이 입증하듯 더 현명해진 것은 아니라고 지적했다. 아도르노의 지적은 교훈적이다. 그러나 우리가 유념해야 할 것이 있다. 오늘날 전쟁 기술 개발에 쓰이는 예산이 인류의 다른 활동만큼 또는 그 이상으로 크게 편성되어 있지만 대부분 기술은 본래 생존과 번영이라는 평화적인 목적으로 발명됐다는 사실이다.

거의 모든 기술은 특정한 요구를 충족하기 위해 **작동한다**. 기술이 어떻게 작동하는지 이해하는 것은 중요할 때도 있지만, 항상 그렇지는 않다. 아마 별로 이해할 필요가 없을 때가 더 많을 것이다. 때로는 기술이 아니라 과학 자체도 그렇다. 일화에 따르면 유명한 물리학자 리처드 파인먼Richard Feynman은 양자역학을 어떻게 해석할 것인가 하는 난해한 질문은 무시하고 그냥 '닥치고 계산하라'고 조언했다. 파인먼의 거친 조언과 달리, 본래 과학은 이해하려는 노력, 이유를 알려는 노력, 사물의 원리를 파악하려는 노력이 주를 이룬다. 한편, 기술은 원리가 어떻든 간에 일을 해내는 것이다. 철학적 본성을 지닌 프랑스인들은 이와 관련해 다음과 같이 재치 있는 농담을 던지기도 한다. '실용적으로는 작동하는데, 이론적으로도 작동하는가?' 경제학자들도 비슷한 이야기를 할 때가 있다. 하지만 기술에서 이론은 중요하지 않다. 기술에선 실용성이 전부다.

기술의 역사는 길고, 인상적이다. 과학의 역사는 짧고, 훨씬 더 인상적이다. 기술의 역사는 제대로 다뤄진 적이 거의 없고, 보통은 책상머리에 앉아 있는 학자들만 흥미 있어 한다. 따라서 지금부터 **어떻게**와 **무엇**에 관한 지식 양쪽 모두에 걸친 배경지식을 정리해 보도록 하자.

한때, 도구를 사용하는 것이 인류가 가진 고유한 특징이라 여긴 적이 있었다. 하지만 비록 초보적인 수준일지라도, 다른 많은 종도 도구를 만들고 사용한다. 따라서 도구 사용은 더는 인류의 고유한 특징으로 여겨지지 않는다. 다만 인간 계통이 사용한 도구의 종류, 품질, 다양성 그리고 복잡한 현대 기술로 이어진 발전은 분명 다른 종과 구별되는 특징이다. 도구 사용이 점점 더 활발해지면서 결국 **호모 사피엔스**가 진화할 즈음에는 거의 필수가 되었다는 사실을 보면 더더욱 그렇다. 도구가 없었다면 우리 종은 그만큼 번성하지 못했을 것이고, 살아남기도 어려웠을 것이다. 따라서 다른 종과 가장 구별되는 인류의 특징 중 하나로 기술적인 존재라는 점을 들 수 있을 것이다. 침팬지가 벗겨진 막대기로 흰개미를 잡거나 수달이 조약돌로 조개껍데기를 깨트리는 것 같이 우연한 방식이 아니라, 인류는 **체계적으로** 기술적이다.

어떤 호미닌hominin 또는 호미니드hominid(호미니드는 영장목 사람과family로 더 포괄적이며, 호미닌은 사람족tribe으로 그중 사람과 더 비슷한 하위 집합이다)

는 무려 330만 년 전부터 석기를 깎아 쓰기 시작한 것으로 추정된다. 논쟁의 여지가 있지만, 케냐 서투르카나Kenya's West Turkana 지역의 고고학 유적지 '로메크위 3Lomekwi 3'에서 도구로 쓰인 듯한 돌이 발견된 것이 그 증거다. 유적지를 발견한 사람들에 따르면 몸돌core(몸체가 되는 돌 ─ 옮긴이)에서 격지flake(몸돌에서 떼어내는 조각 ─ 옮긴이)를 깎아내거나 깨부숴 낸 **내핑**knapping(돌을 돌로 쳐서 다듬는 뗀석기 제조법 ─ 옮긴이)의 증거가 일부 바위에 남아 있었다. 로메크위에서 발견된 도구들은 크기가 컸으며, 모루anvil(대장간에서 쓰는 쇠모루와 같이 석기를 만들 때 밑에 받치는 돌 ─ 옮긴이)로 쓰인 돌은 특히 더 컸다. 로메크위 도구들은 오스트랄로피테신과 동시대의 유물이라는 점에서 몹시 흥미롭다. 이는 최초의 **호모** 화석보다는 50만 년, 호미닌이 최초로 도구를 사용한 올도완 석기 공작Oldowan stone industry 보다는 70만 년 앞선 것이다.

로메크위에서 발견된 도구 150여 점을 보면 돌덩이로 돌덩이를 때려서 쪼개는 망칫돌 제작법이 쓰였다는 점을 알 수 있다. 오늘날 침팬지에게 볼 수 있는 기술이다. 하지만 이중 내핑을 했다는 증거가 남아 있어 돌에 의도적으로 작업을 했다는 사실을 알 수 있다. 이 돌들이 실제로 도구로 쓰였다고 할지라도, 주변에 잘리거나 두드려진 자국이 있는 동물 뼈 등이 함께 발견되지 않았기 때문에 그 용도는 밝혀지지 않았다. 침팬지들 역시 나뭇가지에서 잎을 떼어내고 끝 부분을 씹어서 솔처럼 만든 뒤 흰개미를 잡는 데 사용한다. 하지만 침팬지가 동물을 도살하거나, 연조직을 얻고자 뼈와 두개골을 부수는 데 돌을 사용하는 장면은 한 번도 관측된 적이 없다.

한편, 올도완 도구는 호미닌이 사용한 도구임이 확실하다. 처음 발견된 탄자니아Tanzania 올두바이 협곡Olduvai Gorge의 지명을 따서 이름을 붙였지만, 이후 에티오피아Ethiopia 고나Gona에서 더 초기 유물이 발견됐고, 에티오피아 아파르Afar주의 레디-게라루Ledi-Geraru에서 가장 오래된 260만 년 전 유물이 발견됐다. 올도완 공작에서 가장 특징적인 도구는 '찍개chopper'다. 한쪽 끝을 두드려서 칼날처럼 뾰족하게 깎아낸 돌로, 찌르는 것뿐만 아니라 썰거나 긁어내는 데 두루 쓰였다. 칼날에 붙어 있던 미세한 증거를 통해 이 도구가 식물, 고기, 뼈에 전부 쓰였다는 사실을 알 수 있다. 올도완 도구 중에는 식물 섬유를 연하게 하거나, 뼈를 깨트려 골수를 꺼내는 데 쓰인 절굿공이pounder도 있었다. 올도완 도구는 이후 100만 년 동안 사용됐다. 그 예로 **호모 하빌리스**Homo habilis(손재주가 있는 사람Handy Man)와 초기 **호모 에렉투스**Homo erectus가 사용한 도구가 동아프리카, 남아프리카, 근동, 유럽, 남아시아에 걸쳐 발견됐다.[1]

올도완 도구는 호미닌의 식생활과 사회적 관습이 변했다는 증거이다. 내핑 기술이 발달하면서 가장자리를 더 날카롭게 다듬었다. 올도완 유적지에서 도구와 함께 발견된 동물 뼈에는 도구의 자국이 선명하다. 도구를 만드는 데 쓰인 돌과 음식 모두 원래 있던 곳에서 유적지로 옮겨온 것으로, 호미닌이 한곳에 모여 함께 작업하고 이익을 나눴음을 보여준다.

시간이 흐를수록 도구가 점점 더 정교해졌다는 사실은 176만 년 전에 시작된 아슐리안 석기 공작Acheulean stone industry에서 여실히 드러난다. 여기서 언급하는 시간은 그 간격이 엄청나게 벌어져 있다는 점을 상기하자. 로메크위와 올도완 석기 공작 사이에는 기술 수준도 낮고 거의 발전이 없었던 것처럼 보이지만, 올도완과 아슐리안 석기 공작 사이의 발전 역시 더디긴 마찬가지였다. 놀라운 일은 아니다. 도구는 작업할 때 에너지를 덜 쓰도록 도와주지만, 어디까지나 도구가 존재할 때의 이야기다. 맨 처음에 도구를 얻기까지는 엄청난 비용이 든다. 적절한 원재료를 찾고 목적에 맞게 가공해야 한다. 그러려면 알맞은 재료를 식별하고 도구를 제작하고 효율적으로 사용하는 기술을 개발해야 한다. 계산에 따르면 아슐리안 수준의 인공물을 제조하고 전문적으로 사용하기까지는 수백 시간에 걸친 경험이 필요하다. 사실 어느 정도 만족할 만한 결과를 내고 나면, 그저 익숙한 기술에 안주하면서 게으름을 피우는 쪽이 더 편하다. 하지만 우아하고 대칭적이고 다양한 아슐리안 도구를 보면, 올도완 도구보다 훨씬 더 높은 수준의 기술을 사용하고 계획을 세웠음을 알 수 있다. 이는 석기 제작자들의 정신적 발달에 관해서도 많은 점을 시사한다.

아슐리안 도구들은 옥수, 벽옥, 수석, 때로는 규암처럼 잘 갈라지는 특성이 있는 돌로 만든다. 도구 제작자들은 적절한 돌을 발견하면 자신들의 거처까지 꽤 먼 거리를 운반한 다음, 양면석기bifaced handaxe(주먹도끼)와 자르개cleaver 따위의 도구를 제작했다. 이 도구들은 아슐리안 석기 공작이 번영했던 130만 년 동안 점점 정교해져 갔다. 초기 양면석기는 돌을 모룻돌에 내리쳐서 만들었고, 나중에는 나무망치로 가장자리를 더 날카롭고 깨끗하게 다듬어 더 작고 날씬한 석기를 만들었다. 아슐리안 도구가 자루(손잡이)를 사용했다는 증거이기도 하다. 나무로 된 자루는 썩어 사라졌지만, 일부 도끼와 망치에서 역청이나 송진 같은 접착 물질의 흔적이 발견됐다. 이런 흔적과 찍힌 자국을 종합해 봤을 때 이들이 자루를 잡고 휘두르는 도구였음을 알 수 있다.

약 30만 년 전, 도구 제작자들은 몸돌을 신경 써서 준비하는 르발루아Levallois 기법을 발전시켰다. 이들은 돌덩어리를 가져다가 바닥은 평평하고 위는 볼록한 거북이 같은 모양으로 다듬어 몸돌을 만들었다. 몸돌의 정해진 지점에 능숙하게 타격을 가해 격지를 떼어낸 다음에 뼈, 사슴뿔, 부드러운 돌 등으로 다듬어서 원하는 결과물을 제작했다. 네안데르탈인이 사용한 이 기법이 바로 무스테리안 석기 공작Mousterian stone industry의 특징이다. 프랑스의 르 무스티에Le Moustier에서 처음 발견돼 무스테리안 문화라는 이름이 붙었지만, 동시대 아프리카의 많은 지역에 걸쳐 이기법을 사용한 증거가 나오고 있다.

르발루아 기법이 등장한 건 약 30만 년 전 아프리카에서 '해부학적 현생 인류anatomically modern humans'가 등장한 시점과 거의 동시대의 일이다. 기록상 인류 역사에서 예술은 약 10만 년 전쯤 등장했다. 남아프리카 블롬보스 동굴Blombos Cave에서 발견된 유물들이 일부 증거다. 그다음 약 6만 년 전부터 5만 년 전까지 아프리카 안팎에서 기술이 급격히 변화하기 시작했고, 이는 4만 년 전 오리냐시안 석기 공작Aurignacian stone industry으로 이어졌다. 오리냐시안 문화는 돌뿐만 아니라 뼈와 사슴뿔로 돌날blade, 새기개burin, 바늘needle, 긁개scraper를 만든 것이 특징이다. 오리냐시안 문화가 동굴 벽화, 조각(뛰어난 예시로는 홀레펠스의 비너스Venus of Hohle Fels와 홀렌슈타인 슈타델의 사자인상Lion-Man Figurine of Hohlenstein-Stadel이 있다), 목걸이 등과 같은 장신구, 악기(역시 홀레펠스에서 발견된 뼈피리bone flute가 있다) 따위를 제작한 특징도 지닌다는 점을 보면, 이들이 생존 활동만을 위해 도구를 만든 게 아니었다는 사실을 알 수 있다. 이러한 발전은 인류가 역사에 또 한 발짝 크게 내디뎠음을 의미한다.

1만 2,000년 전, 세석기microlith(톱이나 낫으로 쓰려고 자루에 고정한 작고 날카로운 조각)와 간석기가 등장한다. 신중하게 갈아 만든 간석기는 잘 깨지지 않아 도구로서나 무기로서나 더 단단하고 효율적이었다. 부장품으로 무덤 주인과 함께 묻혔다는 점에서 알 수 있듯이, 확실히 이전 석기들보다 예술품으로서의 가치도 더욱 상승했다.

　1만 2,000년 전에 신석기 시대가 열리면서 기술이 얼마나 진보했는지는 냉동인간 외치Oetzi the Iceman를 보면 알 수 있다. 외치는 1991년 알프스산맥의 빙하 속에서 보존된 시체로 발견됐다. 신석기가 시작되고 한참 뒤인 기원전 4천년기millenium(연도를 천 년 단위로 끊은 기간. 예를 들어 기원전 4천년기는 기원전 4000년부터 기원전 3001년까지다 ― 옮긴이) 끝 무렵에 살았지만, 외치가 지닌 도구와 장비는 신석기 시대 초기의 것과 거의 비슷했다. 한 가지 다른 점은 바로 구리 도끼를 들고 있었다는 점이다. 화살촉과 단도dagger는 모두 석기였다. 외치는 여러 종류의 가죽으로 만든 옷을 입고, 턱 끈이 달린 곰 가죽 모자를 썼으며, 풀로 짠 망토를 걸치고, 윗부분은 사슴 가죽에 밑바닥은 곰 가죽으로 된 방수 신발을 신고 있었다. 또 가죽에 구멍을 뚫기 위한 뚜르개awl나 새기개, 긁개, 부싯돌 조각, 화살촉을 날카롭게 하는 데 쓰는 듯한 도구를 지니고 있었다. 화살집에 들어 있는 화살 일부는 안정적으로 정확하게 날아가도록 화살대 끝에 깃이 붙어 있었지만, 일부는 안 붙어 있었다. 이는 외치가 계속 이동하면서 장비를 만들고 고쳤다는 뜻이다. 외치는 싸움 도중에 전사했다. 화살 하나가 왼쪽 어깨에 박혀 있었고, 그 상처가 동맥 부위와 굉장히 가까운 것으로 보아 과다출혈로 사망했을 가능성이 크다. 외치의 동기 도끼(외치가 살았던 시대는 청동기 시대 직전 동기와 석기가 함께 쓰이던 시대로 금석병용 시대Chalcolithic Age, 또는 동기 시대Copper Age라 불린다. 약 6,500년 전에서 3,500년 전까지다)는 가죽끈으로 노란 자루에 고정되어 있었다. 화살촉을 화살대에 고정한 방법과 동일했다.

　신석기 시대 초기에 살던 외치의 조상이 외치만큼 옷을 차려입고 장비를 갖춘 모습은 잘 상상이 가지 않는다. 석기는 기원전 1200년대 무렵까지 근동의 도살장 등에서 여전히 사용됐다. 또 청동기 시대 내내 청동기 단검을 모방한 석기 단검이나, 반대로 석기 단검을 모방한 청동기 단검이 나타난다. 따라서 석기 기술과 금속공학기술의 발전이 오랜 기간 겹쳤다고 추론할 수 있다.

도구들 자체만큼이나 흥미로운 것이 도구를 통해 알 수 있는 도구 제작자에 관한 사실이다. 약 300만 년이 넘도록 이어진 도구 제작 관련 활동은 이들이 경험을 바탕으로 계획을 세웠다는 증거가 된다. 기억하고 곰곰이 생각하고 깨닫고 반복해서 실험하고 개선한다. 뚜렷한 목적의식을 갖고 의도적으로 지능을 활용해야 하는 행위다. 비록 이 300만 년 중 대부분의 기간은 발전이 굉장히 더뎠지만, 260만 년 전 올도완 석기 공작에서 가공한 돌과 오늘날 일부 영장류 종이 견과류를 깨려고 사용하는 돌 사이에는 뚜렷한 차이가 있다.

더 나은 음식을 더 많이 얻기 위해 더 좋은 도구가 만들어졌다. 호미닌이 진화해 두뇌가 더 커지고 더 활동적으로 되면서 더 많은 에너지가 필요해졌다. 사실 이 과정은 계속 향상해 나가는 되먹임 고리다. 지능이 높아지면 새로운 도구를 상상하고 만들어 낸다. 도구를 제작하면 손기술이 발전하고 도구 덕분에 영양분의 양과 질이 향상한다. 그 결과 다시 두뇌가 커지면서 지능이 높아진다. 결국 입력과 출력이 서로를 향상하면서 전체 과정을 촉진한다. 즉 인간 계통에서 지식의 증가는 도구 제작 기술 그리고 이를 가능하게 한 사회적 진보, 식생활 발전과 긴밀하게 연결되어 있다.

인류 역사에서 빼놓을 수 없는 발전은 바로 불을 다루는 능력이다. 불은 우리 조상을 따뜻하게 해주고 어둠을 밝혀 주었으며 포식자로부터 보호해 주고 안전하고 소화가 잘되는 먹거리를 엄청나게 늘려주었다. 안

전에 관해 짚고 넘어가 보자. 식물 뿌리, 과일 등을 주식으로 하면서 동물성 고기를 보충해야 했던 초기 조상들은 포식자가 배를 채우고 남긴 사체를 하이에나처럼 주워 먹었다. 많은 증거로 보건대 영양가가 높은 골수를 먹었을 것이다. 조금 더 현대적 관점에서 보자면 골수는 썩을 확률이 낮으므로 먹기에도 안전하다. 요리에 불을 사용하기 이전에는 고기를 먹기 전후로 햇볕에 말리거나 심지어 소금에 절여서 보관했을 것이다. 하지만 고기는 불에 요리하는 것이 더 안전할 뿐만 아니라 더 맛있기도 하다. 오늘날 고기를 먹는 사람은 대부분 고기를 불에 요리해 먹는다. 고기가 이미 죽은 동물의 부패해 가는 살이라는 점을 기억하자.[2] 또 불은 조상들이 도구를 만드는 데 도움을 주었다. 예를 들어 나무창 끝을 더 단단하게 해주거나 특정 종류의 돌을 더 잘 쪼개지게 해주었다.

우연히 산불이 발생할 때마다 호미닌이 이득을 취했을 거라는 건 확실하지만 진짜로 중요한 건 불을 통제하는 능력이었다. 즉 원할 때 불을 피우고 더 번지지 않도록 일정 공간에 가두고 한 곳에서 다른 곳으로 옮길 수 있어야 했다. 우리 조상들은 산불이 지나가고 나서 고기가 구워지거나 덩이줄기가 더 소화하기 쉬워지는 등의 이득을 얻었을 것이다. 오늘날 침팬지도 이와 비슷하게 불에 탄 환경을 이용하는 모습을 보인다. 자연적으로 발생한 산불을 일정 기간 보존하고 점진적으로 이득을 취해나가다 마침내 불을 피우는 방법을 발견해 내면서, 우리 조상은 잘못 다루면 위험하지만 잘 다루면 강력한 힘을 발휘하는 이 에너지원을 통제하게 됐다. 무려 170만 년 전에 **호모 에렉투스**가 불을 체계적으로 사용했다는 증거가 남아 있다. 남아프리카 림포포주Limpopo Province의 허스동굴Cave of Hearths과 이스턴케이프주Eastern Cape Province의 클라시스강Klasies River 하구에 있는 동굴에서 발견된 증거들로 알 수 있듯이, 해부학적 현대 **호모**는 확실히 20만 년 전보다도 더 이전에 불을 통제하는 능력을 이어받았다.

초기 유적지와 후기 유적지에서 발견된 불의 흔적이 전부 산불을 나뭇가지에 옮겨붙여 얻은 것일 수도 있다. 맨 처음 불을 체계적으로 통제한 날짜를 단정하긴 어렵다. 하지만 체계적으로 통제하기 전일지라도, 불이 사용 가능한 자원이 된 것은 인류의 조상과 그 후손에게 엄청난 차이를 안겨주었다.

도구를 제작하고 불을 통제하는 등의 사회적 기술과 능력의 발전에 힘입어, 인류는 약 4만 년 전에 오스트레일리아에 다다랐고, 1만 5,000~1만 2,000년 전 사이에는 아메리카 대륙까지 갔다. 모든 지역에 정착해 살아갔다는 점은 이렇게 이주한 조상들이 독창적일 뿐만 아니라 적응력도 뛰어났음을 보여준다. 수렵채집인으로 살아가는 데 필요한 지식과 기술은 추운 북극이나 더운 오스트레일리아 아웃백outback(건조한 내륙부에 사막을 중심으로 넓게 뻗어 있는 오지 — 옮긴이)처럼 극과 극의 환경에서도 자리 잡고 번성해 나갈 만큼 훌륭했다. 오늘날 인류가 갑자기 4만 년 전으로 순간 이동을 한다면, 군인 수준으로 생존 훈련을 받은 사람이 아니고서는 오래 살아남지 못할 것이다. 그렇게 숙련된 사람들조차 그 시기에 그냥 집에서 지내던 평범한 인류 조상보다도 생존 능력이 떨어질 것이다.

약 1만 2,000년 전에 신석기 시대가 열리면서 기술의 역사는 다시 새로운 국면에 접어들었다. 이때부터 기원전 1200년 사이에 농경, 목축, 도시화, 공학, 금속공학, 바퀴, 문자와 같은 핵심적인 기술의 발전이 일어났다. 상당히 긴 기간 같지만, 더 앞에서 언급한 수십만 년에 비하면 아무것도 아니다.

몇몇 사람들이 이리저리 떠돌아다니며 사냥과 채집을 계속하는 대신 한 장소에 정착해 농사를 짓기로 한 선택이 사실은 주변 상황에 의해 강요된 것이고, 어떤 면에서는 시대에 역행하는 행동이었다는 가설도 있다. 한 가지 예로 초기 신석기 시대 농경인의 유골을 보면 동시대 수렵채집인보다 건강이 더 안 좋았음을 알 수 있다. 또 다른 예로 도시 인구가 증가하면서 노동 불균형과 사회 계급화가 심해졌으며, 자유와 평등이 줄어들고 전염병이 창궐했다는 점을 들 수 있다. 아마 늘어난 인구 때문에 사냥터와 채집터를 둘러싸고 서로 경쟁하면서 집단 간 갈등도 증가했을 것이다. 이렇게 자원이 고갈되자 결국 일부 사람들이 수렵 채집 대신에 먹을 수 있는 곡물을 재배하고 가축을 기르는 쪽을 선택하게 됐다는 설명이다.

하지만 막상 농경과 정착 생활을 시작하자 이런 약점은 상쇄됐다. 아니, 어쩌면 실제로 농경 생활이 수렵채집 생활을 능가하게 됐다. 세월이 흐르면서 속도가 붙고 결국 최초의 문명이라는 새로운 특혜를 가져온 덕분이었다.

정착 생활과 체계적 농경은 '비옥한 초승달 지대Fertile Crescent'에서 시작됐다. 비옥한 초승달 지대란 메소포타미아 남부 평원에서 티그리스강과 유프라테스Euphrates강을 따라 올라가, 시리아와 지중해 동부 연안을 거쳐 팔레스타인Palestein에 이르는 곡선 형태의 지역을 뜻한다. 어떤 사람은 초승달 지대를 티그리스강과 유프라테스강이 합류하는 지점에서 이집트 나일 계곡Nile Valley까지로 확대하기도 한다. 약 2만 년 전 발생한 마지막 빙하시대Ice Age 또는 마지막 최대 빙하기Last Glacial Maximum가 끝나면서 지구 기후가 따뜻해졌고, 그에 따라 빙상이 후퇴했다. 그러다 갑자기 차가운 날씨가 다시 1,300년 동안 계속됐다. 1만 2,900년 전부터 1만 1,600

년 전에 해당하는 이 영거 드라이아스Younger Dryas 시기는 전 세계를, 최소한 북반구를 다시 빙하 상태로 몰아넣었다. 그 원인은 북아메리카에서 대서양으로 흘러들어 가는 주요 담수 흐름의 남북 역전 때문인 것으로 추측된다. 기원전 12천년기 중반에 영거 드라이아스 시기가 끝나고 지구가 다시 따뜻해졌다. 그렇게 280만 년 전쯤 시작됐던 플라이스토세 Pleistocene Epoch가 끝나고, 지금 우리가 살고 있는 홀로세Holocene가 시작됐다. 비옥한 초승달 지대에 더 많은 집단이 정착하고 농사를 짓게 한 요인은 바로 영거 드라이아스 시기가 끝나면서 이어진 따뜻한 기후였던 것이다.

여기서 '더 많은 집단'이라는 표현은 2만 2,000년 전에서 2만 년 전쯤 이미 레반트에, 최소 일 년 중 일부 시기 동안은 사람들이 정착했던 흔적이 있다는 뜻이다. 수렵채집인이 **반드시** 유목 생활만 한 건 아니었다. 사냥하고 채집할 식량 자원이 충분하고 꾸준히 공급될 때는 정착하기도 했다. 게다가 계획적으로 작물을 재배하기 한참 전에도 사람들은 야생 풀에서 밀을 수확하고 가루로 빻고 요리를 했음이 분명하다. 이런 기회주의적인 재배와 달리, 경작은 나중에 심을 씨앗을 일부 저장하고 물을 공급하고 주변 식물을 제거하는 일을 포함했다. 이러한 활동은 농경으로 곧장 이어졌다. 필요에 따라 작물을 면밀히 관찰하면서, 더 크고 무겁게 자라 더 많은 수확량을 안겨줄 품종을 고르는 능력이 자연스레 발달했다. 땅을 일구고 곡물을 운반하거나 안전하게 저장할 토기를 만들고, 수확하고 분쇄하기 위한 장비를 제작하고 오븐을 짓고 연료를 축적하는 등 농경과 관련한 기술이 빠르게 발전해 나갔다.

최초의 정착민이 사냥한 동물 중 비교적 온순한 새끼를 남겨뒀다가 길들였을 거라는 점은 쉽게 추론할 수 있다. 쫓아가서 잡는 것보다 옆에

얌전히 있는 동물에게서 고기와 가죽, 털, 나중에는 우유를 얻는 게 당연히 더 쉬웠다. 이는 말이 가축화하기 훨씬 전의 이야기다. 또 남성들이 가축을 몰고 사냥하는 동안 여성들은 식물을 심고 수확하고 제분하고 빵을 구웠다는 것도 쉽게 추론할 수 있다. 시리아 아부 후레이라Abu Hureyra에서 발견된 기원전 9700년 당시 여성 유골의 발가락, 무릎, 척추 등을 보면 작물 주변의 잡초를 뽑고 수확한 곡물을 빻기 위해 오랜 시간 무릎을 꿇고 노동한 흔적을 확인할 수 있다. 게다가 농경과 관련한 업무는 사냥이나 동물을 모는 일(주로 계절에 따라 겨울 목초지와 여름 목초지로 가축을 이동시키는 일)보다는 임신 및 육아와 병행하기 더 쉬웠다. 사냥하고 채집하는 삶에서 작물을 기르고 가축을 모는 삶으로 전환하는 과정은 명백히 성별에 따른 분업을 동반했다. 그리고 이러한 분업은 이후 오랫동안 지속했다.

농경과 목축은 기원전 1만 2000년경 비옥한 초승달 지대에서 가장 먼저 등장했고, 기원전 6000년 무렵 기후가 비슷한 이집트, 그리스 및 유럽 인근 지역으로 퍼져 나갔다. 인더스강 유역에서는 기원전 8000~기원전 6000년 사이에 밀과 보리를 재배하고, 염소, 양, 소를 키우기 시작했다. 중국의 황허강(홍수로 떠내려오는 비옥한 황토 때문에 강이 누런색으로 보여서 그렇게 불린다) 유역에서도 기원전 6500년 무렵부터 기장millet을 기르기 시작했고, 이후 수수, 콩, 대마를 재배했다. 곧 중국 남부와 동남아시아 전역에서 쌀, 토란, 바나나를 경작하기 시작했다. 이 지역 농경인은 경작용으로는 물소를, 식용으로는 닭과 돼지를 키웠다.

중앙아메리카와 남아메리카에서도 농경이 뒤늦게 시작됐다. 기원전 5000년 무렵 멕시코 사람들은 사냥과 채집으로 얻은 주 식량 공급원 외에 보충 음식으로 테오신트teosinte(옥수수의 조상), 칠리 고추, 토마토, 콩,

호박 등을 길렀다. 하지만 기원전 1500년경까지는 농경을 체계적으로 하지 않았다. 가축화한 동물도 개와 기니피그뿐이었다. 남아메리카에서는 감자, 콩, 퀴노아를 재배했고, 가축으로 알파카와 라마를 길렀다. 알파카나 라마는 타고 다니거나 일을 시키기에는 너무 작았기 때문에, 주로 짐을 나르게 하고 털과 고기를 얻는 데 썼다.

다양한 지역에서 일어난 이러한 발전은 전부 관찰과 경험에 의존했다. 그 결과, 순차적으로 지식과 기술이 진보했다. 여기에는 사회조직, 계획 그리고 사회구조화가 포함되었다. 노동의 분배가 일어나면서 음식을 생산하는 사람들은 다른 일을 하는 사람들을 먹일 잉여 생산을 보장해야 했고, 자연스레 물물교환 체계가 등장했다. 항아리를 만드는 사람은 밀가루가 필요했고, 밀을 제분하는 사람은 항아리가 필요했기 때문에 서로 거래할 수 있었다. 또 두 사람 다 먹을 고기가 필요했으며, 고기를 공급하는 사람들은 밀가루와 이를 운반할 항아리가 필요했다. 이와 비슷하게, 다른 일을 맡은 사람들도 서로가 필요했다. 이 과정에서 교환한 내용을 기록하고 이를 증명할 증표, 궁극적으로는 화폐가 필요해졌다는 건 자명하다.

메소포타미아에서 밀과 보리의 씨앗은 곧 문명의 씨앗이 되어, 인류를 새로운 구성으로 이끌어 갈 조건을 마련해 주었다. 첫 번째 변화는 마을의 출현이었다. 초기 마을로는 기원전 1만 년경에 있었다고 추정되는 예리코Jericho(요르단강 서안에 있는 도시 – 옮긴이)가 있다. 더 이전에도 나투프Natuf 수렵채집인들이 이 지역을 차지한 증거가 있는 것으로 보아, 이곳은 계속 솟아나는 샘물 덕에 자연 휴양지 역할을 했으며, 자연스레 공동체가 정착해 성장한 것으로 보인다. 기원전 8천년기 중반쯤 예리코는 인구가 2천 명에 달했다. 비옥한 초승달 지대 전반에 걸쳐 규모는 더 작지만 비슷한 정착지들이 등장했다.

정착 생활을 하면서 참신한 기술이 많이 개발됐다. 유랑할 때는 휴대할 수 있는 인공물의 크기와 무게, 개수에 제약을 받지만 농경을 할 때는 수렵 채집에 쓰는 것과는 다른 도구가 필요했다. 발명과 실험도 영구적인 환경하에서 더 번성할 수 있다. 정착 생활 최초의 발명품 중 하나인 토기는 기원전 7천년기에 근동에서 등장했다(한참 전에 일본의 조몬縄文에서도 독자적으로 토기가 발명됐다). 삼, 아마, 목화, 동물 털로 직물을 짜는 베틀과 곡식을 가는 방아를 제작하고 사용한 것 역시 정착 생활을 했기에 가능한 일이었다.

'신석기 시대'라는 용어에서 알 수 있듯이, 농경 생활에서 처음 몇천 년은 새로운 석기가 등장하긴 했어도 여전히 석기 시대였다. 이 시대의 문화를 반영하는 가장 두드러진 특징은 석조 기념물이다. 그중 일부는 굉장히 거대했는데 알려진 것 가운데 가장 오래된 유적은 기원전 9000년경에 만들어진 튀르키예의 괴베클리 테페Göbekli Tepe고, 가장 유명한 유적은 영국의 스톤헨지Stonehenge다. 스톤헨지는 기원전 2500년경에 세워진 것으로 추정되지만, 이 유적지에는 그보다 이전에 이미 헨지가 한 번 이상 세워졌던 흔적이 남아 있다. 스톤헨지는 **거석**megalith, 즉 거대한 돌로 세운 기념물이다. 이러한 기념물은 스코틀랜드와 스칸디나비아의 가장 외진 지역부터 지중해와 아나톨리아Anatolia의 섬 해안에 이르기까지 유럽 전역에만 3만 5천여 개나 있다.

영국 솔즈베리 평원Salisbury Plain에 있는 스톤헨지의 사르센sarsen석들은 25톤이나 나가며, 약 24킬로미터 떨어진 말버러다운스Marlborough Downs의 채석장에서 옮겨온 것이다. 기념물 가운데 좀 더 작은 청석bluestone 거석들은 약 225킬로미터 떨어진 웨일스Wales의 펨브로크셔Pembrokeshire에서 채석한 뒤, 바퀴나 도르래의 도움 없이 평원까지 운반한 것으로 보인다. 참으로 놀라운 일이다. 돌을 옮긴 유일한 수단은 끌고 밀기로, 아마도 통나무로 길을 만들어 그 위로 거석을 굴린 사람의 근력에 의존했을 것이다. 이렇게 시간과 인력을 대규모 투자했다는 점은 이 거석을 세운 사람들에게 스톤헨지가 얼마나 중요한 존재였는지를 알려준다. 추측만 무성할 뿐, 거석기념물megalithic monuments을 세운 정확한 목적은 알려지지 않았다. 종교적 목적이나 천문학적 목적(보통은 둘 다)으로 세워졌을 거라는 해석이 가장 널리 받아들여지고 있다.[3]

거석기념물을 세우는 작업은 공동체의 사회적 유대를 강화함은 물론 생계에도 어떤 식으로든 기여했을 테지만, 어떻게 기여했는지는 알 길이 없다. 반면 메소포타미아의 농경 공동체에는 식량 생산과 직접적으로 관련 있는 또 다른 기술적 도전이 있었으니, 바로 농작물에 물을 대는 일이었다. 메소포타미아는 강수량이 적은 지역으로 주로 티그리스강과 유프라테스강 및 그 지류에서 물을 얻는다. 티그리스강이 서쪽에 있는 유프라테스강보다 유속이 빠르지만 두 강 모두 저지대를 흐르기 때문에 시간에 따라 경로가 바뀌는 경향이 있다. 그래서 청동기 시대에 강둑에 있던 대도시 중 일부는 현재 강의 위치로부터 멀리 떨어진 곳에서 발견된다.

농사에는 물이 필요하므로 강 가까이에 농경지를 만드는 게 당연해 보인다. 단, 강이 범람하더라도 나일강처럼 예측할 수 있게 규칙적으로 발생하고 시점도 수확기 이후라면 말이다. 그러지 않는 이상 홍수로 피해를 볼 위험성이 크다. 신석기 시대 초기의 농경인은 위험을 무릅쓰고 강 근처에 작물을 심는 것 외에는 다른 방도가 없었다. 다행히 매년 심각한 홍수가 일어나는 건 아니었기에 어떻게든 살아갈 수 있었다. 하지만 물을 통제하는 방법을 고안해 내자마자, 전과는 비교도 할 수 없을 만큼 엄청난 이익이 뒤따랐다. 관개수로, 홍수 방벽, 배수 시설을 이용해 작물을 보호하고, 강에서 멀리 떨어진 곳에도 물을 꾸준히 공급하면서 더 많은 땅을 경작할 수 있게 됐다. 우연히 내리는 비에만 의존하면 보리 종자 한 알당 낱알 5개를 재배할 수 있었지만, 이러한 조건에서는 40개까지 재배할 수 있었다.

수로를 파고 제방을 쌓고 이를 유지하려면 수천 명의 노동력이 필요하다. 홍수를 예방하는 공학적 위업을 달성하고 강 수위보다 높은 고지대로 물을 끌어 올리며 농지의 수위를 균형 있게 유지하려면, 작업 계획을 잘 세우고 식량 공급망을 확보하며, 집을 짓고 도구와 임금을 지급하고 완성된 관개 시설을 감독할 조직이 필요했다. 메소포타미아인은 이 모든 일을 완수하는 눈부신 성과를 이루었다.

하지만 이런 성과를 이루기까지는 수천 년이 걸렸다. 기원전 6천년기에 강둑에서 농경이 시작됐고, 기원전 5천년기에 최초의 관개시설이 만들어졌으며, 기원전 4천년기에 이르러서야 습지의 물을 빼내고 저수지를 지었다. 관개수로와 제방이 효율적으로 정비된 이후로는 이제 심각한 홍수는 일상이 아닌 전설 속에나 나오는 일처럼 느껴질 정도가 되었다. 홍수에 관한 이야기가 처음 등장하는 건 기원전 2천년기 초에 쓰인 『길가메시 서사시The Epic of Gilgamesh』에서다. 이후 히브리어 성경에 나오는 노아의 방주 이야기나 그리스 신화에 나오는 오기게스Ogyges와 데우칼리온Deucalion의 이야기처럼 문화적으로 변형되면서 문학 작품에 반복해서 등장했다.

『길가메시 서사시』가 쓰일 무렵 메소포타미아 농경인은 소로 밭을 갈고, 농작물이 잘 자라도록 알맞은 깊이와 간격으로 구멍을 내는 파종기seed-drill를 이용해 씨를 뿌리고 있었다. 강에서 떨어진 언덕의 경사면에서는 **샤두프**shaduf를 이용해 관개수로로부터 물을 끌어올렸다. 샤두프란 지렛목 위 막대기의 한쪽 끝에는 양동이를 반대쪽 끝에는 균형추를 매단 기계장치로, 물을 퍼올려서 고랑에 붓는 일을 했다. 농경인들은 밀과 보리 외에도 완두콩, 콩, 렌틸콩, 양파, 대추 등을 재배했고 양, 염소, 돼지, 소, 당나귀를 길렀다. 이들은 얕은 강과 습지에서 갈대를 베어 오두막을 짓고 배와 바구니를 만들었으며 강과 운하에서 물고기를 낚았다. 전반적으로 메소포타미아는 풍요로운 땅이었다. 바빌론의 왕 함무라비Hammurabi(재위 기원전 1972~기원전 1750년)가 운하를 파고 '인민의 풍요 함무라비'라 이름 붙인 것도 당연했다. 그만큼 수로와 운하는 찬양받을 만한 가치가 충분했다. 너비 23미터에 길이 수 킬로미터에 달하는 운하들은 당시 넘치는 풍요를 바탕으로 우후죽순으로 지어지고 있던, 거대한 궁전과 신전을 쌓아 올린 훌륭한 공학 기술력을 입증하는 증거다.

나일강, 인더스강, 중국 황허강에서도 둑을 따라 농경과 도시화가 점점 진행됐다. 나일강은 예측과 통제가 쉬웠던 반면, 황허강은 '중국의 슬픔'으로 묘사될 만큼 잔인했다. 툭하면 엄청난 홍수가 토사로 쌓인 높은 제방을 뚫고 밀려들어 와서 수백 킬로미터에 달하는 땅은 물론이거니와 사람과 가축마저 수몰시켰고 농경지는 두꺼운 진흙층으로 뒤덮이곤 했다. 하지만 기원전 3천년기, 전설 속 하夏 왕조 시절에 있었던 고고학적 유물로 입증된 수천 개의 정착지가 말해주듯이 황허강이 흐르는 길을 따라 쌓인 부드러운 황토는 엄청나게 비옥해서 사람들을 자꾸만 다시 불러들였다. 하 왕조의 시조로 여겨지는 우禹왕이 최초로 황허강에 홍수 방벽을 구축했다고 알려져 있지만, 황허강이 일으키는 슬픔이 잦아들기까지는 그로부터 수천 년이 더 걸렸다.

인더스 계곡의 하라파Harappa 문명은 기원전 4천년기에 발생해 기원전 3천년기에 가장 번성했고, 기원전 2천년기 전반에 불분명한 이유로 붕괴하기 시작했다. 붕괴 요인에 관한 가설로는 아리아인Aryan의 침략, 대홍수, 사라스와티Saraswati강의 수량 감소, 지진, 기후 변화, 가뭄 등이 있다. 이러한 요인 몇 가지가 누적되면서 한데 어우러졌을 가능성이 가장 크다. 하지만 하라파 문자(아직도 해독되지 않았다)와 정교한 표준 도량형 체계(이 둘은 시장과 교역, 과세에 신뢰성을 확보하기 위해 필요하다)는 기원전 1300년에 완전히 소멸했다. 이는 기원전 1200년부터 근동과 지중해 동부에 도래할 암흑기의 전조이기도 했다.[4] 어쨌든 인더스강이 비옥한 농경 환경을 조성해 준 덕분에, 하라파 문명은 놀라운 수준에 도달할 수 있었다. 많은 집에 실내 목욕탕과 개인 우물이 있었고, 도시에는 지하 배수 시설과 포장도로가 있었다. 도시 간 무역도 활발해서 오늘날 아프가니스탄Afghanistan 북서부에서 인도 북부까지 퍼져 나갔다. 가장 잘 알려진 유적지는 하라파와 모헨조다로Mohenjo-daro지만, 이 문명이 전성기 시절에 얼마나 번성했는지를 보여주듯 발견된 크고 작은 정착지가 수천 곳에 이른다. 하라파 문화는 건축, 배수, 통신 등이 기술적으로 놀라울 만큼 발달했으며, 예술적으로도 높은 경지에 이르러 있었다.

하지만 강 근처 비옥한 토양에서 가장 먼저 발생한 인류 최초의 문명은 메소포타미아의 수메르Sumer 문명이었다. 기원전 4천년기가 끝날 무렵, 수메르인은 티그리스강과 유프라테스강을 따라서 가장 큰 우루크Uruk를 포함해 우르Ur, 키시Kish, 에리두Eridu, 라가시Lagash, 니푸르Nippur 등 여러 도시국가를 건설했다. 이중 우루크는 당시 세상에서 가장 커다란 도시로, 둘레가 약 10킬로미터에 달하는 성벽 안에 인구 8만 명이 살고 있었다. 앞에서 언급한 물리적 기술에 더해 수메르인은 더 훌륭한 기술을 보유하고 있었으니, 바로 문자였다. 삶이 복잡해질수록 문자는 더더욱 필요해진다. 상품 거래나 빚 내역을 기록하고, 며칠 혹은 몇 주 동안 떨어져 지낼 때는 서로 소통하는 수단이 되어준다.

쐐기 문자cuneiform(설형문자라고도 한다 ─ 옮긴이)는 역설적이게도 메소포타미아를 모든 면에서 이집트보다 불리하게 만든 특수한 환경 덕분에 보존될 수 있었다. 나일강은 피라미드, 궁전, 신전, 기념비적 조각상 등의 재료로 쓰이는 튼튼한 돌을 제공하는 석회암 언덕으로 둘러싸여 있었지만, 메소포타미아인에게는 진흙과 점토밖에 없었다. 이 재료로 건물을 짓고, 이 재료에 글씨를 썼다. 진흙 건물은 세월이 흐르면 무너졌다. 그러면 수메르인과 그 후손들은 그냥 그 위에 새로 진흙 건물을 세웠다. 그 결과 오늘날 이라크와 인근 지역에 흩어져 있는 인공 언덕 텔tell이 생겨났다. 텔의 각 층은 도시 역사의 한 단면으로, 수천 년을 거슬러 올라가는 고고학적 증거를 제공해 준다. 다 쓰고 나면 진흙에 던져 버리고 그 위에 새로운 층을 쌓았기 때문에 여러 공예품, 특히 글씨가 새겨진 점토판이 오늘날까지 보존될 수 있었다.

쐐기 문자(cuneiform은 '쐐기wegde'를 뜻하는 라틴어 **cuneus**에서 왔다. 쐐기 모양과 관련된 다양한 영어 단어에는 어간 cun-이 붙는다)는 갈대를 뾰족하게 해서 만든 첨필로 젖은 점토판에 쐐기 모양의 기호를 새겨 표시하는 문자 체계다. 수메르인은 기원전 3500~기원전 3000년경에 쐐기 문자를 발명했다. 처음에는 재고 상태나 거래 주문 내역을 기록하는 수단이었다. 어떤 이들은 쐐기 문자가 이집트의 상형문자보다 앞섰으며, 상형문자가 만들어지는 데 영향을 줬다고 주장한다. 하지만 상형문자는 그림 요소를 보존한 반면, 쐐기 문자는 그림문자pictogram에서 곧 음절문자적syllabic, 자음문자적abjadic, 표어문자적 요소를 지닌 추상적 표현으로 변형됐다.[5] 지금까지 쐐기 문자판은 100만~200만 점 정도 발굴됐고, 이 가운데 학자들이 해독한 건 약 10만 점이다. 가장 규모가 큰 컬렉션은 대영박물관에 있다. 다른 컬렉션은 베를린, 파리, 바그다드 등에 있지만 소장 규모는 각각 대영박물관의 절반에도 못 미친다.

수메르인의 쐐기 문자 체계는 이후 아카드 제국Akkadian Empire으로 계승되었고, 고바빌로니아어Old Babylonian, 아시리아어Assyrian 등 다양한 아카드어 방언의 표기법으로 채택됐다. 나중에는 메소포타미아 북쪽의 아나톨리아 고원을 점령한 히타이트인Hittites도 쐐기 문자를 사용했는데, 아시리아에서 온 상인들의 영향을 받은 것으로 보인다. 후기 역사에서 쐐기 문자는 비단 상업적 용도로만 쓰인 것이 아니라, 개인적 편지, 외교 서신, 의학 논문, 수학 연구, 천문학 기록, 그리고 문학 작품에도 쓰였다. 세계 최초의 서사시인 『길가메시 서사시』가 바로 대표적인 예다.

기원전 4천년기에서 기원전 2천년기 사이 개발된 기술 가운데 문자가 가장 중요하다는 건 말할 필요도 없다. 하지만 문자만 중요한 것은 아니다. 펜은 칼보다 강할지도 모르지만, 칼 역시 중요한 역할을 했다. 더 엄밀히 말하면 칼 이외에도, 단검, 방패, 흉갑, 정강이 받이, 창촉, 화살촉(그리고 쟁기, 도끼, 송곳, 칼, 삽) 등을 만들게 해준 금속이 중요했다. 야금술의 발전은 인간 지능의 산물이자 문명에 끼친 영향력 측면에서 문자 다음으로 중요한 것이었다.

도끼, 칼, 화살촉, 장신구를 만드는 데 쓰인 최초의 금속은 천연 구리와 금이다. '천연'이란 자연 상태에서 혼합되지 않은 채로 얻을 수 있다는 뜻이다. 천연 금속은 흔하지 않다. 금속은 대부분 광석 안에 있거나 다양한 광물과 혼합되어 있다. 구리와 금은 쉽게 가공할 수 있고 외관상으로도 아름다워서 특히 사람들의 주목을 받았다. 사람들은 구리와 금을 계속 발견하길 원했고, 어디에서 찾을 수 있는지 열심히 탐색해 나갔다. 그러다가 곧 남동석이나 공작석 같은 특정 돌에 열을 가하면 구리를 얻을 수 있다는 사실을 알아차렸다. 그렇게 금속 산업이 시작됐고, 기원전 5천 년기에는 아라비아 반도, 이란Iran, 아나톨리아, 키프로스Cyprus섬(이 섬을 일컫는 **kupros**가 구리copper라는 금속 명칭의 어원이거나 그로부터 파생된 단어다)처럼 구리를 함유한 광석이 많이 나오는 지역에서 이집트, 인더스 계곡, 중국 등지로 무역이 이루어졌다.

6,500년 전부터 3,500년 전까지 이어진 동기 시대, 또는 금석병용 시대의 특징은 구리를 함유한 광석을 채굴하고 분쇄하고 제련하는 기술이 발달했다는 점이다. 동기 시대의 상당 기간 용광로는 구리의 녹는점인 섭씨 1,200도 이상으로 끓지 못했다. 따라서 원하는 모양을 만들기 위해서는 구리를 계속 재가열하고 망치로 두들기는 등 엄청난 육체적 노력이 필요했다. 그러다 풀무(불을 피울 때 바람을 일으키는 기구 – 옮긴이)로 공기를 불어넣어 불길을 부채질할 수 있는 용광로가 발명되자, 구리를 융해한 뒤 주형에 부어서 원하는 모양을 만들 수 있게 됐다. 이 기술은 이미 청동기 시대에 접어든 기원전 2천년기 후반에 등장했다.

구리 산업에는 광산 설계사, 광부, 제련하는 사람, 대장장이, 제품 디자이너, 공예가 등 각 분야의 전문가가 필요했다. 초기에는 생산 비용 때문에 지배층만 구리 제품을 쓸 수 있었다. 도끼에서 칼, 배수관, 주방용품에 이르기까지 모든 것이 구리 세공인의 손에서 나왔다. 동기 시대의 상당 기간, 부유하지 못한 사람들은 계속해서 목재와 석기를 사용했다.

구리가 귀했기 때문에 헌 구리 제품은 용광로에서 녹인 뒤 대장장이의 모루 위에서 새 제품으로 다시 태어났다. 그런데 이렇게 재활용을 할 때는 내구성을 더 높여야 했다. 사람들은 비소나 주석 같은 연질금속

제1부 | 과학

을 약간 섞으면 내구성이 더 좋아진다는 사실을 발견했다. 초기에는 비소를 사용했지만, 다루기 위험하므로 점차 주석으로 대체했다. 구리 90%와 주석 10%로 된 혼합물이 바로 **청동**bronze이다. 청동은 더 단단하고, 오래가고, 모양을 잡기 쉬울 뿐만 아니라 아름다워서 청동으로 만든 도구와 무기는 돌이나 나무, 순수한 구리로 만든 것보다 훨씬 효율적이었다. 예술품과 공예품은 무늬와 디자인이 더 정교하고 복잡해졌다. 그렇게 청동은 인류의 모든 목적에 부합하는 재료로 선택받았다.

근동 지역은 주석이 많지 않아 먼 곳에서 수입해야 했다. 현재 아프가니스탄의 북동부와 영국의 콘월Cornwall이 그 공급처였다. 근동의 청동기 디자인은 오래전부터 이어져 온 장식 토기의 정교함에 영향을 받았고, 청동기 제조가 번성했던 모든 곳에서 그 실용적 가치뿐만 아니라 예술적 가치도 점차 상승했다. 중국의 청동 유물은 디자인 면에서 특출난 정교함을 자랑하고, 때로는 크기 면에서도 다른 지역을 압도하면서 청동기 시대(기원전 3500~기원전 1200년)의 정점을 찍었다.

기원전 1200년경 근동과 지중해 동부 문명이 동시에 급격히 몰락하면서(이집트는 살아남았지만, 몹시 쇠퇴했다) 청동기 시대가 붕괴하고, 여러 나라에서 암흑기가 열렸다. 그러다 기원전 900~기원전 800년부터 문해력literacy과 사회조직, 문화가 다시 부흥하기 시작했다. 로마는 아직 존재하지 않았다. 사울, 다윗, 솔로몬이 등장하는 구약성경 이야기는 그리스 암흑기Greek Dark Ages 중반(기원전 1000~기원전 900년)의 일이다. 참고로 그리스 고전기Classical Greece 바로 이전 시기를 그리스 상고기Archaic Greece라 부르는데, 기원전 6세기의 바빌론 유수Babylonian captivity, 제2성전시대Second Temple era가 바로 이 시기에 해당한다. 상기한 그리스 암흑기가 도래하면서 청동기는 다른 물질로 대체된다. 바로 철기 시대Iron Age라는 웅장한 이름의 주인공, 철이다.

사실 기원전 1500년경에 이미 히타이트인이 철을 제련하고 제조했다. 하지만 사용한 용광로의 온도가 낮아서 제조 과정이 비효율적이었다. 용광로에서 나온 결과물은 철과 찌꺼기가 뒤섞인 **괴철**bloom이어서, 계속 열을 가하고 망치로 두드려 찌꺼기를 제거해야 했다. 이렇게 얻은 연철wrought iron로 만든 도구와 무기는 청동기보다도 약했고 잘 부러졌으며 쉽게 녹슬었다. 날카롭게 다듬은 모서리도 금세 무뎌졌다. 그런데도 연철을 사용한 이유는 단지 철이 풍부하고 쉽게 얻을 수 있는 재료였기 때문이다. 지표면 가까이 있어서 광산을 깊게 팔 필요도 없었고, 청동의 재료인 비싼 주석을 수입하지 않아도 됐다.

철을 좀 더 쓸만하게만 만들 수 있다면, 청동보다 훨씬 매력적인 점이 많았다. 그리고 실제로 청동기 시대가 붕괴해 무역망이 끊기고 청동 제조에 쓸 주석을 구하기 어려워지자, 철 제조 기술이 극적으로 발전했다. 철을 효과적으로 가공하면 청동보다 더 좋다는 사실이 드러났는데, 청동보다 훨씬 저렴한 비용으로 더 날카롭고 강한 기구를 제조할 수 있었다. 용광로가 개선되면서 철 제조에 필요한 고온에 도달하는 데 성공했고, 철을 물에 담가 식혔다가 다시 가열하는 과정을 여러 번 반복하면 더 단단해진다는 점이 밝혀졌다. 철을 숯과 접촉해 가열하면 탄소 함유량이 달라져 강철로 변한다. 강철로 만든 날은 날카로워서 청동 검날과 흉갑을 쉽게 자를 수 있기 때문에, 철제 무기를 보유한 군대를 더 우세하게 해주었다. 쇠도끼를 쓰면 나무를 더 효율적으로 벨 수 있었고, 쇠 쟁기를 쓰면 땅을 더 효율적으로 갈 수 있었다. 게다가 청동 제품보다 더 저렴해서 농부, 군인, 목수, 건축업자, 요리사 등 누구나 소유할 수 있었다. 청동기 시대의 붕괴가 드리운 그림자를 철기 시대가 떨쳐냈을 때, 더 광범위하고 강력한 기술적 가능성이 펼쳐졌다.

＊

지금까지 언급한 다른 어떤 기술보다도 중요할지 모를 기술 두 가지를 더 살펴보자. 특히 이 둘의 결합이 중요한데 바로 바퀴의 발명과 말의 가축화다.

바퀴가 인간의 독창성이 발휘된 가장 위대한 발명 중 하나라는 생각은 신앙에 가깝지만, 리처드 불리엣Richard Bulliet은 다음과 같이 지적한다.[6] 1850년, 증기기관이 세계에서 가장 위대한 발명품의 위치를 차지했다. 그러다 1950년이 되자 훨씬 오래된 발명품인 바퀴가 증기기관보다 더 큰 주목을 받았다. 전기 모터와 내연 기관의 등장도 증기 기관의 몰락에 어느 정도 기여했지만, 자동차와 트럭, 버스의 확산이 더 큰 역할을 했다. 식료품 카트나 자전거, 여행용 가방도 마찬가지다. 1850년대에도 도시의 도로 위나 움푹 팬 시골 흙길을 덜컹거리며 지나가는 바퀴 달린 운송 수단이 있었지만 당시에는 특별히 새롭거나 기발한 것이 아니었다.[7]

이러한 흐름은 유행이라는 게 얼마나 덧없는지 우리에게 상기해 준다. 기술이 더 발전하면 오늘날의 컴퓨터 역시 역사의 찬장 속에 틀어박히고, 한때 경이로운 기술이었던 시계 장치와 증기 기관과 나란히 놓인 채 뿌얀 먼지에 덮일 것이다. 그렇다 할지라도 바퀴가 신석기 시대 이후로 역사에 지대한 영향을 미쳤다는 사실은 변하지 않는다. 하지만 바퀴가 전혀 발명되지 않았더라도 역사의 수레바퀴는 굴러갔을 것이다. 놀랍게도 아메리카 대륙에는 정복자들이 들여오기 전까지 어린이 장난감을 제외하면 바퀴라는 게 없었다. 짐을 옮길 때는 사람이나 라마가 지고 가

거나, **트러보이**travois(막대기 한 쌍을 비스듬히 벌려 썰매 삼은 고유의 운반 장구)
를 이용해 끌었다. 아프리카에서는 바퀴의 존재를 알았지만 사용하지 않
았다. 이집트도 기원전 2천년기 중반까지 그랬다. 이집트 문명이 기원전
3000년 이전부터 바퀴를 널리 사용해온 메소포타미아 문명과 교류하고
있던 점을 생각하면 놀라운 일이다.

중앙 및 남아메리카에서 바퀴를 발명하거나 사용하지 않은 이유가
바퀴를 장착한 마차를 끌 수 있는 덩치 큰 동물이 없었기 때문이라는 가
설이 있다. 하지만 이 주장은 바퀴가 짐의 무게와 마찰력을 줄여주기 때
문에 사람도 수레를 밀거나 당길 수 있다는 사실을 간과하고 있다. 따라
서 중앙 및 남아메리카에서도 원한다면 바퀴를 사용할 수 있었을 것이
다. 하지만 이 지역 사람들은 그렇게 하지 않았다. 사람이나 동물이 직접
짐을 운반하는 방식을 택했다. 산이 높고 숲이 울창한 남아메리카의 지
형은 바퀴 달린 이동 수단을 허용하지 않았으며, 이집트에서도 바퀴는
딱히 필요한 존재가 아니었다. 아주 무거운 짐은 대부분 강으로 운송할
수 있었고, 피라미드를 건설할 때처럼 여러 사람이 힘을 합쳐 강으로 짐
을 나르거나 강에서 짐을 날라 왔기 때문이다.

이는 바퀴가 인류에게 있어서 가장 중요한 기술적 진보 중 하나라
는 일반적 관점을 약화한다.[8] 또 불리엣에 따르면, 메소포타미아에서 다
른 많은 것들이 발명되었다는 사실에 근거해 바퀴도 메소포타미아에
서 발명되었을 거라는 식의 가정은 옳지 않다. 바퀴는 기원전 3000년경
수메르에 등장했지만, 이미 기원전 4천년기 전반기에 카르파티아 산맥
Carpathian Mountains의 구리 광산에서 수백 년간 사용되고 있었고,[9] 흑해 북
쪽 스텝steppe(중위도 지역에 펼쳐진 초원 – 옮긴이) 지대에는 유목민의 이동
식 주택으로 바퀴 달린 수레가 존재했다. 기원전 3000년 이후 주인과 함

께 무덤에 묻힌 마차를 보면 바퀴가 얼마나 중요한 존재였는지 알 수 있다. 기후적, 언어적 증거 모두 바퀴가 처음 생겨난 곳이 캅카스Causasus 북쪽 스텝 지대임을 암시하는데, 이중 언어적 증거는 **바퀴, 축, 수레** 및 관련 물품을 지칭하는 단어의 어원이 원시 인도유럽어Proto-Indo-European(PIE)라는 점에서 드러난다. 바퀴를 사용해 돌아다니는 유목민 마을은 그 기원이 다른 집시를 제외하면, 유목민 전통을 계승한 최후의 민족인 노가이Noghays인이 차르 정부의 강요로 정착 생활을 선택하거나 오스만 제국Ottoman Empire으로 도피해야 했던 19세기 현대까지 존재했다.

이후 수레가 전차로 진화하고, 말이 이끄는 전차가 전쟁터로 돌진하는 모습이 자주 묘사되어서인지 바퀴 기술의 진보와 함께 흔하게 연관 지어 거론되는 것이 말의 가축화다. 사실 최초로 수레를 끈 노동 동물은 소와 야생당나귀onager(길들여진 당나귀donkey보다 성격이 포악하다)였다. 기원전 3천년기 스텔레stele(조각 등을 새긴 석판이나 묘비)에 묘사된 현실 역시 질주하는 전차의 영웅적 이미지와는 거리가 멀었다. 왕은 당나귀가 끄는 전차를 타고 전쟁터로 느릿느릿 기어갔다. 불리엣이 밝힌 것처럼, 메소포타미아에서 수레는 행진하는 귀족이나 신이 타는 것으로 그려졌지만, 르네상스 시대에 이르기까지 역사의 대부분 시간 동안 마차나 수레는 여성이나 하층민 남자의 전유물이었다. 남성이 마차나 수레를 타는 모습은 **품격이 떨어진다**고 여겼기 때문이다. 인류가 말을 타기 시작한 이후 말을 타는 것은 남성성의 오랜 상징이었고 여성이 말을 타는 문화는 극히 드물었다. 원탁의 기사단 랜슬롯 경이 사랑하는 연인 귀네비어에 대한 정보를 얻기 위해 수레에 타는 모욕적인 일을 감수한 것은 매우 의미가 큰 행동이었다.[10]

말은 아메리카 대륙에서 유래해 빙하가 해수면을 상승시키기 전 베링 육교Bering land bridge를 건너 서쪽으로 이동했고, 유라시아의 광활한 스텝 지대에 서식했다. 그리고 얼마 지나지 않아 근원지인 아메리카 대륙에서는 멸종했다. 수천 년 뒤, 정복자들이 데리고 온 말이 아메리카 대륙으로 다시 유입됐다. 원래 스텝 지대의 말은 작고 사나웠으며, 심지어 가축화 이후에도 노동 동물로는 거의 쓰이지 않았다. 천 년 후에나 등장하는 샤이어 말Shire horse처럼 품종이 개량되기 전까지는 소보다, 심지어는 당나귀보다도 힘이 약해서 노동 동물로서 경쟁력이 없었다. 아무리 이르게 잡아도 기원전 6000년경까지는 말을 기르려는 시도가 없었던 것으로 보인다. 말을 사육한 최초의 증거는 카스피해Caspian Sea 북서쪽 스텝 지대(오늘날의 카자흐스탄)에 살던 보타이Botai족에게서 확인할 수 있다. 처음에는 젖과 고기를 얻을 목적으로 말을 길렀고 기원전 3500년경에는 말 위에 마구를 놓고 타기 시작했다. 당시 말 두개골의 이빨에서 재갈을 물었던 흔적을 확인할 수 있다.

기원전 2000년 이후 메소포타미아와 이집트의 예술품에는 말이 전차를 끌고 다니는 모습이, 기원전 1600년 이후에는 사람이 말을 타는 모습이 등장한다. 한 가지 가설은 말 엉덩이 위에 앉지 않는 이상 대부분의 품종이 사람 한 명의 무게를 견딜 만큼 튼튼하지 못했다는 것이다. 하지만 이렇게 뒤쪽에 앉으면 동물을 통제하거나 안정되게 앉아 있기가 어렵다. 오늘날의 익숙한 모양새로 탈 수 있을 만큼 말이 튼튼해지자, 말은 전차보다 훨씬 더 빠르고 편리한 이동 수단으로서 인류의 강력한 파트너가 됐다. 결국 시간이 꽤 흐른 뒤에 전차는 기병에게 자리를 내어주게 된다. 기병이 전차보다 뛰어나다는 것을 보여주는 인상적인 예로는 기원전 331년 가우가멜라 전투Battle of Gaugamela에서 알렉산드로스 대왕Alexandros the Great의 기병이 페르시아 왕 다리우스 3세의 전차를 격파한 사건을 들

제1부 | 과학

수 있다.[11]

　하지만 방금 언급한 사건들이 있기 훨씬 전부터 사람들은 말을 타고 있었다. 말을 길들이는 것과 가축화하는 것은 다른 이야기다. 어떤 학자들은 '가축화'에는 선택적 교배를 통해 사람이 원하는 특성을 강화하는 과정이 필요하다고 주장한다. 다시 말해 우유, 털, 고기를 더 많이 생산하고 성격이 유순해지는 등 동물에게 생리학적 변화가 일어나야 한다. 일리가 있는 주장이다. 이런 의미에서 확실히 인류는 가축화 이전에 말을 길들였다. 보타이족이 말을 탈 수 없었다면, 말을 울타리 안에 넣어두고 길들이지 못했을 것이고, 결국에는 가축으로 삼지도 못했을 것이다. 그러므로 보타이족이 말을 잡아 길들인 뒤, 그 말을 타고 더 많은 말을 쫓고 사로잡아서 울타리 안에 넣었으며 또 길들였다고 보는 게 타당하다.

　나중에 2장에서 논의하겠지만, 인도유럽어를 쓰는 얌나야Yamnaya 문화 사람들이 스텝 지대에 살다가 서쪽의 유럽과 남동쪽의 인도로 이동해서 (논란의 여지가 있는 유전학 연구에 따르면) 수렵채집인을 몰아내고 거기서 살 수 있었던 건, 바퀴와 가축을 보유하고 있어서 이동이 쉬웠기 때문인 게 거의 확실하다. 이렇게 기술의 유무가 커다란 차이를 만들었던 지역에서는 바퀴와 가축이 정말로 중요한 기술이었다.

　청동기 시대의 기술자와 건축가는 놀라운 업적을 이뤘다. 가장 유명한 건 이집트 왕조 유적인 피라미드다. 메소포타미아(예를 들어 우루크와 바빌론)와 이후 레반트(예를 들어 우가리트Ugarit) 지역에 지어진 신전과 궁전 역시 높은 기술력의 증거다. 그리스 고전기의 신전들도 우아함, 대칭성, 비율 면에서 타의 추종을 불허한다. 하지만 진정으로 위대한 고대 건축가는 바로 로마인들이었다. 로마인은 아치arch를 개발했고 아치를 일렬로 배열한 배럴 볼트barrel vault로 확장했으며, 더 나아가 커다란 돔을 지탱할 수 있는 교차 볼트intersecting valut를 개발했다. 이러한 건축 공학을 잘 보여주는 건축물이 로마에만 둘 있다. 첫째는 기원후 110~125년에 지어진 판테온Pantheon이다. 고대 공학의 기적이라 할 수 있는 판테온의 돔은 지름이 무려 43.3미터에 달한다. 둘째는 기원후 70~80년에 지어진 콜로세움Colosseum이다. 콜로세움은 한때 네로Nero 황제의 황금 궁전 도무스 아우레아Domus Aurea의 유원지 중 일부였던 호수를 메꾼 땅 위에 지어졌다. 이 타원형 경기장은 장축이 189미터, 단축이 156미터, 바닥 면적이 2만 4,000제곱미터로, 관객 5만 명을 수용할 수 있었다. 지하 터널과 공간에는 야생동물 우리를 경기장 바닥으로 올리는 승강기, (초기에는) 해상 전투를 묘사하기 위해 경기장 바닥을 물에 잠기게 하는 장비 등 무대를 전환하는 기계들이 설치되어 있었다.

로마 기술자들의 건축 원리와 기술은 점차 발전해 나갔다. 그중에서도 로마인에게 큰 혜택을 안겨준 가장 위대한 업적은 바로 깨끗한 물을 도시로 공급하는 수도교aqueduct와 더러워진 물을 버리는 하수도 시설이었다. 세고비아Segovia에 있는 이중 아치 구조의 수도교를 보라. 계곡을 가로질러 물을 운반하는 웅장한 아치들의 아찔한 높이는 지금도 감탄을 자아낸다. 건축가로서 로마인들이 성공할 수 있었던 중요한 요소로 화산재와 석회의 혼합물로 이루어진 시멘트인 **포촐라나**pozzolana를 들 수 있다. 로마의 위대한 건축물들이 오늘날까지 남아 있을 수 있었던 건 포촐라나가 불이나 물에 잘 손상되지 않기 때문이다. 하지만 기원후 5세기에 서로마제국이 몰락하면서 로마 시멘트를 만드는 비법, 커다란 돔을 올리는 방법, 그 외 다양한 지식들이 역사의 뒤안길로 사라져 버렸다. 돔을 올리는 방법에 관한 지식은 천 년이 지난 15세기 중반에 피렌체의 브루넬레스키Brunelleschi가 등장하면서 비로소 다시 인류의 손에 들어온다. 시멘트 제조법은 무려 19세기에 이르러서야 다시 발명된다.

로마의 또 다른 눈부신 업적으로는 도로가 있다. 로마의 도로는 매우 꼼꼼히 설계됐다. 모랫바닥에 평평한 돌을 깔고, 그 위에 자갈돌을 두 겹 더 깔고, 점토나 콘크리트로 덮은 뒤, 마지막으로 왕자갈을 이용해 볼록한 표면을 만들었다. 8만 킬로미터에 달하는 로마 고속도로 위로 무수한 마차와 군대가 돌아다녔지만, 엄청나게 견고한 덕분에 일부 도로는 오늘날까지도 여전히 사용되고 있다. 도로들은 가능한 한 일직선으로 설계됐다. 강이 있으면 다리를 놓았고, 15~20킬로미터마다 우편중계국이, 50~60킬로미터마다 여관이 있었으며, 전부 동일한 공식 언어와 통화를 사용했다. 참고로 로마제국은 스코틀랜드 국경에서 이집트와 아라비아의 사막까지 뻗어 있었다.

신석기 시대 그리고 청동기 시대에 이집트와 메소포타미아 지역에서 배는 중요한 운송 수단이었다. 이집트인은 단순하고 네모난 돛을 펼친 갈대배로 나일강을 따라 남쪽 상류로 이동했다가, 돛을 접은 뒤 그냥 강물을 타고 하류로 돌아오곤 했다. 유프라테스강 쪽에서는 처음에 동물 가죽으로 만든 배를 이용했다. 바다를 항해하는 건 오랫동안 아주 위험한 일이었기에 사람들은 바다로 나가더라도 해안 주변에서만 맴돌았다. 호메로스의 서사시에서 오디세우스가 바다에 보인 존경심은 확실히 바다의 맹렬함을 제대로 반영하고 있다. 그래도 청동기 시대에는 해상무역이 자리잡아 지중해 동부를 긴밀히 연결해 주었다. 가장 중심이 된 교역 상품은 고대 시대의 석유라 할 수 있을 만큼 중요한 주석이었다.

청동기 시대가 붕괴한 이후 수 세기 동안 바다의 주인은 페니키아Phoenicia인이었다. 이들은 처음에는 지중해 동부 연안에 살다가 그 지역의 정치 상황에 떠밀려 더 안전하고 편리한 지역으로 활동 근거지를 옮겼다. 그곳이 바로 그 전까지는 단지 북아프리카 해안의 교역소에 지나지 않았던 카르타고Carthago였다. 이처럼 실용적인 배경에서 성장한 카르타고는 엄청나게 부유한 상업 제국의 중심지로 성장했고 웅장한 도시는 그 자체로 당대의 불가사의였다. 항해 기술이 뛰어났던 건 카르타고인만이 아니었다. 섬에 사는 그리스인들도 물 위를 제집처럼 돌아다녔다. 기원전 5세기 아테네의 테미스토클레스Themistocles는 페르시아의 위협에 맞서 강력한 해군을 양성하고, 기원전 480년 9월 그 유명한 살라미스 해전Battle of Salamis에서 크세르크세스Xerxes의 함대를 무찌르며 승리를 거두었다.

이후 신흥 세력인 로마와 기존 세력인 카르타고 사이에 갈등이 일어나고, 결국에는 일련의 전쟁으로 번지게 되자(기원전 3세기 초에 시작해 기원전 146년 카르타고의 멸망으로 끝난 포에니 전쟁Punic Wars), 로마 역시 배를 건조하기 시작했다. 트리에레스 선trireme(3단 노가 달린 군용선 – 옮긴이)을 비롯해 노가 달린 배로 싸우던 그리스, 페르시아, 로마, 카르타고의 해전이 2,000년이 지난 후에도 비슷한 양상으로 펼쳐졌다는 점은 흥미롭다. 기원후 1571년, 노 달린 배를 탄 양쪽 해군이 레판토 해전Battle of Lepanto에서 맞붙었다. 『돈키호테Don Quixote』의 저자 미겔 데 세르반테스Miguel de Cervantes는 이 전투에서 부상을 당해 평생 왼손을 쓰지 못하였다.

페니키아인이 한때 지중해의 주인이었을지도 모르지만, 지역적으로 지중해에만 국한되어 있었고, 시대적으로도 늦었다고 할 수 있다. 페니키아인이 있기 오래전, 기원전 3000~기원전 1500년 사이에 오스트로네시아Austronesian인들이 태평양을 가로질러 지구의 절반에 해당하는 엄청난 장거리를 항해했다. 해양사학자들에 따르면 이러한 위업을 달성할 수 있었던 건 아우트리거outrigger(물 위에 더 안정적으로 떠 있게끔 선체에 측면

지지 부유물을 단 것 – 옮긴이)와 쌍동선catamaran(두 선체를 갑판 위에서 결합한 배 – 옮긴이)의 발명 덕분이다. 하지만 별이나 해류, 탁월풍, 기상현상을 관측하지 않았다면, 아무리 튼튼한 배일지라도 이렇게 엄청난 장거리를 항해하진 못했을 것이다. 기원후 15세기에 포르투갈의 '항해왕자' 엔히크Henrique가 대서양 남쪽으로 내려가 아프리카 서부 해안을 따라가는 항로를 개발할 때까지, 서구 세계는 오스트로네시아인들보다 한참 뒤처져 있었다. 적도를 향해 서쪽으로 부는 북동 무역풍과 대서양 중북부에서 동쪽으로 부는 남서 편서풍을 이용하는 **볼타 두 마르**volta do mar('바다에서의 귀환')라는 기술을 익히고 나서야 서구 세계는 더 서쪽으로 나아가는 모험을 장려하기 시작했다. 사실 바이킹족이 500년 먼저 북아메리카 대륙에 도착하긴 했지만, 이베리아Iberia 반도에서 최초로 이 모험을 떠난 사람은 크리스토퍼 콜럼버스Christopher Columbus였다.

항해왕자 엔히크는 '발견의 시대Age of Discovery'를 연 장본인으로 알려져 있다. 바르톨로메우 디아스Bartolomeu Dias와 바스쿠 다가마Vasco da Gama가 아프리카의 뿔Horn of Africa을 돌아가는 탐험을 통해서(1490년대 다가마의 경우 인도까지 갔다) 궁극적으로 동인도와 유럽 사이의 무역을 확립했으며, 나아가 인도의 식민지화를 이끌었다. 이러한 항해의 주된 목적은 당시 인도에서 육로를 거치거나 아라비아 반도를 가로질러 수입하던 값비싼 향신료 무역에 대한 아랍Arab과 베네치아Venice의 장악력을 약화할 방법을 찾기 위함이었다. 당시 무역망은 기원전 1500년경 동남아시아 섬에 거주하는 오스트로네시아인이 동남아시아 대륙과 중국에 시나몬, 소두구cardamom, 후추, 생강, 강황, 육두구nutmeg, 카시아 등을 팔면서 처음 개발된 이래로 점차 서쪽으로 확장된 것이었다. 향신료 자체도 원래 비싼데 육로까지 건너오다 보니, 적어도 기원후 8세기부터 유럽에 향신료를 유통하는 무역 거점이었던 베네치아는 엄청나게 부유해졌다.

유럽 탐험가들이 장거리를 항해하게 해준 핵심적 기술 발전 두 가지는 삼각돛lateen sail과 선미 방향키stern rudder였다. 큰 삼각형 모양의 삼각돛은 고대 비옥한 초승달 지대 사람들과 중세 바이킹이 사용하던 가로돛을 대체한 것으로, 가로돛은 순풍을 받아야만 앞으로 나아갈 수 있지만, 삼각돛은 역풍을 맞으면서도 나아갈 수 있어 기동성이 향상됐다. 또 거친 바다를 항해하거나 군사 작전을 할 때, 배 측면에 부착한 노를 젓는 것보다 선미 방향키로 조종하는 게 더 안전하고 효율적이었다. 이와 함께 여러 기술 혁신들이 더해져 더 효율적이고 효과적으로 항해할 수 있게 됐다.

아스트롤라베astrolabe(고대부터 중세까지 그리스, 아라비아, 유럽 등지에서 쓰이던 천체 관측 장치 – 옮긴이), 직각기cross-staff, 나침반compass, 사분의quadrant, 팔분의octant. 육분의sextant 같은 항법 기구들은 오스트로네시아인이 오래전부터 사용한 항법에 비하면 훨씬 늦게 등장했다. 이런 기구들은 시간을 알아내는 법이 발전하면서 함께 등장했다. 초기 발명품으로는 그림자 시계(그노몬gnomon)와 그노몬의 해시계 버전, 물시계(클렙시드라clepsydra) 등이 있다. 고정된 장소에서 시간을 재는 건 그리 어렵지 않았지만, 망망대해에서 계속 움직이면서 시간을 재는 건 훨씬 더 복잡한 일이었다. 위도는 태양의 높이와 별의 위치를 이용해 상대적으로 수월하게 측정할 수 있는 반면 경도는 측정하기 어려웠다. 경도를 측정하려면 시계가 두 개 필요했는데 하나는 항해 출발지 시간에 맞추고, 다른 하나는 태양 위치에 따라 매일 시간을 조정해야 했다. 그 후 위도에 관한 지식을 토대로 경도를 결정할 수 있었다. 두 시계 사이의 1시간 차이는 경도 15도 차이에 해당했다. 이 15도가 거리로 몇 킬로미터에 해당하는가는 위도에 따라 달랐다. 적도에서는 약 1,600킬로미터였고, 북극과 남극에서는 0킬로미터였다. 놀랍게도, 독학으로 기계학을 배운 시계 제작자 존 해리슨John Harrison이 세계 어디서나 어디로 항해하든 모항(배의 근거지가 되는 항구 – 옮긴이)의 시간을 정확하게 알려주는 시계인 해양 크로노미터marine chronometer를 발명한 18세기에 이르러서야 항해사들은 자신이 어디 있는지 알게 됐다.[12] 그 전까지는 시계를 믿을 수가 없었다. 배가 요동치다 보니 추시계도 잘 작동하지 않았고 염분이 높은 바다 공기, 폭풍우와 큰 파도로 인한 수분은 물론, 기후가 달라지면서 바뀌는 온도 등으로 시계가 빨라지거나 느려지거나 멈춰버렸다. 해리슨이 등장하기 전까지, 항해에서 추측을 보완할 수 있는 유일한 수단은 경험이었다. 물론 경험이 있다고 하더라도 주로 추측에 의존해 항해해야 했지만 말이다.

중국에서 발견된 기원전 2300년 무렵의 채색 막대기는 그림자를 통해 시간을 알려주는, 현재까지 알려진 가장 오래된 그노몬 가운데 하나로 여겨진다. 그리스인은 하루를 12등분 한 눈금이 있는 해시계를 발명했다. 햇빛이 없는 밤에는 날이 추워 물이 얼지 않는 한 물시계로 시간을 측정했다. 시계 기술은 중세 시대 이후에 상당히 빠르게 발전했다. 9세기 초, 바그다드의 칼리프Caliph(이슬람 교단의 최고 지도자 – 옮긴이)가 샤를마뉴 대제Charlemagne에게 선물한 물시계는 종소리가 울리고 말을 탄 사람 모형이 움직였다. 11세기 중국 기술자 소송蘇頌은 황제를 위해 시간뿐만 아니라 천체의 움직임까지 알려주는 물시계를 개발했다. 이들 시계는 잘 제어되고 균일하게 흐르는 물의 특성을 이용해 설계되었다.

기계식 시계는 13세기에 탈진기escapement의 발명과 함께 등장한다. 탈진기란 추가 아래로 떨어지는 것 또는 용수철의 장력이 풀리는 것을 주기적으로 방해해서 시계가 일정한 속도로 똑딱이게 하는 장치다. 초기의 어설픈 기계식 시계는 분이나 초가 아닌 시 단위만 표시할 수 있었지만, 교회 탑이나 으리으리한 성의 대회당에서 쓰기에는 그걸로도 충분했다. 16세기에 태엽이 개발되면서 작고 정확한 휴대용 손목시계가 등장했다. 시계 장치는 우주라는 거대한 기계에 대한 은유로서, 17세기와 18세기 계몽주의에 영향력 있는 상징으로 자리 잡았다.

우리가 사용하는 모든 장치는 기존에 있던 기술이 계속 개선되고 발전하면서 발명된 것이다. 예를 들어 말고삐가 운송에, 그리고 결과적으로 경제에 미친 영향을 생각해 보라. 로마인은 말이 짐을 끌다가 질식하는 걸 막기 위해서 마차의 무게를 법적으로 제한했다. 또한 보호대가 달린 말고삐가 등장하면서 말 여러 마리가 부상 없이 훨씬 더 많은 짐을 끌 수 있게 됐다. 그 결과 12세기에는 운송 비용이 4세기 때의 3분의 1로 줄어들었다. 말고삐가 무역과 인구 이동에 미친 영향은 실로 엄청났다.

중국은 수없이 많은 눈부신 기술 혁신의 고향으로 유명하다. 연, 화약, 불꽃놀이, 로켓, 목판 인쇄물(618~907년 당 왕조) 등인데, 그중에서도 기원전 2천년기 중반에 이미 독보적인 경지에 오른 청동기가 대표적이다. 중국은 그밖에 다른 발명품에 관해서도 자기 나라가 최초라고 야심차게 주장하고 있다. 일부 발명품은 신석기 시대까지 거슬러 올라간다. 가장 신뢰할 만한 건 양잠(비단 생산)과 운하 갑문에 관한 주장이지만 수메르 이전 메소포타미아에도 수위를 높이고 낮추는 기술은 존재했다. 중국은 반 전설상의 상商 왕조(기원전 2천년기)부터 송宋 왕조(960~1279년)와 그 이후에 이르기까지 종, 관, 마구, 벽돌, 도자기 유약, 파종기, 아치형 다리, 선미 방향키, 주철, 강철, 외바퀴 손수레, 꼭두각시, 천연두 백신, 심지어는 장난감 헬리콥터까지 발명했다고 주장한다. 사실일지도 모르지만 이 발명품들 또는 기능이 비슷한 제품들이 다른 시기에 다른 장소에서도 독자적으로 발명됐다. 역사의 후반부까지 중국과 근동, 유럽 사이의 접촉이 제한적이었기 때문에, 이런 다양한 혁신 기술이 전파되는 과정에서 누가 누구에게 영향을 주었는지, 얼마나 영향을 주었는지, 아니면 영향 자체가 있긴 했는지를 알아내기란 상당히 어렵다. 지금까지 언급한 역사 중에는 상당히 늦은 시기인 기원전 2세기에 실크로드Silk Road가 처음 등장하면서 상호 간에 횡단이 이루어졌지만, 그렇다고 그 이전에 있었던 말의 가축화와 전차(많은 예 중 딱 두 가지만 들었다)가 스텝 지대를 가로질러 동서 간에 기술이 전승된 결과가 아니었다고 보기는 어렵다. 중국의 경우 기원전 1200년경부터 전차를 사용했고 대략 기원전 2000~기원전 1600년부터 고고학 유적지에서 말뼈가 자주 나오기 시작했다. 그런데 캅카스 북쪽 스텝 지대에서는 그보다 이른 시기에 말의 가축화와 바퀴의 발명이 둘 다 이루어졌기 때문이다.

17세기 이후로 중국에 대한 서양의 지식이 크게 늘어났음에도, 이즈음 중국은 초기 역사에서 보여줬던 독창성이 전통이라는 이름 아래 오랜 시간 경직되고 억압된 상태였다. 그럼에도 세계 각지에서 비슷한 기술이 독립적으로 거의 동시대에 등장한 것은 흥미로운 현상이다. 이는 거리가 굉장히 멀고 이동 수단이 제한적임에도, 8,000년 전 이래 인류가 유라시아 대륙을 무대로 예상보다 훨씬 더 빈번하고 광범위하게 이동하고 교류했음을 암시한다. 사람들은 아이디어를 전파할 수 있다. 그 아이디어가 일단 비옥한 땅에 뿌려지면 걷잡을 수 없이 퍼져 나간다. 물론 장애물도 생겨난다. 경직된 전통, 낯선 방식에서 오는 외세 혐오적 의심 등이 자주 훼방을 놓았음은 두말할 나위도 없다. 그러나 아이디어는 반드시 퍼져 나간다.

중국에서 시작되어 근동과 유럽으로 전달된 이후 역사의 흐름에 지대한 영향을 미친 발명품이 있었으니, 바로 화약이다. 화약은 수도자들이 장생불사의 단약을 찾던 중 숯에 유황과 질산칼륨(초석)을 섞었더니 자욱한 연기가 뿜어나오며 굉장히 빠르게 타오르는 물질을 얻게 된 것이 그 시초라고 알려져 있다. 9세기에 일어난 이 사건에 흥미를 느낀 중국 연단술사들은 혼합물을 가지고 실험을 거듭했다. 불꽃놀이도 하나의 동기였지만 실험 동기가 단지 오락적인 것만은 아니었고 화염방사기, 로켓 추진 화살, 폭탄 등을 만들기 위한 목적도 있었다. 13세기 초에는 화약의 특성과 제조법이 아라비아와 유럽에 알려졌다. 최초의 대포는 14세기에 만들어졌다. 1453년 콘스탄티노플 점령에서 핵심 역할을 한 오스만 제국의 공성포부터 17세기에 일어난 30년 전쟁Thirty Years War에서의 활약까지, 대포는 기술적으로나 군사적으로나 진보되고 정교한 과학이었다.[13]

대포는 성과 성곽이라는 방어 체계에 종말을 고했다. 화기가 빠르게 발전하면서 갑옷을 입고 무장한 기사 역시 사라졌다. 값비싼 탱크의 중세 버전이라 할 수 있는 이 기사들은 사실 석궁crossbow 때문에 이미 아슬아슬한 위치에 놓여 있었다. 석궁이 갑옷을 뚫을 수 있었기 때문이다. 하지만 화기는 초기의 불안정한 버전조차도 석궁보다 훨씬 더 강력하고 위협적이었다.[14] 최초의 화기는 중국에서 만들어졌다. 화약을 채워 넣은 대나무관으로 발화하면 작은 총알이 발사됐다. 12세기부터는 대나무관을 대신할 금속관이 발명되었고 중국인들은 이를 '손 대포手炮'라 불렀다. 아랍인과 맘루크Mameluk(노예 출신의 엘리트 군인으로, 이들이 이집트 지역에 세운 맘루크 왕조는 13~16세기에 걸쳐 존속했다 – 옮긴이)는 13세기에, 유럽인은 14세기에 화기를 손에 넣었다. 가장 먼저 개발된 총은 강선(총열 안쪽의 나선형 홈 – 옮긴이)이 없고, 총신이 길며, 총구로 장전하는 머스킷 총이었다.

이 기본 모델은 19세기까지 살아남았다. 그 후 총신 내부에 강선을 파고 탄약통을 따로 결합하는 등 더 나은 기술이 개발되면서 무기들이 사용하기 더 안전해지고(초기 머스킷 총은 가끔 사용자 얼굴에서 폭발하곤 했다) 훨씬 더 효율적으로 진화했다. 워털루 전쟁Battle of Waterloo에서 머스킷 총을 든 숙련된 병사들은 1분에 6발을 쏠 수 있었다. 19세기와 20세기에 화기 관련 기술이 급속도로 진보하면서 6연발 권총, 연발식 소총, 기관총, 기관 권총 등 강력한 살상 무기들이 등장했지만, 연간 수십억 달러 규모의 총기 사업은 세계 평화와 안정에 긍정적인 영향을 주지는 않았다. 20세기 말 아프리카의 뿔 지역에서는 어린아이 몇 명을 자동 소총 칼라슈니코프Kalashnikov와 맞교환할 수 있다는 경악할 만한 이야기도 들려왔다.

같은 시기, 훨씬 더 긍정적으로 발전한 기술 분야로는 인쇄술, 농경, 제조, 운송 및 교통수단을 들 수 있다. 농경에서는 돌려짓기를 하고 토양 비옥도가 올라가면서 수확물이 증가했다. 이는 인구 증가를 촉진하고, 또 감당했다. 증기 동력은 초기에는 광산에서 물을 퍼 올리거나 직물 제조를 하는 데 쓰였으며, 그 후 운송수단으로 진화했다. 철도는 바퀴의 발명 이후로 자동차와 비행기가 거의 동시대에 출현하기 전까지 가장 위대한 발명품이었다. 자동차와 비행기를 움직이는 내연 기관internal combustion은 몇 가지 원형prototype 버전이 18세기 후반에 발명됐지만, 실제 자동차와 항공기 엔진에 쓰이는 기본적인 형태의 내연기관에 대한 최초의 특허는 1870년대에 발행됐다.

내연 기관은 자연의 힘을 통제해서 일하게 하는 간단한 방법을 보여주는 훌륭한 예이다. 주로 이동 수단이나 운송 수단으로 쓰이며, 증기 기관보다 훨씬 더 유용하다. 실린더 안에서 폭발이 일어나면 피스톤이 움직이는데, 피스톤은 바퀴에 동력을 전달하는 지레와 톱니바퀴 시스템에 연결되어 있는 동시에 실린더 입구를 다시 열어 내부로 연료가 들어오게 한다. 연료가 들어오면 잠시 후 불꽃이 일어나고 다음 폭발이 일어난다. 그렇게 연료 공급이 멈출 때까지 주기가 반복된다. 숨 막힐 정도로 간단하면서 엄청나게 효과적이다. 이 작업에 필요한 금속은 기술 자체가 발명되기 훨씬 이전부터 존재했다.

이러한 발전은 대부분 과학의 초기 발전사와 겹치고 점점 더 과학과 연결점이 많아짐으로써 우리에게 친숙한 근대 유산의 일부가 됐다. 따라서 여기서 상세하게 설명할 필요는 없을 것이다. 하지만 이 모든 기술은 직접적이든 간접적이든, 두 문단 전에 첫 번째로 언급한 새로운 기술에 빚을 지고 있다. 바로 인쇄술이다.

이집트인은 나일강 습지에서 자라는 사초sedge(꽃을 피우는 풀 모양의 식물)로 파피루스papyrus를 만들었다. 메소포타미아인은 점토판을 사용했다. 중국인은 뽕나무 껍질, 대나무, 등나무를 펄프 막으로 만드는 방식으로 종이를 발명했는데 이렇게 만들어진 종이로 우산, 부채, 화장지를 만들었다. 종이에 녹말을 칠해 빳빳하게 '풀을 먹이면' 그 위에 글씨를 쓰기도 좋았다. 8세기 중반 아랍인에게 포로로 붙잡힌 중국 제지업자들이 종이 제조 비법을 누설하면서, 9세기와 10세기에 바그다드를 중심으로 이슬람 세계에 도서 시장이 더욱더 번창하는 계기가 됐다. 서점만 100곳이 넘었던 이때가 이슬람 문화가 가장 개방적이고 관용적이며 지적으로 정점을 찍었던 시기다.

유럽에서는 양가죽으로 만든 양피지에 손으로 베껴 써서 책을 만들었다. 양피지도, 손으로 베끼는 작업도 비쌌다. 종이 제조는 12세기 초 무슬림의 영향으로 스페인에서 처음 시작됐는데, 이후 2세기 동안 르네상스의 특징인 문해력과 호기심이 증가하면서 유럽 다른 지역으로 굉장히 빠르게 전파됐다. 종이는 양피지보다 저렴했지만, 책을 만들려면 여전히 손으로 베껴 써야 했기에 대량 생산하려면 비용이 너무 많이 들었다. 이러한 상황은 요하네스 구텐베르크Johannes Gutenberg의 발명으로 전환점을 맞이한다.

유럽의 직물 제조업자들은 오래전부터 목판으로 옷에 무늬를 찍어내 왔고, 똑같은 기법을 이용해 종교화나 게임용 카드를 제작했으므로 인쇄술이라는 개념 자체는 새로운 게 아니었다. 하지만 1436년에서 1453년 사이에 구텐베르크가 **가동 활자**movable type라는 개념을 개발하면서 혁신이 일어났다. 가동 활자는 비교적 적은 수의 기호를 조합해 모든 단어를 표현할 수 있는 알파벳을 사용하는 언어에 최적이었다. 중국의 인쇄업자와 직물 패턴 디자이너는 목판마다 활자를 하나하나 새겨야 했지만, 가동 활자를 쓰면 같은 글자를 여러 번 사용할 수 있었다. 다른 조합으로 맞출 수도 있고, 다시 잉크를 묻혀 종이에 찍어내면 책을 몇 권이고 찍어낼 수 있었다.

구텐베르크는 인쇄 과정의 모든 부분을 혁신했다. 납과 주석, 안티몬을 섞은 합금으로 만든 활자는 내구성이 굉장히 뛰어나 여러 번 반복해 사용해도 깔끔하고 깨끗한 결과물을 내놓았다. 또한 철로 만든 형틀과 주조기로 주조했기 때문에 모양이 일정했고 생산하기도 쉬웠다. 책을 필사할 때 쓰는 수성 잉크를 발전시켜 유성 잉크를 개발한 것도 그였으며, 제대로 된 건 이후에 다른 사람들이 개발하지만 컬러 인쇄도 시도했다.

구텐베르크의 인쇄소는 독일 마인츠Mainz에 있었다. 15세기가 끝나기 전 50년도 채 안 되는 기간에 유럽 전역에 300여 곳의 출판사가 세워졌고, 2,000만 권의 책이 인쇄됐다. 16세기 끝 무렵에는 그 수가 10배 증가해 2억 권이 인쇄된 것으로 추산된다.

인쇄술이 세상을 얼마나 바꿨는지는 두 가지 예만 살펴봐도 충분하다. 첫째, 종교개혁에 불을 지폈다고 평가받는 마틴 루터Martin Luther는 사실 최초로 로마 교회를 비판하는 목소리를 낸 사람이 아니었다. 실제로 루터 이전에 얀 후스Jan Hus를 비롯한 여러 사람들도 정확히 똑같은 비판을 했다. 하지만 루터는 새로운 인쇄술의 시대에 살고 있었다. 루터가 쓴 95개조 반박문은 유럽에 30만 부가 유통됐고, 단체나 신자 모임에서 소리 내어 읽는 관습 덕분에 더 많은 사람에게 복제되어 전해졌다. 또 루터가 번역한 독일어 신약성경은 루터 생전에 20만 부가 유통됐고, 마찬가지로 소리 내어 읽히며 더 널리 퍼져 나갔다. 이 새로운 매체의 가능성과 위험성을 빠르게 인식하기 시작한 교회에서는 1559년에 **금서목록**Index librorum prohibitorum을 지정하지만, 인쇄술의 힘을 등에 업은 사상의 확산 앞에서는 별 효과가 없었다. 인쇄술은 16~17세기에 일어난 철학 및 과학 혁명, 그리고 그 뒤를 잇는 18세기 계몽주의를 부채질했다.[15]

둘째, 문맹의 증가와 사람들의 무지, 종교의 검열로 천 년간 등한시되던 고대의 고전이 인쇄되고 보급되면서, 철학과 과학에 대한 관심을 되살리는 자극제가 됐다. 나중에 과학의 역사에 대해 다룰 때 다시 밝히겠지만, 이 두 번째 예는 첫 번째 예보다 확실히 더 중요하다.

인쇄, 증기 동력, 오늘날의 디지털 기술(특히 소셜 미디어와 같은 의사소통 플랫폼에서 쓰이는 기술)은 전부 급속도로, 또 광범위하게 받아들여지면서 사회와 역사에 영향을 미친 혁신 사례다. 구텐베르크의 발명 이후 50년도 지나지 않아 책 수천만 권이 인쇄되어 나온 사건은 최근 있었던 휴대용 스마트폰의 발명과 상당히 유사하다. 긍정적인 영향력도 부정적인 영향력도 매우 비슷하다. 인쇄술은 16세기 사상을 지배하던 교회의 패권을 무너뜨리고 우주를 바라보는 새로운 관점을 제시했다. 오늘날 소셜 미디어가 창출한 전 세계적인 소통의 장이 어떤 영향력을 행사할지 아직은 충분히 체감되지 않았다. 하지만 미국에서 경찰이 아프리카계 미국인을 살해한 것과 같은 사건들은 비디오 영상으로 전 세계에 공유되면서 루터의 반박문과 비슷한 혁명적 효과를 불러올 수 있다.

인간 창의성의 산물들을 훑어본 이 장을 끝맺기 전에, 또 다른 기술 발전 두 가지를 더 언급하려 한다. 둘 다 과학의 발전에 각각 중요한 역할을 했다. 하나는 망원경telescope이고, 하나는 현미경microscope이다. 역사상 최초로 망원경을 제조한 사람은 네덜란드 제일란트Zeeland주의 안경 제조업자 한스 리퍼세이Hans Lippershey로 인정되고 있다. 1608년, 네덜란드어로 '관찰자'를 뜻하는 **키케르**kijker라는 망원경으로 처음 특허를 신청했기 때문이다. 리퍼세이는 볼록렌즈와 접안부의 오목렌즈를 겹쳐서 3배율, 즉 사물을 3배 더 가까이 보이게 하는 망원경을 만들었다. 망원경을 발명했다는 리퍼세이의 주장은 즉각 다른 안경 제조업자들의 항의를 받았다. 그들은 만약 리퍼세이가 다른 제조업자들의 아이디어를 차용한 게 아니라면, 렌즈 두 개를 겹쳐서 교회 첨탑을 바라보는 아이들을 보고 아이디어를 얻어 만든 흔한 도구일 뿐이라고 주장했다.

1609년, 갈릴레오Galileo가 파리에 사는 친구 자크 보베데레Jacques Bovedere를 통해 이 장치의 소식을 전해 들었다. 갈릴레오는 즉각 자신만의 망원경을 제작하기 시작했고, 결국 20배율이 넘는 망원경을 만들어 냈다. 갈릴레오는 자신의 장치를 베네치아 상원에 선보였고, 항해 및 군사상의 잠재력을 즉각 알아본 이들은 갈릴레오에게 큰 보상을 주었다. 1610년 1월, 갈릴레오는 자신의 망원경으로 목성의 위성을 관측했다. 그 외에도 달 표면과 금성의 위상, 태양 흑점을 묘사하고 은하수에서 구름처럼 보이는 부분이 사실은 별들이 무리를 이룬 성단이라는 사실을 밝혀냈다. 갈릴레오는 천문학에 혁명을 일으켰고, 궁극적으로는 인류가 우주에서 자신의 위치가 어디인지 인식하는 데 크게 기여했다.

현미경은 필연적으로 망원경과 나란히 발명될 수밖에 없었고 초기 개발자 역시 리퍼세이와 갈릴레오 등으로 겹친다. 아리스토텔레스가 렌즈에 관해 기술한 문헌에서 알 수 있듯이, 사물을 확대하는 렌즈의 특징은 고대부터 알려져 있었다. 또 안경은 13세기에 발명됐다. 단일 렌즈에서 쌍 렌즈로 나아가는 과정이 이전에도 최소 한 번은 있었겠지만, 공식적으로는 1590년경 네덜란드의 안경 제조업자 자카리아스 얀선Zacharias Janssen이 실험을 통해 작은 물체를 더 크게 확대하는 현미경을 발명한 것이 시초로 알려져 있다. 17세기가 끝나기 전, 현미경으로 벼룩을 관찰한 그림이 실린 『마이크로그라피아Micrographia』(1665)를 출간해 화제를 불러일으킨 로버트 훅Robert Hooke과 백만분의 일 인치 수준의 분해능을 자랑하는 뛰어난 단일 렌즈를 만들어 진정한 현미경 관찰법의 아버지라 불리는 안톤 판 레이우엔훅Antonie van Leeuwenhoek이 이를 계승했다. 이들은 미시 세계의 비밀을 밝히는 현미경의 발달 수준을 우주의 비밀을 밝히는 망원경의 수준만큼 끌어올렸다.

지금까지 언급한 것들은 인류의 더 중요한 기술 진보 가운데 일부일 뿐이다. 이러한 기술 진보들은 그 자체로도 놀랍고 훌륭하지만, **호모 사피엔스**의 독창적인 정신을 보여준다는 점에서 더욱 의미가 깊다. 우리는 자연 현상 아래에 깔린 원리와 인류가 개발한 기술이 작동하는 원리에 관한 추정이 적어도 **호모 사피엔스** 진화의 후기 단계에는 넘쳐났음을 알고 있다. 왜냐하면 예술 활동이나 매장 풍습을 봤을 때, 이미 우리 조상들은 눈에 보이는 사물의 피상이 어떤 효과나 결과일 뿐이고, 그 아래에 또는 그 너머에 어떤 메커니즘이 있다고 추정했음을 미루어 짐작할 수 있기 때문이다. 조상들이 이러한 메커니즘을 무엇이라고 생각했는지 다음 장에서 살펴보도록 하자.

2. 과학의 발흥

'과학science'이라는 단어의 기원을 살펴보면 알 수 있는 것이 많다. 14세기 중반 영어 단어 science는 '알고 있는 것, 연구로 배운 것, 정보'를 나타낼 때 쓰였다. 같은 뜻을 지닌 프랑스어 **science**에서 그대로 차용한 것이다. 이 프랑스어는 다시 라틴어에서 유래했다. 라틴어로 '알다'라는 동사가 **scire**이고, 그 현재분사형이 '아는, 지적인'이라는 뜻의 **sciens**이며, 그 명사형이 바로 '지식, 전문성'을 뜻하는 **scientia**다. 어원학자들은 이 용어가 ('구분하다, 분별하다, 구별하다'와 같은 개념을 함축하는) '자르다, 나누다'라는 뜻의 **scindere**와 연관이 있으며, 유럽, 이란, 인도 언어의 고대 공통 기원인 원시 인도유럽어에 오랜 역사의 뿌리를 내리고 있다고 추측한다. 원시 인도유럽어에서 '자르다, 나누다'라는 뜻의 어근 *skei-*는 그리스어에서 '쪼개다'를 뜻하는 **skhizein**, 고대 영어에서 '나누다, 분리하다'를 뜻하는 **sceadan**, 그리고 거기서 파생된 단어 '분열schism', '정신분열성schizoid', '흩어지다scatter' 등에서 나타난다.

하지만 오늘날 우리가 이해하는 의미에서 '과학'이라는 단어는 사실상 19세기에 만들어졌다. '과학자scientist'라는 단어 역시 시인 새뮤얼 테일러 콜리지Samuel Taylor Coleridge가 '자연철학자natural philosopher'를 대체할 용어를 찾아야 한다고 제안하고, 과학사학자 윌리엄 휴얼William Whewell(1794~1866년)이 이에 응하면서 만들어 낸 것이다. 그때까지는 자연을 탐구하는 사람들을 자연철학자라 불렀다. 휴얼의 명명은 '예술가'라는 단어와 비슷한 맥락에 바탕을 두고 있다(영어에서 '-ist'를 붙여 예술art하는 사람을 예술가artist라고 부르는 데서 착안해, 과학science하는 사람을 과학자scientist라고 명명한 것이다 - 옮긴이). 과학자라는 단어는 오랫동안 고상하지 못하다고 여겨지다가 19세기 후반에 들어서야 받아들여졌다. 휴얼은 신조어를 개발하는 데 재능이 있었다, 패러데이가 전기를 발명한 것과 관련해서도 '양극anode', '음극cathode', '이온ion'이라는 단어를 만들었다. '물리학자physicist'라는 단어도 휴얼이 만들었다.

이런 이유로 '과학'은 더는 일반적인 지식을 뜻하지 않고, 구체적으로 물질적 실재 속의 물리적 세계와 그 기반에 관한 지식 그리고 그 지식을 산출하는 탐구 방법을 의미하게 되었다. 이는 방법과 가정을 공유하는 수많은 탐구 분야를 포괄하는데, 주된 갈래로는 물리학, 화학, 생물학, 천문학, 지질학 같은 세부 분야가 있고, 또 천체물리학, 생화학 같은 결합 분야가 있다. 과학 사이에서는 주로 관측과 실험에 대한 경험적 기술과 함께 서술과 측정에 대한 수학적, 통계적 기술이 공유된다. 과학의 표준 절차는 가정을 바탕으로 예측하고 실험으로 검증하는 것이다. 이것이 과학의 특성이다. 이러한 과정이 탐구를 현대적인 의미에서 '과학'적인 것으로 만들어 준다.

과학은 기술과 구분돼야 한다. 기술은 일반적 경험에서 알아낸 무언가를 실용적으로 적용하는 행위다. 이때 장치라는 매체를 사용한다. 즉, 물의 수위를 끌어올리고 옥수수를 갈고 석탄, 석유, 가스의 형태로 태양 에너지를 활용하고 무거운 물체를 옮기고 먼 거리에 있는 사람들끼리 소통하게 해주는 등 특정 목적을 위해 만들어진 기계를 사용한다. (참고로 영어 단어 '전화기telephone', '전보telodendria', '텔레비전television'에서 **tele**는 멀다는 뜻이다). 16~17세기 근대 과학의 발흥 이전에는, 과학과 기술이 구분 없이 함께 추구되는 경우가 많았다. 그리고 보통은 과학이 아닌 기술이 주된 목표였다. 16~17세기와 그 이후 근대 과학에 큰 추진력을 준 것은 실험적 방법론과 수학의 응용이었다.

인류 최초의 과학적 호기심은 어떤 모습이었을까? 그 단서는 앞 절 끝 부분에서 언급한 내용에 숨어 있다. 우리 조상들은 자연 현상이란 효과나 결과일 뿐이고, 눈에 보이는 사물의 겉모습 뒤에는 어떤 메커니즘이 작용하고 있다는 관점을 지니기 시작했다. 이러한 관점은 오늘날에는 '종교'나 '영성'으로 치부된다. 하지만 이는 잘못 '판독reading-in'한 것이라 할 수 있다. 어디까지나 설명의 틀을 정립하려던 초기에 시도된 것으로 사실상 원형과학proto-science으로 이해하는 편이 더 바람직하다.[1] 우리는 조상들이 했던 기도와 의식, 희생과 같은 종교 활동을 자연의 힘과 더불어 살아가려는, 또 자연에 영향을 미치려는 노력으로 보아야 한다. 작물에 물을 대는 샤두프든 증기기관이든 비행기든, 모든 종류의 기술이 하는 일도 다 똑같다.

자연의 원리를 탐구하는 일을 신화와 미신으로부터 떼어내려는 첫 시도는 기원전 6~기원전 5세기 그리스에서 이루어졌다. 이러한 노력들은 과학의 전조가 됐다. 이 시기부터 기원후 2세기까지, 즉 피타고라스Pythagoras부터 프톨레마이오스의 천문학에 이르는 사이 이루어진 수학 및 과학적 연구 중 일부는 매우 중요했지만 오늘날 우리가 이해하는 의미의 과학이 제대로 시작했다고 말할 수 있는 건 16세기에 이르러서부터다.[2]

사상의 초기 역사를 복원해 가다 보면, 초창기의 과학적 충동이 어떻게 오늘날 우리가 종교라 부르는 방향으로 우회해갔는지를 짐작해 볼 수 있다. 지식을 설명하고 추구하는 과정에서 믿음이나 미신에 치우치기 쉬운 인간의 성향은 무시할 수 없고, 불확실성을 마주했을 때 설명을 종결짓고 싶어 하는 사람의 마음 역시 심리학적 관점에서 쉽게 이해할 수 있다. 그리고 어느 사회에서건 진정한 탐구자는 소수일 뿐이라는 사실도 익히 알고있다.

우리는 먼저 '종교'를 정의할 필요가 있다. 이 광범위한 단어는 경계가 참 모호하다. 오늘날 가장 흔한 방법인 온라인으로 이 단어를 검색했을 때 마주치는 정의에서부터 그 모호함을 알 수 있다. 두 가지 정의를 예로 들어보겠다. 첫 번째, '초인적인 통제력에 대한 믿음과 숭배로, 특히 유일 혹은 여러 인격신들을 믿는 것. 믿음과 숭배에 관한 특정한 시스템.' 두 번째, '우주의 기원과 본성, 목적에 관한 일련의 믿음. 특히 여기서는 초인적인 행위주체agency 혹은 행위주체들에 의한 창조물로 여겨질 때의 우주를 뜻함.'

위 두 정의를 종합해 보자면, (a) 어떤 신이나 초인적인 행위주체가 중심이 되고, (b) 우주의 기원과 본질에 관해 설명하고자 하는 일련의 사고 체계라 분석해 볼 수 있다. 이를 각각 (a) '신 부분', (b) '설명 부분'이라고 부르자. 다음으로 두 번째 정의에서 '목적'이 시사하는 바를 따져보자. 목적을 (a)의 신 부분과 연결해서 생각할 경우 목적이란 인간에 대한 신의 의도와 목표다. 반면 (b)의 설명 부분과 연결하면 목적이란 신의 존재와 독립적이게 된다. 즉, 신에 대한 믿음을 배제하고 인류 존재의 의미와 가치에 관해 질문하는 것으로 생각해 볼 수 있다.

앞선 두 정의에서는 신의 개념에 초점을 맞춘 (a)와 '우주에 관한 사고 체계'라는 의미의 (b)가 함께 고려되다 보니, (a)에서 다루는 "종교"와 (b)에서 일반적으로 다루는 "철학"의 구분이 모호해졌다. 이 둘의 구분이 중요한 이유는 불교나 자이나교, 유교와 같은 일부 사고 체계는 신의 존재와 행위에 관한 믿음에 입각하지 않으므로 (b)의 철학으로 이해하는 편이 더 옳기 때문이다. 이런 의미에서 자연과학이 내포하는 세계관 역시 전체적으로 볼 때 (b)의 철학이다. 종교도 세계관을 구성하므로 종교를 철학의 하위 그룹으로 여길 수도 있다. 하지만 철학은 더 광범위한 자연주의적 전제에 바탕을 둔 반면 종교는 초인적 행위주체에 대한 믿음에 바탕을 두었다는 측면에서, 종교와 철학(즉, 과학)을 다른 종류로 구분하는 것이 더 정확하다.

이 둘은 구분하는 근거는 좀 더 권위적인 출처에서 명시한 종교의 정의에서 확인할 수 있다. '종교: 어떤 초인적 힘(특히 신)에 대한 믿음이나 인식'(『옥스퍼드영어사전OED』). '종교: 인간이 신의 존재 또는 자신의 운명을 좌우하는 신의 힘을 인식한 것을 외부로 드러내는 행동이나 형태 ⋯ 어떤 초인적이고 지배적인 힘에 대한 인간의 사랑, 두려움, 경외감 등의 느낌이나 표현'(『메리엄 웹스터 사전Merriam Webster』). 이와 같이 종교 개념에 **초점**을 맞춘 정의들은 (a)의 신 부분, 즉 신의 존재에 관한 믿음에 한정되어 있으며, 세계에 대한 무신론적 사고방식과 종교적 사고방식이 **근본적으로** 다르다고 여긴다.

어떤 이들은 불교, 자이나교, 유교에서 볼 수 있는 사원이나 의식, 기타 관례 등을 지적하면서 이런 것들이 '종교'의 증거가 아니냐고 반문할 것이다. 그렇게 따지면 매일 하는 운동, 식이요법, 일하는 방식 등 삶에 가치를 부여하기 위해 특정 형식을 따르는 모든 규칙적 활동을 종교라 부를 수 있을 것이다. 그리고 모든 게 종교라면 단어 자체의 의미가 사라지기 때문에, 역으로 이 세상 어떤 것도 종교가 아니라고 말할 수 있다. "축구는 그의 종교다"와 같이 종교라는 용어를 은유적으로 사용할 때는 가치가 있는 것으로 여겨지는 체계적인 행동을 하는 모습이 종교를 준수하는 모습과 비슷하다는 점을 들어 그렇게 표현하는 것일 수도 있지만, 그보다는 온 마음을 바치는 아주 열렬한 종교적 믿음이라는 특성과 굉장히 긴밀히 연관된 측면을 대변한 것이다. 다시 말해 이 문맥에서 '종교'라는 단어를 문자 그대로 받아들이는 사람은 아무도 없다.

신과 같은 초자연적인 행위주체에 대한 믿음이 종교의 중심에 있음을 이해하는 것은 종교의 기원과 진화 과정을 재구성하고, 자연 현상 안에 메커니즘이 있다는 고대 인류의 관찰이 원형과학에 이르게 된 과정을 파악하는 열쇠가 된다.

신화 속 증거에 따르면, 특히 가장 자주 거론되는 후기 구석기 시대나 중석기 시대에 우리 조상들이 **행위주체**로서 직접 경험한 것을 토대로 주변 세계를 이해하려고 노력했다는 점을 알 수 있다. 다시 말해 물에 돌을 던지면 물이 튄다거나 나무를 세게 잡아당기면 나뭇가지가 부러지는 일이 자신의 책임임을 이해했다. '행위자agent'라는 단어는 라틴어로 '이끌다, 하다'라는 뜻의 **ago, agere, egi, actus**에서 왔다. 영어로 '배우actor'라는 단어도 여기에서 나왔다.[3] 바람, 천둥, 번개 같은 현상을 보고 우리 조상들이 가장 먼저 떠올릴 수 있는 설명은 무엇이었을까? 무언가를 일으키거나 변화시킬 수 있는 자신들의 힘을 인식하는 데서 시작해서, 비슷하게 바람이나 번개 뒤에도 이를 일으키는 행위자가 있다고 생각했을 것이다. 그 행위자는 우리 조상들보다 더 크고 강력하며, 비록 태양, 달, 별, 안개, 회오리, 산불 등은 그런 행위자가 눈에 보이는 경우라고 쉽게 생각했을 수도 있겠지만 보통은 눈에 보이지 않는 존재임이 분명했다.

더 가까운 조상들의 신화를 살펴보면 이러한 개념이 더 잘 드러난다. 그리스 신화를 생각해 보자. 예를 들어 드리아데스는 나무에서 살고, 님프는 개울에 머물며, 번개는 제우스가 던지는 것이고, 지진은 포세이

돈이 일으킨다. 화산에서 피어오르는 연기는 헤파이스토스가 대장간에서 일하는 증거이며, 무지개는 이리스가 하늘에서 땅으로 내려올 때 쓰는 길이다. 이처럼 세상에서 일어나는 일의 원인을 행위주체에게 돌리는 해석의 형식, 일종의 '설명틀explanatory framework'은 상황을 정리하고 이해시킨다. 그러다가 우주의 기원과 진화 과정에 대한 이야기로 점차 확장되고, 더 나아가 굉장히 개별적인 사건까지 신들의 개입으로 설명한다. 예를 들어 트로이 평원에서 헥토르가 아킬레우스에게 던진 창을 빗겨가게 한 건 바로 아테나 여신이었다. 이렇게 행위자 개념은 가장 일반적인 것에서 가장 세부적인 것에 이르기까지, 완벽한 설명의 틀을 제공한다.

아마 그리스 신화를 **문자 그대로** 받아들이는 사람은 없었을 것이다. 대다수는 그런 식의 이야기가 아니고서는 이해할 수 없는 현상을 설명하는 일종의 비유적 방편으로 여겼을 것이다. 우리를 포함하는 인과 관계를 관찰해서 우리를 포함하지 않는 사건을 추론할 때, 가장 손쉽고 구체적인 설명을 제공하는 것이 바로 신화의 역할이다.

근본 원리에 대한 추측이 어떻게 신화와 종교로 진화했는지, 자연에 영향을 미치려는 노력이 어떻게 미신으로 변했는지는 쉽게 알 수 있다. 간단히 말하면 자연의 힘이 의인화되고, 그들을 둘러싼 이야기가 점차 더해진 것이다. 이러한 과정을 **신화 창조**mythopoeia라고 부른다. 근원을 이해하려는 마음가짐으로 그리스 신화를 읽으면 그 신화가 창작된 과정이 드러난다.

우주에서 일어나는 일이 행위자 때문이라고 여기는 설명의 틀은 그 자체로 원형과학을 형성한다. 그리고 이와 함께 원형기술proto-technology이 사용됐다. 말하자면 불확실한 행위자와 관계를 맺고, 행위자의 도움이나 개입을 확보하며, 행위자가 인간에게 해로운 활동을 하지 못하도록 하는 기술이다. 꿈, 열이 나거나 지쳤을 때 본 환각, 반복적인 움직임으로 빠진 무아지경 상태, 버섯이나 상한 음식 같은 환각제를 먹은 경험은 곧 행위자와 소통할 수도 있을 거라는 생각으로 이어졌다. 의식, 희생, 기도, 주문, 금기 그리고 신비한 장소를 지정하는 일(바람이 목소리처럼 들려오는 숲속 공터나 언덕 꼭대기에서 신과의 접촉이 가장 잘 일어난다고 믿었다)은 심리적으로 자연스럽게 따라왔다.

하지만 사람들은 세상에 일어나는 일에 영향을 줄 수 있는 다른 방법을 계속해서 관찰하고 추론하고 실험했고, 이번에는 직접 행동에 옮겼다. 땅에 물을 대기 위해 수로의 방향을 틀고 작물을 심고 가축화를 목적으로 어린 동물들을 데리고 살았다. 그러면서 점차 자연에 대해 생각하고 상호작용하는 새로운 방식과, 기존의 불확실한 행위자가 영향을 미치고 있다는 관점이 구분되기 시작했다. 어떤 사람들은 농사가 잘되게 해달라고 신에게 기도하기를 계속했지만, 어떤 사람들은 어쨌든 작물을 심고 물을 주고 괭이질하고 수확하며 실적을 쌓았다.

기존의 자연 현상을 설명하고 상호작용을 밝히는 최초의 노력들로 구성되었던 믿음에서, 어떠한 특징적인 것이 갈라져 나와 **종교적** 측면을 구성하게 된 것은 두 가지 과정이 결합한 결과로 보인다. 첫 번째는 현상 너머에 있는 행위자에게 영향을 주려는 노력이 오늘날 '금기'라 부르는 관행의 형태, 즉 '도덕'적 제약의 기반이 되는 믿음의 형태를 취하게 되는 과정이었다. 행위자를 내 편으로 두기 위해 해야 하는 일과 해서는 안 되는 일이 있고, 선의를 지키기 위해 우리가 따라야 할 방식과 따라선 안 되는 방식이 있다. 생생하게 표현하자면, 금기와 도덕은 나쁜 일이 일어나지 않도록 포장도로의 갈라진 틈을 피해 걸어가는 행동이라 할 수 있다.

두 번째는 행위자와 소통하고, 그 메시지를 다시 나머지 부족 사람들에게 전달하는 중요한 역할을 하던 사람들이 공동체에서 엄청난 권력을 지니게 되는 과정이었다. 이들은 자신의 종교적 권위와 속세의 권위를 결합했다. 아니면 속세의 권위를 지닌 자들의 협력자가 되어서 사회적, 정치적 질서를 유지하는 데 크게 기여했다. 다시 생생하게 표현하자면, 사람이 하는 일을 사생활까지 전부 지켜보면서 그에 따라 상이나 벌을 내리는 행위주체가 있다는 생각, 눈에 보이지 않지만 어디에나 있으며 눈에 불을 켜고 매 순간 모든 사람의 활동을 주시하는 전지전능한 경찰관 같은 존재가 있다는 생각은 사회를 관리하는 데 유용한 도구였다.

이렇게 자연주의적인 설명(이를테면 자연을 창조한 신의 섭리를 따르는 것이 자연스럽고 좋은 것이라는 생각 – 옮긴이)이 행위자 설명을 점차 대체하면서, 행위주체는 점점 더 **초**자연적인 존재가 됐다. 더는 개울 속 님프, 나무 속 드리아데스, 번개를 던지는 제우스처럼 자연 안에서 개별적으로, 또 인과적으로 작동하지 않았다. 행위자는 본래의 설명적 역할에서 떨어져 나오게 되었고(예외적으로, 우주를 창조했다는 가장 일반적이고 추상적이었던 공로는 계속 인정받았다) 이제 남은 건 탄원, 기도, 희생 등 자연에 영향을 미치기 위한 원형기술에 내포된 특징뿐이었다. 이러한 활동들은 원형과학의 원형기술로서, 자연 현상을 원하는 대로 조작할 수 있을 것으로 예상됐지만 우리 조상이 폭풍 구름을 보고 천둥과 번개를 예측할 수 있다는 사실을 알아차릴 때 즈음, 기도와 탄원은 이제 흐름을 뒤집는 기적을 바라는 일이 됐다.

동시에, 우리가 제대로 설명하지 못하거나 아직 이해하지 못한 부분에는 우리 조상의 원형과학이 남긴 '틈새의 신'이 개입할 여지가 오늘날까지도 계속 남아 있다는 사실을 알 수 있다. 틈새의 신은 점점 더 명확해지는 자연주의적 세계관의 등 뒤에서 애매하고 암시적인 형태로 이어져 오고 있다. 과학에 대한 대중의 무지는 실제로 틈새가 없는 곳에서조차 틈새를 만들어 낸다. 그러면 우리 조상의 원형과학이 그 틈을 메꾸러 온다.

1543년은 근대 과학이 시작됐다고 대체로 동의하는 시기로, 니콜라우스 코페르니쿠스Nicolaus Copernicus가『천구의 회전에 관하여De revolutionibus orbium coelestium』를 출간한 해이다. 안드레아스 베살리우스Andreas Vesalius가 고대 내과 의사들의 해부학적 오류를 교정한『인체의 구조에 관하여De humani corporis fabrica』를 출간하면서 해부학 분야에 혁명을 일으킨 해이기도 하다. 그 전까지는 자연에 대한 개념이 대부분 아리스토텔레스, 갈레노스Galenos, 대大 플리니우스Pliny the Elder(『박물지Naturalis historia』의 저자)와 같은 사람들의 저서에 나온 원형과학의 형태였다. 이렇게 고대 권위에서 파생된 개념은 부정확할 때도 많았다. 경험적 방법론을 적용하고 수학의 정량적 분석 기법을 사용함으로써, 후기 르네상스의 연구가들은 이제 고대 사상가들과 종교적 정통성이 누리던 패권에 도전할 수 있게 됐다. 세상을 더 깊게, 더 체계적으로 이해하는 과정이 시작된 것이다. 과장의 여지 없이, 그때 이후로 지금까지 이어져 오는 과학의 성공은 인류의 가장 위대한 업적이다. 비록 총기나 폭탄처럼 정치가 너무 빈번하게 응용과학에 과학을 투입하는 유감스러운 적용 사례도 많았지만, 언급한 바와 같이 인류 최고의 업적임은 두말할 나위 없다.

인도와 근동, 중국에서는 수천 년 전부터 천체를 관측했고, 수백 년 전부터 다양한 원형과학이 존재했다. 그런데 왜 하필 1543년 유럽을 과학의 시작으로 보았을까? 시기적으로도 장소적으로도 이는 자의적 결정이 아니다. 코페르니쿠스와 베살리우스가 살던 시기와 장소에는 마침 적절한 측정 기준이 정립해 있었고, 인도에서 유래한 숫자 체계가 쓰이고 있었으며, 종이와 인쇄술 덕분에 생각의 소통이 훨씬 빠르고 광범위했다. 또한 라틴어가 연구와 학문의 공통어로 쓰이고 있었다. 갈릴레오와 같은 탐구가들을 사로잡은 망원경과 현미경을 필두로 여러 도구와 장치들이 등장하면서, 이러한 상황은 더욱더 발전해 나갔다. 특히 이러한 성장을 가능하게 한 새로운 요인은 바로 과학적 탐구를 금지하는 종교적 규제의 효력이 약해진 점이었다. 적어도 신학적 권위로 연구와 출판을 금지할 수 없었던 유럽의 프로테스탄트 국가에서는 그랬다.[4]

고대 그리스·로마 작가들의 권위는 과학 진보에 장애물로 작용했다. 그 후계자들이 고대 작가들의 사고 체계에 도전하기를 꺼렸기 때문이다. 이는 먼 과거 황금기Golden Age 이후로 인류와 사회가 점점 타락해 왔다는, 오래도록 이어져 온 믿음이 작용한 결과였다. 조상들이 모든 후손보다 더 아는 게 많고, 더 뛰어났다고 여겨졌다. 하지만 16세기와 17세기의 새로운 분위기 속에서 고대 조상들에 대한 경건함은 정통 종교에 대한 경건함과 마찬가지로 더는 장벽이 되지 않았다. 16세기 중반부터 그 이후의 과학적 진보는 양적으로나 질적으로나 그 이전과는 차원이 달랐다. 그리고 그 결과가 지금 우리 눈앞에 놓여 있다. 온 세상이, 사람의 경험이 완전히 바뀌었다. '혁명'이라는 이름을 받아 마땅한 무언가가 있다면 바로 이것이다. 그리고 과학의 본질에 충실하게, 이 혁명은 많은 이들이 함께 이룬 업적이었다. 코페르니쿠스, 갈릴레오, 뉴턴, 조지프 프리스틀리Joseph Priestley, 패러데이, 맥스웰, 마리 퀴리Marie Curie, 아인슈타인, 닐스 보어Niels Bohr, 베르너 하이젠베르크Werner Heisenberg, 로절린드 프랭클린Rosalind Franklin, 프랜시스 크릭Francis Crick과 같은 유명 인사들뿐만 아니라, 과학 역사에 이름을 남기지는 않았지만 재능 있는 동료들, 비판적이고 협력적이며 경쟁적인 개인들이 다 함께 하나하나 벽돌을 쌓아 올려 과학이라는 집을 지었고 지금도 짓고 있다.[5]

하지만 과학 혁명을 일으킨 사람들은 자신들이 고대인을 완전히 배척했다고 생각하진 않았다. 오히려 자신들이 천 년이 넘도록 중단되었던 고대의 업적을 다시 이어가는 중이라 여겼다. 르네상스 시대의 탐구가들은 새로운 인쇄술로 고대 작가들의 책을 발행하면서 고대에서 멈췄던 작업을 재개한다고 생각했다. 그리스 과학사를 연구하는 벤저민 패링턴 Benjamin Farrington은 다음과 같이 기술했다.

인쇄술의 발명과 현대 학문의 탄생이 그들 손에 쥐여준 오래된 그리스 서적들은 사실상 다양한 지식 분야에서 구할 수 있는 가장 최신 책이었다. 16세기의 베살리우스와 스테빈 Stevin에게 갈레노스와 아르키메데스 Archimedes의 작품들은 단순히 과거에 대한 호기심이 아니었다. 현존하는 최고의 해부학 및 기계학 논문이었다. 산업 의학의 아버지인 18세기 라마치니 Ramazzini에게조차, 히포크라테스의 의학은 여전히 살아 숨 쉬는 전통이었다. … 한 세대 전에 영국 학교에서는 여전히 유클리드가 기하학의 동의어로 쓰였다.[6]

과학 혁명이 발발하기 얼마 전, 유럽 국가들은 배를 타고 대양을 건너는 대발견의 항해를 시작했다. 주된 동기는 경제적인 목적이었다. 하지만 동식물연구가들과 예술가들도 모험가들과 함께 배에 올랐고, 다양한 기후에 사는 진기한 동식물, 기념품, 경이로운 소식을 들고 고향으로 돌아왔다. 수집가들이 꾸민 '호기심의 방 Cabinets of curiosities'은 최초의 박물관으로 이어졌고, 자연의 규모와 다양성에 관한 더 많은 추측을 불러일으켰다.

현대 과학의 가까운 뿌리 중 하나가 연금술이라는 사실에 여러분은 깜짝 놀랄지도 모르겠다. 연금술은 지식 자체를 추구하는 게 아니라 금속을 금으로 바꾼다거나, 불멸이나 불로의(적어도 장수의) 묘약을 찾는다거나, 부와 권력, 영향력, 건강, 사랑에 관한 주문을 외운다거나, 몰래 사람을 독살한다거나, 미래를 예견하기 위한 실용적인 노력으로 여겨진다. 대중의 상상 속에 연금술은 과학의 가장 커다란 실패이자 부정적인 측면으로 각인되어 있다.

이 모든 게 연금술의 실체이기는 하지만, 자연을 이해하고 통제하려는 그 노력에도 선한 목표는 있었다. 예를 들어 의학적으로 응용해 사람을 치료하는 데 쓰였다. 다만 과학적 방법과 적절한 수학 기술이 결여된 연금술은 그저 무질서하고 혼란스러웠으며, 진짜 의사와 돌팔이 의사 사이에 누가 진짜 전문가인지를 구분할 수 없었다.

연금술의 가장 잘 알려진 목표 두 가지는 평범한 금속을 값비싼 귀금속으로 바꾸는 것과 죽음까지 다스리는 만병통치약을 발견하는 것이었다. 많은 사람이 '철학자의 돌philosopher's stone'이라는 강력한 물질을 발견하면 이 두 목표를 전부 달성할 수 있을 거라고 믿었다.

연금술사들이 완전히 제멋대로기만 했던 건 아니다. 이들은 나무, 사람, 돌 같이 친숙한 물질이 흙, 불, 공기, 물이라는 네 가지 기본 구성 요소의 혼합물이라는 고대의 사고 체계를 따랐다. 각 구성 요소는 뜨겁고, 차갑고, 습하고, 건조하다는 네 가지 성질을 하나 이상 보유할 수 있었다. 예를 들면 뜨겁고 건조한 공기, 차갑고 습한 공기, 뜨겁고 습한 공기 같은 혼합물을 형성할 수 있었다. 만약 납과 금의 차이가 단순히 구성 요소 간의 결합 방식의 차이에 있다면, 구성 요소를 재조합해서 납을 금으로 바꾸지 못할 이유는 무엇인가? 안타깝게도 구성 요소를 잘못 가정했지만, 기본 원리에서는 연금술사들도 옳았다.

앞서 원형기술 부분에서 언급했듯이 자연 물질(돌, 나무, 물, 뼈, 동물 가죽과 털, 금속, 불, 염료, 약초, 보석 등)로 작업하는 일은 신석기 시대 전부터 계속 있었고 연금술의 많은 부분이 여기서 파생됐다. 가장 초기 연금술 문헌으로는 『자연적 그리고 신비적 문제들Physika kai mystika』이 있다. 기원전 5세기 그리스 철학자 데모크리토스Democritos가 쓴 것으로 추정되나, 기원전 3세기 멘데스의 볼로스Bolos of Mendes가 썼을 확률이 더 높다. 이집트 파피루스에 적힌 다른 기록들과 함께, 이 초기 문헌은 금을 만들어 내거나 적은 양의 금으로 많은 양의 금을 만들거나 다른 귀중한 물질을 만들어 내려는 노력, 그리고 이러한 작업에 필요한 증류기, 용광로 등의 기구에 대한 논의가 아주 오래전부터 있었다는 사실을 보여준다. 이때도 아무런 근거도 없이 이런 생각을 한 건 아니었다. 결국 씨앗 하나에서 수많은 식물을 번식시킬 수 있다면, 금덩어리 하나에서 수많은 금을 증식시키지 못할 이유는 어디 있겠는가?

현대 과학의 직계 조상으로서, 연금술에 이어 점성술의 긴 이야기를 덧붙이지 않을 수 없다. 천체를 관측하는 일에 종사하는 사람들은 언제나 점성술적 호기심과 천문학적 호기심을 동시에 지니고 있었다. 이집트와 메소포타미아에서 천체 관측이 점성술과 가장 거리가 먼 방식으로 쓰인 건 달력을 제작하고 계절 변화를 확인할 때였다. 나일강이 주기적으로 범람하는 이집트에서는 천체 관측을 통해 강의 범람을 예측하고 시기에 맞춰 농사를 지을 수 있도록 1년을 구성했다. 천체의 움직임을 관측해서 범람 시기와 계절 변화를 성공적으로 예측하자, 전쟁의 승패 여부와 같은 다른 일도 예측할 수 있을 거라는 믿음이 생겨났다.

이런 점성술적 믿음은 초기 근대까지도 유효했다. 예를 들어 1572년 '튀코신성Tycho's Nova'이라 불린 초신성 SN 1572가 등장하고, 몇 년 뒤인 1577년에 대혜성Great Comet(현재는 C/1577 V1이라 불린다)이 등장한 사건을 살펴보자. 먼저 1572년 후반에 초신성이 카시오페이아 별자리에 출현해 금성보다도 밝게 빛나면서 시선을 사로잡았다. 전 세계 수많은 사람이 신성을 목격했고, 이에 대해 상세한 기록을 남긴 튀코 브라헤Tycho Brahe의 이름을 따서 튀코신성으로 불리게 됐다.[7] 튀코신성은 천체가 변하지 않는다는 아리스토텔레스의 주장을 반박하면서 천문학과 과학에 중대한 영향을 미쳤다. 별자리 안에서 새로운 별이 태어난다면, 어떻게 하늘이 불변의 존재일 수 있을까? 점성술사와 천문학자들에게 이는 우주를 기술할 새로운 모델이 필요하다는 의미였다. 이 놀라운 사건으로 16세기의 믿음은 더 거대하고 전반적인 위기에 봉착했다. 새로운 별의 등장은 종교 및 고대 사상가들이 전해준 우주론이 틀렸거나, 만약 맞다면 곧 상상도 못할 끔찍하고 엄청난 일이 일어날 것임을 암시했기 때문이다. 대중들의 의견은 후자로 쏠렸다. 대중뿐만 아니라 잉글랜드 여왕 엘리자베스 1세 역시 점성술사 토머스 앨런Thomas Allen에게 자문을 구했다. 신성은 1574년까지 눈에 보였다.

1577년에는 더 무시무시한 현상이 일어났다. 튀코신성처럼 한 장소에 나타났다가 18개월 후에 사라지는 게 아니라, 이번에는 활활 타오르는 꼬리를 달고 하늘을 가로지르는 별이 등장했다. 대혜성 C/1577 V1이었다. 혜성의 생김새는 불길했다. 다양한 추측이 난무했고, 출판물로 인쇄되어 퍼져 나갔다. 어떤 이들은 이 혜성이 튀르크족의 신월도scimitar(칼날이 초승달처럼 휘어진 형태의 도검 – 옮긴이) 모양이므로 오스만 제국이 유럽을 침략해 쑥대밭으로 만들 전조라고 주장했다. 또 어떤 이들은 이 혜성이 결혼과 파트너십에 관여하는 7번째 궁house(점성술에서 사용하는 12궁 체계 – 옮긴이)을 가로질러 갔으므로 종교적 불화가 더 심해지거나, 엘리자베스 1세와 신성 로마 제국 황제 루돌프 2세Rudolf II 사이의 혼담이 불발될 거라는 암시라고 주장했다. 혜성은 서쪽에서 나타났는데 이는 신세계 New World(대항해시대 당시 유럽인들이 기존에 알려진 구대륙과 구분해 새롭게 발견된 신대륙을 지칭하던 표현 – 옮긴이)에 무언가 중요한 일이 일어날 거라는 징조였지만, 브라헤가 관측한 바에 따르면 꼬리는 대신 동쪽을 향하고 있었으므로 러시아와 중국 사이에 독극물과 전염병이 퍼지고 분열이 일어날 것이 예상되었다.

이런 전조 뒤에 어떤 놀라운 사건도 뒤따르지 않았다는 점은 분명 사상가들 사이에서 세계를 진정으로 이해하려면 무의미한 것과 의미 있는 것을 구분하고, 좀 더 체계적인 탐구 방법이 필요하다는 인식이 커지는 계기가 되었다. 이 과정에서 중요한 두 인물은 프랜시스 베이컨Francis Bacon과 르네 데카르트René Descartes다. 두 사람은 쓸모 있는 것과 쓸모 없는 것을 구분하려면, 다시 말해 화학과 연금술, 천문학과 점성술, 의학과 마술이라는 짝을 떼어놓으려면 합리적인 탐구법이 필요하다는 점을 각자 다른 방법으로 깨달았다. 베이컨은 『학문의 진보The Advancement of Learning』와 『대혁신The Great Instauration』에서 경험적이고 귀납적인 방법을 강조하며, 정보를 축적하고 상호 확인하기 위한 공동 협력을 촉구했다(당시까지 연금술사를 비롯해 다른 연구자들은 연구 결과를 남과 공유하지 않고 지키기에 급급했다). 베이컨이 구상한 과학 연구 기관 '솔로몬의 전당House of Solomon'은 1662년 찰스 2세Charles II가 공인한 영국왕립학회Royal Society의 설립에 영감을 주었다. 데카르트는 『방법서설Discourse on Method』과 『제1철학에 관한 성찰Meditations on First Philosophy』에서 만약 '과학에서 안정적이고 지속 가능한 무언가를 정립'하고 싶다면 '근본에서부터' 출발하는 것이 방법론적 과제라고 설명하면서, 오류를 배제하기 위해 반드시 신중하고 세밀하며 꾸준하게 단계를 검토해 나가는 과정을 거쳐야 한다고 주장했다.

여기서 핵심은 자연을 연구할 때 더 책임감 있고 체계적인 접근법이 쓰이면서 진짜와 가짜를 가려내기 시작했고, (경험적이고 정량적인 기술, 망원경 및 현미경의 개선 등) 기술과 도구가 발달하면서 진짜 과학이 가짜 과학에서 분리돼 나왔으며, 오늘날 우리가 아는 일련의 학문으로 급격히 발전하게 됐다는 점이다. 이러한 일은 즉각 일어나지 않았다. 뉴턴은 그를 유명하게 해준 과학보다도 연금술, 숫자점, 성경 속 암호 해독 등에 더 많은 시간을 할애했다. 하지만 결국 살아남은 건 과학이다. 저서『광학Optics』의 (마지막 절을 제외한) 거의 모든 부분과『프린키피아Principia』에 등장하는 추측성 연구들은 살아남지 못했다.

뉴턴은 인류가 현대 과학으로 향하는 관문에 서 있던 거인이었다. 그는 자신이 케플러나 갈릴레오와 같은 '거인'의 어깨 위에 올라탄 덕분에 중력 이론과 운동 법칙을 완성할 수 있었다고 표현했다. 하지만 특정 현상만을 다룬 그들과 달리, 뉴턴은 중력, 질량, 힘, 운동 개념을 한데 아우르는 포괄적인 설명틀을 정립했다. 그의 설명틀은 기체 운동 이론과 같은 다른 과학 분야에도 적용할 수 있다.[8]

뉴턴의 세 가지 운동 법칙은 사과나 행성과 같은 물체 사이의 관계 그리고 거기에 작용하는 힘에 관한 모든 것을 설명한다. 간단하게 요약해 보면, 제1법칙은 관성의 법칙으로 힘이 작용하지 않으면 정지한 물체는 계속 정지해 있고 움직이는 물체는 계속 움직인다. 제2법칙은 가속도의 법칙으로 물체에 작용하는 힘의 세기는 물체의 질량에 가속도를 곱한 값과 같다.[9] 제3법칙은 작용과 반작용의 법칙으로 첫 번째 물체가 두 번째 물체에 힘을 가하면, 동시에 두 번째 물체도 첫 번째 물체에 크기가 같고 방향이 반대인 힘을 가한다. '고전역학'을 구성하는 이 세 법칙은 빛보다 느리게 움직이고 원자보다 커다란 모든 물질에 적용된다.

뉴턴은 운동 법칙의 관점에서 떨어지는 물체에 대해 생각하면서 얻은 영감으로 중력 이론을 도출해 냈다. 힘이 작용하지 않으면 애초에 나뭇가지에 매달려 멈춰 있던 사과가 왜 떨어지는 걸까? 뉴턴은 갈릴레오의 연구로부터 떨어지는 물체가 일정 비율로 가속한다는 사실을 알았다. 이는 물체를 떨어지게 하는 힘이 일정하다는 뜻이었다. 또 뉴턴은 케플러의 행성 운동 법칙으로부터 행성이 태양을 도는 데 걸리는 시간이 태양에서 떨어진 거리와 직접적으로 연관이 있다는 사실을 알았다. 뉴턴의 운동 법칙은 케플러의 행성 운동 법칙을 일반화한 것이었다. 떨어지는 물체에 대한 사고와 더 일반적인 법칙에 대한 통찰을 결합하면서 만유인력의 법칙Law of Universal Gravitation이 탄생했다. 이 법칙은 모든 질량은 다른 질량을 끌어당기고, 그 힘은 두 질량의 곱에 비례하며, 둘 사이 거리의 제곱에 반비례한다는 내용을 담고 있다. 중력은 언제나 서로 끌어당기는 방향으로 작용하고, 즉각적이며, 물체의 전하나 화학 성분 같은 다른 성질과는 무관하다. 두 질량 사이의 거리가 증가하면, 중력의 세기는 급속도로 약해진다.

행성이 태양 주변을 타원 궤도로 돈다는 케플러의 증명을 상기해 보면, 이 마지막 개념을 이해하는 데 도움이 된다. 신이 만든 하늘을 도는 천체들의 궤도는 원이라는 완벽한 도형을 따라야 했다. 관측 데이터가 이 가정에 들어맞지 않는 건 케플러에게 몹시 골치 아픈 일이었다. 데이터에 따르면 태양은 원이 아닌 타원의 초점 중 하나에 있었다. 그리고 행성과 태양 사이를 이은 선분은 같은 시간동안 같은 면적을 쓸고 지나갔다. 즉 행성이 태양 주변 궤도를 돌 때 태양과 가까운 곳(근일점aperihelion 근처)에서는 더 빨라지고, 먼 곳(원일점aphelion 근처)에서는 더 느려졌다. 태양과 행성을 단일계로 보면, 그 질량 중심은 비록 훨씬 무거운 태양과 훨씬 가깝기는 하지만, 태양의 중심이 아니라 태양과 행성 사이 지점에 있다. 행성은 그 질량 중심의 근처를 돈다. 마치 엄청나게 무거운 물체와 가벼운 물체가 시소 양 끝에 올라가 있는데, 시소의 받침점이 무거운 물체 쪽에 훨씬 더 가까이 있어서 균형을 잡고 있는 모습과 비슷하다. '동일 면적 동일 시간'은 케플러 행성운동법칙의 제2법칙이다. 그리고 이는 제3법칙으로 이어진다. 행성이 궤도를 한 바퀴 도는 데 걸린 시간의 제곱은 태양으로부터 떨어진 평균 거리의 세제곱에 비례한다. 중력의 크기가 두 물체의 질량의 곱에 비례해야 한다는 뉴턴의 통찰에 직접 영향을 미친 건 바로 이 제3법칙이었다.

뉴턴은 중력과 운동 법칙 사이의 관계를 보여주는 사고 실험을 고안했다. 산 정상에서 대포알을 발사한다고 상상해 보자. 관측에 따르면 대포알이 더 빠르게 발사될수록 더 멀리 날아간다. 이때 중력이 없다면, 운동 제1법칙에 따라 대포알은 대포 입구에서 멀어지며 일직선으로 영원히 날아가야 한다. 중력이 있다면, 대포알의 궤적은 운동량에 따라 달라진다. 천천히 움직이고 있다면, 곧 땅으로 떨어질 것이다. 하지만 지구 중력이 붙잡기 어려울 정도로 빠르게 움직이고 있다면, 우주로 탈출할 것이다. 운동량과 중력이 적절한 균형을 이루고 있다면, 대포알은 지구를 공전할 것이다.

지구상에서 일어나는 일과 하늘에서 일어나는 일을 훌륭히 종합해 낸 뉴턴의 연구는 결정론적 우주관이라는 그림을 그려내는 데 기여했다. 결정론적 우주관이란 만약 우리가 어떤 시점에서 물체의 위치와 그 물체에 작용하는 모든 힘을 안다면, 그 사물의 과거와 미래의 위치를 전부 유추할 수 있다는 관점이다. 본질적으로 19세기까지의 물리학은 이러한 관점을 고수했다. 하지만 과학자들은 계속해서 모순을 발견했다. 애초에 뉴턴의 개념이 '원격 작용'을 요구하는 것이 문제였다. 중력이 어떻게 전달되는지에 관한 의문이 생기기 때문이다.

질량 사이에 있는 공간을 가로질러 힘을 전달하는 것은 무엇인가? 뉴턴은 그게 무엇인지 가정하기를 거부했다. 저서 『프린키피아』에 뉴턴은 다음과 같이 썼다. '나는 중력 현상이 왜 이런 특성을 지니는지 그 이유를 아직 발견하지 못했고, 여기서 그 가설을 만들지 않으려 한다.' 원문은 '**hypotheses non fingo(나는 가설을 만들지 않는다)**'이다. 하지만 그는 이 문제의 어려움을 인식하고 있었다. '물질이 아닌 무언가의 매개가 아니고서는, 무생물인 물질이 상호작용 없이 다른 물질에 힘을 가하고 영향을 미치는 건 상상할 수 없다. … 어떤 행위자가 특정 법칙에 따라 계속해서 중력을 가하는 게 틀림없다. 하지만 이 행위자가 물질이냐 비물질이냐 하는 문제는 독자들의 생각에 맡기겠다.'

시간이 흐를수록 뉴턴의 이론과 관측 결과 사이의 모순이 점점 더 명백해졌다. 한 예로 수성은 태양 주변을 돌 때 완전히 동일한 경로를 따르지 않아서, 궤도마다 태양에 가장 가까운 근일점이 달라졌다(이를 '수성의 근일점 이동'이라 부른다). 이는 불변성의 개념, 즉 물리적 묘사가 기준계에 영향을 받지 않는다는 가정에 의구심을 불러일으켰다. 19세기에 맥스웰이 발견한 전자기학은 이 가정에 더욱 의구심을 일으켰고, 그 이후의 연구, 특히 아인슈타인의 발견을 통해 그 이유가 밝혀졌다.

뉴턴이 우주를 절대 공간과 절대 시간의 틀에서 시각화하고 그 안에서 시계태엽처럼 움직이는 운동 법칙과 중력을 다루는 과정에서, 가장 큰 문제는 '시간의 화살'에 관한 설명이 없다는 점이었다. 시간은 명백히 과거에서 미래로, 되돌릴 수 없는 흐름을 따르고 있다. 하지만 뉴턴 동역학은 어떤 사건의 순행과 역행을 동등하게 기술한다. 포켓볼을 칠 때 당구공의 움직임을 생각해 보자. 가지런히 놓인 공 다발을 큐볼로 때리면, 가지각색의 공들은 운동 법칙에 따라서 서로 부딪히고 당구대에 부딪히며 이리저리 튕긴다. 하지만 이 사건을 되감기 하더라도, 운동 법칙은 공들이 다시 삼각형으로 가지런히 모이는 움직임을 똑같이 잘 묘사한다.

시간의 화살이 한 방향으로만 흐른다는 개념은 기체에 대한 이해가 한 발짝 더 진보할 때까지 기다려야 했다. 뉴턴은 기체를 당구공 같은 작은 입자들이 서로 튕기는 모습으로 묘사했고, 이 입자들의 상호작용으로 기체의 압력과 부피 사이의 관계를 설명했다. 그리고 17세기 화학자 로버트 보일이 기체의 압력을 증가시키면 부피가 감소한다는 것을 보였다. 뉴턴의 관점에서, 압력을 증가시키는 것은 기체 입자를 다 함께 압축시켜서 그 사이의 공간을 줄어들게 하는 것이었다. 하지만 이러한 관점은 기체의 온도를 낮춰도 부피가 줄어든다는 사실을 설명하지 못했다. 뉴턴이 무시한 온도의 중요성에 주목한 것은 다니엘 베르누이Daniel Bernoulli였다. 그는 기체를 구성하는 입자가 빠르게 움직이고 있으며, 기체의 온도는 이 운동의 빠르기와 직접적으로 관련이 있다고 주장했다. 입자들이 더 빠르게 움직일수록, 기체 온도가 더 높아진다. 그리고 온도가 올라갈수록 기체가 가하는 압력, 즉 기체가 담긴 용기 벽을 입자가 때리는 압력이 증가한다. 액체의 경우 이러한 현상은 부피의 증가로 이어진다.

시간의 화살을 이해하기 위한 다음 단계는 '일work'과 열의 개념을 연결하면서 이루어졌다. '일'이란 주어진 거리 동안 가해진 힘의 양을 측정한 것이다. 다시 말하면 무언가를 하는 데 소비한 에너지의 양이다. 어떤 사람이 외바퀴 손수레를 밀거나, 피스톤이 관을 따라 액체를 밀어내는 걸 떠올리면 된다. 제임스 줄James Joule은 특정한 일의 양이 언제나 동일한 양의 열을 생산한다는 것을 보였다. 즉, 일과 열은 둘 다 에너지의 한 형태였다. 열역학 제1법칙은 에너지가 일이나 열로 변환될 수 있지만, 에너지의 총량은 언제나 일정하다고 말한다. 다시 말해 에너지는 '보존'된다. 하지만 이러한 변환에는 중요한 비대칭성이 있다. 원칙적으로 일은 완전히 열로 변환될 수 있는 반면에, 열은 일로 변환될 때 어느 정도 손실될 수밖에 없다. 가해준 에너지가 마찰력, 주변 환경으로 방출되는 열 등으로 일부 사라지기 때문이다(이때 일과 열로 나뉜 에너지의 총량은 동일하다). 이러한 비대칭성, 비가역성이 열역학 제2법칙이다.

열 손실을 되돌릴 수 없다는 것이 바로 '시간의 화살'의 핵심이다. 이를 설명하고자 도입한 개념이 **엔트로피**entropy다. 모든 비가역적 과정에서 엔트로피는 증가한다. 엔트로피는 무질서도로 이해할 수도 있다. 어떤 계에 질서를 부여하려면 일을 가해야 한다. 집을 깨끗하게 유지하려면 정리하는 노력을 계속해야 하는 것과 같은 이치다. 시간의 화살은 질서에서 무질서로 나아간다. 엔트로피에 대응할 일이 공급되지 않는 닫힌계에서는 과거에서 미래로 가는 길에 무질서가 계속 증가한다. 이렇게 닫힌계는 엔트로피가 최대치까지 증가하면서 '열역학적 평형'이라 알려진 완전한 무작위성 상태에 도달하게 된다. 그 반대인 최소 엔트로피 상태는 최저 온도인 켈빈온도 0도(섭씨 −273도)에서만 도달할 수 있다('절대영도'라고도 부른다. 분자가 완전히 정지한 상태로, 원칙적으로 이보다 낮은 온도는 불가능하다 − 옮긴이).

기체 분자가 빠르게 움직일수록 기체가 더 뜨겁다는 것이 밝혀지면서, 열을 운동으로 인식하게 됐다. 그리고 뉴턴이 모든 운동을 기술하는 운동 법칙을 정립했다. 그 결과 일반적 경험 수준에서는 물리적 실재에 관한 만족스럽고 포괄적인 이론을 얻은 것으로 보였다. 철학자 J. L. 오스틴은 이 일반적 경험 수준을 '중간 크기 건물류medium-sized dry goods'의 수준이라고 표현했다. 굉장히 작은 원자에서 가장 커다란 우주, 그 사이에 있는 현실의 특정 범위를 지칭한 것이다. 뉴턴의 물리학은 원자에 관한 이론이 필요 없었고, 전기, 자기, 빛의 현상에 관한 설명을 포함하지 않았다. 이런 주제는 19세기에 들어서야 연구되기 시작했으며, 아인슈타인의 상대성 이론과 양자역학의 기반을 닦아 주었다.

인류는 아주 오래전부터 전기와 자기 둘 모두를 알고 있었다. 기원전 6세기 탈레스는 보석 호박amber을 양모 같은 물질에 문질렀을 때 일어나는 전기적 현상(정전기를 발생하는 **마찰전기 효과**triboelectric effect)이나 자철석의 성질에 관해 논의했다. '호박'은 그리스어로 **elektron**이다. 19세기에 본격적으로 이런 현상을 연구하면서 '장field'의 개념이 들어선다. 전기와 자기 둘 다 각자 관련 힘(전기력, 자기력)을 매개하는 장으로 여겨졌다. 이 힘들의 세기는 중력과 마찬가지로 전하 간 거리의 제곱에 반비례했다. 차이점이 있다면 중력의 경우 언제나 서로 끌어당기는 힘이지만, 전기력의 경우 양전하와 음전하가 있어서 같은 전하 사이에는 서로 밀어내고 다른 전하 사이에는 서로 끌어당긴다는 점이 달랐다.

관측과 실험을 통해 전류가 자기장을 발생시킨다는 사실이 증명됐다. 이와 반대로 마이클 패러데이는 자석을 가속하면 전기장을 발생시킬 수 있다는 것을 보였다. 이렇게 자석을 움직여 전류를 발생시키는 일을 '유도induction'라 부른다. 제임스 클러크 맥스웰은 빛이 전자기파의 일종이라는 점을 보이면서 전기와 자기를 전자기력이라는 하나의 힘으로 통합하는 이론을 만들어 냈다. 이는 두 가지 관측 결과를 통합한 것이었다. 하나는 전기장의 변화가 그에 상응하는 자기장의 변화를 일으키고 그 반대의 경우도 마찬가지라는 것이다. 즉, 전기장이 진동하면 그 진동수가 자기장의 진동수와 일치하게 된다. 또한 패러데이는 진공 상태에서 전기장과 자기장의 진동 속도에 대한 저항을 측정했는데, 이 측정값을 맥스웰 방정식에 대입했을 때 전자기파가 초당 약 30만 킬로미터, 즉 빛의 속도로 움직이는 것으로 나타났다.

하지만 맥스웰의 이론에는 문제가 있었다. 물체의 온도는 그 안에 있는 원자가 진동한 결과물이다. 물체가 더 뜨거워질수록, 물체를 구성하는 원자들이 더 많이 진동하고, 물체가 방출하는 전자기복사의 진동수는 점점 커져 색의 스펙트럼이 붉은색, 노란색을 거쳐 흰색에 이른다. 맥스웰의 이론에서는 보라색 영역 이상의 진동수에 해당하는(자외선 영역 – 옮긴이) 전자기파의 강도가 온도와 무관하게 무한대로 증가한다. 이 문제를 '자외선 파탄Ultraviolet Catastrophe'이라 부른다.

이에 대한 해결책을 발견한 사람이 막스 플랑크Max Planck였다. 플랑크는 뜨거운 물체가 방출하는 복사가 **양자**quantum라는 불연속적인 덩어리 형태로 나온다고 가정하면서, 복사의 세기, 온도, 진동수의 관계를 기술하는 공식을 세웠다. 이 관계는 h라는 '플랑크 상수Planck Constant'로 기술된다(플랑크도 맥스웰처럼 실제로는 자연이 연속체라고 생각했으며, 이 해결책은 단지 직관적으로 발견한 것이었다).

19세기 말 맥스웰의 빛에 관한 이론과 플랑크의 양자 개념이 도입되고 이들이 J. J. 톰슨의 전자 발견과 결합하면서, 물리학은 빠르고 극적인 진보의 시대에 돌입했다. 그 당시 일부 과학자들은 지식을 추구하는 여정은 이제 다 끝났고, 세부 사항을 채워 넣는 일만 남았다고 생각했다. 역사상 가장 커다란 아이러니가 아닐 수 없다. 켈빈Kelvin 경이 그러한 입장을 취했다는 신빙성 없는 세간의 설이 있지만, 플랑크의 지도교수인 필립 폰 욜리Philipp von Jolly가 그렇게 생각했던 건 분명하다. 욜리는 플랑크에게 물리학은 이미 완성됐으니 다른 분야에서 직업을 찾아보라고 조언했다. 하지만 20세기에 들어선 지 10년도 채 지나기 전에 아인슈타인이 특수 상대성 이론을 발표했고, 다음 30년 동안 실험 및 이론 연구를 통해 일반 상대성 이론과 양자론이 등장했다.

즉, 20세기의 물리학 이야기는 바로 지금 이 시대의 물리학 이야기다.[10]

3. 과학적 세계관

일상생활에서 우리가 익숙하게 경험하는 물체들은 보통 복합체다. 다시 말해 더 작은 부분들로 이루어져 있다. 심지어는 맨눈으로도 보더라도 구조를 가지고 있는 경우가 많다. 따라서 복잡한 전체를 구성하는 부분들 자체도, 또 다시 더 작은 부분으로 이루어졌을지 모른다는 생각을 하게 된다. 흙덩이를 손에 쥐고 문지르면 점점 더 작은 조각으로 나뉘듯이 계속 문지르다 보면 결국 아무것도 없어지거나, 가장 작은 조각에 도달하게 될 것이다. 공간을 차지하는 사물이 궁극적으로는 무無로 이루어졌다는 건 상식에 어긋나는 것처럼 보인다. 결국 가장 자연스러운 추론은 다른 사물을 구성하는 '가장 작은 무언가'가 있다는 것이다.

하지만 최초로 체계적 과학을 시도한 고대 그리스 철학자들이 가정한 원자 개념은 더 '자를 수 없'거나 '쪼갤 수 없'는 (고대 그리스어로 **atomos** 라고 한다), 가장 작고 궁극적인 사물의 구성 요소와는 좀 달랐다. 처음에 그리스 철학자들은 우주가 단일 물질로 이루어져 있다고 추론했다. 탈레스의 '물'처럼 다양한 형태를 취하고 다양한 효과를 낼 수 있으며 온 공간에 만연한 물질로 이루어져 있다는 것이었다. 아니면 단일 물질은 아니어도 공기, 흙, 불, 물처럼 기본 물질들의 조합으로 이루어져 있다고 추론했다. 이런 견해가 점차 정교해지면서, 물리적 실재가 궁극적인 구성 요소인 **원자**atomos로 이루어졌다는 생각으로 발전했다. 그렇게 현대의 물리학이 자연을 **원자**의 감각으로 바라보다가, '장field'처럼 모든 공간에 만연한 연속체의 상호작용이라는, 오히려 다시 예전의 개념을 연상시키는 방식으로 바라보게 된 것은 매우 흥미롭다. 물론 이건 대략적이고 억지스러운 비유이긴 하다. 하지만 잠시 멈춰서 물리적 실재의 기본 형태에 관한 과거의 개념들을 훑어볼 가치는 있다. 자연이 어떠해야 하는지, 어떤 이론이 자연을 기술하는 좋은 이론인지에 관한 가정들은 오늘날에도 여전히 의미가 있으며 실제로도 과학에서 작동하고 있기 때문이다.

최초의 '자연과학자(phusikoi)' 세 명, 클라조메나이Clazomenae 출신의 아낙사고라스Anaxagoras, 스승과 제자 관계인 레우키포스Leucippos와 데모크리토스(이 둘은 '원자론자'로 알려져 있다)는 모든 것이 기본적인 구성 요소로 이루어져 있다고 가정했다. 아낙사고라스는 이를 '씨앗seed'이라 불렀고, 원자론자들은 이를 '원자atom'라 불렀다. 세 명 모두 소크라테스 이전 시대의 철학자다. 아낙사고라스는 기원전 5세기 전반에, 원자론자들은 후반에 활약했다.

아낙사고라스는 '탄생하는 것'과 '소멸하는 것'은 무에서 창조되었다가 다시 무로 파괴되는 게 아니라, 영원히 존재하는 구성 요소들을 혼합하거나 분리하는 재배열의 과정이라고 주장했다. 존재하는 것은 보존된다. 물리적으로 발생하는 사건은 상호작용에 의한 변화다. 또 아낙사고라스는 만물의 '씨앗'인 **범종**汎種, panspermia이 이 세상 모든 것 안에 항상 존재한다고 생각했다. 사물마다 차이가 발생하는 이유는 특정 종류의 씨앗이 없어서가 아니라, 특정 종류의 씨앗이 다른 씨앗보다 수적으로 더 우세하기 때문이라고 여겼다.

아낙사고라스에 따르면 '세계'가 존재하기 전에는 사물의 씨앗이 무분별하게 한데 뒤엉킨 무한한 물질 덩어리가 있었다. 이 씨앗들이 응집하면 사물이 되고, 씨앗들이 분리되면 사물은 사라진다. 응집과 분리는 아낙사고라스가 **누스**nous라고 부른 어떤 운동 원리, 또는 힘의 영향을 받는다. 문자 그대로는 '정신精神'이라는 뜻이지만, 아낙사고라스가 의미한 건 생각하는 마음이나 신이 아니라, 자석이 철을 끌어당기는 것 같은 운동 능력이었다. 빈 것void이나 '무nothingness' 같은 건 없다. 우주는 모든 것, 다시 말해 씨앗의 총체이다. 아낙사고라스는 자신의 생각을 뒷받침하기 위해서 예전에 엠페도클레스Empedocles가 했던 것처럼 공기의 존재를 실험적으로 증명했다. 우리가 느끼기에는 '아무것도 없는 것' 같지만, 실제로는 무언가가 있다는 것이다.

아낙사고라스의 이론에 나오는 '씨앗' 개념이 데모크리토스와 레우키포스의 원자론에 영향을 미쳤는지는 분명하지 않지만, 적어도 기본 개념에서는 표면적인 유사성이 있다. 원자론은 아주 작아서 감지할 수 없고 더는 '쪼개지지 않는' 물질이 이 세상 모든 것을 구성하고 있다는 이론이다. 아리스토텔레스는 원자론의 개념에 동의하지는 않았지만 깊은 인상을 받았고, 더 구체적으로 연구해야겠다는 의무감을 느꼈다. 그래서 책을 여러 권 썼지만 안타깝게도 현재 이 책들은 전부 소실됐다.

원자론의 핵심은 위치를 제외한 모든 면에서 영원하고 불변하며 더는 나눌 수 없는 근본적 실체가 무한히 많다는 것이다. 이에 더해 원자론에는 '빈 것', 즉 무가 있다. 이때 빈 것은 원자들을 분리하는 공간으로서 실제로 존재한다. 따라서 원자들은 빈 것 속을 움직이며 서로 충돌할 수 있다. 원자들은 다양한 모양을 하고 있기 때문에 서로 충돌하면서 더 큰 집합체로 뭉칠 수 있고, 나중에 다시 쪼개질 수도 있다. 이런 식으로 우리가 지각하는 세계에 있는 사물의 모든 현상이 발생하고, 변화한다. 이는 아낙사고라스의 관점과 마찬가지로 '탄생하는 것'과 '소멸하는 것'은 단지 변화일 뿐, 무언가가 실제로 생성하거나 소멸하는 게 아니라는 생각을 담고 있다. 존재하는 것의 총합은 보존된다.

원자론자들은 원자를 '있는 것what-is', 빈 것을 '있지 않은 것what-is-not'
이라고 불렀다. 아리스토텔레스는 저서 『형이상학Metaphysics』에서 원자가
사물을 구성하는 방법에 관한 원자론자의 설명을 다음과 같이 기술했다.

> 원자론자들은 '있는 것(원자)'들 사이의 차이점이 모양, 순서, 놓임새
> 세 가지라고 선언한다. 오직 '생김새', '상호 접촉', '방향'만이 다를 뿐
> 이라고 말한다. 여기서 '생김새'는 모양이고 '상호 접촉'은 순서이며,
> '방향'은 놓임새다. 예를 들어 A는 N과 모양이 다르고, AN은 NA와 순
> 서가 다르고, Z와 N은 놓임새가 다르다.[1]

이러한 사고의 흐름은 모두 소크라테스 이전 시대에 가장 영향력이
컸던 철학자, 파르메니데스의 사고에 뿌리를 두고 있다. 파르메니데스는
복잡하고 변화하는 모든 것은 불안정해서 장기적으로 존속할 수 없으므
로 실재는 단일하고 변하지 않는 것이어야 한다고 주장했다. '무'라는 개
념(양자 요동으로 가득 찬 진공 공간이 아니라 그야말로 아무것도 없는 '무')은 상
상할 수 없기에 무의미하다는 생각과 관찰 결과 세상은 실제로 존재한
다는 생각 이 두 가지를 결합하면, 우리는 논리적으로 세상이 영원하다
는 생각에 다다르게 된다. 무는 존재하지 않으므로 세상은 과거의 무에
서 나올 수 없었고, 앞으로도 무로 사라질 수 없다. 그리고 세상은 변화나
다양성에 영향을 받아서는 안 된다. 변화나 다양성은 궁극적 쇠락을 야
기할 위험성이 있기 때문이다. 이러한 생각은 모든 것이 하나의 단일 개
체 즉, 일자 ─*로 수렴할 수 있다는 파르메니데스의 사상에 이르게 한다.
파르메니데스에 따르면 이 일자는 **필연적으로** 변하지 않고 영속하는 것

이어야 한다.

여기서 주목해야 할 것은 아낙사고라스와 원자론자들이 실재의 궁극적 구성 요소에 관해 생각하는 과정에서, 존재하는 것은 영원하고 변하지 않아야 한다는 파르메니데스의 요구는 존중했지만, 그와 동시에 (사실상) 많은 파르메니데스의 '일자'와 같은 개체, 즉 씨앗과 원자를 가정함으로써 실제로 관측되는 사물의 다양성과 운동, 변화를 설명하려고 노력했다는 점이다.

여기서 볼 수 있듯이, 실재의 기반을 이루는 근원적 단일성을 찾으려는 환원주의적 충동은 아주 오랜 옛날부터 과학에 뿌리를 내린 주제다. 우리가 해야 하는 질문은 다음과 같다. 이러한 환원주의적 사고가 순전히 성공적인 관측과 이론에 기초한 것인가, 아니면 다른 어떤 이유로 우리가 그렇게 생각하게 되는 것인가? 예를 들면 우리의 인지 구조가 세상이 **그래야만 한다고** 생각하도록 작동하는 건 아닌가?

사물 아래 기반을 이루는 구조가 있고, 그 조합 및 상호 작용이 인식 가능한 모든 현상을 일으킨다는 초기의 사상들을 살펴보다 보면 문득 궁금해진다. 왜 최초의 과학자들은 이 연장선상에서 연구를 더 이어나가지 않았을까? 왜 실험을 해보지 않았을까? 코페르니쿠스와 갈릴레오가 새 시대를 열어 올바른 방향으로 이끌 때까지, 왜 과학은 이렇게 추측의 상태로만 남겨진 채 2,000년을 더 기다려야 했을까?

그 답은 간단하지 않다. 한 가지 이유로는 이 사상가들이 지리적으로나 시대적으로나 흩어진 소규모 공동체에 있었기 때문에, 언제나 완전히 처음부터 연구를 재개해야 했다는 점을 들 수 있다. 사상을 정립하고, 시험하고, 지지할 증거를 찾는 과정이 점차적으로 누적되지 못한 것이다. 문화적 진화가 일어나려면, 어떤 사상과 관행이 힘을 얻고 발전할 토대를 마련해 줄 환경이 필요하다. 그러려면 최소한의 인구 밀도를 달성해야 한다. 초기 과학자들은 관측과 이성에 의존할 뿐 실험은 거의 수행하지 않았다. 그럼에도 기원전 6~기원전 4세기 그리스의 사회적 조건은 철학이 발전하기에 좋았고, 제한적이지만 과학의 첫 불씨가 깜빡이기도 했다. 하지만 이 시대에 분명히 드러난 거침없고 독창적인 사유의 경지는 로마 시대까지 같은 수준으로 이어지지 못했다. 1세기에 지배적이었던 철학 사조인 신플라톤주의Neoplatonism가 종교적 색채를 띠기 시작했고, 529년 로마 황제 유스티니아누스 1세가 철학이 기독교 교리와 충돌한다는 이유로 아테네 학당School of Athens을 폐쇄하고 철학을 금지하면서 철학자들은 추방당해야 했다. 16세기 종교개혁Reformation이 일어나 탐구가 종교적 교리로부터 자유로워지고 과학이 재개될 때까지, 지적 탐구에 적대적인 상황은 이어졌다.

그럼에도 아낙사고라스와 원자론자들이 물리적 실재의 구조와 성질에 관한 유력한 사고방식을 제시했다는 점은 확실하다. 17세기 자연철학자들이 주장한 '소체'설 ('소체corpuscle는 '작은 물체'를 뜻한다)은 고대 원자론자들의 관점을 재현한 것이었다. 하지만 완전히 과학적이고 실험적인 연구로 뒷받침되는 원자론은 19세기에서 20세기에 들어와서야 정립된다.

한 가지 주목할 점은, 파르메니데스와 다른 사상가들의 추측이 경험적 관측에서 출발해서 그 관측을 설명할 이론을 추론하는 결과로 이어졌다는 점이다. 파르메니데스는 주변에서 소멸과 변화를 목격하고, 그럼에도 어떻게 세상이 계속 존재할 수 있는지 궁금해했으며, 결국 인간의 지각 인식으로는 실재의 기본적 본질에 관한 논리를 드러내지 못한다는 가설을 세웠다. 또한 아낙사고라스와 원자론자들은 전체가 부분으로 구성되어 있다는 점을 관측하고, 무에서는 아무것도 나올 수 없으며(라틴어 **ex nihilo nihil fit**), 상호작용을 통해 우리가 관측하는 현상을 일으키는 실재의 궁극적 단위가 있어야 한다는 가설을 세웠다. 오늘날 '끈 이론가 String Theorists'들이 기초물리학의 현 변칙으로부터 자신들의 이론을 추론한 것은, 결국 이 고대 사상가의 추측과 **형태**적으로 동일하다고 할 수 있다. 물론 훨씬 풍부한 배경 이론과 수학이라는 강력한 장치로 자신의 추측을 뒷받침한다는 차이는 있다.

1960년대 후반 이후 물질의 기본 구조에 관한 설명으로 가장 널리 받아들여지는 최고의 과학 이론은 '표준 모형Standard Model'이다. 표준 모형은 소립자elementary particle와 이를 원자로 결합하는 힘을 설명하는 모형이다.[2] 이 이론은 물리학자 셸던 글래쇼Sheldon Glashow가 **전자기력**electromagnetic force과 **약한 핵력**weak nuclear force을 **전자기약력**electroweak force으로 통합하는 방법을 제안한 뒤, 스티븐 와인버그Steven Weinberg, 압두스 살람Abdus Salam과 함께 연구하여 완성한 것이다. 그 후 (주로 '힉스 보손Higgs boson'을 가정한 두 인물, 피터 힉스Peter Higgs와 프랑수아 앙글레르François Englert의 업적으로) 소립자가 질량을 얻는 법을 설명하는 이론이 통합되면서 표준 모형이 정립됐다. 이 공로로 와인버그, 살람, 글래쇼는 1979년에, 힉스와 앙글레르는 2013년에 노벨물리학상을 받았다.

표준 모형은 물질의 기본 구조를 비교적 단순하고 효율적으로 묘사한다는 점에서 중요하다. 수학 용어로 표현할 수 있는 법칙에 따라 상호작용하고 결합하는 소립자가 물질 구조를 이루고 있다는 사고방식은 설득력이 클 수밖에 없다. 물질을 구성하는 입자는 힘을 매개하는 입자를 통해 상호작용하는데 이때 물질을 구성하는 입자들은 **페르미온**fermion이라 불린다. 페르미온은 두 그룹으로 나뉜다. 원자핵의 양성자와 중성자를 구성하는 **쿼크**quark, 그리고 전자와 중성미자 등을 포함하는 **렙톤**lepton (경입자)이다. 쿼크가 한데 묶여 있으면 **강입자**hadron(하드론)가 된다.[3] 원자를 묘사하는 간단한 방법은 원자핵이 중심에 있고 전자가 그 주위를 돌고 있는 작은 태양계를 떠올리는 것인데(하지만 오해를 불러올 수 있는 방법이므로 주의하라) 그 내부 규모를 느껴보고 싶다면 원자를 런던London의 로열 앨버트 홀Royal Albert Hall 크기로 확대해 보자. 원자핵은 그 홀 중앙에 있는 파리 크기만 할 것이고, 전자의 가장 바깥 껍질은 홀의 벽이 될 것이다.

물질 구성 입자들은 힘 매개 입자인 **보손**boson을 주고받으며 상호작용한다. 보손에는 **광자**photon, **글루온**gluon, **W보손**, **Z보손**이 있다. 광자는 전하를 띤 입자에 작용하는 전자기력을 매개한다. 질량이 큰 W보손과 Z보손은 핵 속에서 약한 핵력을 매개한다. 질량이 없는 글루온은 쿼크를 한데 묶어 **강입자**인 양성자와 중성자로 만드는 **강한 핵력**strong nuclear force을 매개한다.

표준 모형에서 전하를 띤 렙톤 가운데 안정적인 입자는 전자뿐이다. 다른 렙톤인 **뮤온**muon과 **타우**tau는 엄청나게 빠른 시간 안에 붕괴해 버린다.

이렇게 묘사된 물질의 전체 구조에서 빠져서는 안 되는 요소가 있다. 바로 광자와 글루온을 제외한 다른 입자들에 질량을 부여하는 입자다. 표준 모형의 다른 모든 소립자는 실험적으로 관측됐지만, 질량을 부여하는 **힉스 보손**Higgs boson은 스위스 세른CERN(스위스 제네바와 프랑스 사이의 국경에 위치한 세계 최대 규모의 핵 및 입자물리학 연구소 – 옮긴이)의 대형 강입자 충돌기 LHCLarge Hadron Collider가 실험실 조건에서 힉스 보손을 생성하는 데 필요한 에너지 수준에 도달할 때까지는 발견되지 않았다. 그리고 2012년, 힉스 보손이 발견됐다고 공식적으로 발표됐다.

힉스 보손의 가장 중요한 역할은 렙톤과 쿼크가 어디서 질량을 얻는가, 또 질량이 없는 광자와 질량이 큰 W보손 및 Z보손의 차이는 왜 생기는가 하는 질문에 답을 준 것이다. 원자보다 작은 세계에서 일어나는 현상은 '입자'로는 제대로 기술할 수 없고, 특정 목적에 따라서는 '장'으로 표현하는 게 더 적절하다는 점을 고려하면, 힉스 보손의 작동 원리를 이해할 수 있다. 앞서 언급했던 전자 역시 행성이 태양 주위를 돌 듯 원자핵 주위를 도는 게 아니라, 실제로는 핵 주변에 장으로 퍼져서 존재한다. 이제 힉스장을 수영장으로 시각화하고, 렙톤과 쿼크를 의미하는 물체들을 그 안으로 던져넣어 보자. 이때 물체들이 겪는 항력 효과가 바로 질량이다. 광자가 질량이 없다는 건, 힉스 수영장에서 어떠한 방해도 받지 않고 막힘없이 통과한다는 뜻이다.

힉스 보손이 발견되면서 더 견고해지긴 했지만, 아직 표준 모형은 완전하지 않다. 표준 모형은 전자기약력(앞에서 언급했듯이 전자기력과 약한 핵력을 통합한 힘 – 옮긴이)과 강한 핵력을 자연의 기본 힘 중 나머지 하나, 즉 **중력**과 결합하는 방법을 제공하지 못한다. 또 이론에 등장하는 매개변수 약 20개는 물리적 원리에서 도출해 낸 게 아니라 실험적으로 알아낸 것이다. 원자 수준에서 작용하는 힘들과 중력을 통합하려는 노력, 달리 말하면 **양자중력**Quantum Gravity 이론을 찾으려는 노력은 '끈 이론'을 통해 활발히 이루어지고 있다. 끈 이론은 논쟁의 여지가 있는데, 뒤에서 더 자세히 살펴보도록 하자.

원자 수준의 미시 세계에서 작용하는 힘들을 전 우주적 거시 세계에서 작용하는 중력과 통합할 수 있을 거라는 희망 뒤에는, 자연이 근본적으로는 단순하다는 가정이 깔려 있다. 자연의 네 가지 힘, 전자기력, 약한 핵력, 강한 핵력, 중력이 사실은 우리가 아직 파악하지 못한 단일한 근본 힘의 다양한 버전일 뿐이라는 것이다. 이러한 가정에는 전적으로 파르메니데스의 환원주의적 충동이 강하게 작용하고 있다.

원자보다 작은 영역에 관한 통찰력을 제공하는 이론이 양자론이다. 이 이론은 실재의 근본에 관해 우리 직관에서 상당히 벗어나는 설명을 하는 것처럼 보이지만, 매우 강력하고 성공적일 뿐만 아니라 이미 실생활에도 많이 응용되고 있다. 양자론이 얼마나 성공적인지는 소수점 아래로 여러 자리까지 정확하게 맞추는 놀라운 정밀도로 입증된다.

양자론을 이해하기 위해서 조금 전에 다뤘던 표준 모형의 발전 과정을 조금 다른 관점에서 생각해 보자.

양자론은 뉴턴과 18세기 화학자들이 함께 도출하고 발전시킨 고전 물리학의 부정확성에서 출발했다. 다시 말해 고전 물리학으로 설명할 수 없는 변칙들이 점점 명백해지면서 이를 설명하고자 등장했다. 19세기 중반, 제임스 클러크 맥스웰이 통계학을 이용해 기체의 행동 방식을 설명하는 데 성공했다. 이때 맥스웰은 기체가 미니어처 당구공처럼 상호작용하는, 구조가 없는 미세한 원자로 이루어져 있다고 가정했다. 하지만 19세기 후반에 이루어진 실험을 통해 가장 가벼운 원자인 수소 원자보다도 질량이 작은 입자가 관측되면서, 원자에 내부 구조가 있다는 사실이 드러났다. 게다가 원자들은 전하를 흡수하거나 방출하면서 다른 원자로 바뀌는 행동을 보였다. 이 현상은 이후에 방사능(시간에 따른 원자핵의 자연적 붕괴)이라 불리게 된다. 이 핵심적 발견은 1897년 J. J. 톰슨이 음극선cathode ray을 조사하다가 이루어졌다. 톰슨은 이 '광선'이 사실은 음전하를 띤 입자들의 흐름이라는 것을 발견하고 이 입자에 '전자'라는 이름을 붙였다.

이 발견으로 사람들은 원자 안에 양전하가 어떻게 분포하고 있는지 추측하기 시작했다. 톰슨은 양전하를 띤 '빵' 덩어리 안에 음전하를 띤 전자가 '건포도'처럼 콕콕 박혀 있는 '건포도 푸딩' 모형을 제안했다. 어니스트 러더퍼드와 동료들은 '산란scattering' 실험을 통해 원자의 질량 대부분과 양전하가 아주 작은 부피 안에 집중되어 있다는 사실을 발견했다. 러더퍼드는 원자의 질량과 양전하가 원자의 중심에 모여서 원자핵을 이루고 있다고 가정했다. 이 행성 모형으로 전자, 양성자, 중성자라는 아원자 입자 3종이 정립됐다. 행성이 태양 주위를 돌 듯이 전자가 양성자와 중성자로 된 원자핵 주위를 '돌고' 있다는 것이다(이러한 설명 방식에는 20세기 초 닐스 보어가 크게 공헌했다). 이름에서 알 수 있듯이 양성자는 양전하를 띠고, 중성자는 전하를 띠지 않는다. 이 두 입자가 원자의 질량 대부분을 차지한다. 전자는 음전하를 띠고 있으며, 양성자나 중성자보다 훨씬 '가볍다'. 전자와 원자핵 사이의 전하 차이 때문에, 전자가 원자핵 주위의 '궤도'를 돈다.

이온화하지 않은 원자 안에서 양성자 수와 전자 수는 언제나 똑같다. 원자가 이온화하면, 전자 수가 양성자 수보다 많거나 적어진다. 원자는 핵 안에 있는 양성자 수에 따라 성질이 달라지는데, 이는 그 원자가 어떤 원소인지를 결정하는 건 양성자의 수라는 뜻이다. 예를 들어 수소는 양성자가 한 개라서 원소주기율표에서 1번이고, 산소는 양성자가 여덟 개라서 8번이다.

원자에 관한 이 고전적 묘사는 곧 잘못된 점이 드러났다. 간단한 이유를 하나 들자면, 고전 법칙에 따르면 전자는 원자핵 주변을 돌면서 에너지를 잃기 때문에 머지않아 핵 쪽으로 빙빙 빨려 들어가야 한다. 하지만 실제로 그런 일은 일어나지 않는다. 원자는 비교적 안정된 구조를 지니고 있기 때문이다. 게다가 원자가 특정한 파장의 에너지만을 흡수하거나 방출한다는 사실도 밝혀졌다. 흑체 복사와 광전 효과 같은 수수께끼를 설명하려면, 물질의 기본 구조를 새로운 방식으로 생각해야 했는데, 1900년 막스 플랑크가 에너지를 불연속적인 덩어리로 가정하면서 이 문제를 일부 해결할 수 있음을 증명했다. 플랑크는 이 불연속 덩어리를 양자(퀀텀quantum은 라틴어로 '양'이라는 뜻이다)라 불렀다.

플랑크 자신도 양자를 순전히 발견적인 개념, 즉 수수께끼를 해결하기 위한 교묘한 수학적 잔재주 정도로만 생각하며, 오랜 시간이 지날 때까지 있는 그대로 받아들이지 않았다. 하지만 알베르트 아인슈타인이 그 유명한 1905년 논문 네 편 가운데 한 논문에서 광전 효과photoelectric effect(금속에 일정한 진동수 이상의 빛을 비추면 전기가 발생하는 이유)를 설명하면서 플랑크의 아이디어를 차용했다. 빛이 파동이라는 훌륭한 실험적 증거가 있음에도(실제로 19세기 말까지 물리학계에서는 빛을 파동으로 간주했다), 흑체 복사 문제에 관한 플랑크의 해결책과 광전 효과에 관한 아인슈타인의 설명에서는 빛이 입자처럼 행동했다. 이 점은 아인슈타인과 동시대 사람들에게 혼란을 안겨주었다. 도대체 빛은 파동일까, 입자일까? 오늘날에는 익숙한 이에 대한 해답은, 빛이 입자이면서 동시에 파동이라는 것이다. 달리 말하면 빛은 주어진 목적에 따라 편의상 입자처럼 행동하기도, 파동처럼 행동하기도 한다.

일상적인 경험 수준에서 우리는 파동과 입자라는 현상에 익숙하다. 바다에서 치는 파도는 파동이고, 해변에 늘어진 조약돌은 입자다. 입자는 움직일 때 질량과 에너지를 한 장소에서 다른 장소로 운반하지만, 파동은 에너지만 운반하면서 공간으로 퍼져나간다. 하지만 양자론이 다루는 작은 규모에서는 이렇게 익숙한 파동과 입자의 구분이 깨지고, 우리의 직관에서 벗어난 **파동-입자 이중성**wave-particle duality이라는 개념이 등장한다.

1912년, 루이 드브로이Louis de Broglie(프랑스 공작으로 공작 신분으로는 유일하게 노벨상을 받았다)가 파동-입자 이중성이라는 개념을 광자에서 입자로 확장했다. 드브로이의 주장은 초기에 여러 회의적인 의견에 부딪혔지만 이미 닐스 보어가 플랑크의 해석이 옳다고 입증한 바 있었다. 에너지가 덩어리져 떨어져 있으며, 불연속적인 준위 사이를 도약한다는 것이다. 보어는 이 개념을 이용해서 어떻게 원자가 에너지를 흡수하거나 방출하면서도 구조적으로 안정한지 설명할 수 있었다. 전자의 파장은 언제나 정숫값으로, 전자가 에너지를 흡수하거나 방출할 때는 사잇값을 거치는 일 없이 또 다른 정숫값의 파장으로 곧장 도약한다.

이러한 발전과 함께 물리학자들(주요하게는 에르빈 슈뢰딩거Erwin Schrö-dinger와 베르너 하이젠베르크)은 양자론에 필요한 수학을 정립할 수 있었다. 그 결과 전자를 입자로 보는 게 아니라 원자핵 주변에 퍼진 확률로 보는 완전히 새로운 관점이 생겨났다. 이에 따르면 전자는 에너지를 흡수하거나 잃을 때, 핵 근처의 특정 '위치'에서 사라지면서 그 즉시 다른 위치에 다시 나타난다.

하이젠베르크는 아원자 입자들의 위치와 운동량momentum(입자의 질량에 속도를 곱한 물리량)을 동시에 측정할 수 없다는 '불확정성 원리Uncertainty Principle'를 상정했다. 불확정성 원리는 입자의 미래 행동에 관한 인과성 및 예측에 시사하는 바가 크다. 고전적 관점에서는 어떤 물리계의 현재 상태와 그 계가 따르는 물리 법칙에 관해 모든 것을 알고 있다면, 미래에 어떤 상태일지 정확하게 예측할 수 있다. 하지만 하이젠베르크는 다음과 같이 지적했다. "'우리가 현재를 완벽히 알면 미래를 예측할 수 있다'라는 인과율의 날카로운 공식에서 틀린 부분은, '미래를 예측할 수 있다'는 결론이 아니라 '우리가 현재를 완벽히 안다'는 전제이다."

양자론은 현실의 기반을 이해하는 데에도 심오한 영향을 끼친다. 양자론은 미시세계의 사물이 존재하는 모습이 측정의 결과라고 말하는 것처럼 보인다. 다시 말해 양자 상태란 측정되기 전까지는 확실한 성질을 지니지 않는다(예를 들어 우리가 경로를 계산하기 전까지 입자의 경로는 확실하지 않다). 측정이 이루어지기 전에는 양자 상태가 다양한 가능성으로 이루어져 있고, 측정이 비로소 그 가능성 중 어떤 게 실제 상태인지를 결정하기 때문이다. 이는 다음과 같은 골치 아픈 질문을 불러일으킨다. 현실이 확실한 성질을 지니려면 그 전에 반드시 측정을 수행하는 측정자가 있어야 하는가? 어떻게 현실의 본질이 측정에 따라 달라질 수 있는가? 무엇보다도, 측정된 순간에 어떤 상태로 도약할지 현실은 어떻게 '결정'하는가? 이러한 문제는 '측정 문제Measurement Problem'로 알려져 있으며, 양자론을 **해석**하는 옳은 방법, 즉 현실적으로 이해하는 방법에 관한 수많은 논쟁과 의견 충돌의 중심에 서 있다.

'코펜하겐 해석Copenhagen Interpretation'으로 알려진 양자론 해석에서는 (닐스 보어와 베르너 하이젠베르크가 보어의 연구소가 있는 코펜하겐에서 함께 연구하면서 발전시켰기 때문에 그렇게 불린다) 측정되기 전까지 양자계가 확실하지 않다는 놀라운 사실을 그냥 원래 그런 거라고 간단히 받아들인다. 그렇게 받아들이고 나면, 나머지 모든 부분은 만족스럽게 따라온다. 하지만 해석 자체가 우리에게 받아들이라고 하는 내용은 철학적으로나 과학적으로나 너무나도 혼란스럽기 때문에 여전히 논쟁의 주된 요점으로 남아 있다. 이 수수께끼를 풀기 위해 때로는 낯설기도 한 다양한 이론들이 등장한다.

그중 하나가 '다세계 이론Many Worlds Theory'이다. 이 이론에 따르면 한 세계에서 한 가능성이 결정되는 순간, 다른 세계가 새로 갈라져 나가면서 다른 모든 가능성이 현실화된다. 각각의 새로운 세계는 가능성에 따라 또다시 새로운 실제 세계들로 갈라진다. 갈라진 후에는 어떤 새로운 세계끼리도 서로 소통하지 못한다. '정합적 역사 이론Consistent Histories Theory' 또는 '결어긋남 역사Decoherent Histories'(일관성이라는 기준에 기초해서, 서로 결어긋난 상태에 있는 다양한 역사에 확률을 부여하는 이론이다. 코펜하겐 해석과 달리 측정을 양자역학의 기본 요소로 여기지 않는다 – 옮긴이)는 본질적으로 한 양자 사건의 환경이 관찰자로 작용해서, 그에 따른 모든 사건이 고전적으로 현실화된 상태라 가정하게 됨을 주장한다. 코펜하겐 해석 자체는 도구주의instrumentalism의 일종이다. '이론이 현실을 묘사하지는 않지만, 어쨌든 작동하므로 그냥 받아들이고 사용하자'라는 뜻이다. 파인먼과 다른 여러 물리학자들의 격언처럼, '닥치고 계산하라!'는 투다.

그리고 오랫동안 인기가 없었지만 최근 들어 다시 주목받는 이론으로 데이비드 봄David Bohm이 발전시킨 이론이 있다. 봄의 주장에 따르면 우주에는 '감춰진 질서implicate order'가 있다. 그 기반에는 모든 양자 현상을 이어주는 '양자 퍼텐셜'이 깔려 있다. 그리고 양자 현상의 특성은 그 아래 깔린 실재의 결정론적 구조가 '드러난unfolding' 결과이다. (이러한 봄의 주장을 홀로그램 우주론이라고 한다 – 옮긴이)

아인슈타인은 현실이 결정적이지 않고 확률적이라는 양자론의 해석을 끝까지 받아들이지 않았다. '아인슈타인-포돌스키-로젠 사고 실험Einstein-Podolsky-Rosen Thought-experiment(EPR)'에서 아인슈타인은 양자론이 불완전하다는 점을 보이기 위해 다음 같은 실험을 제시했다. 방금 막 상호작용해서 반대 '스핀' 상태에 놓인 입자 한 쌍을 서로 반대 방향으로 일직선으로 쏜다고 가정해 보자. 그런 다음 한 입자의 스핀 상태를 측정하면,

(코펜하겐 해석에 따르면) 그 첫 번째 입자의 스핀 상태는 고정된다. 그러면 아무런 행동을 가하지 않아도 다른 두 번째 입자의 스핀 상태는 그 즉시 반대 상태로 고정된다. 하지만 이런 일이 일어나려면, 관측으로 고정된 첫 번째 입자의 스핀 상태에 관한 정보가 빛의 속력보다 빠르게 두 번째 입자에 전달돼야 한다('초광속 정보 전달'). 하지만 물리학의 기본 원칙에 따르면 이는 불가능하다. 이 세상 어떤 것도 빛보다 빠르게 이동할 수 없다. 따라서 양자론에는 뭔가 잘못된 점이 있다. 아인슈타인은 우주가 국소성locality의 원리를 따른다고 생각했고, 이 사고 실험이 자신의 견해에 정당성을 부여한다고 보았다.

그런데 아인슈타인에게는 유감스러운 일이지만, 모두가 깜짝 놀랄 일이 일어났다. 1982년, 파리대학교에서 알랭 아스페Alain Aspect가 실험을 통해 비국소성이 옳다고 입증한 것이다. 이 사건은 앞서 말한 것처럼 양자론의 수수께끼를 설명하기 위해 다양한 이론이 발달하고 서로 논쟁하는 계기가 됐다.

현대 물리학의 커다란 수수께끼는 중력의 성질을 기술하는 아인슈타인의 일반 상대성 이론General Theory of Relativity과 양자론, 이 두 강력한 이론이 서로 일치하지 않는 것처럼 보인다는 점이다. 이 문제는 정말 중요하다. 과학에서 가장 커다란 영역을 다루는 우주론은 상대성 이론에 의존하기 때문이다.

'상대성 이론'이란 20세기 초에 아인슈타인이 개발한 두 이론을 지칭한다. 1905년, 아인슈타인은 「움직이는 물체의 전기역학에 관하여On the Electrodynamics of Moving Bodies」라는 논문을 발표하면서 특수 상대성 이론의 기본 가정을 세웠다. 여기서 '특수'란 '제한적'이라는 뜻이다. 이 이론이 등속으로 움직이는 물체에만 적용되므로 그런 이름이 붙었다. 1916

년, 아인슈타인은 일반 상대성 이론을 발표하면서 가속하는 물체에 관해서도 설명했다('가속'이란 '속도의 변화'로, 속도의 증가와 감소를 모두 포함한다). 일반 상대성 이론은 가속운동과 중력이 동일한 효과라는 것을 밝히면서 중력에 관해서도 다룬다. 이를 등가원리Equivalence principle라 부른다.

아인슈타인의 연구는 19세기 후반 뉴턴의 업적을 바탕으로 한 고전 물리학에 심각한 문제가 있다는 점이 명백해진 데서 출발했다. 움직이는 물체들 사이의 관계에 관한 뉴턴의 설명은 맥스웰이 발견한 전자기 방정식과 일치하지 않았다. 뉴턴의 관점은 사실상 움직이는 물체가 어떻게 행동하는가에 관한 상식 이론이라 할 수 있다. 예를 들어 20km/h로 자동차를 몰고 가면서 앞쪽으로 10km/h로 공을 던진다면, 공의 속도는 두 속력의 합인 30km/h가 될 것이다. 이런 명백해 보이는 사실의 배경에는 서로 상대적으로 일정하게 움직이는 모든 것에는 동일한 물리학 법칙이 적용된다는 생각, 즉 17세기 물리학에서 설정한 기준계 그 안에서 자연 법칙을 기술하고 적용하면서 발전한 개념이 깔려 있다. 공을 던지는 예시에서, 자동차의 속도는 외부에 정지해 있는 무언가(기준계)에 대해 상대적이다. 그리고 공의 속도가 자동차의 속도에 더해질 때도 동일한 기준계에서 계산된다. 여기서 중요한 가정은 시간이 절대적이라는 것이다. 고전 물리학에서 시간은 모든 기준계에서 동일하게, 무슨 일이 일어나든지 간에 규칙적으로 흘러간다.

하지만 맥스웰의 전자기 방정식에 따르면 빛의 속력 c는 299,792,458m/s로 일정하다(광자는 지구를 1초에 7바퀴 돈다). 광원이 정지해 있든지 움직이든지, 관찰자가 어떤 속력으로 움직이고 있든지 상관없이 일정하다. 어떤 사람이 10km/h로 이동하고 있는 차 안에서 앞쪽으로 빛을 쏘더라도, 그 빛의 속력은 c+10km/h가 아니라 그냥 c다. 역설적으로 들리지만, 두 공을 서로를 향해 던지면 각 속력을 합친 속력으로 서로에게 접근하지만, 두 빛을 서로를 향해 쏘면 빛의 속력의 두 배가 아니라 그냥 빛의 속력으로 서로에게 접근한다.

아인슈타인의 공헌은 동일한 기준계에 있는 모든 관찰자에게 동일한 물리학 법칙이 적용된다고 가정하는 동시에, 광속이 기준계와 상관없이 일정하다는 가정이 실제로 모순되지 않았음을 증명했다는 점이다. (전자에 대한 적절한 수학적 조정을 통해[4]) 이 두 사실을 모두 받아들이는 것은 자연에 관해 생각하는 새롭고 놀라운 방식을 받아들임을 의미한다. 그중 하나는, 시간이 더는 절대적이거나 불변의 존재가 아니라는 사실이다. 움직이는 자동차에 대해 외부의 관찰자가 측정한 자동차 안에서의 시간은 자동차가 정지한 곳에서 측정했을 때보다 더 느리게 간다. 또 하나는, 정지한 관찰자가 움직이는 물체를 측정하면, 물체의 길이가 움직이는 방향으로 더 짧아진다는 사실이다. 또 물체는 빠르게 움직일수록 질량이 더 커진다. 이것이 질량이 있는 모든 물체에게 c가 절대적인 속력 제한이 되는 이유이다. 광속에 다다르려면 에너지가 무한히 필요하다. 절대적인 동시성 같은 것도 더는 존재하지 않는다. 한 관찰자에게 동시에 일어난 걸로 보이는 두 사건이 다른 관찰자에게는 다른 시간에 일어난 걸로 보일 수 있다. 마지막으로 가장 유명한 이야기를 하자면, 아인슈타인은 질량과 에너지가 동등하며 상호 교환할 수 있다는 점을 보였다. 이 개념은 유명한 공식 $E=mc^2$로 표현할 수 있다. 여기서 E는 에너지, m은 질량, c는 광속을 뜻한다.

특수 상대성 이론과 뉴턴 물리학은 광속보다 훨씬 느린 사건에서는 일치하지만, 광속에 가까워질수록 급격히 결과가 달라진다. 특수 상대성 이론은 몇 번이고 검증되고 확인됐다. 또 실험적으로나 기술적으로나 특수 상대성 이론을 적용하는 것이 뉴턴의 법칙을 적용하는 것보다 훨씬 더 정확한 결과를 내는 것으로 밝혀졌다. 물리학자들은 사용할 수 있는 곳에서는 언제나 특수 상대성 이론을 사용한다.

아인슈타인은 일반 상대성 이론을 정립하는 과정에서, 처음에는 성가시다고 생각했던 무언가의 도움을 받았다. 바로 아인슈타인의 상대성 이론이 기하학적으로 4차원 시공간을 썼을 때 가장 잘 표현된다는 헤르만 민코프스키Hermann Minkowski의 증명이었다(민코프스키는 아인슈타인의 물리 선생님이었으며, 아인슈타인을 게으른 학생이라고 생각했다). 아인슈타인은 이미 중력장의 효과와 가속도의 효과가 완전히 동일하다는 '등가원리'를 정립한 상태였다. 무엇보다도 이 원리는 사람이 우주선 안에서 경험하는 무중력 상태를 설명한다. 엔진을 끄고 가속하지 않는 상태에서 우주선 안에 있는 사람들은 '자유 낙하' 상태를 경험하며 둥둥 떠다닌다.

등가원리의 직접적 결과는 빛이 중력에 의해 휜다는 것이다. 이는 완전히 새로운 생각은 아니었다. 뉴턴 물리학에서도 빛은 광자라는 입자의 흐름이었기 때문에 중력을 느꼈다. 아인슈타인의 연구에서 새로운 시공간 모형을 반영한 결과, 빛에 미치는 중력의 영향이 뉴턴 물리학이 예측한 것보다 2배 더 강하다는 점이 드러났다. 아인슈타인의 이론은 시공간 자체가 그 안에 있는 질량으로 인해 왜곡된다고 말한다. 마치 펼쳐진 보자기 가운데에 무거운 물체를 놓으면 아래로 움푹 꺼지는 것과 비슷하다. 시공간을 가로질러 이동하는 빛이 중앙에 무거운 물체를 두고 늘어진 시트를 가로질러 굴러가는 공처럼 행동한다고 생각해 보자. 공의 궤적은 중앙에 있는 추를 향해 아래로 끌려가는 경사면의 영향을 받는다. 이때 공을 충분히 센 힘으로 굴리면 시트의 한쪽 가장자리에서 다른 쪽 가장자리로 이동하면서 중앙에 있는 경사면의 등고선을 따라 둥글게 휘어가지만, 물체와 함께 움푹 들어간 곳으로 떨어지지는 않는다. 이는 골퍼가 친 공이 홀 언저리에서 살짝 휘어지지만 빠지지는 않는 것과 약간 비슷하다. 빛은 바로 이런 방식으로 우주 공간을 가로질러 이동하며 때로는 태양과 같은 거대한 물체에 의해 구부러진다(1919년 중요한 관측을 통해 빛이 휘는 현상이 입증됐다). 이렇게 중력으로 인해 빛이 휘는 현상을 **중력 렌즈효과**gravitational lensing라 부른다.

일반 상대성 이론은 시공간과 중력에 대한 우리의 인식을 바꾸어 놓았다. 시공간은 휘어져 있으며, 중력은 바로 이 곡률로 인해 발생하는 효과다. 그뿐만이 아니라 일반 상대성 이론은 **빛의 중력 적색편이** gravitational redshift of light, **중력파**gravitational wave, **블랙홀**black hole의 존재를 예측했다. 이 이론은 여러 방면에서 효율성을 입증하면서 표준 우주론 모형의 기반이 됐다.

중력 적색편이는 전자기 복사가 '중력 우물gravity well'을 빠져나올 때 파장이 길어지는 현상이다. 중력 우물이란 질량이 있는 어떤 물체가 끌어당기는 중력장을 뜻한다. 우물을 빠져나오려면 에너지를 써야 한다. 하지만 광자는 언제나 광속으로 이동하기 때문에, 속도가 느려지는 대신 진동수가 낮아지는 형태로 에너지가 줄어든다. 따라서 빛의 스펙트럼에서 빨간색 쪽으로 파장이 더 길어진다. 1960년대에 일반 상대성 이론의 예측이 실험적으로 확인됐다.

중력파는 시공간의 곡률에 일어나는 교란이다. 중력파는 전자기 복사처럼 에너지가 전파되는 한 형태로, 무거운 물체가 시공간에서 움직일 때 그 영역의 곡률을 교란하면서 발생한다. 대략적으로 비유를 들자면, 연못에 떨어진 돌이 잔물결을 일으키는 거라고 생각하면 된다. 중력파는 광속으로 이동하면서 경로에 놓인 시공간을 늘였다 줄였다 한다. 그래서 예를 들어 두 별이 있는 영역을 지나가는 중력파의 영향을 관찰하면, 시공간의 교란에 따라 두 별이 서로에게서 멀어졌다가 가까워졌다 하면서 앞뒤로 움직이는 걸 볼 수 있을 것이다. 2015년 레이저 간섭계 중력파 관측소Laser Interferometer Gravitational-Wave Observator(LIGO)의 과학자들이 중력파를 직접 관측하는 데 성공하면서, 킵 손Kip Thorne과 동료들이 노벨상을 받았다.

블랙홀은 중력장이 너무 강해서 아무것도 빠져나갈 수 없는 천체다. 심지어 빛조차도 빠져나가지 못한다(그래서 암흑이다). 아인슈타인의 일반 상대성 이론에는 시공간의 곡률을 설명하는 부분에서 블랙홀에 대한 언급이 나온다. 시공간이 엄청나게 강하게 휘어 있으면, 너무 압축된 나머지 아무것도 그 중력을 빠져나가지 못한다는 것이다. 공교롭게도 1795년에 중력에 관한 뉴턴의 설명을 바탕으로 블랙홀의 존재를 예측한 사례도 있다. 피에르시몽 라플라스Pierre-Simon Laplace(1749~1827년)는 만약 물체가 매우 작은 반경으로 압축되면, 그 '탈출 속도escape velocity'(물체가 '느끼는' 중력을 극복하는 데 필요한 속도)는 광속보다 빨라야 한다고 밝혔다. 불가능한 일이다.

현재 우주론에서는 일반적으로 블랙홀의 기원을 별의 죽음(정확히는 질량이 우리 태양 질량보다 적어도 15배 이상 큰 별의 죽음)에서 찾는다. 별은 거대한 핵융합로다. 이 핵융합로는 그 크기가 만들어 내는 중력보다 연료를 공급하는 힘이 더 큰 이상 계속 존재하다가 고유한 크기의 별이 연료를 전부 소진하기 시작하면, 자신의 중력에 의해 내부로 끌어당겨지면서 붕괴한다. 특정 단계에서 핵이 심하게 압축되고 그에 따라 발생한 열이 너무 커지면, 별은 초신성으로 폭발한다. 이때 밀도 높은 잔해가 남는데 그 중력장이 굉장히 커서 아무것도, 심지어 빛조차도 이 잔해를 빠져나가지 못하게 되는 것이다.

중력에 관한 아인슈타인의 설명을 처음으로 블랙홀과 연결지어 인식한 사람은 카를 슈바르츠실트Karl Schwarzschild였다. 슈바르츠실트는 제1차 세계대전에 참전해 러시아와의 전선에서 복무하며 사망하기 불과 몇 달 전에 이 연구를 했다. 슈바르츠실트는 구 모양 질량 주변의 시공간의 기하학을 묘사하면서, 모든 구 모양 질량에는 우주의 나머지 영역으로부터 사실상 자신을 차단해 버릴 정도로 압축되는 임계 반지름이 있다는 점을 보였다. 슈바르츠실트는 이를 계산한 논문을 아인슈타인에게 보냈고, 아인슈타인은 이를 1916년에 프로이센 과학 아카데미Prussian Academy of Sciences에 보냈다. 이 임계 반지름은 오늘날 '슈바르츠실트 반지름'이라 불린다.

슈바르츠실트 반지름이 측정하는 것은 블랙홀의 '사건의 지평선event horizon'이다. 사건의 지평선이란 그 안으로 들어가면 아무것도 탈출할 수 없는 경계선을 뜻한다. 이러한 블랙홀의 중심에는 '특이점singularity'이 있는데, 표준 물리학 법칙이 적용되지 않는다는 의미에서 물리학자들이 붙인 이름이다.

블랙홀은 회전 여부에 따라 두 유형으로 나뉜다. 회전하지 않는 유형은 '슈바르츠실트 블랙홀Schwarzschild Black Hole'이라 불린다. 이러한 블랙홀은 중심에 특이점이 있고 그 밖으로 사건의 지평선이 있는 단순한 구조이다. 하지만 블랙홀은 대부분 회전하는 별에서 생겨나기 때문에 중심이 회전하고 있다. 회전하는 유형의 블랙홀에는 두 가지 특징이 더 있다. 첫 번째 특징은 사건의 지평선 밖에 있는 달걀 모양의 영역, **작용권**ergosphere이다. 달걀 모양인 이유는 블랙홀의 중력이 주변 시공간을 끌어당겨 왜곡됐기 때문이다. 두 번째 특징은 작용권과 정상 공간 사이의 경계, **정적 한계**static limit이다. 만약 실수로 우주선이 작용권 안으로 들어가

더라도, 블랙홀이 회전하는 에너지를 이용해서 정적 한계를 가로질러 빠져나올 기회가 아직 있다. 하지만 사건의 지평선을 넘어가는 순간, 돌아올 방법은 없다.

블랙홀 중심에 있는 특이점에 관해서는 아무것도 알려진 바가 없지만, 블랙홀의 질량, 전하, 각운동량은 계산할 수 있다. 직접적으로는 아니고, 블랙홀 근처에 있는 물체의 행동을 통해 계산한다. 첫째, 근처 항성의 흔들림이나 회전, 둘째, 일반 상대성의 예측에 따라 블랙홀의 중력이 빛을 휘게 하는 중력 렌즈효과, 셋째, 블랙홀이 근처 항성으로부터 빨아들인 물질이 중력장 안에서 압축되면서 과하게 열을 받아 방출하는 엑스선 등을 이용하는 것이다. 이론적으로 초대질량블랙홀supermassive blackhole은 작용권에서 고속으로 물질을 내뿜는 제트를 형성하고 강력한 전파 신호를 방출할 수도 있다.

블랙홀이 너무나도 이질적인 존재다 보니 다른 아이디어들도 있다. 그 가운데 하나는 1963년 수학자 로이 커Roy Kerr가 제안한 것이다. 커는 중심에 특이점이 없는 블랙홀이 형성될 수 있으며, 이 경우 물체가 그 안으로 날아 들어갔을 때 무한히 작은 점으로 찌그러져 버리는 것이 아니라 반대편으로 빠져나올 수도 있다는 가설을 제시했다(이때 반대편은 시간이 다르거나, 심지어는 아예 다른 우주일 수도 있다). 물질을 빨아들이는 게 아니라 내뱉는 '화이트홀white hole'을 가정한 것이다.

이는 시간 여행 또는 (평행우주나 벌집 같은 다중우주가 있다면) 다른 우주로 가는 법에 대한 제안 가운데 하나였다. 또 다른 제안으로는 휘어진 시공간에 '웜홀wormhole'이 존재해서 시간을 단축할 수 있다는 가설도 있다. 이 경우에는 블랙홀의 중심에 특이점이 없다는 가정을 하지 않는다.

표준 우주론 모형은 우주의 기원을 설명할 때 빅뱅 이론Big Bang Theory

을 기반으로 한다. 우주가 팽창한다는 아이디어와 최초의 폭발이 어떻게 발생했는가에 관한 유력한 아이디어를 종합해 요약하면, 우주가 137억 2,000만 년 전에 한 '특이점'에서 시작한 뒤 찰나의 순간에 급속도로 팽창해서 현재 상태에 다다르기까지 진화해 왔다는 그림이 나온다.

빅뱅 이론은 1929년 천문학자 에드윈 허블Edwin Hubble이 관측한 우주가 팽창한다는 사실에 그 뿌리를 두고 있다. 그보다 몇 년 전, 허블은 우주가 단순히 태양계가 있는 우리은하만으로 이루어진 게 아니라 어마어마하게 크며, 비슷한 은하를 엄청나게 많이 포함하고 있다는 사실을 밝혀냈다. 현재 추정하기로 우주에 있는 은하는 총 2조 개에 달한다. 게다가 훨씬 더 놀라운 건 이렇게 광활한 우주가 모든 방향으로 팽창하고 있다는 사실이었다.

우주가 팽창하고 있다는 건, 우주의 역사에서 초기 시점에는 모든 것이 더 가깝게 모여 있었다는 뜻이다. 시계를 거꾸로 돌리면, 모든 것이 시작점에 한데 뭉쳐 있게 된다. 이와 같은 아이디어는 1927년 물리학자 조르주 르메트르Georges Lemaître(루뱅가톨릭대학교Catholic University of Louvain에서 과학을 가르친 신부)가 처음 제안했다. 그로부터 2년 뒤에 허블이 멀리 떨어진 은하의 빛이 전자기 스펙트럼에서 빨간색 쪽으로 더 많이 이동한다는 사실을 보이면서, 은하가 더 멀리 떨어져 있을수록 더 빠르게 멀어진다는 것을 밝혀냈다. 이는 필연적으로 우주의 탄생에 대한 아이디어로 이어졌다.

공교롭게도 '빅뱅'이라는 이름은 당시 경쟁 이론인 '정상우주론Steady State Theory'의 지지자들이 농담으로 지은 것이었다(정상우주론은 우주가 영원히 존재하며, 물질이 우주의 진공 안에서 자발적으로 생겨난다는 이론이다). 하지만 농담이었던 이름은 그대로 고착화 되어 더는 농담이 아니게 됐다.

후속 연구에서 등장한 가설은 이미 언급된 아이디어를 포함하고 있다. 우주는 최초의 순간에 특이점으로 이루어져 있었고, 찰나의 순간에 초기의 원시 상태로 '급팽창했으며', 이후 계속해서 팽창하고 발전해 왔다는 가설이다. 현재 물리학계에서 가장 선두를 달리고 있는 이 가설은 '급팽창 모형(인플레이션 모형inflationary Model)'이라 불린다.

이 이론에 따르면, 우주 역사가 처음 시작할 때 순간적으로 엄청나게 뜨거운 플라스마가 있었다. 이 플라스마는 10^{-43}초('플랑크 시간') 만에 식어서 역사 속으로 사라졌다. 그 후에는 거의 같은 수의 물질과 반물질이 존재했고, 서로 충돌하면서 소멸됐다. 이때 약 10억분의 1 차이로 아주 미세하게 반물질입자보다 물질입자가 더 많았다. 그래서 우주가 성숙해갈수록 반물질보다 물질이 더 우세해졌고, 결국 오늘날 물질 구조를 기술하는 이론에 따라 물질 입자들이 상호작용하고 붕괴할 수 있게 됐다. 초기의 '쿼크 수프quark soup'는 약 3조 켈빈으로 식으면서 '상전이phase transition'를 일으켜 양성자와 중성자 같이 무거운 입자를 형성하고, 그다음에는 광자, 전자, 중성미자와 같이 더 가벼운 입자를 형성했다(상전이에 관한 친숙한 예시로는 물의 온도가 섭씨 0도에 도달하면 액체에서 얼음으로 변하는 것을 들 수 있다).

우주 역사에서 첫 1~3분 사이에 수소와 헬륨 원자가 형성되기 시작했다. 이 둘은 우주에서 가장 흔한 원소로, 수소 원자 대 헬륨 원자의 비율은 10대 1 정도이다. 리튬 역시 핵합성nucleosynthesis의 초기 과정에서 생성된 원소다. 우주가 계속 팽창하면서 물질들 사이에 중력이 작용하기 시작했고, 별과 은하의 형성에 방아쇠가 당겨졌다.

허블은 우주의 팽창을 관측한 결과, 우리가 올려다 본 하늘에서 모든 방향으로 (거의) 모든 은하가 우리로부터 멀어지고 있으며, 그 후퇴 속도는 우리로부터 떨어진 거리에 비례한다는 점을 알아냈다. 은하가 더 멀리 있을수록 더 빠르게 멀어져 가는 현상을 '허블의 법칙Hubble's law'이라 부른다. 이 법칙을 이해하기 위해 다음과 같은 상상을 해보자. 우리은하를 뜨거운 오븐 안에서 부풀어 오르는 반죽 덩어리에 박힌 건포도라고 하자. 우리 건포도에서 바라보면, 반죽이 모든 방향으로 부풀어 오르면서 다른 모든 건포도들이 점점 더 멀어지는 것처럼 보인다. 그리고 이때 허블의 법칙처럼 더 멀리 있는 건포도일수록 더 빠르게 멀어져 간다.

은하에서 오는 빛이 스펙트럼에서 빨간색 쪽으로 얼마나 이동했는지를 측정하면 은하의 속력과 거리를 계산할 수 있다. 빛이 행동하는 방식은 소리의 '도플러 효과Doppler Effect'와 비슷하다. 도플러 효과란 구급차가 관찰자로부터 멀어져 가면 구급차에서 나오는 사이렌 소리가 점점 낮아지는 것과 같은 현상이다. 이와 비슷하게, 광원이 관찰자로부터 멀어져 가면 광원에서 나오는 빛줄기는 점점 더 적색편이redshift를 보인다. 만약 광원이 관찰자를 향해 다가오면, 빛의 스펙트럼은 파란색 쪽으로 치우친다. 그러므로 적색편이가 클수록, 광원이 더 빠르게 멀어져 가고 있으며, 지구로부터 더 멀리 떨어져 있다는 사실을 알 수 있다.

빅뱅 이론은 우주 초기 역사가 남긴 우주마이크로파배경복사cosmic microwave background radiation가 관측되면서 강력한 증거를 획득했다. 이 관측으로 천문학자 아노 펜지어스Arno Penzias와 로버트 윌슨Robert Wilson이 1978년에 노벨물리학상을 받았다. 이들은 처음에 자신들이 관측한 게 관측 장비에 묻은 새 배설물 때문에 발생한 잡음이라고 생각했다. 이 관측은 빅뱅 이론의 예측대로 우주에 가장 풍부한 원소가 수소와 헬륨이라는 사실도 입증해 주었다.

빅뱅 이론의 표준 버전에는 대규모적 관점에서 우주의 성질을 기술하는 일관된 수학적 설명이 필요하다. 또한 우주에 있는 커다란 천체들이 어떻게 상호작용하는지를 설명하는 중력 이론이 뒷받침되어야 한다. 그리고 그 역할을 하는 것이 바로 아인슈타인의 일반 상대성 이론이다. 일반 상대성 이론은 시공간의 곡률을 기하학적으로 기술하고 중력이 작용하는 방식을 묘사하는 방정식을 제공한다.

표준 우주론 모형은 우주의 균일성과 등방성을 전제로 한다. 우주의 모든 곳에서 동일한 법칙이 작용하며, 우리 관찰자가 그 안에서 어떤 특별한 위치를 차지하고 있는 게 아니라는 뜻이다. 다시 말해 우주는 관찰자가 어디에 있든지 동일하게 보인다. 한데 묶어 '우주원리Cosmological Principle'라 불리는 이 가정들은 단순히 가정일 뿐이며, 언제든 도전을 받을 수 있다. 실제로 우주원리에 여러 의문이 제기되고 있다. 특히 우주가 오늘날의 특성에 이르기까지 진화할 시간이 (특히 우주의 초기 역사에서) 어떻게 충분했는가 하는 의문이 있다. 이는 '지평선 문제Horizon Problem'라 불린다.

급팽창 모형은 이 문제에 대한 한 가지 해답이 될 수 있다. 이 모형은 어떻게 최초 찰나의 순간 이후 우주의 특성이 생겨났는지를 이미 알려진 물리학의 법칙을 이용해 설명해 낸다. 좀 더 대담하지만 다른 해답들도 있다. 어떤 해답은 아인슈타인의 방정식을 약간 조정해야 한다고 주장한다. 또 어떤 해답은 우리가 광속처럼 현재 자연의 상수로 여기는 값들이 초기 우주에서는 달랐을지도 모른다고 주장하기도 한다. 이런 대담한 가설들이 등장한 건 현재의 이론이 여러 수수께끼로 골머리를 앓고 있기 때문이다. 가장 커다란 수수께끼는 나중에 더 자세히 다룰 암흑물질과 암흑에너지다. 하지만 이런 수수께끼가 아니더라도, 다른 수수께끼들이 허블의 관측 이후로 우주론을 괴롭혀 왔다.

한 가지 수수께끼는 우주가 계속 영원히 팽창할 것인가, 아니면 중력이 결국에는 팽창을 늦추다가 다시 끌어당겨서 궁극적인 '빅크런치Big Crunch'를 일으킬 것인가에 관한 문제이다. 만약 이런 주기가 끊임없이 반복되는 거라면, 빅크런치 이후에 모든 것을 다시 시작하는 새로운 빅뱅이 일어날 것이다. 그 답은 우주의 밀도에 따라 달라진다. 우리은하와 주변 은하의 밀도를 계산한 뒤 이를 바탕으로 우주 전체의 밀도를 추정할 수 있다(이러한 계산은 우주가 모든 곳에서 균일하다는 불확실한 가정을 기반으로 한다). 이렇게 관측을 통해 추정한 값을 **관측된 밀도**observed density라 부른다. 한편 우주가 궁극적으로 팽창을 멈추는 밀도를 계산으로 도출한 값을 **임계 밀도**critical density라 부른다. 그리고 관측된 밀도를 임계 밀도로 나눈 비율을 **밀도 변수**density parameter(Ω)라고 한다. 만약 밀도 변수가 1보다 작거나 같으면, 우주는 소멸하는 순간까지 식으면서 팽창할 것이다. 밀도 변수가 1보다 크면, 우주는 팽창을 멈추고 다시 수축해서 빅크런치라는 끔찍한 폭발적 죽음을 맞이할 것이다.

이론상에서는 편의를 위해 밀도 변수의 값을 1로 할당한다. 실제 관측으로 얻은 수치에 따르면, 밀도 변수의 값은 0.1 정도이다. 이 계산이 정확하다면, 우주는 계속해서 팽창하다가 차가운 죽음을 맞이할 것이다.

빅뱅 이론은 우주론자들 사이에서 가장 널리 받아들여지고 관측상으로도 가장 확실히 증명된 이론이지만, 논란의 여지가 없는 것은 아니다. 앞서 언급했지만, 역사적으로 빅뱅 이론의 라이벌 이론 중 하나는 프레드 호일Fred Hoyle, 허먼 본디Herman Bondi 등이 제시한 정상우주론이다. 이 이론에 따르면 우주는 모든 곳이 동일한 평균 밀도를 유지하면서 무한하게 존재한다. 은하 안에서 새로운 물질이 자발적으로 생성되는데, 그 생성 속도가 우주가 팽창하면서 밀도가 낮아지는 속도와 균형을 이룬다.

호일과 본디는 우주가 팽창해야만 한다는 점은 인정했다. 정적 우주에서는 별 에너지가 분산되지 않아 가열이 일어나고 결국 우주를 파괴하기 때문이다. 정상 상태를 유지하는 데 필요한 새로운 물질이 생겨나는 속도는 엄청나게 느려도 된다. 일 년에 1세제곱 킬로미터당 핵자nucleon(핵을 구성하는 양성자와 중성자를 통틀어 이르는 말 – 옮긴이) 한 개만 생겨나면 된다.

우주마이크로파배경복사의 발견은 정상우주론이 아닌 빅뱅 이론의 손을 들어주었다. 이와는 별개지만 정상우주론을 회의적으로 보는 또 다른 이유로 퀘이사quasar(quasi-stellar object, 준항성상 천체)와 전파은하radio galaxy가 먼 우주에만 존재한다는 점을 들 수 있다. 이러한 관측은 초기 우주가 현재의 모습과 달랐을 거라고 암시하면서, 우주가 변하지 않는다는 가정을 반박하는 것으로 보인다. 왜냐하면 우주에서 공간적으로 더 멀다는 것은 시간적으로 더 과거라는 뜻이므로 우주의 역사를 들여다보고 싶으면 우주 공간에서 멀리 떨어져 있는 천체를 보면 되는데, 이들이 만약 과거에 다른 모습이었다면 우주는 정상 상태가 아닌 것이 된다.

'플라스마 우주론Plasma Cosmology', '에크피로틱 모형Ekpyrotic Model', '아양자역학 우주론Subquantum Kinetics Cosmology' 등 빅뱅 이론의 경쟁 이론도 많다. 물론 이러한 대안 이론들이 다 똑같이 타당하진 않다.

'플라스마 우주론'은 플라스마에 관한 연구로 노벨상을 받은 물리학자 한네스 알벤Hannes Alfvén이 1960년대에 제안했다. 알벤은 우주론적 규모에서는 전자기력이 중력만큼 중요하며, 전자기력이 플라스마에 미치는 영향으로 인해 은하가 형성된다고 주장했다. 이러한 아이디어는 암흑물질 문제와 연결되면서 다시 살아나고 있다.

'에크피로틱 모형'(그리스어로 '큰불로부터'라는 뜻)은 끈 이론에서 나온 것으로, 우주가 끊임없이 순환한다는 개념을 지지한다. 이 모형은 뜨겁게 팽창하는 우주의 시작이 그 이전에 있던 3차원 우주 두 개가 추가적 차원을 따라 나아가면서 충돌해서 발생한 거라고 가정한다. 두 우주가 서로 섞이면서 그 에너지가 현재의 3차원 우주에 있는 입자(쿼크와 렙톤)로 바뀐다. 이전에 있던 두 우주는 모든 지점에서 거의 동시에 충돌하지만, 가끔씩 동시에 충돌하지 않는 지점들이 있어서 이로부터 우주마이크로파배경복사에서 보이는 온도 차이가 발생하고 은하가 형성된다.

'아양자역학 우주론'은 아양자 수준의 비평형 반응 체계가 자기 조직 파형을 발생시키는 방식에서 도출한 통일장 이론이다. 이때 자기 조직 파형이 우주에 계속 물질을 생성해 낸다고 가정되므로, 정상우주론의 좀 더 복잡한 버전이라 할 수 있다.

이러한 경쟁 이론들은 빅뱅 이론의 문제를 해결하거나, 빅뱅 이론에 대한 비판에 응답하려고 노력하면서 등장했다. 그렇다면 빅뱅 이론이 직면한 비판이란 무엇일까? 그 가운데 몇 가지는 다음과 같다.

빅뱅 이론은 관측 결과와 부합하기 위해서 우주 감속 계수, 또는 우주에 상대적으로 풍부한 원소와 관련한 매개변수를 조정해야만 한다. 그리고 우주마이크로파배경복사의 온도가 별의 복사로 공간이 가열된 결과가 아니라 빅뱅에서 나온 열의 잔류물이라고 확신하는 이유도 설명해야 한다. 또 우주는 단지 130억~140억 년 전에 형성됐다고 하기에는 너무나도 규모가 크다. 그래서 과학자들은 우주의 구조를 형성하는 데 필요한 더 많은 시간을 우주의 추정 나이와 일치시키기 위해, 검증되지 않은 임시방편으로 급팽창 모형을 도입했다. 빅뱅 이론은 이 점에 대해서도 설명해야 한다. 예를 들어 일부 구상성단(공 모양으로 밀집한 성단 – 옮긴이)의 나이는 우리가 계산한 우주의 나이보다 더 많아 보인다. 또 어떤 관측자들은 가장 먼 우주인 '허블 딥 필드Hubble Deep Field'라는 곳에 있는 (따라서 가장 오래된) 은하들의 진화 단계가 추정 나이와 일치하지 않는다고 주장한다.

하지만 가장 커다란 수수께끼는 암흑물질과 암흑에너지일 것이다. 빅뱅 이론에 따르면 우리는 암흑물질과 암흑에너지라는 형태를 한, 우주의 95%에 관해서는 아무것도 모른다는 사실을 받아들여야 한다. 암흑물질은 관측된 은하와 은하단의 분포 및 관계를 설명해 준다. 그리고 또 다른 신비한 요소인 암흑 에너지는 우주를 바깥쪽으로 밀어내며 점점 더 빠르게 멀어지게 한다. 우주는 현재까지 알려진 우주 역사의 중반 무렵부터 그 팽창 속도가 빨라지기 시작한 것으로 보인다.

남아 있는 의문과 수수께끼에서도 불구하고, 앞에서 설명한 것처럼 양자론과 우주론은 둘 다 독자적으로 튼튼한 기반 위에 있고, 실험과 응용에 의한 강력한 지지를 받고 있다. 따라서 이 둘이 일치하지 않는다는 건 상당히 골치 아픈 문제다. 중력이 다루는 대규모 현상에 대한 이론과 아주 작은 양자 수준에서의 구조 및 특성에 대한 이론을 결합한 통합 이론을 찾으려는 노력은 활발히 이루어지고 있다. 몹시 어려운 일임이 드러났지만, 가장 유망해 보이는 것 중 하나가 바로 1980년대 초기에 그 첫 번째 버전이 제안된 끈 이론이다.

끈 이론은 아주 미세한 끈과 고리가 있어서 그 진동이 중력 현상과 소립자 등을 발생시킨다고 주장한다. 끈 이론은 다음과 같이 가정하면서 미시 세계와 거시 세계의 놀라운 통합을 이루어 냈다. 첫째, 공간 차원은 총 9개가 있고, 그중 6개 차원은 아주 작게 돌돌 말려 있어서 감지할 수 없다고 가정했다. 둘째, 배경 기하학이 변하지 않는다는 가정, 우주 상수 cosmological constant(서로 끌어당기며 우주를 수축시키는 중력과 반대로 서로 밀어내며 우주를 팽창시키는 진공의 에너지 밀도로, 아인슈타인이 처음 도입했다 ─ 옮긴이)가 0이라는 가정 등 다른 특정한 가정들을 도입했다.

끈을 기술하는 수학은 아름답고, 끈의 행동을 지배하는 법칙은 우아하며 단순하다. '초대칭적Supersymmetric' 설명으로 물질 구성 입자(페르미온)와 힘 매개 입자(보손)를 통합하는 성배를 달성(이 부분은 아래에서 다시 다루겠지만)했다는 막강함뿐만 아니라, 바로 이러한 단순함과 우아함이 '이 이론은 사실인 게 **분명해**'라고 생각할만한 매력적 이유가 된다.

그 이유를 조금만 더 살펴보자. 상대성 이론은 우주에 관한 강력한 통찰을 제공한다. 그리고 빅뱅을 포함해 은하, 항성, 행성의 진화, 블랙홀, 중력 렌즈효과, 행성 궤도 등 많은 것을 설명하는 다른 이론들이 상대성 이론에 의존한다. 양자론은 여기서 아무런 역할도 하지 않는다. 대규모의 우주는 순수하게 고전적 영역으로 간주된다. 동일한 이유로, 양자론은 중력이 무시되는 미시세계를 기술할 때 굉장히 잘 작동한다. 두 이론을 연결할 방법을 찾으려면(분명 두 이론을 다 포괄하는 제3의 이론이 될 확률이 높다), 중력을 매개하는 입자인 **중력자**(graviton, **그래비톤**)가 있어야 할 것이다. 그리고 이 중력자는 질량이 0이고 스핀이 2라는 특정한 성질을 지녀야 할 것이다. 중력자에 관한 아이디어는 한동안 물리학에서 일반적이었지만, 단순히 중력자를 양자 집단에 추가하는 수학이 작동하지 않는다는 이유로 제안으로만 남아 있었다. 입자들은 거리가 0일 때에도 상호작용할 수 있다. 하지만 중력자들의 경우 거리가 0일 때도 상호작용하게 하려는 노력은 (실제로는 그래야 하지만) 수학적으로 작동하지 않았다. 계산에서 무한대가 등장해 버리는 것이다.

그러다가 1980년대 초반, 기분 좋은 우연이 앞으로 나아갈 길을 제시해 주었다. 끈이라는 개념은 강입자(양성자와 중성자처럼 쿼크의 조합으로 이루어진 소립자)에서 스핀과 질량의 관계를 설명하려고 시도하면서 처음 도입됐는데 안타깝게도 그 아이디어는 잘 작동하지 않았고, '양자색역학 Quantum Chromodynamics'이라는 대안 이론이 더 성공적으로 작동하는 것으로 밝혀졌다. 하지만 입자를 끈의 들뜬 상태로 보는 관점은 질량이 0이고 스핀이 2인 입자의 존재를 가능하게 했고, 나아가 수학적 기술을 망쳐버리지 않으면서도 그런 입자와 다른 입자의 상호작용을 가능하게 했다. 그야말로 유레카적인 발견이었다. 나아가 끈 이론이 모두가 오랫동안 찾아 헤매고 몹시 바라던 양자중력 이론이 될지도 모른다는 또 다른 획기적인 생각이 뒤를 따랐다.

　하지만 일부 이론물리학자들은 끈 이론에 관해 깊은 우려를 표한다. 가장 심각한 건 끈 이론이 완전히 공식화되지 않았으며, 아무도 그 기본 원리를 제안하거나 주된 방정식이 무엇이어야 하는지를 특정하지 않았다는 점이다. 또 끈 이론은 가능한 해석의 수가 너무 많기 때문에, 실험을 통해 직접 검증할 수 있는 예측을 제시하지 않는다. 검증이야말로 과학 이론이 죽느냐 사느냐를 결정짓는 중요한 특성이라는 점을 고려했을 때, 이는 과학 이론으로서 최악의 약점이다. 실제로 끈 이론가들은 가능한 끈 이론을 전부 포괄하는 무한히 큰 '풍경화'를 그리곤 한다. 이는 끈 이론을 비판하는 사람들에게 큰 실망을 안겨주면서, 권위 있는 끈 이론 지지자들로 하여금 이론에 대한 실험적 검증이 불필요하다고 주장하도록 이끌었다. 지지자들은 이론을 표현하는 수학의 아름다움만으로도 이미 끈 이론이 충분한 설득력을 얻었다고 말한다.

　끈 이론을 옹호하는 어떤 사람들은 '인류 원리Anthropic Principle'에 호소하기도 한다. 인류 원리란 물리학과 화학의 기본 상수들이 정확히 지구에 존재하는 생명체를 만들어 내고 유지할 수 있도록 미세 조정됐다는 엄연한 현실을 지칭한다. 이는 무수한 끈 이론 가운데 어느 하나가 유일하게 옳다고 증명할 수 없는 어려움에서 벗어나게 해준다.

중요한 분야인 기초물리학에서 끈 이론이 지닌 힘을 고려했을 때, 시험 가능성testability에 대한 질문은 논쟁의 핵심이어야만 한다. 시험 가능성은 끈 이론을 비판하는 사람들이 가장 우려하는 부분이다. 이는 끈 이론 자체에 관한 의문을 넘어 과학 문화의 가장 근본이 되는 부분까지 건드리기 때문이다. 과학의 모든 갈래에 빠짐없이 적용되는 단 하나의 올바른 방법은 없다는 걸 인정한다 하더라도, 그 모든 갈래를 과학이라는 하나의 개념으로 묶어주는 특성이 있다. 바로 시험에 대한 응답성과 자연에 대한 순응성이다. 이 두 가지는 스스로를 과학이라고 당당히 부를 수 있는 그 어떤 것이라도 따라야 하는 **필수 불가결한 조건**sine qua non이다.

바로 이 시점에서 기준 문제가 대두된다. 단순함, 우아함, 아름다움과 같은 요소가 이론을 수용할 때 정당성의 기준이 될 수 있는가? 일례로 경험적으로 적절한 이론이 둘 이상 충돌할 때, 이렇게 '이론적으로 정립하기 어려운 기준'을 적용해서 하나를 선택할 수도 있을 것이다. 이는 충분히 논란의 여지가 있다. 만약 '아름다움' 등의 요소가 이론을 선택하는 유일한 이유라면, 거기에 어떤 정당성을 부여할 수 있을까? 우리가 자연을 바라볼 때 핀홀을 통해 보이는 제한적인 모습만으로 아름다움을 판단한다는 점을 상기하자.

끈 이론에 대한 시험이라고 간주할 만한 것이 있다면, 우주의 역사가 흘러오면서 빛의 속력이 변해왔다는 점을 경험적 연구로 증명하는 일이 있겠다. 끈 이론은 일반 상대성 이론이 옳다는 것을 전제로 한다. 따라서 일반 상대성 이론에 조정이 필요하다는 점을 보이는 연구 결과라면 어떤 것이든 끈 이론에 의문을 제기할 수 있을 것이다.

또 다른 가능성은 스위스 세른에 있는 것처럼 엄청난 고에너지 입

제1부 | 과학

자 충돌기를 이용해 현재 알려진 입자들의 **초대칭적** 짝을 발견하는 것이다. 이는 끈 이론 중에서 '모든 보손에는 페르미온 짝이 있다(초대칭성)'고 가정하는 부류에 대한 실험적 증거를 제공할 것이다. 그러나 알려진 입자들에 대한 초대칭적 짝은 현재의 실험적 수단으로는 검출되지 않았다. 만약 초대칭 입자들이 존재한다면, 이를 검출해 내기 위해서는 아직 세른에서 도달하지 못했고 앞으로도 도달하지 못할 에너지를 달성할 수 있는 엄청난 고에너지 충돌기가 필요하다.

비록 끈 이론 자체를 직접 실험적으로 정밀 조사할 방안은 거의 없지만, 방금 말한 이러한 수단으로 이론이 힘을 잃거나 힘을 얻을 수 있다는 측면에서 보면 어떻게든 간접적으로는 시험할 수 있다.

하지만 끈 이론에 회의적인 사람들은 물리학이 직면한 다섯 가지 근본적 문제를 해결하려면 끈 이론 외에도 다양한 접근법을 환영하고 장려해야 한다고 생각한다. 끈 이론은 근본적 문제 가운데 오직 하나인 통일 문제만을 해결하고 있다. 다른 근본적 문제들은 다음과 같다. 첫째, 풀리지 않은 수수께끼와 변칙으로 가득 찬 양자역학 자체를 이해해야 한다. 양자 세계는 이상한 세계다. 그 기묘함은 더 근본적인 무언가가 발견될지도 모른다고 우리에게 암시한다. 이와 관련해서 둘째, 표준 모형의 모든 입자와 힘을 더 근본적인 실재의 발현으로 묘사하는, 더 통합적인 이론으로 이해할 수 있는지 알아내야 한다. 셋째, 왜 자연의 상수들(예를 들면 쿼크의 질량, 원자를 묶는 힘의 크기 등을 나타내는 수)이 지금과 같은 값이어야 하는지 설명해야 한다, 넷째, 최근 천문 관측으로 드러난 굉장히 혼란스러운 현상 두 가지를 설명해야 한다. 바로 이미 언급한 암흑물질과 암흑에너지다.

이 다섯 가지 문제에 전부 또는 일부 도움이 될 만한 접근법으로는 '고리양자중력Loop Quantum Gravity(LQG)', '이중 특수 상대성Doubly Special Relativity(DSR)', '수정뉴턴역학Modified Newtonian Dynamics(MOND)' 등이 있다. 끈 이론과 달리 이 이론들은 전부 직접 시험 가능한 예측을 내놓는다. 즉 틀렸으면 틀렸다고 증명할 수 있다.

'고리양자중력'은 플랑크 규모에서 중력장을 **스핀 네트워크**spin network 로 **양자화**quantizing해서(양자화란 어떤 변수가 지닐 수 있는 값이 제한적이라는 뜻 이다), 물질의 구조 자체가 양자화됐다는 사실과 중력과의 조화를 꾀한 다. 끈 이론과 비교했을 때 고리양자중력의 장점은 공간 차원이 추가로 필요하지 않다는 점이다.

'이중 특수 상대성'은 광속의 불변성에 '플랑크 길이'와 '플랑크 에너 지' 값의 불변성이라는 개념을 추가한다. 이를 통해 기존의 이론이 가진 문제점, 즉 관성계마다 플랑크 에너지 측정값이 달라지는 바람에 기준계 사이의 '변환 법칙'을 정립하고 양자론과 중력을 조화시키기가 어려워진 다는 문제점을 다루는 데 도움이 된다.

'수정뉴턴역학'은 은하에 있는 별들이 뉴턴 역학이 예측하는 것보다 더 빠른 속도로 움직이는 이유에 관해서 대안적 설명을 제공한다. 이 현 상을 설명하는 암흑물질에 대한 대안이며 또한 이 이론은 별과 그 별이 있는 은하의 질량 중심 사이의 관계를 조정하는데, 예를 들어 중력의 크 기가 궤도 반지름의 제곱에 따라 변하는 게 아니라 그냥 반지름에 따라 변한다고 주장한다.

시험 가능성은 끈 이론에 대한 비판의 핵심이다. 바로 이 때문에 비 판가들은 끈 이론을 다른 접근법들보다 더 부정적으로 바라보며, 물리학 이 아닌 형이상학metaphysics으로 (경멸적 의미에서) 규정한다.

실험과 관측은 과학의 심장에 놓여 있다. 자연이 이렇게 행동해도 옳고 저렇게 행동해도 옳은 아이디어라면, 그 아이디어는 공허하다. 자연을 대상으로 시험할 수 없는 아이디어는 경험적으로 조사할 만한 어떤 방법을 찾을 때까지 의심을 받을 수밖에 없다. 이 약속은 과학의 핵심이자, 완강한 요구사항이다. 과학이라는 배는 반복 가능한 실험 데이터로 닻을 내릴 수 있어야 한다.

여기서 질문이 하나 떠오른다. 이 약속 자체가 의미하는 바는 무엇인가? 이 질문을 다음 절에서 다루도록 하자.

4. 핀홀을 통해

앞 절 마지막에 던진 질문은 과학 탐구가 현재의 실험이 지닌 한계를 벗어날 때, 또 가능성의 바다가 너무 깊어서 닻을 내릴 수 없을 때 우리가 무엇을 언급해야 하는지에 관한 것이다. 끈 이론과 다세계 이론은 물리학에서 추측speculation의 전형적인 예로 언급되곤 한다. 우주가 홀로그램이라든가, 정보로 구성되어 있다든가, 지적 생명체가 존재할 수 있는 정확한 형태를 하고 있다든가 하는, 실험적 검증을 거칠 수 없는 아이디어들 또한 추측의 예다. 강경한 실험주의자들은 이렇게 물을 것이다. 이런 추측들이 조금이라도 과학이기나 한가? 한데 묶어서 과학이 아니라 아예 다른 종류로, 예를 들면 형이상학으로 간주해야 하는 것 아닌가?

이 질문에 대해 생각해 보는 첫 번째 단계는, 현실적으로 비용이나 크기의 제약으로 실험을 (아직) 수행할 수 없는 '가설'과 원칙적으로 실험을 고안하는 게 불가능한 '추측'을 구별하는 것이다. 사실 어떤 실험이 '원칙적으로 불가능'하다고 말하는 게 맞는지 의문이다. 인류의 독창성과 다른 분야에서의 발견, 현재 받아들여지고 있는 일부 이론에 대한 경험적 파기 등으로 상황은 바뀔 수 있다. 그리고 어떠한 경우에라도 '원칙적으로 불가능'하다고 말하는 것은 패배주의의 한 형태이다. 그보다는 포부를 품는 게 훨씬 더 낫다.

두 번째 단계는 (아직) 실험적으로 검증할 수는 없지만 가치 있는 추측(모험적이거나 엉뚱해 보이는 가설의 공식화)의 핵심은 이미 검증을 거친 이론과의 연결성이라는 점에 주목하는 것이다. 이에 기초하여 다음과 같은 주장을 구성할 수 있다.

현 이론에서 출발해서 그것이 시사하는 가능성의 풍경을 향해 나아가는 잘 통제된 추론은 단순히 받아들일 만한 것 그 이상이다. 탐구의 새로운 지평을 여는 데 꼭 필요한 일이다. 탐구 분야가 실험적 한계에 다다르면 앞으로 나아갈 방법에 대한 경우의 수가 증가하고, 그와 함께 상상의 역할도 증가한다. 앞에서 언급한 분야들에서 일어나고 있는 일이다.

추측과 상상이 어느 정도 현 이론의 시야 안에서 통제된다면, 오래전 아리스토텔레스가 모든 가설을 공식화할 때 요구한 것처럼 최대한 현 이론의 '외관을 보존한다면', 또 현재의 관점에 봤을 때 정말 터무니없는 개념을 전제로 하는 게 아니라면 추측은 과학이라는 이름을 얻을 자격이 있다.

이러한 주장을 지지하는 사람은 새로운 출발이 현재의 과학을 수정하는 정도로 끝날 수도 있고, 현 이론을 완전히 뒤집어엎으면서 완전히 동떨어진 지점에 도달할 수도 있다고 인정한다. 지금 우리가 이해하고 있는 내용과 연결지어 타당성을 부여해야만 한다는 건, 이 모든 추측을 차단하겠다는 뜻이 아니다. 개념적으로 현 이론을 넘어선 지점을 향해 가는 여정이 납득 가능한 수순을 거치며 현 이론과 연결되어야 한다는 뜻이다. 우리는 그동안 (일반적으로) 어떻게 이론이 발전하고 또 수정되는지, 왜 새로운 증거와 더 타당한 근거가 현 패러다임을 새로운 패러다임으로 교체하는지를 목격해 왔다.

스위스 세른에서 힉스 입자를 실험적으로 검출하면서 지금의 표준 모형을 완성하지 못했다면, 소립자가 질량을 얻는 방법에 관한 흥미로운 탐구들이 새로 시작됐을 것이다. 힉스가 경험적으로 확인되기 전에는 다양한 추측들이 있었다. 하지만 그 가운데 어떤 것도, 당시까지 원자의 구조에 관해 실험적으로 알려진 사실과 완전히 동떨어진 아이디어를 내세우진 않았다. 이를테면 전자가 핵자보다 훨씬 가벼운 이유가 전자에는 가벼운 요정이 앉아 있고 양성자와 중성자에는 무거운 요정이 앉아 있기 때문이라고 설명하려 한 사람은 없었다.

다시 말하지만, 자연의 네 가지 기본 힘이 하나의 단일 힘으로 환원될 수도 있다는 아이디어의 광활한 풍경을 제시하는 아름다운 수학, 끈이론은 단순한 공상이 아니다. 이 추측들은 (좀 거리가 먼 건 사실이지만) 표준 모형에 뿌리를 두고 있다. 암흑물질과 암흑에너지란 무엇인가, 자연의 상수들이 왜 지금의 값을 갖고 있는가, 다양한 가능성을 한 가지 확실한 값으로 변환하는 파동 함수의 붕괴를 어떻게 이해해야 하는가(다세계이론의 답변을 고려하자) 하는 질문들 자체도 정밀한 시험을 거친 이론에서 나왔다. 이 이론들은 스마트폰의 트랜지스터, LED 스크린, 원자력 발전소에서 가정으로 공급하는 전기 등 우리가 늘상 사용하는 많은 기술의 기반을 이루고 있기도 하다. 이 견해를 지지하는 사람들은 간접적이고 감지하지 힘든 검출 작업을 요구할지언정, **원칙적으로는** 실험과 관측을 배제해선 안 된다는 입장을 고수한다. 이 점이 바로 추측이 단순한 공상과학이나 판타지 소설이 되는 것을 방지하고, 과학의 적법한 일부가 되도록 해주는 것이다.

이러한 주장은 굉장히 타당하다. 하지만 앞서 언급한 프톨레마이오스 문제, 핀홀 문제, 은유 문제, 지도 문제, 기준 문제, 진실 문제 등 지식의 최전선에서 지식 습득을 방해하는 문제들에 대한 다양한 생각을 잠재워주지는 않는다.

프톨레마이오스 문제는 특정 이론이 특정 범위의 목적에서 유효하다고 해서, 그 이론이 진실이라고 보장할 수 없다는 사실을 다룬다. 프톨레마이오스는 우주 중심에 지구가 있다고 상정한 뒤, 제멋대로인 것처럼 보이는 행성의 움직임을 설명하는 기발한 방법을 고안했다(행성planet은 '방랑자'를 뜻하는 그리스어 planetoi에서 왔다). 행성들은 하늘에 고정된 항성들 앞쪽에서 일관성 없이 경로를 이탈하는 것처럼 보였다. 어떨 때는 뒤로 움직이기도 하고(역행), 어떤 때는 서로 가까워졌다가 또 어떤 때는 멀어졌다. 이를 해결하기 위해 프톨레마이오스의 모형은 행성이 비교적 작은 궤도인 주전원epicycle(한 원을 따라서 중심이 이동하는 원 – 옮긴이)을 따라 돌고, 그 주전원의 중심이 더 커다란 궤도인 이심원(지구로부터 약간 벗어나 있는 이심점을 중심으로 하는 원 – 옮긴이)을 따라 돌도록 정교하게 구상됐다. 고정된 항성들은 행성들의 구 너머 천구에 붙어 있다. 이 모형은 행성의 위치, 일식과 월식을 예측하고 항해에 활용하는 데 굉장히 효과적이었다. 하지만 순전히 제한된 범위 안에서 일종의 도구로서 작동했을 뿐, 현재의 천문학이 말하는 행성과 항성의 '진짜' 위치와 움직임에 대해 설명하지 못했다.

프톨레마이오스 모형은 우리에게 단지 이론이 '작동'한다고 해서 그게 진실이라는 뜻은 아니라는 교훈을 준다. 우리가 흔히 범하는 오류다. 만약 백신이 감염을 방지해 주면, 그 백신의 바탕이 되는 이론(비활성 상태의 병원체가 그것이 활성화된 상태를 처리할 의향이 있는 면역 체계를 자극할 수 있음)이 옳다고 생각한다. 물론 경험적으로 검증될수록 이론이 옳을 확률이 높아진다. 하지만 옳을 확률이 아무리 높더라도 틀릴 확률은 여전히 남아 있다. 이것이 과학이 언제든 파기될 수 있는 방법론적 원리로 여겨지는 이유 중 하나이며, 따라서 실험 결과가 단순한 오류이거나 다른 요인의 영향을 받은 것이 아닐 확률이 굉장히 높아야 하는 이유이기도 하다.

프톨레마이오스 문제가 지식에 관한 우리의 열망을 꺾어버릴 잠재력은 어느 정도인가? 가장 설득력 있는 답은 이 문제가 어느 정도 우리의 주의를 끌 수는 있을지라도, 지식 탐구를 향한 우리의 여정을 조금이라도 탈선시킨다거나 하는 데에는 이르지 않을 거라는 점이다. 이 답은 설명이 아닌 실용성에 목적을 둔 **어떻게**에 관한 지식에는 무조건적으로 적용된다. 기술의 거대한 몸체는 프톨레마이오스 문제에 무관심하다. 기술이나 장치의 효율성은 그것을 설명하기 위해 선택한 이론의 종류와는 상관이 없기 때문이다. 물론 작동 원리를 이해하는 것은 그 자체로 흥미롭고, 기술을 개선하거나 비슷하게 응용하는 잠재적 원천이 된다. 그러나 지렛대와 지렛목은 아르키메데스가 그 작동 원리를 설명하기 훨씬 전부터 사용되고 있었다.

한편 프톨레마이오스 문제는 실험적 검증을 거치지 않으면 과학이 될 수 없다는 논점에 중요한 화두를 던진다. 바로 가설을 확증하는 실험의 결과가 어떤 식으로도 문제를 **해결하지는** 못한다는 점이다. 긍정적인 실험 결과가 반드시 진실을 증명하는 것은 아니다. 과학철학자 칼 포퍼Karl Popper는 이 문제에 대한 응답으로 '반증falsification'이라는 개념을 도입했다. 어떤 가설이 예측한 사건이 일어나지 않는다는 점을 보임으로서, 그 가설을 반박하는 걸 목표로 삼는 게 최선이라는 견해다. 하지만 이에 반대하는 주장도 제기됐다. 예측에 반대되는 결과는 그 예측과 관련 있는 결과만을 반박할 뿐 가설 전체를 반박하지는 못한다는 것인데, 각각의 반박이 가설의 신뢰도를 더 높이거나 낮추기는 하겠지만 완전히 결론을 내지는 못한다는 주장이다. 실험 결과가 긍정적인 경우에는 대체로 가설 자체의 내부적 일관성, 현존하는 이론과의 일치성, 단순성, 작용하는 수학의 아름다움 같은 다른 요소들이 실험 결과의 타당성을 높여준다. 반대로 실험 결과가 부정적으로 나온 데다가 이러한 다른 요소들까지 부족한 경우, 우리는 이 불운한 가설을 더 부정적으로 평가한다.

그렇다면 실험적 조사가 불가능한 가설들에 대해 이러한 특성들은 어떤 의미를 지닐까? 실험이 문제를 해결하지 못한다고 해서, 단순성, 내부적 일관성, 현존하는 이론과의 일치성, 수학적 아름다움 같은 다른 요소들이 그 자체로 가설을 평가하는 충분한 기준이 되는 걸까? 만약 그렇다고 말한다면, 과학은 경험적 실험에 대한 **절대적** 요구로부터 분리된다.

여기서 다루는 논점은 핀홀 문제와도 상당한 관련이 있다. 모든 탐구는 굉장히 제한된 정보에서 시작한다. 다시 말해 시간적으로나 공간적으로나 굉장히 국소적인 상태에서 우리의 유한한 관점으로 바라본 정보의 파편들이다. 우리가 우주나 과거를 바라보는 시야는 마치 핀홀을 통해서 바라보는 것처럼 그 규모가 제한적이다. 이쯤에서 앞서 '들어가는 글'에서 제기한 질문을 다시 떠올려 보자. 우리의 탐구 방법이 핀홀 너머를 성공적으로 볼 수 있도록 이끌어 주고 있는가?

문제의 본질을 이해하기 위해서 규모에 대한 감각을 갖춰보도록 하자. 첫걸음은 우주에서 가장 큰 규모와 가장 작은 규모를 알아보는 것이다. 가장 작은 규모는 플랑크 길이 1.6×10^{-35}미터, 가장 큰 규모는 지구로부터 관측 가능한 우주 끝까지의 거리 4.4×10^{26}미터(465억 광년 = 14.26기가파섹gigaparsec)일 것이다(파섹은 우주 공간의 거리를 나타내는 단위로 연주시차를 이용해 정의한다 – 옮긴이). 어떤 사람들은 우리 인간이 원자의 크기와 우주의 크기 사이에서 딱 중간쯤 되는 크기라고 설명하기를 좋아한다. 그중 몇몇 사람들은 그 사실에서 특별한 의미를 찾으려 하기도 한다. 하지만 더 흥미로운 건, 핀홀을 통해 들여다봐야 하는 우리의 한계를 고려했을 때, 이렇게 가장 작거나 가장 큰 측정이 '우리가 이론과 관측으로 도달할 수 있는 한계'인가를 추측해 보는 것이다. 실재의 진정한 근본이 되는 무언가가 플랑크 길이보다 훨씬 더 작을 수도 있을까? 이 '무언가'와 관련해서는 '길이'라는 게 적용 불가능하고 부적절한 개념은 아닐까? 또 빅뱅이론의 수학적 기술에도 불구하고 우리가 관측하는 것보다 우주가 훨씬 더 클 수도 있을까? 예를 들어 우리 우주는 다중우주의 버블 중 하나일 뿐이고, 다른 물리 법칙이 작용하는 다른 버블 우주들과 합치면 전체 우주는 더 커다랗지 않을까?

이러한 질문을 던지는 이유는 무엇일까? 그중 하나는, 과학 이론에 대한 경험적 증거를 실험 가능하게끔 제시하려면 결국에는 우리의 탐구 능력의 한계를 확장해야 하기 때문이다. 이는 궁극적으로 우리의 관측 능력에 달려 있다. 그리고 관측은 기구를 통해 이루어진다. 망원경(산꼭대기나 우주에서 빛, 전파, 감마선 등을 감지하는 장치), 현미경(광학 현미경, 전자 현미경 등), 오실로스코프부터 세른의 대형 강입자 충돌기까지, 우리는 다양한 관측기구를 사용한다. 이 기구들은 우리가 자연에 경험적으로 접근하는 맨 힘, 다시 말해 시각, 청각, 촉각 등의 오감과 연결되어 있다. 또 관측 결과를 추론하고 비교하고 분석하고 이해하는 증폭기처럼 작용하는 우리의 정신력과도 연결되어 있다. 하지만 불가피하게도 이 기구들은 마지막 분석단계에서만 우리와 연결되어 있다. 이론을 경험적으로 확인하려는 우리의 인지 능력이 이렇게 궁극적으로 속박되어 있다는 점이 탐구를 제한하고, 심지어는 왜곡하는 요소일까? 원칙적으로 엄청나게 국소적이고 제한된 능력이 허락하는 탐구 결과만을 받아들여야 하기 때문에?

수학이 또 다른 기구라는 생각이 들 수 있다. 수학은 이성의 기구로, 물리적 관측기구가 도달할 수 없는 영역까지 탐구의 한계를 확장한다.

(중요한 예를 들자면) 이러한 생각은 앞서 말했듯 끈 이론을 표현하는 수학의 아름다움이 있으니 '관측'을 이용한 다른 실험적 검증은 필요 없어진다는 아이디어의 바탕이 된다. 이러한 견해에서는 수학적 아름다움이 물리학적 진리가 된다.

핀홀을 통해 바라본다는 한계를 극복하려는 노력은 실험 방법과 기구를 설계할 때 독창성을 발휘할 수 있게 한다. 이는 적어도 문제의 한 측면을 덜어준다. 비록 실험의 본질과 그것이 개념화하는 방식은 불가피하게 인간의 구상물, 즉 인간의 인지 능력이 기능한 결과이긴 하지만 과학이 단순한 주관성의 문제라는 결론이 나오지는 않기 때문이다. 삼각법 triangulation(질적 연구의 신뢰성을 높이기 위해 단일 요인이 아니라 다양한 요인을 사용해 확증하는 기법 – 옮긴이)처럼 상호주관적이고 협력적인 노력은 **단순히** 주관성만을 제거해 준다. 탐구가 성공적이며 이론적, 실험적으로 잠재력이 있다는 걸 알려주는 표시는 바로 수렴성이다. 실험이 반복될 때마다 그 실험이 지지하는 가설은 더 힘을 얻는다. 하지만 한편으로는 결국 이역시 사람의 마음이 마주한 현실을 이해하려고 시도한 결과이며, 따라서 사람의 마음이 지닌 특징과 한계가 탐구에 영향을 미칠 수밖에 없다는 생각으로부터 벗어날 수 없다.

다음의 두 가지 사항을 함께 고려해 보자. 첫째, 우리는 플랑크 물리량을 어떻게 구했는가? 둘째, 인지와 인지 대상인 사물 사이의 관계는 무엇인가?

플랑크 길이(Pl)는 중력상수(G)와 환산플랑크상수(ħ)를 곱한 뒤, 광속의 세제곱으로 나눠서 얻을 수 있다. 광속이 굉장히 크기 때문에, 플랑크 길이는 굉장히 작으며 자연의 상수를 조합해서 얻을 수 있는 가장 작은 길이가 된다. 여기서 '상수'라는 게 실제로 무엇을 의미하는지 짚고 넘어가자. 광속 c는 어떠한 상황에서도 변하지 않는다. c가 상수이기 때문인데 그에 따라 다른 물리량이 변해야 한다. 따라서 엄청나게 빠른 속력으로 이동하는 경우 공간이 수축하고 시간이 지연된다. 여러분이 더 빠르게 움직일수록, 상대가 본 여러분의 몸은 더 줄어들고 여러분의 시계는 더 느리게 간다. 이것이 상대성 이론이 작동하는 방식이다.

플랑크 길이를 광속으로 나누면 플랑크 시간Planck Time인 5.4×10^{-44}초를 얻는다. '플랑크 질량Planck Mass'도 있는데, 같은 계산에 따라 이 값은 양성자 질량의 10^{19}배나 되는 매우 큰 값이다. 비슷한 맥락에서 아인슈타인의 유명한 공식 $E=mc^2$을 떠올려보자. 아원자 입자의 질량이 아주 작아 보일지라도, c^2을 곱하면 어마어마한 양의 에너지를 얻을 수 있다. 이게 바로 원자 폭탄의 원리다.[1]

우리가 핀홀을 통해 본 것을 어떻게든 이해하려고 사용하는 이런 개념들에 회의적인 사람들은 이 시점에서 다음과 같이 질문할지도 모른다. '플랑크 차원은 자연의 상수에서 유도한 것인데, 광속에 가깝게 빠르게 이동하는 경우 플랑크 길이와 플랑크 시간에는 어떤 일이 생기는가? 플랑크 길이도 수축하고, 플랑크 시간도 지연되는가? 만약 상수 간의 상호관계에서 산출한 물리량이기 때문에 수축하거나 지연되지 않는다면, 큰 규모의 거시세계에서 일어나는 현상과 어떻게 일치할 수 있는가?' 실제로 실험을 통해 플랑크 차원에서 일어나는 현상을 관측할 방도는 없지만, 어쨌든 이 질문은 우리가 사용하는 개념이 초 극단적인 규모에서도 말이 되는지를 묻고 있다. 이러한 규모에서는 양자론과 일반 상대성 이론이 만난다(앞에서 언급했듯이 고리양자중력에 동기를 부여하는 요소이다). 주목해야 할 점은 이 상수들의 값이 소립자의 성질을 기술하는 매개변수로 작용해서 '양자전기역학Quantum Electrodynamics(QED)'이라고 알려진 굉장히 정확한 이론을 내놓는다는 점이다. 그 정확도가 어느 정도 수준인지는 리처드 파인먼의 일화를 통해 알 수 있다. 누군가가 달이 얼마나 멀리 있냐고 묻자 파인먼은 이렇게 답했다. '내 머리부터 쟀을 때요? 아니면 내 발부터 쟀을 때요?' 또 자신의 저서 『일반인을 위한 파인만의 QED 강의QED: The Strange Theory of Light and Matter』에서 파인먼은 이 방법으로 뉴욕과 로스 엔젤레스 사이의 거리를 '사람 머리카락 두께 수준의 정밀도로' 측정할 수 있다고 말한다. 파인먼은 양자전기역학에 대한 연구로 노벨상을 받았다.[2]

다음으로 사람의 인지 능력에 관해 생각해 보자. 인지와 인지 대상 사이의 관계에 관한 질문을 명확히 하기 위해 먼저 사회과학에서 등장하는 유익한 개념을 살펴보자. 이 분야 연구자들은 연구를 망치는 요인들을 늘 염두에 두고 있어야 한다. 예를 들면 연구 대상이 연구되고 있다는 사실을 알기 때문에 행동을 바꾸는 '호손 효과Hawthorne Effect', 연구자가 자신도 모르는 사이에 연구 대상의 행동에 영향을 미치는 '관찰자 기대 효과Observer-expectancy Effect' 등이 있다. 가장 익숙한 문제점은 연구자 본인이 데이터를 해석하는 과정에서 갖게 되는 편견이다. 이를테면 사회과학에서는 연구자나 연구 상황이 연구 대상에 간섭하면서, 현상이 그 자체로 관측되는 것이 아니라 연구되는 상황에서 일어나는 현상으로 관측되게 된다. 정글에서 침팬지를 관찰한다고 생각해 보자. 우리는 그냥 침팬지를 관찰하는 것일까? 아니면 관찰되는 상황에 놓인 침팬지를 관찰하는 것일까? 우리가 보고 있지 않아도 침팬지는 똑같이 행동할까?

자연 과학에서도 비슷한 효과가 일어날 수 있다. 관측 행위, 관측 장비의 존재 그리고 사용 여부는 관측된 현상을 고려할 때 배제할 수 없다. 소위 말하는 관찰자 효과와 탐침(무언가를 측정하는 검출 기구 – 옮긴이) 효과Probe Effect이다. 현미경 분석을 위해 표본을 얼리고 자르고 고정하고 염색하고 장착하고 누르고 문지르는 일이 어느 정도까지 관측 결과에 영향을 미칠까? 원래 상태의 세포와 현미경 검사를 위해 준비한 세포 사이의 차이점을 무시할 수 있을까? 집요한 회의론자들은 분명 자신들의 입장을 고수하겠지만, 이에 대한 답은 대체로 '그렇다. 무시할 수 있다'이다.

지식의 이론에서 인지의 본질과 구조, 인지의 대상과의 관계에 관한 질문은 매우 중요하며 자주 논의되는 사항이다. 가장 간단한 예로, 자신의 방을 둘러보자. 이 익숙한 절차는 시각 지각에 대한 신경학neurology으로 설명할 수 있다. 먼저 사물 표면에서 반사된 빛이 눈의 수정체로 들어온다. 수정체는 그 빛의 초점을 망막 위에 맞춘다. 그러면 망막에 있는 막대세포rod cell와 원뿔세포cone cell가 활성화하고, 시신경을 따라 두뇌의 뒤통수 부위에 있는 일차 시각겉질primary visual cortex로 임펄스impulse(극히 짧은 시간 동안 큰 진폭으로 나타나는 전기적 흥분 – 옮긴이)를 일으켜 자극한다. 또 이 현상은 단순히 무언가를 보는 게 아니라 언제나 **무언가로서 본다**는 지각의 심리학 측면에서도 설명할 수 있다. 즉, 보는 행위는 본질적으로 해석적이다. 내부로 들어오는 감각 자극은 도달하는 행위 그 자체로 보는 사람에게 (의식적이든 무의식적이든) 본 게 무엇인지 알려주는, 아니면 적어도 본 게 무엇인지 의견을 제시하는 개념적 범주에 포함되기 때문이다. 이는 시각 경험이 맞닥뜨린 일들에 대한 분류적 개념의 격자판grid, 기억을 포함한다. 그 시각 경험을 통해 지금 바라보는 사물을 어떻게 분류할지 선택하고 상태, 행동, 질, 중요성 등에 관한 엄청난 양의 계산이 이루어진다. 눈앞에 있는 게 일종의 행위자라면 의도나 동기 같은 것도 계산한다. 이렇듯 '본다'라는 평범한 행위는 사실 매우 복잡하며, 풍부한 개념과 계산 도구를 적용하는 일이다. '보는 것'은 단순히 망막에 빛이 투사되고 시각 경로를 자극하는 일을 훨씬 뛰어넘는 행위이다.

인식은 본질적으로 해석적일 뿐만 아니라, 집중할 대상에 대해서도 선택적이다. 마술사들이 생계를 이어갈 수 있는 이유이기도 하다. 인식은 주어진 상황에 유용한 데이터를 제공하기 위해 기능한다(가장 기본적으로는 '생존과 번식이라는 목적에 유용한' 데이터를 제공하려 한다). 다른 데이터를 배제하고 가장 중요하다고 선택한 데이터를 바탕으로 해석하는 일은 크게 두 유형으로 나눌 수 있는데, 하나는 지각과 추론 체계를 위해 진화한 소프트웨어고 또 하나는 문화적, 경험적으로 얻은 소프트웨어. 이 둘에는 **구성적인** 기능이 있다. 이들은 지각하는 사람과 함께 그야말로 **가상현실**을 구성하면서, 공간적으로도 시간적으로도, 의미를 부여하는 시점으로도 그 원점 역할을 한다. 이를 증명하는 건 쉽다. 시각은 뇌의 뒤통수엽occipital lobe과 관자엽temporal lobe 쪽의 전기화학적 활동 패턴으로 이루어져 있다. 이러한 활성화가 사람이 눈을 통해 머리 밖 3차원 공간에 배열된 외부 세상을 바라보고 있다는 환상을 제공한다. 외부 물체를 만지기 위해 손을 뻗어서 획득한 고유감각적, 촉각적 경험이 시각 활성화와 합쳐지면 환상이 더 강화된다. 하지만 어떤 의미에서 이것은 환상이 아니다. 이것은 인식된 공간과 움직임이 드러나는 **현실이다**. 좋은 비유로는 노트북 화면에 있는 아이콘과 이 아이콘이 나타내는 실제 정보 패턴을 인스턴스화하는(추상적으로 정의된 개념에 관해 실체적 값 또는 객체를 형성하는 것 – 옮긴이) 내부 활동의 관계를 들 수 있다. 말하자면, 지각적 경험의 세계는 상징적이다.

이제는 인지 신경과학의 표준이 된 이 설명을 약간만 다르게 풀어보면, 칸트가 『순수이성비판Critique of Pure Reason』에서 눈에 보이는 세계에 관해 피력한 견해와 거의 완전히 동일해진다. 칸트는 세계가 우리 눈에 어떻게 보이는가는 우리의 인지 능력이 구성하는 거라고 주장했다.[3] 지금은 지각 인지에 관해 이렇게 생각하는 게 일반적이지만, 당시 사람들에게 칸트의 관점은 철학적 충격으로 다가왔다. 우리가 인지하는 세계는 어쩔 수 없이 우리가 인지하는 방법에 따라 달라진다. 우리가 관측기구를 사용해 인지 능력을 키우고 인지 범위를 확장하더라도 마찬가지다. 기구로 수집한 정보 역시 궁극적인 종착지는 이를 받아들이는 우리의 인지 구조다. 방 안이든 은하 사이의 공간이든 원자의 내부 구조든지 간에 외부 세계에 관해 입력되는 정보는 우리의 인지 구조를 활성화하고, 이 인지 구조를 통해 그 내용이 체계화되고 해석된다.

물론 여기서 논의하는 인지 구조란 단순히 유아기에 지니고 있던 기본적인 시각 소프트웨어만을 말하는 게 아니다. 이제 우리에게는 물리학과 수학을 통해 추가적으로 정교하게 구성한, 후천적 인지 구조라는 장비가 있다. 세른에서 CMSCompact Muon Solenoid 검출기를 사용해 연구하는 한 실험 물리학자는 스크린에 있는 무수한 궤적의 집합에서 비전문가보다 훨씬 더 많은 것을 '본다'. 그녀의 해석 장비는 그 궤적이 무엇을 의미하는지 알아차릴 수 있도록 굉장히 잘 갖춰져 있기 때문이다. 하지만 여기서 **무엇을 의미하는지**라는 표현에 주목하자. **해석은 경험이다**. 세른에 있는 물리학자의 경우, 선천적 인지 구조의 능력이 후천적으로 습득한 인지 구조로 강화됐다.

칸트의 관점이 가져온 철학적 충격에는 더 심오한 측면이 있다. 만약 우리가 들어오는 데이터를 공간의 배열과 시간의 흐름에 따라 해석하도록 강요하는 인지 장치를 갖추지 않았다면(일상 경험에서 우리는 암묵적으로 뉴턴의 절대적인 시간과 공간을 고려한다), 매일 매일의 평범한 일상을 경험하지 못했을 거라는 점이다. 칸트의 표현을 빌리자면, 경험이 가능하려면 이러한 인지 구조를 소유해야 한다. 바로 그것이 경험을 구성하는 구조적 틀이기 때문이다. 이는 우리의 인지가 미리 준비하고 기대하는 세계는 결국 고전적 세계일 수밖에 없으며, 이 세계를 탈출하기 몹시 어렵다는 뜻이 된다. 양자론에서 측정 문제를 마주했을 때 우리가 당혹감을 느끼는 이유다.

이러한 당혹감은 양자적 실재를 고전전 실재의 용어로 해석하는 과정에서 맞닥뜨리는 극복할 수 없을 것만 같은 어려움으로 요약할 수 있다. 다세계 이론, 숨은 변수 이론, 코펜하겐 해석의 도구주의 등 양자적 실재를 이해하려는 노력들은 전체적으로 또는 부분적으로 고전적 사고를 통해 양자론을 이해하려는 열망에서 시작했다. 익숙한 경험으로 구성된 고전적 세계가 **진짜** 세계라는 가정, 아니면 진짜 세계의 (아래에 깔린 미시세계 구조가 어떻든 그것과 연속적으로 이어진) 위쪽 표면이라는 가정은 지각 심리학의 칸트식 함의에 따르면 인지적으로 불가피한 것으로 보인다. 여기에 중요한 단서가 될 만한 것이 있다.

다세계 이론이 양자론의 측정 문제에 대한 해결책 중 하나이며, 이를 '다중우주' 개념과 혼동해서는 안 된다는 점을 짚고 싶다. 다중우주란 우주가 (아마도) 무한대에 달하는 무수한 영역으로 되어 있으며, 각 우주 안에서 다른 물리 법칙이 작용한다는 내용의 우주론이다. 다중우주론은 앨런 구스Alan Guth가 제창한 우주 극 초기의 급팽창 이론을 발전시킨 것이다. 급팽창 이론은 우주가 지금과 같은 구성 물질을 포함하기에는 빅뱅에서 지금까지의 시간이 너무 짧다는 '지평선 문제'를 다루기 위해 제안된 이론이다.

내 생각에, 고전적 관점에서 양자론을 해석하려는 노력이 어려움을 겪는 이유는 문제를 엉뚱한 방향으로 끌고 갔기 때문인지도 모른다. 과학이 핀홀을 통해 바라보면서 구성하려고 노력하는 세계가 '순전히 이론적인' 세계인 게 아니다. 오히려 우리가 차지하고 있는 고전적 세계가 '순전히 이론적인' 세계. 가장 작은 규모에서 큰 규모까지 펼쳐진 범위 가운데 굉장한 좁은 구역 안에서 우리 자신의 편의를 위해 설정한 바로 그 세계 말이다. 우리의 감각 체계는 감지한 데이터를 사과, 나무, 신체, 트럭처럼 인과적으로 상호작용하는 사물의 세계로 체계화한다. 결국 이것들은 양자 사건의 집합이며, 우리의 신경계를 구성하는 양자 사건과 상호작용한다. 우리의 신경계가 흥분을 해석하는 선천적, 후천적 조직 원리에 따라서 자신들이 겪은 것을 세계에 대한 경험으로 체계화하는 것이다.[4]

좋은 비유로는 '정부', '의회', '보건 서비스', '군대'처럼 사회적으로 구성된 기관을 들 수 있다. 사람, 건물, 서류 캐비닛, 로켓 발사대처럼 각 구성체와 관련된 물리적 개체가 있기는 하지만, 모두 합의하에 '개념적으로 만들어 낸' 개체다. 만약 우리 대다수가 의회 같은 게 더는 존재하지 않는다고 여긴 채 살아가기로 결정한다면, 의회는 그냥 사라져 버린다. 이러한 개념들은 존재하는 동안에는 산처럼 '실재'하며 우리의 삶에 영향을 미칠 수 있다. 중대한 조치 없이 개인적으로 이런 기관을 없애버리거나 바꿔버릴 수는 없다. 하지만 그럼에도 이러한 기관들은 구성체일 뿐이다. 그것이 존재하고 인과적 효과를 발휘한다고 여기기로 한 우리의 묵시적 합의 및 명시적 합의를 바탕으로 한 것이다.

산과 사회 기관 둘 다 의도적으로 구성했다는 측면에서는 개념적 구성체지만, 둘 사이에는 당연히 차이점이 있다. 산은 입력 데이터를 정리해서 구성한 개체지만, 사회 기관은 (효력적으로는 아닐지라도) 본질적으로는 소설 속 인물처럼 허구적인 투영이다.

이 점에 대한 또 다른 설명은 우리가 필요와 관심에 따라서 기본 데이터를 분할하며, 이를 일반적 용어로 사건 또는 사건의 상호작용으로 받아들인다는 것이다. 정글에서 자라서 한 번도 도서관을 본 적 없는 사람이 갑자기 책으로 가득한 의회 도서관으로 순간 이동했다고 생각해 보자. 그 사람이 책장 전체를 알록달록한 뱀 같은 하나의 물체로 보지 않고, 책 한 권 한 권을 개별적 물체로 받아들일 이유가 있을까? 점점 책과 상호작용해 가면서, 그녀가 영역을 분할하는 방법이 바뀔지도 모른다. 책장 전체를 하나의 사물로 보는 것보다 책 하나하나를 개별적인 사물로 취급하는 게 더 편리하다는 것을 깨닫게 될지도 모른다. 하지만 그녀가 사물을 분할해 인식하는 법을 필요와 관심에 따라 적절하게 개선해 나가기 전까지는, 우리가 그녀의 신경계와 신경계에 영향을 주는 것 사이의 상호작용이라고 여기는 사건들은 책과 책장을 **필연적으로** 구분하지 않는다. 심지어는 그녀의 것과 그녀의 것이 아닌 것도 **필연적으로** 구분하지 않는다. 요약하자면 분류 원리란, 사건들을 표현하는 시스템의 관점에서 인간이라는 크기와 구조를 지닌 생물의 편의, **유틸리티**다. 이때 사건들을 표현하는 시스템은 무엇인가 하는 질문, 근본적으로 뇌와 그 기능에 관한 질문은 또 다른 심오한 질문이다. 이에 관해서는 이후에 제3부에서 다룰 예정이다.

이러한 관점을 따라가다 보면 측정 문제로 인한 당혹감이 핀홀 문제의 산물이라는 주장에 다다르게 된다. 우리는 우리의 규모에서 세상을 다루도록 구성된, 우리라는 종류의 생명체다. 우리는 양자 상태의 중첩이 자연스럽다고 받아들이는 인지 구조를 타고나지 않았다. 우리의 인지 능력은 세계를 인과적으로 상호작용하며 결정적 특성을 지닌 시공간적 객체로 체계화한다. 우리를 둘러싼 **이** 익숙한 세계가 **현실이라는** 생각, **이** 세계가 현실의 실제 모습에 대한 기준이어야 한다는 생각이 바로 수수께끼의 근원이다. 물론, 이 세계는 실제로 현실의 일부다. 아니면 최소한 현실과 이어져 있다. 어떤 경우에는 이 세계는 현실의 한 측면, 또는 한 조각이다. 물 분자 하나가 바다의 일부인 것과 비슷하다. 또 다른 경우에는 이 세계는 우리가 현실과 교류하기 위해 고안해 낸 이상적 구성체다. 지구에 관한 지도를 만들고 길을 찾기 위해서 위도와 경도라는 이상적인 선을 사용하는 것과 비슷하다.

양자 현상이 이상하게 보이는 이유는, 우리가 핀홀을 통해 한정적으로 관측할 수밖에 없는 데다가 그 관측을 고전적 선입견에 따라 교정하기 때문일 수 있다. 이를 크게 두 가지로 나누어 생각해 볼 수 있다. 첫째, 우리가 실재의 근본 성질이 무엇인지 정말 아무것도 파악하지 못했을 가능성이 있다. 우리의 양자론이 불완전하거나, 심지어는 틀렸을 수도 있다. 물론 이론의 성공적 응용을 감안하면 그럴 확률은 낮아 보이지만, 프톨레마이오스 문제를 잊어선 안 된다. 둘째, 아니면 우리 사고의 인지적 구조가 순서, 인과관계, 선형성, 일관성, 단조성monotonicity, 균일성, 예측 가능성과 같은 개념을 부여하고 있을 가능성이 있다. 이런 개념들은 2차 방정식을 푸는 데 강아지를 손질하는 기술을 적용하는 것만큼이나, 양자 현상을 개념화하는 데 도움이 안 되는 요소들이다.

도구주의자들은 다른 관점을 취한다. 도구주의는 현실이 무엇인가 하는 문제는 한쪽으로 치워버리고, 사실상 '단지 계산하자'는 주의다. 이에 반해 핀홀 문제는 다음의 확고한 사실을 인지하게 한다. 우리는 세상의 규모 가운데 정말 좁은 영역만을 차지하고 있고, 우리의 인지 장치는 그 좁은 영역을 효과적으로 다루도록 진화했다는 것이다. 따라서 우리의 인지 장치는 우리가 특정 방식으로 생각하고 특정 개념을 믿도록 강요하면서, 자신의 인지 능력에 부합하지 않는 데이터를 수용하고 체계화할 능력을 방해한다. 측정 문제가 심각한 문제인 것처럼 보이는 이유다. 우리는 자연스럽게 그런 식으로 생각하도록 설정되어 있지 않다.

하지만 우리는 수학적으로는 그런 식으로 생각**할 수 있다**. 이는 또 다른 중요하고 흥미로운 질문으로 이어진다. 유진 위그너Eugene Wigner가 '수학의 터무니없는 유효성', '물리 법칙을 공식화하는 언어로서 수학이 가지는 기적과도 같은 적합성'이라 부른 바로 그것이다.[5] 수학은 이론물리학과 우주론에서 종종 앞으로 실험이 찾아 나가야 할 현상의 존재와 성질을 예측하곤 하는데, 고전적인 예시는 폴 디랙Paul Dirac이 반입자의 존재를 가정한 일이다(이에 관해서는 나중에 다시 설명하겠다). 이뿐만이 아니다. 자연에서 명백하게 나타나는 수학적 성질로는 '피보나치 수열Fibonacci Sequence' 그리고 이와 관련 있는 '황금비Golden Ratio', '황금나선Golden Spiral', '황금각Golden Angle' 등이 있다. 많은 식물의 꽃, 잎, 과일 등에서 익숙하게 볼 수 있는 이 배열은 피사 출신 레오나르도 피보나치Leonardo Fibonacci('보나치의 아들'이라는 뜻)의 이름을 딴 것이다. 피보나치는 상인들이 이익, 가격, 환전 등을 계산하는 데 도움이 되고자 『산반서Liber abaci』(1202)를 저술하면서 유럽에 인도-아라비아 숫자를 소개했다. 이 책에서 피보나치는 토끼 개체 수가 증가하는 방식을 예로 들면서, 앞의 두 숫자의 합이 그다음에 오는 숫자가 되는 수열 패턴을 제시했다. 즉, 1, 1, 2, 3, 5, 8, 13, 21, 34, 55, … 라는 수열로, 1+1=2, 1+2=3, 2+3=5, 3+5=8, … 을 따른다.

해바라기, 데이지, 콜리플라워, 브로콜리 꽃 등 다양한 꽃의 꽃잎 수는 자연이 피보나치 수열을 따르는 예다. 백합과 붓꽃은 꽃잎이 3개, 일부 데이지 종은 13개, 치커리는 21개, 국화과(해바라기, 일부 데이지 종, 과꽃)는 34, 55, 89개다. 더 일반적인 예시를 들어보자. 식물, 동물, 광물의 자연 형태는 흔히 어떤 패턴이나 대칭성을 보이는데, 그중 다수가 황금비 또는 황금나선에 가깝다. 달팽이 껍질, 벌집, 파인애플 껍질, 심지어는 먹이를 사냥하러 아래로 급강하하는 새에게서도 찾을 수 있다. 달팽이나 조개껍질의 경우 완전한 황금 나선은 아니지만, 거의 근접하다. 또 사과 중심부에 있는 과피, 대부분의 불사가리 종에 있는 팔 등 자연에서 많이 볼 수 있는 꼭짓점이 5개인 별 모양, 눈송이 같은 결정에서는 대칭성을 찾을 수 있다. 대각선이 교차하는 지점에서 황금비를 따르는 정오각형 모형 역시 자연이 만들어 낸 대칭성이다. 생물수학Biomathematics, 지질학, 물리학, 천체물리학에서 이러한 예를 많이 찾을 수 있다.

황금비는 기호 ϕ(phi)로 나타내는데 한 선을 두 부분으로 나눌 때 더 긴 부분의 길이를 더 짧은 부분의 길이로 나눈 값이, 전체 길이를 더 긴 부분의 길이로 나눈 값과 동일하도록 만들어서 얻을 수 있다. 즉, 선 AB에서 B와 더 가까운 점 Z를 설정하되, AZ를 ZB로 나눈 값이 AB를 AZ로 나눈 값과 동일하게 만드는 것이다. 이 때 AZ:ZB의 비는 1.61803398874 … 이다(여기서 뒤의 점들은 이 수가 π(pi) 같은 무리수라는 것을 뜻한다. 소수점 뒤 숫자들은 끝나지 않고, 동일한 조합이 반복되지도 않는다). 황금비, 황금 나선, 황금각과 같은 '황금' 숫자들의 기반이 되는 산술은 자연 여기저기에 흩어져 있다. 우리는 그 비율이 겉으로 드러나는 모습을 보면서 매우 아름답다고 느끼곤 한다.

물리학 공식으로 표현되는 수학은 생물학과 광물학에서 나타나는 이러한 많은 예시보다도 더 정밀하고 근본적인, 자연의 비밀스러운 중심에 있는 것처럼 보인다. 수학이 자연을 묘사하고 그 성질과 행동을 예측하는 데 적용되는 점이 '터무니없이 유효'하거나 '기적적으로'까지 보이는 이유다. 이러한 '터무니없는 유효성'을 설명할 방법이 있을까? 신이라는 저자가 수학으로 자연을 써내려갔다는 마법 같은 이야기를 하는 건 논리적이지 못하다(이러한 설명은 그저 '수수께끼'를 더 불확실하고 더 불분명한 또 다른 '수수께끼' 속으로 밀어 넣을 뿐이다). R. W. 해밍R. W. Hamming이 이를 설명하기 위한 몇 가지 제안을 잘 요약해 주었다.[6]

첫 번째는 '손에 망치를 쥐고 있으면, 모든 것이 못으로 보인다'는 속담에 나오는 익숙한 관점이다. 해밍은 이 문제를 '우리는 우리가 찾는 것을 본다'라고 표현했다. 수학 기술을 사용하면서 자연의 모습을 반영하는 게 아니라 자연의 모습을 만들어 낸다는 뜻이다. 한 가지 예로 역제곱 법칙을 들 수 있다. '당신이 이미 에너지 보존 법칙을 믿고 우리가 3차원 유클리드 공간에 산다고 생각한다면, 대칭적인 중심력장이 어떻게 그 외의 다른 방식으로 감소할 수 있겠는가?' 또 다른 예로, 불확정성 원리에 대해 다음과 같은 질문을 던질 수 있다. '왜 하필이면 모든 분석을 푸리에 적분의 관점에서 해야 하는가? 푸리에 적분이 정말로 문제를 다루기에 자연스러운 도구인가?'[7] 또 해밍은 물리 상수의 분포를 언급했다. 물리 상수의 60%는 가장 큰 자릿수(첫째 자릿수)가 1, 2, 3 가운데 하나다. 나머지 4에서 9 사이의 숫자인 경우는 단지 40%에 불과하다. 이 현상은 '벤포드의 법칙Benford's law'으로 기술되며, 데이터가 여러 자릿수를 넘어갈 만큼 광범위한 경우 더 정확하게 적용된다.[8]

두 번째는 다음과 같다. '우리는 우리가 사용하는 종류의 수학을 선택한다. 수학은 늘 작동하지는 않는다. 스칼라scalar로 힘을 기술하지 못한다는 걸 알았을 때, 우리는 벡터vector라는 새로운 수학을 개발했다. 더 나아가 그다음에는 텐서tensor를 개발했다. … 우리는 상황에 맞는 수학을 선택한다. 동일한 수학이 모든 곳에서 작동한다는 건 그저 거짓이다.'[9] **스칼라**란 온도처럼 눈금 위의 한 점을 나타내는 숫자다. **벡터**란 크기와 방향을 합친 개념이다. 예를 들어 속도는 속력과 방향을 합친 벡터다. **텐서**란 벡터를 일반화한 개념이다. 대략적으로 말하자면, 벡터 기저basis를 바꿀 때 일어나는 변환을 기술한다.

세 번째는 수학이 모든 것을 설명하는 마법의 지팡이가 아니라는 점이다. 수학이 설명하지 않는 것, 설명하지 못하는 것도 많다. 예를 들면 '진실', '아름다움', '정의' 같은 것이 있다. 그리고 마지막으로 해밍은 단지 인지 능력의 한계 때문에 우리가 이해하지 못하는 무언가가 있을 거라는 아이디어를 인용한다. '개는 맡을 수 있지만 우리는 맡을 수 없는 냄새가 있는 것처럼, 또 개는 들을 수 있지만 우리는 들을 수 없는 소리가 있는 것처럼, 우리가 보지 못하는 파장대의 빛이 있고 우리가 맡지 못하는 냄새가 있다. 이렇게 우리의 뇌가 특정 방식으로 조직되어 있다는 점을 고려하면, "우리가 생각할 수 없는 생각이 있을 것"이라는 말이 왜 놀라운가?'[10]

하지만 해밍은 사실 이 생각들에 설득되지는 않았다. '나는 수학이 비합리적으로 효과적이며 또 내가 한 설명을 전부 종합하더라도, 수학의 터무니없는 유효성을 제대로 설명하기는 부족하다고 결론지을 수밖에 없다. 우주의 본성이 지닌 논리적인 측면은 더 깊게 탐구되어야 한다.'[11]

의심할 여지 없이, 과학에서 수학이 보여주는 효율성은 참으로 놀랍다. 이를 이해하려면 먼저 자연이 그렇게 자주 대칭성과 규칙성을 보이는 이유에 주목해야 한다. 바로 여기서 단서를 찾을 수 있기 때문이다.

대칭적 구조는 안정적이고 반복적이며, 복제할 수 있고 균질할 뿐만 아니라 부분적으로 교환 가능하다. 특정한 기하학적 구조는 엄청나게 유용하다. 살아 있는 유기체는 구 모양을 하는 게 체온 유지에 좋은데 바로 몸의 부피와 표면적의 관계에 따라 열 손실이 변하기 때문이다. 인간 배

아는 좌우대칭이 깨지고 간이나 심장처럼 한쪽에 치우진 장기가 발달하기 전까지는, 모든 방향으로 고르게 발달한다. 하지만 한쪽으로 치우친 경우에도 질서가 있다. 장기들은 몸통 중심축의 측면에 자리해서 공간을 절약한다. 정리하자면, 패턴은 경제적이고 효율적이다. 자연의 구조가 더 복잡해질수록, 패턴 위에 패턴을 구성해야 하는 경우가 많아지는 건 당연해 보인다. 흔들리는 진자 끝에 연필을 매달고, 회전하는 원반 위에 놓인 종이에 그림을 그리게 했다고 생각해 보자. 종이가 회전함에 따라 경이로운 결과가 펼쳐질 것이다. 이것이 자연에서 패턴이 형성되는 방식에 대한 본질이다. 확신하건데, 패턴은 자연의 기본값이다. 패턴을 갖지 않는 경우에는 그럴 만한 이유가 있다. 생물체의 경우, 대부분 적응과 관련한 이유이다. 때로는 적응 과정에서 우연히 발생한 **스팬드럴** 효과를 포함해서 말이다(원래 스팬드럴이란 건축에서 아치와 상부 돔 사이에 생기는 부수적 공간을 뜻하는 용어인데, 지붕 구조물을 지지하는 본래 목적과 달리 성당 건축물에서 예술 작품을 장식하는 공간으로 사용되는 현상을 말한다. 스티븐 제이 굴드 등은 이를 예로 들어 생물의 진화에서 모든 형질이 직접적인 자연선택의 결과물인 것은 아니고, 본래의 목적과는 아무 상관없이 부수적인 결과로 생겨난 형질이 다수 있음을 지적한다 — 옮긴이).

이제 수학을 고려해 보자. 수학은 패턴, 차원, 관계를 고려한다. 차원과 관계도 사실상 패턴으로 나타내거나 근사할 수 있다. 수학은 패턴을 포착해서 체계화하는 데 도움을 준다. 패턴의 전개 방식을 따라가고, 다른 패턴과의 관계를 파악하게 해준다. 숫자라는 익숙한 개념이 흘러온 역사를 단순하게 구성해 보면 다음과 같을 것이다. 우리는 사물의 특정 집합이 다른 집합보다 더 크다는 것을 직관적으로 알아차린다.[12] 하지만 어떤 집합들은 거의 똑같아 보인다. 그래서 우리는 집합끼리 비교하길 원한다. 저 사람이 나보다 더 많이 가진 건 아닌지 알고 싶어 한다. 사물을 한 줄로 죽 나열한 뒤 하나하나 맞춰보면서, 너와 내가 똑같은 양을 가질 수 있도록 한다. 그렇게 다양한 사물로 여러 번 맞춰보면서, 집합을 이루는 사물의 종류와 상관없이 숫자라는 개념을 고려하게 된다. 숫자를 이용해 집합 사이의 관계를 파악할 수 있다는 것을 깨닫는다. 다음으로 우리는 대수학에서처럼 숫자에서 관계만을 끌어내 고려할 수 있게 된다. 대수를 기하학적으로 나타낼 수 있고, 반대로 기하학을 대수적으로 나타낼 수도 있다. 이제 여기서 패턴과 관계는 우리의 경험과는 아무런 연관이 없다(고차원 공간의 위상수학topology을 생각해 보자). 수학의 개체는 추상적인 구조체다. 수학은 대부분 단순한 산술이 아니지만, 단순한 산술조차 본질적으로는 패턴에 관한 것이다. 패턴을 연구하면, 현재의 패턴을 조작하고 조합해서 더 많은 패턴을 생성할 수 있다. 예를 들어 양자 물리학에서는 실수와 허수 i를 조합한 **복소수**complex number가 유용하게 쓰인다(여기서 i는 –1의 제곱근이다. 즉 i×i=–1이다 – 옮긴이).

그렇다. 이러한 사고 과정에서 패턴이 등장한다. 수학은 패턴을 연구하고 조작한다. 그리고 자연은 패턴으로 가득하다. 수학과 자연이 어떻게 연결될 수 있는지를 몇 가지 유사한 관계를 통해 살펴보자.

쇳덩어리의 무게가 덩어리의 크기에 따라 달라진다는 자연스러운 가정을 해보자. 덩어리가 클수록 더 무겁고, 작을수록 더 가볍다. 이제 여러분이 크기가 다른 두 쇳덩어리의 치수를 알고, 그중 한 덩어리에 대해서는 무게도 안다고 가정해 보자. 그러면 당신은 분명히 나머지 한 덩어리의 무게도 도출할 수 있을 것이다. 이제 두 쇳덩어리가 서로의 무게 사이의 불균형 때문에 교란되는 복잡한 기계 구조 안에 숨겨져 있다고 가정하자. 여러분이 한 덩어리의 치수를 알고 교란되는 정도를 안다면, 나머지 한 덩어리의 치수를 계산할 수 있으며 연구자에게 기계 구조 안에서 무엇을 찾아야 할지 알려줄 수 있다. 계산에 따르면 나머지 한 덩어리는 지름이 12센티미터 정도 되는 대포알 크기일 거라고 가정하자. 연구자가 기계 깊숙한 곳에서 그러한 덩어리를 발견하면, 그 치수가 수학으로 계산한 결과와 정확히 들어맞는다는 사실이 그에게는 놀랍게 보일 것이다.

이런 상황은 수학자들에게는 놀랄 일이 아니다. 이제 어떤 체계의 다양한 값들이 실험을 통해서, 또는 측정 불가능한 경우 다양한 숫자를 대입해 보면서 밝혀지고 있다고 가정해 보자. 측정이 불가능한 값들은 이미 측정된 값들을 이용해 그 범위를 제한할 수 있다. 이 값들을 공식에 대입하고 계산을 수행하면 측정된 값들이 옳은 경우, 아직 검출되지는 않았지만 이러이러한 성질을 지닌 개체가 존재해야만 한다는 가설이 등장한다. 그런 개체를 검출하기 위해서 실험이 설계된다. 그리고 실험은 그 개체를 검출하기도 하고, 검출하지 못하기도 한다. 검출의 실패는 다양한 요인에 기인한다. '개체가 존재하지 않아서'라는 요인은 단지 가능한 여러 요인 중 하나일 뿐이다. 하지만 만약 검출에 성공한다면, 이를 기술하는 수학의 정당성이 입증된다. 1846년에 해왕성도 이런 식으로 발견됐다. 천왕성에 관해 알고 있는 중력 값, 궤도, 이심률을 이용한 결과였다. 힉스 보손 역시 처음에 이런 식으로 가설이 세워지고, 실험으로 찾기 시작했으며 결국에는 발견됐다.

현실은 수학적인 것처럼 보인다. 하지만 수학이 실제로 하는 일은 이미 확립된 특정 값이 옳다는 가정을 살펴볼 수 있는 올바른 장소를 식별하는 일이다. 이러한 예시들에서, 수학은 패턴 사이의 틈을 식별하고 채워 넣는다. 수학은 이런 작업에 매우 적합하다. 여러분과 먼 곳에 사는 친구가 둘 다 동일한 풍경을 찍은 항공사진을 손에 들고 있다고 가정해 보자. 여러분이 친구에게 사진 속에 있는 한 지점을 알려주고 싶다면, 두 사람 모두 숫자 격자가 그려진 투명판을 사진 위에 올린 다음, 그 지점의 좌표를 읽어서 알려줄 수 있다. 현실에서 이런 격자 역할을 하는 게 바로 수학이다. 다만 아래 놓인 사진에 빈칸이 존재한다는 차이가 있다. 그래 서 수학이라는 격자는 그 빈칸을 무엇으로 채울까 하는 문제에도 주의 를 기울인다.

이와 비슷한 비유로 어린 시절 하고 놀던 '배틀십Battleship' 게임이 있 다. 여러분과 게임 상대는 각자 정사각형 격자를 그리고, 그 위에 전투함 (배틀십)을 배치한다. 격자는 12×12이고, 각 사각형은 숫자와 문자의 조합 으로 식별한다(행을 a, b, c, … 열을 1, 2, 3, … 으로 정의하면 각 사각형을 a1과 같은 방식으로 식별할 수 있다 - 옮긴이). 한 사람당 전투함을 3개씩 보유하고 있 고, 각 전투함은 정사각형 4개를 차지한다. 먼저 상대방의 전투함을 전부 침몰시키는 사람이 승자다. 차례대로 한 발씩 대포를 쏘면서 적중한 경 우와 빗나간 경우를 기록하고, 나타나는 패턴에 따라 점진적으로 수색 과정을 개선해 나간다. 한 사각형에 적중하면, 그 즉시 주변 사각형에 대 한 정보가 추가된다. 주변 사각형 8개 중 최소한 1개에는 전투함의 함체 가 마저 있어야 하기 때문이다. 처음에는 무작위로 대포를 쏘아야 한다. 마치 눈이 먼 사람의 방식처럼 느껴질 것이다. 하지만 빈 사각형을 맞춘 것도 정보가 된다. 이제 숫자를 추가해 보자. 이미 전투함이 있는 사각형 근처에서 빗나가는 경우에는 값을 가진다. 예를 들어 바로 옆에 있는 사 각형은 1/2, 하나 더 옆에 있는 사각형은 1/4이라는 값이다. 이제 수학은 탐색 과정에서 겪는 복불복을 엄청나게 줄여줄 수 있다. 1, 1/2, 1/4라는 값의 패턴은 특정 사각형이 전투함의 일부를 포함할 확률을 급격히 증가시킨다. 어떨 때는 확실히 식별해 낼지도 모른다. 이는 현실이 본질적으로 **수학적인** 것처럼 보이는 현상과 굉장히 닮았다. 수학이 실제로 하는 일은 그저 탐구의 초점을 더 구체적으로 뚜렷하게 잡아주는 역할임에도 말이다. 수학은 패턴에서 누락된 부분을 어디서 찾을 수 있을지 결정하도록 도와준다.

수열 1, 3, 5, 7, 9, 13, 15, … 를 보여주면서 누락된 숫자가 뭐냐고 묻는다면, 여러분은 분명 '11'이라고 답할 것이다. 패턴을 파악하는 단순한 일이다. 물리학에서 방정식을 찾는 일은 본질적으로 패턴을 찾는 일과 비슷하다. 어떤 현상이 다른 현상의 용어로, 아니면 함수나 조합으로 표현될 수 있는 방법을 찾는 일이기 때문이다. 유명한 디랙 방정식은 전자기장 안에서 전자가 행동하는 패턴을 묘사한다. 이때 수학적 패턴은 전자가 (우리가 알고 있는) 음전하를 띤 형태뿐만 아니라, 양전하를 띤 형태로도 존재할 수 있다는 점을 암시했다. 디랙은 처음에는 수학이 제시하는 패턴이 뭔가 잘못됐다고 생각했지만, 결국에는 설득력이 있다고 받아들였다. 설사 이러한 수학적 패턴이 물질과 상호작용해 소멸하는 반물질이 존재한다고 암시하고 있더라도 말이다. 1932년 캘리포니아공과대학 Caltech에서 칼 앤더슨Carl Anderson이 안개상자cloud chamber 실험을 통해서 반전자anti-electron, 즉 양전자position(양전하를 띤다는 의미에서 붙은 이름이다)를 처음으로 관측했다. 당시까지 알려진 입자의 종류를 단숨에 두 배로 늘려버린 충격적 사건이었다. 또 이 사건은 부가적으로 애초에 우주가 왜 존재하는지에 대한 수수께끼를 불러일으켰다. 만약 빅뱅이 일어난 결과로 물질과 반물질이 동일한 양만큼 생성됐다면, 서로 소멸해 버려서 물질로 된 우주 자체가 존재하지 않아야 하기 때문이다.

해왕성의 예는 왜 '암흑물질' 가설이 생겨났는지를 설명해 준다. 원반은하에서 바깥쪽 팔에 있는 별들은 은하 중심에 가까운 별들보다 훨씬 더 느리게 회전해야 한다. 하지만 베라 루빈Vera Rubin의 관측에 따르면, 속력에 큰 차이가 없었다. 이 관측 결과와 중력 값을 결합하면, 관측 가능한 은하 내부 및 주변에 감지되지 않는 많은 양의 질량이 있다는 결론에 다다르게 된다. 그 외에도 원래대로라면 흩어져야 하는데 알 수 없는 이유로 뭉쳐 있는 은하단이라든가, 먼 곳에서 날아오는 빛이 특정 은하를 지나갈 때 눈에 보이는 은하의 질량으로 예상한 것보다 더 심하게 휘는 중력 렌즈효과를 보인다든가 하는 등의 현상이 관측됐다. 이러한 관측 결과들은 우주의 물질 가운데 95%라는 엄청난 비율이, 전자기장과 상호작용하지 않아 눈으로 보거나 검출할 수 없는 암흑물질 및 암흑에너지로 되어 있다는 암시에 힘을 보탠다.

지금부터는 자연을 기술하는 유효한 언어인 수학과 일반 언어의 차이점을 살펴보자. 영어와 같은 자연 언어natural language의 범주에는 명사, 동사, 형용사, 부사 등이 들어간다. 이것들은 사물을 지칭하고 그 행동, 성질, 방식 등을 묘사한다. 이러한 묘사는 우리의 인지 능력이 어떤 사물은 어떤 성질을 지니고, 그 사물이 속한 사건 또한 어떤 성질을 지닌다는 식으로 경험을 체계화한 결과다. 예를 들어 '빨간 공이 천천히 굴러간다'라는 문장에서 우리는 빨간(형용사: 성질), 공(명사: 사물), 천천히(부사: 행동이나 사건의 방식), 굴러간다(동사: 행동이나 사건)라는 표현을 쓴다. 따라서 자연 언어는 세계가 우리에게 어떻게 보이는지를 반영한다. 하지만 집합, 함수 등을 다루는 수학 영역에서의 존재론은 평범한 경험이 아니라 추상적 개념과 맞닥뜨린다. 수학의 언어는 바로 이런 개념을 다루고자 구성되고 고안된 것이다.[13]『이상한 나라의 앨리스』에서 앨리스가 마법의 케이크를 먹고 엄청나게 커졌을 때, 자신이 여전히 앨리스인지 아니면 다른 사람이 됐는지 확인하려고 구구단을 외우는 일화를 떠올려 보자. '4 곱하기 5는 12, 4 곱하기 6은 13, 4곱하기 7은 ··· 오 이런! 이런 속도로는 절대 20이 될 수 없어!' 18진법base과 21진법(그다음 24진법, 27진법으로 3진법씩 증가)으로 곱셈을 했다고 생각하면 앨리스의 계산은 옳다. 그리고 이러한 수열에서는 절대 20에 도달할 수 없다. 39진법에서 4×12는 19이지만, 42진법에서 4×13을 하면 20이 아니기 때문이다.[14] 어떠한 공식 체계라도 정의, 공리, 규칙 같은 기반을(진법을 뜻하는 영어 단어 base는 기반을 뜻하기도 한다 – 옮긴이) 바꾸면 다른 결과를 얻게 된다.[15]

하지만 순다르 사루카이Sundar Sarukkai가 관측한 대로 '우리의 물리적 세계와 독립적으로 존재할 거라고 추정되는 수학적 객체가 물리적 세계를 기술하는 데 굉장히 적합하다는 사실을 발견했을 때, 놀라움은 배가 된다. 그리고 모순적이게도 수학은 자연 언어보다도 이 세계를 **더 잘** 기술하는 것처럼 보인다.'[16] 여기서 '더 잘'이라는 표현은 물리학에서 수학이 지닌 정밀도와 예측 능력으로 설명할 수 있다. 사루카이는 이것이 자연에 존재하는 **형태**를 표현하는 수학의 유용성, 즉 구조를 유추해 설명하고 그림을 그리는 방식 덕분이라고 말한다. 이는 결국 앞에서 패턴에 관해 이야기한 내용과 일치한다. 자연은 많은 부분이 패턴으로 이루어져 있거나 패턴과 연관이 있으며, 수학은 추상적 패턴의 체계로서 자연을 기술하는 데 굉장히 적합하다. 수학을 쉽고 매력적이라고 느끼는 사람들의 마음속 인지적 구조는 아마 패턴을 인식하고 조작하는 작업을 유용하다고 여길 뿐만 아니라, 매우 재미있다고 인식할 것이다.

이러한 관점에서 수학과 자연은 천생연분이다. 수학은 자연을 관측할 때 지각과 상상이 닿을 수 없는 핀홀 너머로 나아가는 강력한 도구가 되어준다. 사실상 자연 아래 깔려 있는 패턴을 볼 수 있는 또 하나의 눈이나 다름없다.

　이 생각을 진중하게 받아들인다면, 끈 이론처럼 수학에서 발생한 이론에 실험적 검증을 요구하는 것에는 한계가 있다는 의견을 지지하게 될 것이다. 수학으로만 볼 수 있는 세계를 검증하는 데 있어서 핀홀 구멍이라는 한계에 갇힌 원시적 자원을 요구하는 것과 같기 때문이다. 하지만 반복해 말하건대, 그렇다고 이론에 대한 **경험적** 통제라는 원칙을 깨버리는 행동은 몹시 급진적일 수 있다. 경험적 원리는 추구할 만한 가치가 매우 크다. 우리는 어떤 가설이 옳은가 하는 결정을 당연히 자연 자체에게 맡겨야 자의적이지 않다고 생각한다.

　그런 한편, 우리는 경험적으로 접근할 수 있는 자연이야 말로 그 자체가 이상적인 실재라는 점을 상기하게 된다. 즉 자연은 인간이라는 엄청나게 제한된 규모만을 다루는 인지 능력을 바탕으로 한 가상현실인 것이다. 따라서 다음과 같은 질문을 던지게 된다. 이러한 이상적 가상현실에서 확인한 결과가 다른 모든 규모의 실재에 대한 검증이 되기에 충분한가?

　여기서 경험주의empiricism와 '합리주의rationalism(이성주의)'라는 오래된 철학적 논쟁이 다시 반복된다. 합리주의란, 경험적 탐구를 통해서는 인지 능력의 한계 때문에 세계에 대한 국소적, 부분적, 일시적 의견에만 도달할 수 있지만, 합리적 사고를 통해서는 수학처럼 영원한 불변의 진리에 도달할 수 있다는 인식론적 견해다. 파르메니데스와 플라톤은 합리주의 전통의 위대한 조상이다. 그 이후에 명맥을 이은 합리주의자로는 데카르트, 스피노자, 라이프니츠 등이 있다.

　인식론적 관점으로서 합리주의는 자연스레 추상적 실체에 대한 실재론과 결을 같이 한다. 예를 들어, 수학에서 플라톤주의는 수학적 개체가 시공간 영역을 벗어나 실제로 존재한다고 주장한다. 진리의 영원성과 불변성은 경험에서 마주하는 불완전하고 소멸하는 것들보다 더 위대한 실재가 있다는 징표로 받아들여졌다. 수학적 플라톤주의에 대한 굳건한 믿음은 더 나아가 이론적 실체에 대한 실재론으로도 이어졌다. 반면 물리학자 에른스트 마흐Ernst Mach 같은 경험주의자들은 물리학에서 가정하는 개체들에 대해 도구주의('반실재론anti-realism'이라고도 불린다)적 관점에 치우치는 경향이 있다. 하지만 단지 이론의 편의를 위해 가정한 것으로 여겨졌던 개체들이 실험적으로 관측되면서 마흐의 관점은 무너지게 됐다. 세른의 고에너지실험에서 보듯 서로 충돌하는 양성자들은 엄연히 실재한다.

앞서 언급했듯이 칸트는 경험주의자와 합리주의자 둘 다 부분적으로 옳다고 주장하면서 두 집단 사이의 화해를 시도했다. 칸트에 따르면 세계는 우리의 감각적 표면(경험주의적 부분)을 자극하고, 정신은 이 자극을 우리의 활동에 적합한 형태의 세계로 체계화한다(합리주의적 부분). 세상이 어떻게 보이는가 하는 '현상'이라는 장벽은 우리가 뚫기에는 너무 두껍다. 따라서 경험 너머의 세계에 있는 **본체적 실재**noumenal reality(**예지체**), 즉 그 자체로 존재하는 '물자체'에 관해서는 아무것도 알 수 없다. 칸트의 관점에서는 현상적 실재phenomenal reality(현상체)와 본체적 실재 둘 다 **실재**라는 점에 주목할 필요가 있다. 이는 마치 한 동전의 양면과 같다. 단지 우리가 동전을 뒤집을 수 없을 뿐이다.

한편, 과학은 칸트의 생각이 틀렸다고 증명하고 싶어 한다. 과학은 현상체와 예지체라는 두 실재를 연결할 수 있으리라 기대하면서, 둘 사이를 가로막은 장벽에 뚫린 핀홀을 들여다보려는 노력이다. 실험을 **통해** 현상체가 예지체에 관한 가설이나 발견 내용을 검증해 줄 거라고 기대할 뿐만 아니라. 두 실재가 연속적으로 이어져 있을 거라고 기대한다. 예지체에서 사물이 어떤 모습인지를 이해하면, 왜 그 사물이 현상체에서 그렇게 보이는지를 알 수 있을 거라고 기대한다.

하지만 여기서 우리는 양자적 실재와 고전적 실재에 관한 이해가 충돌하는 문제와 마주하게 된다. 결국 우리가 희망과 가정을 한데 뒤섞으면서 양자 세계가 그렇게 수수께끼처럼 보이게 된 것일까? 예전에는 우리가 고전적으로 납득 가능한 양자역학의 **해석**을 찾으려 노력했기 때문에 이런 혼란이 발생했다고 생각했다. 달리 말하자면, 예기체에서 현상체로 대응해 연결하는 방법이 있을 거라고 기대했다.

결국에는 중요한 사례에서 그 기대가 실현되곤 한다. 예를 들어 색지각colour perception은 전자기 스펙트럼 중 특정 진동수에 대한 우리의 민감도라고 설명할 수 있는데, 실제로 보는 행위와 듣는 행위는 전부 이런 식으로 설명할 수 있다. 따라서 우리는 핀홀을 통해 들여다보고 그 속으로 탐침자를 밀어 넣어서(가장 멀리까지 도달할 수 있는 수학이라는 탐침자를 포함), 궁극적으로는 세상 모든 것의 기반에 깔려 있는 패턴을 알아낼 수 있으리라는 생각을 믿게 된다.

하지만 이는 또 다른 생각에도 신빙성을 부여한다. 바로 핀홀 너머로 어떠한 경험적 실험도 도달하지 못해 **오직** 수학으로만 살펴볼 수 있는 경우에는 수학 자체도 검증 결과로 인정해야 한다는 생각이다. 예를 들어 끈 이론은 표준 모형에서 추론한 이론이다. 몇 가지 문제를 해결하는 방법을 제안하면서 더 멀리 나아간 것이다. 이렇게 경험적 근거에서 확장되거나 도출된 경우, 이론은 실험실에서 나온 결과와 동일한 과학적 정당성을 부여받아야 할 것이다.

핀홀을 통과해 고전적 경험의 세계로 들어오지 않는 한, 장벽 건너

편에 있는 어떠한 과학 이론도 확신할 수 없다는 경험주의적 제약. 그리고 수학은 사실상 그 자체로 스스로를 확증할 수 있는 수단이라는 합리주의적 주장. 이 둘 가운데 무엇이 정답이라고 결론 내릴 수 있을까?

이 시점에서, 특히나 더 넓은 무지의 영역이 눈앞에 펼쳐져 있는 지식의 최전선에서는 똑같은 관점이 매번 충돌하는 것처럼 보일지도 모르겠다. 최전선은 정의상 새로운 통찰력을 얻는 수단으로서의 이성이 경험을 능가하는 지점이기 때문이다.

두 가지 곁가지 생각이 떠오른다. 하나는 지식의 최전선에서는 상상, 추측, 추정을 없앨 방법이 없다는 생각이다. 또 하나는 실험과학자가 (혹여 정교하지는 못할지라도 어쨌든) 실험 방법을 고안해 내지 못할 거라고 여기는 게 잘못됐을 수 있다는 생각이다. 지금까지 실험과학자들은 많은 경우 소임을 잘 해내 왔다. 빅뱅이 온 우주에 남긴 미세한 복사선을 오늘날 검출할 수 있을 거라고, 게다가 엄청난 정밀도로 그 복사선의 지도를 그릴 수 있을 거라고 생각할 수 있었을까? 또 그로부터 우주 역사에 관해 많은 것을 도출해 낼 수 있을 거라고 누가 상상이나 했겠는가? 게다가 이건 오직 한 가지 예시일 뿐이다.

핀홀 문제는 판독 문제와 결합하면서 또 다른 방향으로 응용되기도 한다. 바로 우리가 핀홀을 통해 들여다본 게 **우리 인간**에게 얼마나 중요한지, 또는 우리와 얼마나 연관되어 있는지를 찾으려 한다는 것이다. 대표적인 예가 인류 원리다. 인류 원리는 만약 우주가 지금 상태와 달랐다면 생명체, 특히 우주를 관찰하고 연구하는 우리가 없었을 거라고 주장한다. 달리 말하면 광속, 전하, 플랑크 상수와 같은 자연의 '상수'들이 생명의 탄생에 맞게 미세 조정됐으며, 그에 따라 우리가 적절한 우주에서 적절한 시간과 공간을 차지한 것처럼 보인다는 것이다.

이러한 관점은 자칫하면 우리가 존재할 수 있도록 우주가 존재하며, 실제로 우리를 위해 우주가 특별히 설계된 것이라고 생각하는 사람들을 기쁘게 한다. 이러한 견해는 코페르니쿠스가 등장하기 전까지 수 세기 동안 지배적이었다. 코페르니쿠스는 지구가 태양계의 중심이 아니라고 밝혔다. 뒤이어 태양계 역시 우주의 중심이 아니라 거대한 체계 속에 있는 평범한 무언가라는 점이 밝혀졌다. 태양계는 무수한 별 중 하나인 태양의 주변을 도는 천체들의 모임일 뿐이었다. 약 4세기 후, 허블이 우리은하 역시 무수히 많은 은하 가운데 하나에 불과하다는 점을 보이면서, 우리가 그보다도 훨씬 더 평범하다는 사실을 확인해 주었다.

하지만 우주가 인류를 탄생시킬 명확한 목적을 위해 마련된 것처럼 보인다며 자화자찬 격의 찬탄을 보내고 싶은 충동(레오나르도 다빈치, 요하네스 브람스, 알베르트 아인슈타인뿐만 아니라 아돌프 히틀러, 폴 포트도 이런 충동을 겪었다는 걸 기억하자)은, 과학의 기본 상수들이 정확히 생명을 생산하고 유지할 수 있는 우주를 만들도록 미세 조정된 것처럼 보인다는 관찰 결과에서 촉발된 것이다. 이 상수들이 지금의 값을 갖고 있지 않다면, 우리는 존재하지 못했을 것이다.

예를 들어 전자와 양성자가 똑같은 크기에 반대되는 전하량을 갖고 있지 않았다면, 화학은 지금과 완전히 달랐을 것이며, 우리가 아는 생명체는 불가능했거나 엄청 희귀했을 것이다. 또 약한 핵력이 지금보다 조금이라도 더 약했다면, 이 세상에는 물도 없었을 것이다. 우주의 모든 수소는 헬륨으로 바뀌었을 것이고 수소가 없으면 물을 구성하지 못하기 때문이다. 어떤 면에서든 물의 성질은 기적이라고 해도 좋을 만큼 생명에 적합하다. 수소 원자의 성질 덕분에, 물은 분자 중에 유일하게 액체일 때보다 고체일 때 더 가볍다. 즉, 얼음은 물 위로 뜬다. 그렇지 않았다면 바다 전체가 얼어버려서 지구는 생명에 적대적인 얼음덩어리가 됐을 것이다.

탄소 합성이 일어나는 방식 또한 이에 못지않게 기적적이다. 탄소는 모든 유기 분자의 핵심 구성 요소다. 따라서 탄소의 존재는 그야말로 생명의 근본이다. 최소한 우리가 이해하는 종류의 생명에게는 그렇다. 만약 원자 속에서 전자가 핵의 '궤도'를 돌게 해주는 전자기력에 대한 강한 핵력의 비율이 지금과 달랐다면, 별의 중심에서 탄소를 합성하는 과정은 일어나지 못했을 것이다. 게다가 탄소 합성이 일어날 가능성은 굉장히 희박해서, 정확한 에너지 준위와 온도, 짧은 시간 척도를 필요로 한다. 우주의 나이 역시 중요하다. 우주 나이가 137억 2,000만 년이 되면, 탄소 생성이 활발히 무르익는다. 만약 우주가 지금보다 10배 더 어렸다면, 아직 탄소 합성이 일어날 만큼 충분한 시간이 흐르지 못한 상태일 것이다. 만약 10배 더 늙었다면, 주계열성main sequence star들이 이미 탄소를 생성할 수 있는 유통 기한을 지나버린 상태일 것이다.

그러므로 지금 이 시점이 생명을 위한 우주의 '황금기'라 할 수 있다. 추가로 중력이 전자기력보다 10^{39}배 약하다는 사실도 중요하다. 만약 중력이 이렇게 훨씬 더 약하지 않았다면, 별들은 지금보다 훨씬 더 크고 더 빠르게 타올랐을 것이다. 강한 핵력의 크기 역시 중요하다. 강한 핵력이 조금만 더 강했어도 원자가 형성될 수 없었고, 조금만 더 약했어도 별이 형성될 수 없었다.

'인류 원리'라는 용어는 1973년 천체물리학자 브랜던 카터Brandon Carter가 니콜라우스 코페르니쿠스 탄생 500주년을 기념하는 심포지엄에 참여했을 때 만들었다. 우리가 우주에서 특별한 위치를 차지하고 있지 않다는 코페르니쿠스의 관점에 대한 교정으로서, 카터는 자연의 상수와 우리 존재 사이의 상관관계를 밝히려 노력했다. 카터는 인류 원리의 두 가지 버전을 정의했다. 첫째, '약한' 버전은 우주 역사에서 인류의 존재를 허락하는 한 시점이자 공간인 '지금 여기'를 정의하는 몇 가지 자연의 상수들 사이의 두드러진 관계를 설명한다. 둘째, '강한' 버전은 우리 같은 탄소 기반 생명체에 관한 사실들로부터 우주의 상수가 무엇이어야 하는지를 추론할 수 있거나, 아니면 우리가 수많은 우주 가운데 상수들이 지금의 관측 값을 가지는 하나의 우주를 차지하고 있음을 시사한다.

존 배로John Barrow와 프랭크 티플러Frank Tipler는 인류 원리의 약한 버전과 강한 버전을 각각 다음과 같이 설명했다.

(1) 물리학과 우주론에 등장하는 모든 상수의 관측값은 개연성이 각기 다르지만, 탄소 기반 생명체가 진화할 수 있는 장소가 존재해야 한다는 조건, 그리고 그런 진화가 이미 일어났을 만큼 우주가 오래됐어야 한다는 조건에 의해 그 값이 제한된다.

(2) 우주는 역사의 어느 시점에서 생명이 발달할 수 있는 특성을 지녀야만 한다. 그 이유는 (ⅰ)관찰자를 탄생시키고 유지할 목적으로 '설계'됐을 가능성이 있는 우주가 존재하기 때문이다. 또는 (ⅱ)우주를 존재하게 하려면 관찰자들이 필요하기 때문이다. 또는 (ⅲ)우리 우주가 존재하려면 다른 우주의 앙상블이 필요하기 때문이다('다중 우주'론에서 예상하는 것처럼, 동시에 존재하는 수많은 우주를 뜻한다).[17]

(1)을 '약한 인류 원리', (2)를 '강한 인류 원리'라 부른다. 사실상 (1)

은 상수들이 지금의 값을 갖는 이유는 (바로 그 상수들 덕분에 존재하는) 우리가 그 상수들을 관찰하고 측정했기 때문이라는 의견의 반복이라고 볼 수 있다. (2)는 논란의 여지가 더 많은데 첫째, 우주가 의식적으로 설계된 개체라는 주장, 둘째, 우주의 존재는 우리의 관측에 의존한다는 주장, 셋째, 매개변수의 값이 서로 다른 우주가 여럿 존재하며, 우리는 그중에 생명이 살기 적합한 우주를 차지하고 있다는 주장이다.

어떤 사람들은 우리가 존재하도록 우주가 특별히 설계됐다는 견해를 스스럼없이 선택한다. 하지만 우주가 우리 존재에 너무나도 적합하다는 사실을 놀랍고 경이로우며, 비현실적이라고 받아들이는 모든 이론은 단순한 실수를 범하고 있다. 마치 고전적 관점에서 바라보면서 양자적 현실의 성질이 이상하다고 느끼는 것처럼, 문제를 잘못된 방향에서 접근하고 있다.

우리가 존재하려면, 당연히 우주의 물리 상수들이 우리를 존재하게 하는 값을 가져야만 한다. 그러지 않으면 우리는 존재하지 않으므로, 그 상수들을 측정할 수도 없을 것이다. 따라서 물리 상수의 현재 값들을 기적이라고 여기는 건, 마치 우리 개개인의 조상이 만나서 짝짓기를 한 부가적 우연들을 고려하면서 내 존재가 기적임에 틀림없다고 여기는 것과 비슷하다. 따라서 상수가 우리를 생산하도록 맞춰졌다는 증거로 그 현재 값들을 제시하는 건, 말보다 마차를 앞에 놓는 것이나 다름없다(아니면 그 이상으로 어리석은 짓이다). 우리가 안경을 끼고 있다는 이유로 '코는 안경을 지지하기 위해 특별히 존재한다'는 팡글로스 박사Dr Pangloss(볼테르의 소설 『캉디드 혹은 낙관주의』에 등장하는 가상의 인물 – 옮긴이)의 의견에 동의하는 격이다. 이 문제에 관한 더 정확한 견해는, 상수 값이 지금과 같은 상황에서 지난 40억 년 동안 지구가 놓였던 조건 아래 생명이 진화하지 **않**

았더라면 그게 더 놀라웠을 거라는 점을 인식하는 것이다. 이러한 관점은 태양계나 우주 다른 공간에서 생명체가 발견된다면 더욱더 타당성을 얻을 것이다.

지구가 아닌 다른 곳에서 생명체가 발견될 수 있을까? 지구상의 물질에 관해 물리학과 화학은 관측 가능한 우주에 공통적으로 적용되기 때문에, **일단은** 긍정적인 대답으로 우리를 이끈다. 통계학적으로 우리은하 내부만 봐도 생명체가 풍부할 것으로 여겨진다. 그렇다면 관측 가능한 우주 전체에는 생명체가 엄청나게 풍부할 것이다. 물론 '생명체'와 '지적 생명체'는 또 다른 이야기다. 보통 많은 사람은 지적 생명체의 가능성에 관심이 있지만, 둘 다 매력적인 대상이다. 게다가 외부 생명체가 우리가 아는 형태일 거라고 기대할 이유는 없다.

우주생물학자들은 물을 생명의 가능성을 알려주는 핵심 신호로 여긴다. 우리가 아는 생명체들이 물을 필요로 하기 때문이다. 하지만 이는 존재할 수 있는 생명체의 종류가 탄소 기반 생명체뿐이라거나, 관측 가능한 우리 우주와 물리학 배열이 다른 우주들은 생명이나 지성을 생산할 수 없다는 대담한 가정을 기반으로 한다. 지구 밖에 있는 생명체가 물을 포함할 거라는 제한은 핀홀 문제의 또 다른 산물이다. 우리가 아는 것이 우리가 상상할 수 있는 것, 나아가 우리가 개념적으로 받아들일 수 있는 것을 제한한다.

기초물리학의 커다란 야망 중 하나는 단일하고 포괄적이며, 통합된 모든 것의 이론Theory of Everything에 도달하는 것이다. 이러한 야망은 '세상에는 궁극적으로 단지 한 종류의 물질만이 있으며, 그로부터 덜 근본적인 물질들이 다양하게 발현한다'는 점을 모든 것의 이론이 증명해 낼 거라 가정한다. 우리가 알고 있는 자연의 네 가지 힘(강한 핵력, 약한 핵력, 전자기력, 중력)을 통합하고, 표준 모형의 쿼크, 렙톤, 보손이 근본적으로는 한 종류의 물질이라는 점을 증명하는 일, 나아가 실제로는 모든 힘, 장, 입자의 기반에 단 **하나**의 물질만이 있다는 점을 밝히는 일은 그야말로 물리학의 성배다.

실재가 궁극적으로 단일 물질(아니면 적어도 단일 종류의 물질)이어야 한다는 환원적 가정은 '소크라테스 이전' 시대의 사상가들을 상기시킨다. 이 초기 그리스 철학자들은 겉으로 드러나는 자연의 다양성 아래 깔려 있는 단일한 실재를 가정했다. 들어가는 글에서 언급했듯이, 기원전 6세기 중반에 활발히 활동했던 밀레토스의 사상가 탈레스는 하나의 근본 물질 **아르케**가 물이라고 생각했다. 그의 제자 아낙시만드로스Anaximandros는 근본적 실재를 **아페이론**apeiron이라 칭했다. 아페이론은 구분할 수 없고, 무한하고, 원시적인 무언가다. 아페이론으로부터 다양한 물질이 끊임없이 생겨나고 또 새로워진다. 아낙시만드로스는 소크라테스 이전 시대의 사상가들 가운데서는 유일하게 미지의 기본 물질을 주장한 인물이다. 그의 뒤를 이은 아낙시메네스Anaximenes와 헤라클레이토스Herakleitos는 각각 우리가 잘 아는 공기와 불을 아르케로 선택했다.

단일성, 영원성, 불변성이 우주의 **필연적** 근본 성질이라는 중요한 주장을 파르메니데스가 제안했다는 점을 상기하자. 파르메니데스는 실재의 근원적 기반이 여러 개이고, 변할 뿐만 아니라 일시적이라면 불안정해서 존재할 수 없을 것이라고 주장했다. 물론 이 주장이 오늘날 대통합이론에 대한 주장으로 직접 이어지지는 않지만, 어떤 면에서는 연관이 있다. 단순하고 단일한 하나의 미지수 x에 도달하는 것을 지적으로 더 만족스럽게 생각한다는 측면에서다(x에 관한 설명 역시 단순하고 포괄적이어야 한다). 근본적 실재와 그에 관한 진실이 단순하고 이성적이며 포괄적이어야 한다는 가정은 처음부터 자연철학과 그 계승자인 과학의 탐구 방향을 설정하는 데 중요한 역할을 했다. 이 가정 자체에 관해서는 생각해 봐야 할 점이 없을까?

왜 자연의 기본 힘이 7.5개고 기본 입자가 8.75개면 안 되는지 질문한다고 해보자. 이런 경우 우리는 왜 정수가 아닌 소수를 불편하게 생각할까? 궁극적인 단일성과 단순성을 추구하는 이유는 뭘까? 그에 관한 한 가지 답변은 (실제로는 찾지 못할지라도) 가장 단순하고 궁극적인 설명을 추구함으로써 이론에서 임시적이거나 우발적인 요소를 제거하고 진실에 더 다가갈 수 있기 때문이라는 것이다. 설득력이 있다. 이는 (다른 모든 것이 동일한 경우) 가장 단순한 이론이 진실일 가능성이 가장 높다(오컴의 면도날 – 옮긴이)는 또 다른 생각과도 결을 같이 한다. 하지만 이 생각은 그렇게 바람직한 생각은 아니다. 특히 역사, 도덕, 정치와 같은 다른 탐구 분야에는 적용되지 않는다. 진실은 단순하지 않고 복잡할지도 모른다. 또 환원주의적으로만 모든 걸 설명해 나가는 과정에서, '외관'이 복잡한 이유가 간과될 수도 있다는 위험이 있다.

모든 것의 이론에 대한 야망은 상당 부분 과학의 역사 자체에서 나왔다. 과학의 역사에서는 기존의 지식 진보가 뒤따라오는 지식 진보의 특수한 케이스로서 포용되고 포함되는 경향이 있다. 또 새로운 지식 진보는 탐구가 원래 목표했던 것 이상의 응용을 보이곤 한다. 물리학자 데이비드 도이치David Deutsch는 이를 '도달reach'이라고 불렀다.[18] 예를 들어 뉴턴의 중력 이론은 아인슈타인의 중력 이론에 포함되면서 자리를 내 주었는데 아인슈타인의 이론은 중력보다도 더 많은 것을 설명한다. 아인슈타인의 이론은 더 멀리까지 '도달'해서 블랙홀과 중력 렌즈 등에 관한 이론을 탄생시키거나, 관련 정보를 제공한다. 맥스웰은 전기와 자기 현상을 통합했고 아인슈타인은 시간, 공간, 중력을 통합했다. 슈뢰딩거, 하이젠베르크, 디랙은 다양한 원자 현상을 원자론으로 통합했다(원자핵 및 핵의 내부 구조보다 큰 규모). 표준 모형은 양자색역학, 전기역학, 힉스장과 함께 아원자 수준의 현상에 대한 설명을 통합했다(원자보다 작은 규모). 매우 정밀하고 확실한 실험적 증거에 따르면, 표준 모형에는 엄청나게 다양한 질량을 가진 기본 입자들과(광자와 글루온은 심지어 질량이 없다) 다양한 크기를 지닌 힘이 등장한다.

표준 모형은 썩 깔끔하지 못하고, 아직도 완성되지 않았다. 하지만 잘 작동한다. 이는 프톨레마이오스 문제를 떠오르게 한다. 또 표준 모형은 완전히 이상하고, 직관을 벗어난다. 이는 핀홀 문제를 떠오르게 한다. 표준 모형은 여러 추측성 가설을 세우지 않으면 일반 상대성 이론과 일치하지 않는다. 이러한 추측을 없애고 더 단순하고 통일된 개체와 메커니즘을 제시하려는 노력은 '끈 이론'처럼 실험의 도달 범위를 넘어서므로 앞서 언급한 또 다른 측면의 핀홀 문제를 불러일으킨다. 양자 현상과 중력 현상을 하나의 틀 안에 집어넣으려는 시도는 너무나도 어려워서 해결할 수 없을 것 같아 보인다. 그러다 보니 만약 이 두 현상이 훨씬 더 근본적인 무언가가 다르게 발현된 거라면, 시간과 공간을 포함한 모든 친숙한 개념이 처음부터 다시 고려돼야 할지도 모른다는 생각을 하게 된다.

현재 과학에서는 쌍방 협공 작전이 일어나고 있다. 한쪽에는 가장 작은 규모를 다루는 표준 모형이 불러일으킨 질문들이 있고, 다른 한쪽에는 가장 큰 규모를 다루는 우주론이 불러일으킨 암흑물질과 암흑에너지 현상과 관련한 질문들이 있다.

우주에서 관측 가능한 물질의 양은 그 안에서 작용하는 중력의 크기를 설명하기에는 너무나도 적다는 게 암흑물질 난제다. 또 우주의 팽창 속도는 빅뱅 이후 역사의 후반부 절반 동안 증가해 왔는데 이것이 암흑에너지 난제다. 앞서 언급했듯이 허블 우주 망원경이 매우 멀리 떨어진 매우 오래된 초신성을 관측해서(우주에서 거리가 멀다는 건 시간이 오래됐다는 뜻이다) 우주 팽창 속도가 증가하고 있다고 밝혀내기 전까지는, 사람들은 우주의 에너지 밀도가 충분히 높아서 결국 우주가 팽창을 멈추고 다시 붕괴할 거라고 생각했다. 만약 우주의 에너지 밀도가 너무 낮다면 팽창은 계속하되 중력의 항력 효과 때문에 팽창 속도는 점점 느려질 것이다.

허블 우주 망원경의 관측은 두 가지 다른 대안을 제시했다. 첫째, 아인슈타인의 중력 이론에서 이전에 폐기됐던 부분이 결국 옳았을지도 모르며, 어쩌면 이 중력 이론 자체가 틀렸을지도 모른다는 것. 둘째, 우리가 이해하지 못하는 형태의 에너지가 우주에 작용하고 있다는데, 다만 우주 팽창 속도로부터 그 에너지가 얼마나 있어야 하는지는 알 수 있는바 이미지의 에너지는 우주의 약 70%여야 한다는 것이다. 우주의 25%가 암흑물질이라는 점을 고려하면, 결국 우주의 95%는 우리가 알지 못하는 무언가로 이루어져 있는 셈이다. 눈부신 성공을 일궈 온 우리의 과학은 우주의 단 5%만을 설명할 뿐이다.

1927년 조르주 르메트르Georges Lemaître가 아인슈타인의 이론에서 우주가 팽창해야만 한다고 밝힌 일을 떠올려보자. 당시까지는 우주가 정적이어야 한다는 관점이 받아들여지고 있었다. 따라서 아인슈타인은 1917년 논문에서 다음과 같은 아이디어를 언급했다. 우주에는 중력 효과를 상쇄하는 진공 에너지 밀도가 있다. 그 값은 '우주 상수', 또는 람다(Λ)로 주어진다. 우주 상수는 정확히 상쇄 효과를 달성하는 값을 가져야 한다.

조금이라도 값이 크거나 작다면, 우주는 팽창하거나 수축할 것이다. 에드윈 허블이 우주가 팽창하고 있다는 사실을 밝혀내자, 아인슈타인은 몹시 기뻐했다. 우주를 정적으로 유지하기 위해 임의로 고안한 장치를 버려도 된다는 뜻이었기 때문이다. 실제로 그는 우주 상수를 도입한 것이 '생애 최대의 실수'라고 말했다.

우주 상수를 버린다는 건 그 값을 0으로 취급한다는 것과 같다. 아인슈타인은 초기에 우주를 정적으로 유지하려고 시도하면서, 우주 상수 값이 작은 음수라고 제안했다. 허블 우주 망원경의 관측은 우주 상수 값이 0은 아니지만 양수라고 시사한다. 일반 상대성 이론에다가 작은 양수 값을 지닌 우주 상수를 고려하면 암흑에너지를 설명할 수 있기 때문에, 암흑에너지의 존재만으로 일반 상대성 이론을 버려야 하는 건 아니다.

하지만 이는 일반 상대성 이론을 양자론과 일치시키는 문제에 관해서는 아무것도 해결하지 못한다. 굳이 말하자면, 오히려 양자중력 이론에 도달하는 방법을 모색하기가 더 어려워진다. 질량이 없고 중력을 매개하는 가설상의 입자인 중력자의 성질과 상호작용을 기술하는 수학에서 무한대가 등장하기 때문이다. 양자색역학에서 쿼크를 한데 모아 핵자를 만드는 글루온을 기술할 때도 무한대는 발생한다. 하지만 이 문제는 '재규격화renormalization'라는 과정을 통해 처리할 수 있다. 글루온은 광자처럼 '스핀 1' 보손이기 때문이다.

그러나 중력자가 존재한다면, 글루온과 달리 '스핀 2' 보손이어야 한다. 이 차이는 중요하다. 스핀 1 보손은 벡터장에 대한 양자론의 개체이다. 하지만 양자중력 이론은 훨씬 더 복잡한 텐서장에 대한 이론이라서 질량이 없는 스핀 2 보손이 필요하다. 바로 여기서 그 상호작용을 기술하는 수학의 재규격화가 실패하게 된다. 방정식에서 무한대가 나타난다면,

무언가 잘못됐다는 뜻이다.

게다가 쌍생성과 쌍소멸을 반복하는 입자-반입자 쌍에 미치는 중력 효과를, 진공에서의 양자 요동quantum fluctuations으로 생각하려는 시도에서도 역설이 등장한다. 플랑크 규모에서 일어나는 양자 요동은 엄청난 에너지를 생산한다. 그러면 생성과 소멸을 반복하는 블랙홀이 생겨나서 플랑크 길이의 모든 공간 간격을 삼켜버린다. 그 결과 물리학자 존 휠러John Wheeler가 묘사한 것처럼 계속해서 보글거리는 시공간 '거품foam'이 발생한다. 그 안에서 에너지, 거리, 시간은 전부 불확정성 원리의 대상이 된다. 플랑크 규모의 진공 에너지 양은 우주를 밖으로 밀어내는 암흑에너지가 되기에는 너무나도 크다. 어떤 식으로든 설명되어야 하는 부분이다. 양자론과 상대성 이론의 대통합이라는 성배를 얻으려면, 다른 무엇보다도 이 문제에 관한 해결책이 필요하다. 현재의 실험을 기반으로 한 시험 가능성을 넘어서는 모험적인 제안 없이는 이 문제를 극복할 수 없을 것으로 보인다.[19]

여기서도 핀홀 문제가 작용하는 것처럼 보인다. 현재 과학이 도달한 가장 작은 규모와 가장 큰 규모에서 일어나는 자연 현상을 각각 관찰하고 기술하려는 노력은, 인상적인 첨단 기술을 적용하면서 소수점 아래 여섯 번째 자리 이상까지 정확하게 알 수 있는 수준에 도달했다. 하지만 가장 큰 규모의 지식과 가장 작은 규모의 지식을 결합하려고 시도하면 역설을 마주하게 된다. 그 역설의 원인에 관해서는 다양한 추론이 있다.

첫째, (굉장히 비관론적으로는) 인간의 인지 능력이 불충분하기 때문이라는 추론. 둘째, 우리가 핀홀 너머에서 감지한 모든 것을 핀홀을 통해 다시 가져와 고전적으로만 이해하려고 하면서 우리 자신을 억제하기 때문이라는 추론. 셋째, (가능성이 낮지만) 자연이 본질적으로 일관성이 없고 모순적이기 때문이라는 추론. 넷째, 아직도 과학이 원시 단계에 머물러 있기 때문이라는 추론 등이 있다(둘째나 넷째가 가장 가능성이 높아 보인다).

어떠한 추론을 하든지 간에 어째서 단일하고 단순하며 포괄적인 설명을 목표로 해야 하는가, 그러한 목표를 추구하는 게 과연 옳은가 하는 질문은 남아 있다. 다시 말해 우리가 파르메니데스의 주술에 걸려 있는 건 아닐까, 그 안에 내재한 패러다임에서 벗어나서 사고한다는 건 어떤 것일까를 질문해야 한다.

제2부

역사

들어가는 글에서도 이야기했지만, 어느 정도 신빙성 있게 알려진 과거라는 의미로 따졌을 때, 역사는 19세기까지도 약 3,000년 전까지만 거슬러 올라갔다. 그리스 고졸기와 히브리어 성경에서 대략적으로 띄엄띄엄 기억되는 시기이다. 헤로도토스Herodotos는 정력과 다산의 신 민Min이 이집트 '최초의 왕'이라고 암시하면서도, 이집트 역사를 설명할 때 그가 세소스트리스Sesostris라고 부르는 파라오Pharaoh(고대 이집트의 종교적, 정치적 최고 권력자 – 옮긴이)와 함께 시작하고 있다. 세소스트리스라는 이름은 여러 파라오가 사용했지만, 그 가운데 누구도 헤로도토스가 언급한 인물과 일치하지 않는다. 아마도 이집트의 제19왕조(기원전 12세기)부터 존재했던 여러 파라오가 합쳐진 것으로 추측된다.[1] 헤로도토스가 이집트를 방문했을 때 제사장들과 필경사들에게 배운 역사는 대부분 전설과 뒤섞여 있었고, 그리스 청중에게 맞춘 내용들이 잔뜩 추가됐으며 날짜가 누락되어 있었다. 하지만 헤로도토스는 거대한 기념물들의 존재를 알고 있었기에 이들을 서로 비교했다. 또 이집트의 도시들을 니네베나 바빌론과 비교했다.

알렉산드로스 대왕의 정복 이후 이집트에 헬레니즘이 퍼지고, 이후 로마 제국에 포함되면서, 이집트 역사에 관한 관심과 기억은 빠르게 희미해져 갔다. 따라서 이집트에 관해 저술한 그리스와 라틴 작가들의 지식수준은 헤로도토스와 별반 다르지 않았다. 페르시아와 메소포타미아 국가들 때문에 영향력을 상실한 것도 한몫했다. 그리스 역사학자들은 페르시아의 왕 가운데 크세르크세스 1세Xerxes, 그 이전 시대의 다리우스Darius와 키루스 대왕Cyrus을 기억했는데, 이는 그리스 문화가 강력한 페르시아 제국에 맞서 살아남고자 투쟁했기 때문이었다. 마치 히브리어 성경의 처음 다섯 권(토라 또는 모세 5경이라 불린다)을 편집한 사람들이 자신들의 지도자를 바빌론으로 유배시켰다는 이유로 네부카드네자르 왕 King Nebuchadnezzar(신바빌로니아제국의 2대 왕 – 옮긴이)을 기억하는 것과 비슷한 이치다. 또 토라에는 파라오의 이집트, 바빌론, 니네베, 키시, 아브라함 Abraham의 고향인 칼데아의 우르 등이 등장하는데, 성경을 쓴 사람들이 사는 레반트 지역에 비해서 훨씬 주목할 만한 장소들이었기 때문이다.

그 이후로 최근까지도, (유럽인의 관점에서) 비교적 확실한 역사는 겨우 기원전 1천년기 전반기 정도, 대략 기원전 750년 정도까지만 거슬러 올라갔다. 더 이전 시기에 관해서는 흐릿하게만 기억될 뿐이었다. 초기 근대에 세계화가 시작되면서, 유럽인들은 유럽 중심적 관점에서 벗어나 이집트의 기념물에 관심을 갖고, 중국 등 다른 국가와 민족의 전통에 초점을 맞추기 시작했다. 기원전 2세기 후반에서 기원전 1세기 초에 쓰인 사마담司馬談과 사마천司馬遷의 『사기史記』를 보면, 중국의 역사는 기원전 3천년기 중반 황제黃帝, 軒轅氏까지 거슬러 올라간다. 하지만 1920년대 '고사변파占史辯派'에 속한 중국의 역사학자들은 황제가 단지 전설상의 인물일 뿐이며, 기원전 2천년기 상 왕조 이전의 모든 것은 신화로 여겨야 한다고 주장했다. 중국 최초의 문자 기록은 기원전 13세기 중반, 상 왕조의 22대 왕으로 알려진 무정武丁왕의 재위 기간까지 거슬러 올라간다. 하지만 '춘추春秋'시대(기원전 770~기원전 475년경) 이전의 모든 것은 대부분 추정적으로 봐야 한다.

실제로 세계 모든 장소에서 그랬다. 기원이 알려지지 않은 것들은 보통 신화에서 왔다. 유럽과 근동의 경우, 훨씬 먼 옛날부터 고전기까지 살아남은 기념물들이 신화와 전설이 매달릴 수 있는 갈고리 역할을 했다.

따라서 호메로스의 시와 모세 5경이 지어진 기원전 약 9~기원전 7세기보다 더 이전 시기의 역사는 정말 최근까지, 사실상 19세기까지도 어렴풋이만 알려져 있었다.

1. 역사의 시작

19세기 고고학자들과 역사학자들은 오랫동안 잊혔던 세계를 복구했다. 바로 근동의 비옥한 초승달 지대에서 발생한 첫 문명의 세계다.[1] 이곳과 유럽의 청동기 시대에 관한 발견(기원전 3000~기원전 1200년경)은 필연적으로 그 이전에는 무엇이 있었는지에 관한 관심에 불을 지폈다. 약 6,500년 전부터 3,500년 전까지의 동기 시대 또는 금석병용 시대, 나아가 약 1만 2,000년 전 영거 드라이아스 기후 변화가 끝난 후 시작된 신석기 시대 등이다. 이러한 날짜 및 시대 표기는 고고학의 통설에 잘못된 인상을 심어줄 수 있다. 유목 생활을 하던 수렵채집인에서 정착 생활을 하는 농경인으로 발전하고, 수천 년 후에 마을과 도시가 생겨나면서 인류의 생활 양식이 급격히 변화했다는 통설이 그것이다. 고고학자 고든 차일드는 이를 '신석기 혁명'이라고 표현했다. 이는 해부학적 현대 인류인 **호모 사피엔스**가 지난 5만 년간 근동과 서부 유라시아를 점유했던 것과는 극명한 단절을 이룬다. 게다가 이 통설은 새로운 기술과 생활 양식이 선형적이고 진보적으로 발전한다는 생각과 일맥상통한다. 여기서 '진보적'이라는 건 삶의 수단과 양식이 점점 더 세련되고 정교한 쪽으로 발전한다는 의미다. 물론 기원전 1200년경 청동기 시대가 불분명한 이유로 붕괴한 것처럼, 발전을 방해하는 어떤 종류의 재앙이 발생하는 경우는 예외로 한다.

하지만 이러한 선형적 그림은 깔끔하게 맞아떨어지지 않는다. 기원전 2만 년에 이미 어떤 사람들은 집을 짓고 살고 있었다는 증거가 있다. 일부 수렵채집인들은 유목 생활을 하지 않았다는 것이다. 또 신석기 시대 이전에 이미 어떤 사람들은 곡식을 수확해서 조리했다. 심지어는 작물을 심고 경작하기까지 했다. 또 농경이 시작되기 훨씬 이전부터 사람들은 동물을 몰았다. 때로는 정착해 살다가도 기후 변화와 같은 방해 요소로 인해 다시 유목 생활을 시작하기도 했다. 동굴 벽화나 장신구, 매장 풍습 일부는 십만 년 이상 거슬러 올라간다. 이런 점들은 기존의 설명, 즉 역사가 선형으로 발전했다는 가설이 제시하는 것보다 선사 시대의 그림이 훨씬 더 복잡하다는 사실을 암시한다.

　이러한 특징들을 늘 염두에 두고 있어야 한다. 하지만 동시에 굉장히 최근에 발견된 신석기 시대, 그리고 특히 동기 시대와 청동기 시대의 역사는 인류의 사회적, 경제적 삶에 엄청난 변화가 있었다는 점을 보여준다. 우리가 현재의 개념과 관심사로 색칠하며 과거 해석에 영향을 미치는 만큼, 과거에 관한 생각과 지식 역시 지금 우리에게 커다란 영향을 미친다. 그런 면에서 이렇게 정교한 역사의 한 덩어리가 굉장히 최근에, 마치 시간이라는 바다 속에서 많은 사람이 살고 있는 거대한 섬이 떠오르듯이 불현듯 우리 눈앞에 펼쳐졌다는 사실은 참으로 놀랍다. 역사 기록학적 논란은 잠시 접어두고, 이 잃어버렸던 세계의 이야기가 우리 앞에 다시 드러나게 된 과정을 살펴보자.

　오래된 과거의 표면을 처음으로 살살 긁기 시작한 것은 근대 초기 수집가들의 호기심이었다. 그 이전까지는 놀라울 정도로 고전기 이전의 역사에 관한 관심이 적었다. 11세기 후반부터 중세 십자군이 근동에서 가지고 돌아온 것들이 유럽 세계에 복잡하고 무수한 영향을 미쳤지만, 오래된 과거에 관한 관심을 일으키지는 않았다. 누구에게나 그랬듯이 당시 유럽인들에게 과거란 구약성경에서 말하는 내용이 전부였다. 유럽 상인들은 로마 제국 시대부터 레반트에서 활발히 활동했다. 하지만 베네치아와 제노바의 상인들이 떼돈을 벌게 된 건 르네상스 초기에 향신료에 대한 수요가 크게 늘어나면서부터였다. 중세 시대 말기 이후 무역이 가져다 준 부가 증가면서 속세의 사람들도 여가를 즐기거나 예술을 의뢰할 기회를 손에 쥐게 됐고, 이는 르네상스를 일으키는 원인 중 하나가 됐다. 16세기에는 레반트 무역을 공유하던 프랑스와 영국 상인 사이에서 경쟁이 시작됐다.[2] 하지만 이러한 흐름 가운데 그 어떤 것도 고전기보다 더 이전 과거의 발견으로 이어지지는 않았다.

16세기 후반부터 상황이 변하기 시작했다. '호기심의 방'은 처음 유행할 땐 단지 인어공주 꼬리나 유니콘 뿔로 오인된 물건들, 거인의 허벅지 뼈라고 착각한 공룡 뼈 등 경이로운 물건들을 이것저것 모아놓은 것이었다. 하지만 이는 곧 박물관의 기원이 됐고 과학적 조사의 원동력이 됐다.[3] 그랜드 투어Grand Tour에 참가한 부유층은 로마 세계를 넘어 그리스로 향했다. 일부는 더 나아가 해가 **떠오른다**는 뜻의 이름을 지닌 레반트까지 갔다. 대부분은 기독교 골동품 구입에 관심이 가장 많았다. 한편 1670년대 요한 반슬레벤Johann Wansleben 같은 사람들은 성서 사본에 관심을 보였으며,[4] 장 샤르댕Jean Chardin은 페르시아를 여행한 기록을 담은 1686년 저서에서, 점토판에 새겨진 쐐기 모양 자국이 임의의 장식이 아니라 글자일지도 모른다고 최초로 제시했다. 이렇듯 빠르면 이 시기에, 훨씬 더 오래된 역사가 존재한다고 추측한 사람들이 있었다. 또 17세기 예수회의 박식가 아타나시우스 키르허Athanasius Kircher는 콥트어Coptic language에 관한 문법서를 출판하였고, 옥스퍼드Oxford의 수학자이자 언어학자 존 그리브스John Greaves는 레반트와 이집트로 가서 기자의 대피라미드Great Pyramid of Giza 높이를 측정했다. 18세기에는 프랑스 학자 샤를 롤랭Charles Rollin이 12권에 달하는 『이집트인, 카르타고인, 아시리아인, 바빌로니아인, 메디아인과 페르시아인, 마케도니아인과 그리스인의 고대사Ancient History of the Egyptians, Carthaginians, Assyrians, Babylonians, Medes and Persians, Macedonians and Grecians』(1730~1738)를 출간하면서, 이집트를 중심으로 고전기 이전 고대에 관한 전반적인 관심이 증폭했다.[5] 정확하다기보다는 통속적인 편인 이 작품은 1798년 나폴레옹의 이집트 침공 당시 학자들이 군대와 동행하는 계기가 됐다. 뒤이어 19세기에는 더 오래된 역사가 존재할 가능성에 관한 관심이 폭발하면서 활발한 탐사가 이루어졌다. 그 결과 아시리아와 바빌로니아가 최초로 발견됐고, 역사의 도달 범위가 기원전 3천년기 후반까지 확장됐다. (19세기 중반에 살짝 엿본 이래로) 20세기 전반에는 더 과거로 거슬러 올라가서, 기원전 4천년기의 수메르까지 도달했다.

이 책을 쓰는 시점에조차, 이러한 발견들은 완성되려면 아직도 한참이나 남았다. 이 시기의 문헌들이 수백만 점 발견됐지만, 10분의 1 정도밖에 읽히지 않았다. 또 **텔**이라는 유적지 수백만 곳은 아직도 조사되지 않았다. 이 텔이라 불리는 언덕은 사람들의 삶의 폐허와 잔해가 수천년 동안 축적된 층으로, 오늘날의 이라크와 인근 지역 여기저기에 무수히 흩어져 있다(**텔**tell은 아랍어로, 변형된 형태로는 **tel, tall, tal** 등이 있다. 페르시아어로는 **테페**tepe, 튀르키예어로는 **회위크**huyuk라 불린다). 이 책을 쓰는 지금 시점에는 전쟁, 내전, 정치 외교적 긴장 때문에 텔에 직접 접근할 수 없지만, 박물관에 가면 경제적 및 군사적 사건, 정부 활동, 건축, 무역, 금전 거래, 의학, 문학 작품, 신전에서의 활동 등의 정보가 새겨진 방대한 점토판 컬렉션을 확인할 수 있다. 이는 최근까지 잊혔던 세계에 관한 정보를 알려주는 풍부한 자원이다.[6]

우리는 기원전 5세기경 그리스 고전기를 '고대'라 부른다. 지금으로부터 2,500년 전, 기원전 1천년기의 중반쯤이다. 그 당시 살았던 그리스인이 이 사실을 알았더라면, 아마 더 먼 과거를 돌아봤을 것이다. 자신이 살고 있는 시대보다 3,000년 더 전, 기원전 4천년기 중반 수메르 문명이 떠오르던 시기를 말이다. 그리스 고전기 즈음에는 상대적으로 최근인 청동기 시대의 역사조차 잊혀진 상태였다. 호메로스의 서사시 속에서 역사기보다는 전설로 포착되고 있었다. '아카이아인Achaeans', '아르고스인Argives' 등 그리스군이 참전한 트로이 전쟁이 청동기 시대가 붕괴할 즈음인 기원전 13세기 후반에 일어났다면, 기원전 6세기에 아테네의 폭군 페이시스트라토스Peisistratos가 당시까지 구두로 전해지던 시들을 글로 남기라고 명령할 때쯤에는 이미 엄청나게 각색된 후였을 것이다. 따라서 신화화된 그리스의 역사 버전은 그들이 살던 시대보다 기껏해야 500년 전 정도까지만 거슬러 올라간다. 하지만 그 이야기에 담긴 주제와 믿음은 훨씬 더 오래된 과거로부터 이어져 왔다. 그리스 신화에 나오는 데우칼리온의 홍수나 히브리어 성경에 나오는 노아의 방주 같은 대홍수 이야기는 적어도 기원전 3천년기 이전에 등장한 『길가메시 서사시』와 연관이 있다. 로마 신화의 비너스는 그리스 신화의 아프로디테에서 나왔고, 아프로디테는 다시 바빌로니아 신화의 이쉬타르Ishtar에서 나왔다. 이쉬타르는 다시 수메르 신화의 이난나Inanna에서 나왔다. 전부 사랑, 성, 아름다움, 다산, 불화 등 동일한 관심사를 관장하는 동일한 속성의 동일한 여신으로, 그 기원은 아우구스투스가 로마의 첫 번째 황제가 되기 전까지 4천 년 이상을 거슬러 올라간다.

나폴레옹이 이집트를 과학적으로 연구하도록 명령한 것은 프랑스가 지중해 동부와 레반트에 오랫동안 지대한 관심을 보인 결과였다. 프랑스인은 16세기에 '오스만의 문Ottoman Porte'(오스만 제국의 정부, 정권을 지칭하는 별칭 – 옮긴이)과 무역 관계를 수립했다. 영국인보다는 빨랐지만, 베네치아인과 제노바인보다는 늦었다. 또 앞서 언급했듯이, 샤를 롤랭이 쓴 이집트 지역에 관한 역사서가 유명세를 타면서 관심이 더 커진 결과이기도 했다. 이집트에 관한 나폴레옹의 연구가 유명세를 타면서 **전리품 관광**trophy-tourism이 시작됐다. 실제로 기념품과 수집품을 원하는 전리품 여행가들은 물론이고, 이들의 열망을 충족시키려 혈안이 된 현지인들이 약탈품을 찾아 헤맨 것이 고고학의 출발점이었다.

좀 더 냉철하고 학문적인 모양새를 하고 있었지만, 영국박물관, 베를린과 파리의 박물관 같은 고급 기관에서도 약탈품에 대한 열망이 느껴졌다. 물론 그와 함께 학문적 책임감도 싹트기 시작했지만, 처음에는 전시할 수 있는 고대 진귀품들에 대한 열망이 주된 동기가 되었다. 1854년 바스라Basra의 영국 영사 J. G. 테일러J. G. Taylor는 영국박물관으로부터 남부 메소포타미아에 있는 **텔** 일부를 조사해 달라는 요청을 받았고 그는 피치Pitch에 있는 **텔**을 선택했다. 이곳은 단기로 방문한 동료 영국 공무원 윌리엄 로프터스William Loftus가 처음으로 그 중요성을 알아차린 곳이었다. 테일러는 이곳이 성경에 등장하는 '칼데아의 우르'라고 지칭하는 글을 발견했다. 테일러는 이 장소를 반년 정도만 발굴했다. 이후 19세기 말에 펜실베니아대학교에서 이 장소를 탐사했다. 1930년대에 레너드 울리Leonard Woolley의 지휘 아래 영국박물관과 펜실베니아대학교가 고고학적으로 협력하기 시작하면서, 비로소 수메르가 우리 눈앞에 제대로 펼쳐지기 시작했다.

아브라함과 우르의 연결점을 제외하면, 성경에서 수메르에 관해 언급하는 부분은 『창세기』에 나오는 '시날 땅the land of Shinar'이 유일하다.[7] 19

세기에 프랑스, 독일, 영국 그리고 일부 미국 고고학자들은 앞서 언급한 호기심 많은 수집가들과 약탈자들의 발자취를 따라가면서 성경과 관련 있는 유적지를 찾아다녔다. 이들은 북부 메소포타미아에 있는 니네베와 아수르Assur가 묻힌 아시리아의 **텔**과 함께 중앙 메소포타미아에 있는 바빌로니아 유적지를 조사했다. 그 결과 이 지역에 대한 연구의 총칭인 아시리아학Assyriology이 융성하게 됐다. 이러한 발전 과정에서 압권은 1840년대에 오스틴 레이어드Austen Layard가 니네베를 발견한 사건이었다. 독일 출생 프랑스 아시리아 학자 쥘 오페르트Jules Oppert가 『창세기』의 '시날'이 메소포타미아 남부의 수메르를 의미한다는 것을 깨달았고, 나아가 쐐기 문자가 이곳에서 시작됐다는 것을 밝혀냈다.

19세기 중반의 발견들 이후로 메소포타미아의 고고학은 빠르게 발전했다. 앞서 언급한 젊은 지질학자 윌리엄 로프터스는 투르코-페르시아 국경 위원회Turco-Persian Boundary Commission에서 일하던 중 영국 정부로부터 메소포타미아 조사를 의뢰받고 니네베와 님루드Nimrud 발굴에 참여했다. 로프터스는 님루드에서 기원전 9세기 아시리아의 왕 아슈르나시르팔 2세Ashurnasirpal II의 궁전과 함께, 조각된 상아 물품 등 많은 매장품을 발견했다. 하지만 수메르 역사에 관한 가장 중요한 발굴은 로프터스가 초기에 메소포타미아 남부에서 짧게 했던 발굴이었다. 그는 1850년에 우루크와 우르의 지구라트Ziggurat를 발견했다. 이 발견으로 영국박물관은 테일러를 현장에 보내게 된다. 한편 영국박물관의 헨리 롤린슨Henry Rawlinson 경과 조지 스미스George Smith는 쐐기 문자와 관련해 훌륭한 업적을 남겼다. 스미스의 위대한 업적 중 하나가 바로 아시리아 발굴을 통해 런던으로 가져온 점토판과 점토 조각 수만 점에서 『길가메시 서사시』를 발견한 것이었다.

스미스의 생애는 그 자체로 도덕적 교훈을 준다. 1840년 런던의 노동자 계급 가정에서 태어난 스미스는 14살에 학교를 그만두고 인쇄 회사에서 판화가 수습생으로 일했다. 그는 개인적으로 아시리아학에 빠져 있었다. 근동에서 계속 일어나는 새롭고 흥미로운 발견들은 스미스의 상상력을 가득 채워주었다. 스미스는 점심시간마다 영국박물관으로 가서 발굴된 유물들에 관한 보고서를 읽으면서 쐐기 문자 읽는 법을 독학했다. 그러다 결국 박물관 관계자들의 주목을 받았다. 스미스의 전문성에 감명받은 박물관 측은 저녁 시간에 점토판을 청소하고 정리하는 일을 도와달라고 부탁했다. 이 일을 하는 동안 스미스는 기원전 9세기에 이스라엘 왕 예후Jehu가 아시리아 왕 살만에셀 3세Shalmaneser III에게 공물을 바친 기록을 찾아냈다. 더 중요하게는 기원전 763년에 있었던 일식에 대한 기록을 찾아냈다. 이는 천문학적 기록과는 또 다른 독립적인 기록으로, 근동 역사의 연대기를 확립하는 데 중요한 역할을 했다. 또 스미스는 기원전 12세기 엘람인Elamites이 바빌로니아를 침공한 사건에 대한 기록을 찾아냈다. 이러한 인상적인 발견 덕분에 롤린슨과 박물관의 관리자들은 스미스를 아시리아학 부서의 수석 조교로 임명하기에 이르렀다. 1870년의 일이다. 몇 년 후, 『길가메시 서사시』로 불리게 되는 홍수 이야기를 발견하면서 스미스는 전 세계적으로 유명해졌다. 이후 영국박물관에서는 세 번에 걸쳐 스미스를 니네베 탐사에 파견했다. 그곳에서 스미스는 아슈르바니팔Ashurbanipal 도서관을 발굴하여 바빌로니아 왕조에 대한 소중한 기록들과 『길가메시 서사시』의 조각들을 추가로 발견했다. 세 번째 니네베 탐사에서 스미스는 이질dysentery(감염병의 일종 — 옮긴이)에 걸려 사망했다. 빅토리와 여왕은 그의 아내와 자식들에게 1년에 150파운드씩 연금을 하사했다.

이렇게 스미스를 비롯한 연구자들은 말 그대로 혹은 비유하자면, 거대한 이야기에서 시간의 층을 한 겹씩 벗겨 내기 시작했다. 수메르인과 후대의 아카드인 그리고 아시리아인의 시대는 이제 잘 알려져 있지만, 땅속에도 글 속에도 여전히 발견해야 할 것들이 훨씬 더 많이 남아 있다.

오늘날 메소포타미아를 위에서 내려다보면, 티그리스강과 유프라테스강이 남쪽으로 흘러와 샤트알아랍Shatt al-Arab강('아랍의 강'이라는 뜻으로 이란과 이라크의 국경선 부근인 바스라 지역에 있다 – 옮긴이)이 시작되는 지점에서 만난다. 합쳐진 두 강물은 이 지역의 습지로 스며들어 흩어지면서, 190킬로미터 아래 페르시아 만Persian Gulf으로 흘러 들어간다. 최근까지도 샤트알아랍강의 수로를 따라 대규모의 습지와 대추야자 숲이 독특한 환경을 조성하고 있었으나, 전쟁과 '경제 발전'으로 둘 다 현저히 줄어들었다.[8] 6,000년 전에는 강의 경로가 달랐다. 사실 강의 경로는 여러 번 바뀌었다. 강이 흐르는 길목에서 대홍수와 충적평야(하천이 운반·퇴적하는 토사가 쌓여 이루어진 평야 – 옮긴이)의 침식이 일어나기 때문이다. 기원전 4천년기 도시들이 묻힌 **텔**은 현재 강에서 수 킬로미터 떨어져 있지만, 원래 이 도시들은 강둑에 있었다. 니푸르, 우루크, 우르는 유프라테스강의 지류에 자리 잡았고 기르수Girsu는 티그리스강에 있었다. 당시에는 강의 지류가 비옥한 땅을 휘감고 있었는데 거기서 세계 최초의 문명이 발생했다. 바로 수메르 문명이다.

수메르 문명이 발생하기 6,000년 전, 메소포타미아 북부에서 사람들은 에머emmer와 아인콘einkorn 같은 곡물(둘 다 고대 시대 밀의 일종)을 경작하고 경작지 주변에 영구적인 정착지를 세우기 시작했다. 처음에는 이런 변화가 건강에 이롭지 않았다는 점을 고려하면 일부 수렵채집인이 정착 생활을 시작한 동기는 확실하지 않다. 식량 공급 측면에서 곡물이 지닝 이점, 즉 고기처럼 고작 며칠이 아니라 몇 주 혹은 몇 달 동안 저장해 둘 수 있다는 점은 분명 한 가지 이유가 되었을 것이다. 곡물 식량원에 의존하려면 정착 생활은 필수였다. 씨를 뿌리고 수확하는 일은 특정한 계절에 이루어져야 하고, 곡물을 저장하려면 날씨와 해충으로부터 보호할 수 있는 특정 시설을 지어야 한다(더 큰 도기 그릇을 개발하게 된 이유로 추측된다). 또 수확하고 나서는 많은 양의 곡물을 다른 곳으로 운송하기가 어렵다. 시간이 흐르고 인구가 증가하면서 정착촌은 강 하류까지 뻗어 나갔는데 레너드 울리는 우르 지역 근처 알 우바이드Al-ubaid에서 그러한 초기 마을을 발견했다. 여기서 이름을 따 이 지역의 수메르 이전 문명을 우바이드 문화라고 부른다.

여기서 '초기'라는 표현은 오해의 소지가 있다. 아나톨리아 남동부에 있는 괴베클리 테페Göbekli Tepe의 조각된 돌들은 기원전 10천년기에서 기원전 8천년기까지 거슬러 올라간다. 또한 자그로스 산맥Zagros Mountains 기슭에 있는 자르모Jarmo에서 발견된 흑요석과 조개껍데기로 알 수 있듯, 장거리 무역은 기원전 7천년기부터 있었다. 초가 마미Choga Mami에서 발견된 최초의 관개시설은 6,000년 전에 만들어졌다. 이 지역은 분명히 굉장히 번성했고, 많은 인구가 살고 있었다. 그 조직과 기술은 기원전 4천년기 수메르 문명이 발생할 무렵, 또는 수메르 문명의 설립자들이 이 지역으로 들어올 무렵 이미 상당한 수준에 올라 있었다.

기원전 3천년기가 끝날 무렵 라가시의 한 서기가 수메르 왕들의 목록을 작성했다. 아마도 당시 재위 중인 군주의 명령으로 왕가의 내력을 정리하고 왕의 혈통에 정당성을 부여하려는 목적이었을 것이다. 이 목록에 따르면 최초의 수메르 통치자는 '모든 땅을 안정시킨 자'로 묘사된, 키시의 에타나Etana였다. 에타나는 아들을 낳게 해주는 마법의 식물을 찾아

독수리를 타고 하늘로 날아간 영웅적 인물이었다. 키시는 레이두, 우루크, 루크, 라르사Larsa, 니푸르와 함께 수메르의 주요 도시였다. 키시는 다른 도시들과 때로는 동맹을 맺고 때로는 경쟁했다. 라가시의 서기들이 묘사한 바에 따르면, 경계 수로를 두고 도시 간에 분쟁이 잦았다고 한다 (참고로 라가시는 기원전 3천년기 말기 역사학자들에게 중요한 도시였던 것으로 추측된다).

수메르인들은 자신들을 수메르인이라 부르지 않았다. 수메르인이라는 이름은 메소포타미아의 주요 권력자 자리를 이어받은 아카드인들이 붙여준 것이다. 수메르인들은 자신들의 땅을 '고귀한 주인의 나라'라는 뜻으로 키엔기르Kiengir라 불렀고, 자신들을 '검은 머리 민족'으로 묘사했다. 수메르인은 셈족Semitic(셈어를 사용하는 민족의 총칭. 기독교의 성경에 나오는 노아의 맏아들인 셈의 자손이라 전해지며 아시리아인, 아라비아인, 바빌로니아인, 페니키아인, 유대인 등이 이에 속한다 – 옮긴이)이 아니었고, 아카드인들은 셈족이었다. 기원전 3천년기 중반에 아카드 제국이 등장한 시기에는 아카드인과 수메르인 모두 셈어를 쓰고 있었고, 아카드인은 수메르인이 발명한 쐐기 문자 체계를 도입해 사용했다. 기원전 2천년기 전반 바빌로니아 시기에 수메르어는 아카드어, 아람어Aramaic와 함께 공식 언어이기는 했지만, 점차 덜 쓰이게 됐다. 로마 가톨릭 교회에서 종교의식에 라틴어를 사용하는 것처럼, 주로 종교의식을 위해 20세기까지 보존됐을 뿐이다.

수메르인의 기원은 불분명하다. 한 가지 가설은 그들이 메소포타미아 북부에서 남쪽으로 내려와 정착한 후 습지의 물을 빼서 작물을 심고 자신들이 만든 직물, 가죽 제품, 도자기, 금속 제품을 거래했다는 우바이드인Ubaidan의 후손이라는 것이다. 이 가설은 수메르 문명이 등장할 수 있을 만큼 이미 발달한 기반이 있었음을 시사한다. 또 다른 가설은 수메르인이 인도에서 왔으며, 드라비다인Dravidians과 관련이 있다는 것이다. 아니면 북아프리카에서 왔다는 가설도 있다. 이밖에 수메르인이 페르시아만의 서부 해안에서 왔다는 가설이 있는데 이들이 살고 있던 연안 지역이 빙하기가 끝나면서 물에 잠기자 그곳을 떠나왔다고 주장한다. 수메르인이 '서아시아'에서 왔다는 주장도 있다. 어떤 집단의 기원을 알 수 없을 때 일반적으로 언급하기 좋은, 충분히 애매모호한 장소라 할 수 있다.

아마도 가장 그럴듯한 건, 여러 집단이 섞였다는 가설이다. 우바이드 농경인들과 양과 염소를 몰고 다니는 유목민들, 유프라테스강과 티그리스강 삼각주의 복잡한 늪지대에서 고기를 잡던 사람들이 수세기에 걸쳐 한데 어울리면서 창조적이고 고도로 조직화한 수메르 문명에 융합됐다는 주장으로, 페르시아만 연안 도시 에리두는 이러한 다양한 민족의 전통과 기술이 합쳐지는 중심지였던 것으로 추측된다. 그 후손들은 메소포타미아 남부 전역으로 뻗어 나가 라르사, 시파르Sippar, 슈루팍Shuruppak, 우루크, 키시, 니푸르, 라가시, 기르수, 움마Umma 같은 도시 국가를 설립했다.[9] 수메르의 도시국가들은 독립적으로 행동하기도 하고 서로 적대시하거나 연합하기도 했다. 그러다 기원전 3천년기 후반(기원전 2300~기원전 2000년)에 아카드 제국이 등장하면서, 특히 사르곤 대왕King Sargon the Great(기원전 2270~기원전 2215년)이 재위하면서부터 비로소 이 지역에 단일 제국이 들어서게 됐다.

기원전 4000~기원전 3000년경까지는 우루크 시대Uruk Period로 알려져 있다. 어떤 사람들은 전성기 우루크에 약 8만 명이 살았고, 면적이 6제곱킬로미터에 달했으며, 도시 전체가 가장 유명한 왕 또는 **루갈**lugal('통치자')인 영웅 길가메시가 세운 튼튼한 성벽으로 둘러싸여 있었다고 추정한다. 우루크는 주요 교통수단인 강을 이용해 수메르의 다른 도시들과 교역했다. 우루크의 건축 양식, 도자기, 도구들은 오늘날의 시리아나 아나톨리아처럼 멀리 떨어진 도시 중심지에서도 발견된다. 우루크가 다른 도시들을 식민지로 삼았거나, 적어도 커다란 영향력을 행사했음을 유추할 수 있다. 우루크기 초기에는 도시와 그 주변 지역을 구분하는 벽이 없었고, 남녀로 구성된 원로회의 조언에 따라 최고 성직자 **엔시**ensi 또는 **엔**en 이 다스린 것으로 보인다. 이후 성직자 대신에 **루갈**이 좀 더 세속적으로 도시를 통치하고, 방어용 성벽을 쌓았다. 이는 수메르 도시 간에 경쟁과 갈등이 심해졌으며, 오늘날 이란 남서부, 티그리스강 동부에 있는 엘람인들이 군사적 위협을 가해오기 시작했을 수도 있다는 점을 암시한다(엘람인들은 기원전 3천년기 초에 두각을 나타내기 시작했다).

쐐기 문자는 기원전 4천년기 후반, 수메르 역사에서 우루크 시대와 젬데트 나스르Jemdet Nasr 시대를 거치는 동안 그림문자 형태로 남기던 기록에서 발전했다. 기원전 3천년기가 시작하고 첫 몇백 년 안에, 일부 도시국가들이 다른 도시국가들을 지배하기 시작했다. 라가시의 **루갈** 에안나툼Eannatum은 오랜 기간 라이벌 관계에 있던 움마를 정복했고, 자신의 눈부신 승리를 독수리의 비석Stele of the Vultures에 그림으로 새겨 넣었다.[10] 움마 역시 복수를 했다. 에안나툼이 사망한 후 라가시를 타도하고, 우루크도 정복했다. 움마의 통치자 루갈자게시Lugalzagesi는 우루크를 수도로 정하고 강 상류로 올라가 메소포타미아 중부, 추측건대 그 너머까지 영향력을 확장해 나갔다.

이러한 수메르 도시들의 통합은 인근 메소포타이마 중부에 사는 셈족 이웃, 아카드인들에게 기회를 제공했다. 진정한 의미에서 최초의 제국을 통치한 인물은 아카드 제국의 사르곤 대왕으로 알려져 있다. 사르곤 대왕은 키시를 점령하고 우루크를 공격하면서 정복 활동을 시작한 것으로 보인다. 우루크에서는 루갈자게시를 무찌른 다음 전장에서 그의 목에 '목줄을 묶어 질질 끌었다'고 전해진다. 문헌에 따르면 사르곤 대왕은 움마와 라가시를 파괴하고 초토화했다. 이후 자신이 모시는 신 엔릴Enlil(메소포타미아 신화에 등장하는 바람의 신이자 왕위를 승인하는 운명의 신 – 옮긴이)에게 상해Upper Sea와 하해Lower Sea(각각 지중해와 페르시아만을 뜻한다) 사이에 있는 모든 땅을 받으면서, 사르곤 대왕은 메소포타미아 전체를 소유하게 된다. 사르곤 대왕은 메소포타미아 중부에 수도 아카드Akkad를 세우고, 그곳에서 50년이 넘는 통치 기간 동안 동쪽의 엘람인과 북쪽의 아나톨리아 및 후르리인Hurrians과 성공적으로 전쟁을 벌였다. 사르곤 대왕이 삼나무 숲Cedar Forests과 은산Silver Mountains을 아울렀다는 문헌은 그의 영토가 지중해의 레반트에서 카스피해 근처의 알라다 산맥Aladagh Mountains까지 뻗어 나갔다는 점을 암시한다. 만약 그렇다면, 시대를 고려했을 때 자신을 '세계의 왕'이라 칭한 사르곤 대왕의 자랑도 일리가 있다.

사르곤의 도시 아카드 자체는 아직도 발견되지 않았다. 아카드의 위치를 알아내고 발굴하게 된다면, 근동 고고학의 엄청난 보물이 될 것이다.

전설은 필연적으로 사르곤 대왕처럼 눈에 띄는 인물을 중심으로 축적된다. 사르곤은 키시 왕의 궁전에서 일하는 정원사의 아들로, 출신이 미천했다고 한다. 한 전설에 따르면 왕이 사르곤을 술 맡은 자cup-bearer(왕의 식탁에 올리는 술을 담당하는 관리 – 옮긴이)로 임명했다고 한다. 또 다른 전설에 따르면 사르곤은 고위 성직자 **엔투**entu의 사생아였다고 한다. 엔투가 사르곤을 갈대 바구니에 넣어 유프라테스강에 떠내려 보낸 것을 정원사가 발견해 기르게 됐다는 것이다.[11] 하지만 사르곤은 문자 체계가 정립된 시기에 살았고 워낙 유명한 인물이었기 때문에, 그와 그의 가족에 관해 쓰인 글에는 전설적 내용만 있는 게 아니라 사실적 기록도 있다.

예를 들어 아내의 이름과 직업, 자손의 수가 알려져 있다. 그중에는 아들 리무시Rimush, 마니시투슈Manishtushu와 손자 나람신Naram-Sin도 있다. 모두 사르곤 대왕의 뒤를 이어 왕이 됐다. 실제로 사르곤 대왕 이후 1,500년 동안 아시리아와 바빌론의 왕들은 모두 자신을 어떤 의미에서든 사르곤 대왕의 계승자로 여겼다.

사르곤 대왕은 5천 명의 정예군을 유지했다. 기록에 따르면 이들은 '대왕의 앞에서 매일 빵을 먹으면서' 충성심을 다졌다. 사르곤 대왕은 군사 원정에 나서기 전에 군인들과 상의했다. 주변 국가에 있는 아카드 상인들의 이익을 보호하기 위해 원정을 나서는 경우도 있었지만 사르곤 대왕의 오랜 재위 기간이 끝날 때쯤에는 제국에 문제가 있었다. 기근 때문에 반란이 일어난 것이다. 무력을 써서 진압했지만 사르곤 대왕이 사망할 때까지 제국 전역에 걸쳐 모반이 계속됐다. 그럼에도 아카드 제국은 사르곤 대왕 후계자들의 지배 아래 수세기나 더 지속했고, 기원전 2300년에서 기원전 2200년 사이에 절정에 달했다. 이 시기에 아카드어는 메소포타미아 지역에서 지배적인 언어가 됐다. 다만 기록은 수메르 문자를 사용했다. 수메르어는 제국의 '검은 머리' 신하들의 사투리로서, 또 신전에서 의식을 행할 때 사용하는 언어로서 명맥을 이어갔다. 아카드 제국이 멸망한 후 제국의 영토는 크게 두 지역으로 나뉘었는데, 메소포타미아 북부의 아시리아와 중부의 바빌로니아였다. 원래 수메르인의 심장부인 메소포타미아 남부는 이 시기에 기후 변화 때문에 인구가 감소한 상황이었다.

이러한 이유로 글로 기록되고 지금까지 살아남은 과거라는 의미에서의 역사는 수메르에서 그들의 문학과 함께 시작했다. 수메르와 그들의 다음 세대에게 『길가메시 서사시』는 마치 그리스 시대의 호메로스와 같은 존재로, 서로마의 몰락부터 근대의 시작을 알리는 르네상스까지 천 년의 세월 동안 성경과 같은 존재였다. 다시 말해 수메르 문명이라는 자아 개념에 핵심이 되는 이야기이자 문서이자 **책**이었다. 수메르어에서 '길가메시'라는 이름은 '빌가메시Bilgamesh'로 나타나는데, 기원전 2100년경 우루크의 왕에 관한 시 모음에서 영웅으로 등장한다. 이 시들은 이후 수 세기 동안 아카드의 『길가메시 서사시』 버전에 합쳐지고 각색됐으며, 메소포타미아 **텔**의 많은 점토판과 조각에서 복원되어 합쳐졌다. 지금까지 발견된 최고의 사본은 니네베에 있는 아시리아 왕 아슈르바니팔의 도서관에서 발견됐으며, 기원전 7세기로 거슬러 올라간다. 이 서사시의 내용은 부록 Ⅱ에서 확인할 수 있다.

후대의 신화와 이야기에 등장하는 엄청나게 많은 주제가 이미 길가메시 이야기에 담겨 있어서, 그에 관한 언급으로만 책 한 권을 전부 채울 수 있을 정도다. 데우칼리온과 노아에서 시작해서 (거인과 싸우거나 하는) 전설에 등장하는 모든 영웅을 거쳐, 타잔과 모글리 같이 야생을 누비는 주인공들까지 전부 이 서사시에서 나왔다고 할 수 있다. 또 불을 내뿜는 괴물이나 좀비를 맞닥뜨리는 상황, 지식을 얻고자 지하 세계나 과거를 방문하는 여정, 꿈의 심리학과 성적 성향의 위력에 대한 암시도 이 서사시에 담겨 있다. 길가메시와 엔키두의 우정이라는 주제는 아킬레우스와 파트로클로스, 요나단과 다윗, 니소스와 에우리알로스의 관계에서 재현되면서 더 풍부해지고 확장되었다.[12]

『길가메시 서사시』는 문학의 원천이다. 심지어는 이야기에 쓰인 기법마저도 후대 작품들에서 다시 확인할 수 있다. 호메로스의 서사시와 달리, 이 서사시가 아주 초기부터 문자로 존재했다는 추측은 굉장히 흥미롭다. 말로 전해져 내려온 호메로스 서사시의 방식과 구조를 보면, 기억해 내고 즉흥으로 지어내는 데 필요한 반복법과 수사법을 사용하고 있다.『길가메시 서사시』의 경우, 반복법이 등장하지만 다른 목적으로 쓰인다. 예를 들어 훔바바의 숲으로 여정을 떠나는 부분에서는, 매일 길가메시의 꿈에 관한 내용이 나오기 전마다 그날 행군의 길이와 먹고 자기 위한 잠깐의 휴식이 똑같은 문장으로 반복된다. 하지만 이는 독자에게 (더 정확히는 낭독을 듣는 청자들에게) 그 여정이 얼마나 길고 고된 과정인지 직접 느낄 수 있게 하려는 목적으로 보인다. 본문의 다른 부분에서는 서술과 묘사가 입으로 낭송하는 방식인 호메로스적 성격을 띠지 않는다.

이러한 주장은 상당 부분 추측에 기원한 것이다. 하지만 부인할 수 없는 사실은『길가메시 서사시』에 나오는 주제들이 그 이후에 중대한 영향력을 미쳤다는 점이고 또 이 작품이 당시 문명의 정교함과 성숙함을 보여주는 증거라는 점이다. 수메르와 아카드 세계의 아름다운 예술품과 정교한 건축물, 그 바탕이 되는 기술과 농경 그리고『길가메시 서사시』와 같은 문학 작품에 이르기까지, 이 점들을 고려해 보면 이렇게 수준 높은 역사에 관한 수천 년의 지식이 아주 최근까지도 베일에 싸여 있었다는 건 참으로 놀라운 일이다.

새로 드러난 역사와 함께 베일을 벗은 또 다른 놀라운 문서는『함무라비 법전The Code of Hammurabi』이다. 일반적으로 오래된 과거에 관해 떠올릴 때 가장 많이 등장하는 이름이 있다면, 바로 이 기원전 18세기에 재위한 바빌로니아 왕의 이름일 것이다. 함무라비는 아카드 제국을 계승한 왕조의 제6대 왕이자 가장 위대한 왕이다. 함무라비는 엘람의 영토와 라르사, 마리Mari, 에슈눈나Eshnunna 등의 도시를 바빌로니아의 지배 아래 두었고, 메소포타미아 북부의 아시리아를 속국으로 만들었다. 하지만 무엇보다 가장 위대한 업적은 바로 법전이다. 이 법전이 최초로 공포된 법전(성문법)은 아니었다. 수메르인들은 이미 범죄로 피해를 입었을 때, 그 복구와 보상에 대한 기록부를 가지고 있었다. 하지만 함무라비 법전이 혁신적이었던 점은, 범법자에게 보상만 요구한 게 아니라 처벌을 내렸다는 점이다. 함무라비는 법전을 비석에 새긴 뒤, 모든 사람이 읽고 또 남이 읽는 걸 들을 수 있도록 공공 광장에 비석을 세웠다. 후에 바빌로니아를 정복한 엘람인들이 이 비석을 전리품으로서 자신들의 수도 수사Susa로 가져갔다. 이 비석은 1901년에 프랑스 고고학자들이 발견해, 지금은 파리의 루브르 박물관에서 볼 수 있다. 주요 조항 일부를 부록 Ⅲ에서 간략히 확인할 수 있다.

『함무라비 법전』은 여러 의미에서 교육적인 자료다. 특히 기원전 2천년기 전반 바빌로니아의 삶을 들여다보게 해주는 창구라는 점에서 그렇다. 이 문헌을 고고학자들이 발굴한 물질문화와 결합하면, 바빌로니아 왕조가 아모리인Amorite으로 구성되었다는 점이 더 분명해진다. 아모리인들은 유목민으로 기원전 3천년기에 레반트로부터 아카드 제국으로 건너와 메소포타미아 중부 지역에 정착한 것으로 추측되는데, 그들의 도시 바빌론은 처음에는 보잘것없었고, 함무라비를 배출한 왕조는 이 도시를 오래 지배하지 못했다. 기원전 2천년기 중반에는 아나톨리아의 히타이트인이 지배했고, 그다음에는 오늘날 이란에 있는 자그로스 산맥의 카시트인Kassites이 지배했다. 성경에 등장하는 바빌론은 훨씬 이후인 천 년 뒤의 모습이다. 그즈음 바빌론은 기원전 7세기 후반에 등장한 신바빌로니아 제국(칼데아 제국Chaldean Empire이라고도 불린다)의 수도가 됐다. 참고로 이 제국의 왕 네부카드네자르 2세Nebuchadnezzar II는 기원전 587년에 예루살렘을 파괴하고 이스라엘 민족의 지도자를 포로로 잡은 것으로 유명하다.

기원전 6세기까지 내려오면, 이제 19세기 발견 이전에도 이미 익숙했던 역사 영역으로 들어선다. 하지만 비옥한 초승달 지대를 완전히 설명하려면 기원전 3천년기 말에 시작된 이집트 왕조를 빼놓을 수 없다. 통일된 이집트의 제1대 왕은 메네스Menes로 알려져 있다. 메네스는 상Upper 이집트와 하Lower이집트를 통일했으며 이 시점부터 이집트는 물질문화와 조직 측면에서 뛰어난 역사를 자랑했다. 메소포타미아와 달리 이집트는 나일 강을 따라 상당히 좁은 영역을 차지하고 있었는데, 역사에서 상당히 후반까지 메소포타미아 및 아나톨리아와 떨어져 있었다. 따라서 다른 지역과 문화적 교류가 적었던 탓에 수메르 및 아카드, 그 이후의 문명 중심지가 발생하면서 일어난 변화에도 덜 민감했다. 이집트는 남쪽의 누비아Nubia 한 방향으로만 확장해 나갔다. 그리고 누비아는 왕조의 남쪽 끝이었다. 누비아는 기원전 16세기에 이집트의 투트모세 1세Thutmose I가 정복하기 전까지는 케르마Kerma 문명의 본거지였고 훨씬 뒤인 기원전 8세기에 누비아의 쿠시Kushites 세력이 들고 일어나 이집트를 정복한 후 한 세기 동안 다스렸다. 이후 쿠시 세력은 다시 이집트 왕조에게 자리를 내어주게 된다. 쿠시 왕국Kingdom of Kush 자체는 에티오피아에 정복당하기 전까지 천 년간 지속했다.

이러한 내용 역시 전부 최근에 얻은 지식이다. 역사의 탐조등은 지난 2세기 동안 오롯이 메소포타미아만을 비춘 적이 한 번도 없다.

다시 발견된 근동의 역사는 커다란 수수께끼를 품고 있다. 바로 기원전 1200년경 청동기 시대의 종말을 불러온 근동 문명의 붕괴이다. 청동기 시대의 붕괴로 암흑기가 도래하고, 암흑기는 철기 시대가 열리기 전까지 수 세기 동안 지속했다.

적어도 기원전 4천년기 초기 이후로는 무역, 동맹, 갈등, 왕국과 제국의 흥망성쇠가 관계망 속에서 근동 세계를 뒤덮었다. 기원전 2천년기쯤부터 기원전 1200년경까지 근동과 메소포타미아 동부는 원자재와 완제품을 모두 아우르는 복잡한 무역 패턴으로 긴밀히 연결되어 있었다. 그 당시 경제의 핵심은 청동의 재료인 구리와 주석의 거래였다. 한 역사학자가 묘사했듯이, 당시 구리와 주석은 마치 20세기 세계 경제의 석유와 같은 존재였다. 하지만 구리와 주석만 거래한 건 아니었다. 울루부룬Uluburun의 난파선에서 발견된 화물에서 알 수 있듯이, 당시 상업과 산업은 굉장히 풍부하고 다양했다.

1982년 튀르키예의 해면 채취 잠수부가 카쉬Kas 근처에 있는 아나톨리아 해안 울루부룬 곶 근처에서 발견한 난파선은 이후 10년 동안 진행된 해양 고고학 연구를 통해, 청동기 시대 후기를 들여다보는 놀라운 창을 열었다. 그 배는 가라앉을 당시 가공되지 않은 구리 10톤을 싣고 있었다. 구리는 운반이 용이하도록 손잡이를 단 직사각형 모양의 잉곳ingot(금속 또는 합금을 녹인 다음 주형에 흘려 넣어 굳힌 것으로 주괴라고도 함 – 옮긴이) 형태였으며 소가죽으로 둘러싸여 있었다. 잉곳 가운데 약 10분의 1은 특별히 장거리 육로 운송을 위해서 동물의 등에 싣기 편한 모양을 하고 있었다. 난파선에서는 주석 1톤도 발견됐다. 구리 10톤 대 주석 1톤이라는 비율은 청동에 들어가는 비율과 비슷하다. 에게해와 근동에서 널리 쓰인 가나안 항아리Canaanite jar 150여 점도 발견됐는데, 대부분은 테레빈유turpentine라는 송진 물질(송진을 증류해 얻는 무색 또는 노란색의 끈끈한 정유 – 옮긴이)이 담겨 있고, 일부는 올리브와 유리구슬이 담겨 있었다. 더 자세히는 유리 잉곳 200여 개, 터키석, 라벤더, 코발트 블루(청색 안료 – 옮긴이)가 있었다. 아프리카 흑단, 코끼리 상아, 하마 이빨, 거북이 등껍질, 타조 알, 키프로스의 도자기와 석유램프, 청동 그릇과 구리 그릇 등도 있었다. 금, 은, 준보석의 원자재와 이 재료들로 만든 장신구도 있었고, 검, 단검, 창촉 같은 무기나 도끼, 낫, 까귀adze(목재를 찍어서 가공하는 연장 – 옮긴이) 같은 도구도 있었으며, 잣, 아몬드, 포도, 무화과, 올리브, 석류, 향신료 같은 식품도 있었다. 울루부룬 난파선은 돌로 만든 닻 10개를 싣고 있었다. 화물들은 짐 깔개로 한데 묶여 있었는데 짐 깔개는 화물이 미끄러지지 않도록 잡아주는 동시에 바닥짐(배나 열기구에 무게를 주고 중심을 잡기 위해 바닥에 놓는 무거운 물건 – 옮긴이)의 용도로도 쓰였다.

이러한 내용을 담은 선하증권(화물을 운송하기 위해 선박에 적재하였다는 사실을 인정하여 서명한 문서 – 옮긴이)을 통해 당시 문명 세계의 수준이 얼마나 높았는지 추측할 수 있다. 더 구체적으로는 메소포타미아와 레반트에서 이집트와 그리스 미케네를 잇는 육로 및 해상 무역로의 중심지였던 항구 도시, 우가리트의 부와 정교한 건축물을 설명해 준다.

고대 도시 우가리트의 가장 오래된 성벽은 기원전 6000년까지 거슬러 올라간다. 하지만 우가리트가 가장 번성했던 전성기는 기원전 2천년기 중반이다. 이 시기에 우가리트는 티그리스강 및 유프라테스강 주변의 도시들과 이집트, 수도를 하투샤Hattusa에 둔 아나톨리아 고원의 히타이트 제국, 지중해 해상 교통로와 크레타섬, 미케네와 같은 도시 사이에서 완벽한 수출입항 역할을 했다. 당대의 핵심적인 국제 항구였으며, 이전까지 점토로 지어졌던 궁전과 달리 돌로 지어진 웅장한 궁전이 있었다.

우가리트 유적지는 오늘날 시리아 북부 라타키아Latakia의 외곽에 있다. 1920년대 한 농부가 고대 도시의 네크로폴리스necropolis(고대 도시 근처에 있는 대규모 묘지 – 옮긴이)에 있던 한 무덤을 열면서 발견했다. 발굴을 통해 거대한 궁전 단지, 부유한 시민들의 저택, 바알Baal과 다곤Dagon의 신전이 발견됐다. 그 가운데도 최고의 발견은 기원전 13~기원전 12세기에 만들어진 쐐기 문자판 1,500여 점이었다. 50여 편에 달하는 서사시 가운데 가장 유명한 것은 『케레트의 전설The Legend of Keret』, 『아카트 이야기The Tale of Aqhat』, 『바알 신화The Baal Cycle』 등이다. 『케레트의 전설』에서 주인공인 후부르Hubur의 케레트 왕은 신과의 약속을 지키지 못해 불행이 가중되는 일종의 욥Job과 같은 인물이다. 『아카트 이야기』는 아나트Anat라는 여신이 제공한 영생과 잠자리를 거부했다가 그에 대한 복수로 죽음을 맞게 되는 아카트라는 영웅의 이야기다. 올바른 성품을 지닌 아카트의 아버지 다넬Danel은 처음부터 아들을 얻기 위해 많은 일을 겪었는데, 죽은 아들을 제대로 묻어주기 위해 독수리 여왕의 뱃속에서 '뼈와 살'을 꺼내야만 하는 비극까지 겪는다. 『바알 신화』는 신들의 왕이 되려는 야망을 품은 얌Yam을 상대로 승리하는 바알의 이야기를 담고 있다. 바알과 주요 라이벌 모트Mot가 각각 죽임을 당하고 몸이 조각나는 등 일련의 갈등을 겪지만, 결국에는 부활한 바알이 승리를 거머쥔다. 『길가메시 서사시』와 마찬가지로, 이러한 주제들은 성경을 포함한 후대의 신화 및 성전에서 되풀이되는 이야기들을 연상시킨다.

우가리트 문헌은 문학적으로도 중요하지만, 쐐기 문자를 이용해서 수메르어, 후르리어, 아카드어로 기록되었다는 점, 일부는 이집트의 상형문자, 키프로스-미노스 음절문자로도 기록됐다는 점에서 중요하다. 수메르어가 종교의식의 언어로 살아남았듯이, 아카드어도 법의 언어로 살아남았다. 쐐기 문자 알파벳 목록과 페니키아 알파벳의 초기 기호들이 문헌에서 발견됐다.

우가리트는 역사에서 일정 기간 이집트의 지배를 받았다. 기원전 2천년기경, 이집트 제국은 우가리트 지역을 넘어서 오늘날 이스라엘, 레바논, 시리아에 해당하는 지중해 연안까지 뻗어 나갔다. 이집트는 이 지역을 놓고 하투샤를 수도로 한 히타이트 제국과 경쟁했다. 두 제국이 전쟁을 벌인 결과, 우가리트는 이집트의 손아귀에서 벗어나 히타이트 제국의 속국이 되었다. 속국 상태는 기원전 1200년경의 대붕괴까지 지속했다. 우가리트 유적지에서 발굴한 문헌 중에는 우가리트의 마지막 왕 암무라피ammurapi가 키프로스의 왕에게 보낸 편지도 있다. 침략자들에게 위협을 받고 있다면서 도움을 요청하는 내용이었다. 그로부터 얼마 지나지 않아 다시 보낸 편지에는 도시가 약탈당하고 식량 창고와 포도밭이 파괴됐다고 보고하는 내용도 나온다.[13]

이것은 그리스의 도시들과 레반트, 아나톨리아, 이집트 등을 전부 휩쓸고 더 동쪽에 있는 왕국에까지 영향을 끼친 광범위한 파괴 사건이었다. 이 사건은 기원전 1200년 초와 말에 걸쳐 수십 년 사이에 갑작스레 일어났다. 이집트 문헌에서는 '바다 민족'이라 불리는 미지의 침략자들을 언급하고 있다. 역사학자들은 이 메뚜기 떼 같은 민족이 누구인지, 어디에서 왔는지 궁금해하고 있다. 비록 많이 쇠락했지만, 이집트는 근동 서부 가운데 부분적으로나마 살아남은 유일한 중심지였다. 더 동쪽에 있는 아시리아와 엘람은 공격의 영향을 비교적 덜 받았다. 하지만 이 제국들도 서쪽 문명과의 무역이 끊기면서 세력이 약해졌다.

붕괴는 극적이었다. 아나톨리아에 있는 히타이트 제국의 수도 하투샤는 완전히 불에 타버렸고 영구히 버려졌다. 도시 카라오글란Karaoglan도 마찬가지였다. 시체들은 매장되지 않은 채 그대로 남겨졌다. 트로이Troy도 파괴되고 이후 천 년 동안 방치됐다. 키프로스의 엔코미Enkomi, 신다Sinda, 키티온Kition도 약탈당하고 불에 타 버려졌다. 우가리트는 몰락한 레반트 중심지 가운데 그저 하나일 뿐이다. 기원전 13세기 이집트와 히타이트가 주요 전투를 벌였던 유적지인 카데시Kadesh를 포함해 카트나Qatna,

알레포Aleppo, 에마르Emar 등도 몰락했다. 더 남쪽에 있는 해안 도시 가자Gaza, 아슈도드Ashdod, 아크레Acre, 야파Jaffa, 아스글론Ashkelon과 내륙 도시 베델Bethel, 에글론Eglon, 드빌Debir, 하솔Hazor도 파괴됐다. 그리스의 미케네와 그 근처 펠로폰네소스 반도Peloponnese의 정착지도 사라졌다. 비슷하게 테베Thebes, 티린스Tiryns, 필로스Pylos도 파괴됐다.

기원후 1855년, 프랑스 루브르 박물관의 한 이집트학자가 메디나트 하부Medinet Habu에서 람세스 3세Rameses Ⅲ의 재위 동안 '바다 민족'이 침략했다고 적힌 문헌을 발견했다. 이 문헌 및 다른 문헌에서는 '바다 민족'을 '데니엔Denyen, 에크웨시Ekwesh, 펠레세트Peleset, 세켈레시Shekelesh, 셰르덴Sherden'등 여러 민족의 연합으로 묘사하고 있다. 후대 학자들은 각각을 다나오스인Danaans, 아카이아인Achaeans, 필리스티아인Philistines, 시칠리아인Sicilians, 사르디니아인Sardinians으로 보고 있다. '데니엔'과 '에크웨시'는 호메로스의 '다나오스인'과 '아카이아인'을 연상시킨다. '셰르덴'과 '사르디니아' 역시 거의 동음이의어로 추측된다. 나머지도 마찬가지다. 이런 식으로 연관 짓는 건 어느 정도 그럴듯해 보이지만, 지중해와 유라시아 서부 민족의 연합이 근동을 침공했다는 추론을 뒷받침할 만한 다른 어떤 증거도 없다.

그 대신에 다양한 요인이 복합적으로 작용해 청동기 시대 붕괴를 일으켰다는 데 점점 의견이 모이고 있다. 지진과 기후 변화로 인한 식량 부족, 그에 따른 난민들의 이동, 사회적 불안과 폭동 등이 당시 해당 지역의 정치 환경을 상당히 약화시켰을 것이다. 따라서 대규모로 추정되는 '바다 민족'이 아니라 상대적으로 소수의 침략자가 공격했더라도 붕괴를 촉발할 수 있었을 것이다. 특히 이 지역은 무역을 통한 상호의존도가 높았기 때문에, 일부만 무너지더라도 관련 있는 모든 도시와 국가가 급격히 무너져 내렸을 것이다. 오늘날 우리가 살고 있는 상호 의존도가 높은 세계에서 에너지와 식량 공급이 끊겨서 마트 선반이 텅텅 비고 차와 트럭이 움직이지 못하고, 전기도 들어오지 않는다고 상상해 보자. 문명을 굴러가게 하는 기본 물자가 없어지면 그 문명의 겉치장이 얼마나 얇을 뿐인지 쉽게 알 수 있다. 자급자족이라는 측면에서 보면 청동기 시대 후기 사람들은 아마도 오늘날의 우리보다는 더 회복력이 있었을 것이다. 하지만 그 이후 찾아온 암흑기는 청동기 시대의 붕괴가 얼마나 심각했는지를 알려준다.

우선, 미케네 세계에서 문자가 사라졌다. 지금까지 유일하게 해석된 청동기 시대 미케네 문자인 선상문자 B Linear B가 더는 쓰이지 않게 됐다. 도자기 장식도 더 단순해졌고, 석조 건축물도 거의 다 사라졌다. (추장의 집으로 추측되는) 마을에서 가장 큰 주택은 더 이상 돌로 만든 궁전 단지가 아니라, 주변의 다른 집들처럼 지붕을 얹은 움막이었다. 지역 간의 차이가 증가했고, 여행 또는 지역 간의 상호 연결이 사라지거나 훨씬 드물어졌다. 이런 암흑기를 회복한 최초의 징후는 기원전 10세기 그리스 섬에서 나타난 매장 풍습이었다(문명이 다시 싹텄다는 가장 확실한 증거는 기원전 8세기에 페니키아에서 기원한 문자 체계가 지중해 동부 전역으로 확산한 일이었다). 장신구, 말, 무기 등을 시체와 함께 묻어 무덤의 주인이 중요한 인물이었다는 것을 보여주는 매장 풍습은 당시 사회에 계급이 있었고, 땅에 묻어서 버릴 만큼 잉여재산이 충분했다는 점을 시사한다. 에비아 Euboea섬 레프칸디 Lefkandi에서 이러한 매장 풍습을 반영한 기원전 950년경의 무덤이 발견됐다. 뒤이어 다음 세기에 해당하는 무덤들을 발굴하면서, 이러한 매장 풍습이 수 세기 동안 지속했음을 알게 됐다.

문자 체계가 사라졌다는 것은 문명이 후퇴했다는 중요한 지표다. 무역이 있는 곳에는 기록이 필요하다. 중앙 정부와 궁전 문화가 있는 곳에는 기록뿐만 아니라 법률, 외교, 상업적 소통이 필요하다. 이런 일에는 문해력이 필요하고, 결국에는 학교가 필요하다. 그리고 필경사를 배출하는 교육이 있는 곳에서는 문학이 꽃피게 된다. 청동기 시대는 우리에게 사회적, 정치적, 경제적 조직이 고도화되면 문해력, 문학, 소통, 생각과 지식의 교환이 증가하고, 그로 인해 다시 조직이 한층 더 고도화된다는 되먹임 고리의 증거들을 보여주었다.[14] 그러나 청동기 시대가 붕괴한 이후 수 세기 동안은 이러한 되먹임 고리가 멈춰 버렸다.

그 원인이 무엇이든지 간에, 청동기 시대의 종말은 인류학자 조지프 테인터Joseph Tainter가 말한 것처럼 '체제의 붕괴'였다. 그 시대를 지탱해 주던 높은 수준의 상호의존성 중 일부가 무너지면서, 체제 전체가 실패해 버렸다.[15] 에릭 클라인Eric Cline과 다른 학자들은 청동기 시대 말기와 우리가 살고 있는 현대 사이에 걱정스러운 유사성이 있다고 지적한다. 너무나도 복잡하게 운영되는 중앙집권적 사회, 삶과 경제의 거의 모든 측면에 대한 과도한 전문화, 식량이나 에너지 같은 필수 자원에 대한 취약한 의존성 등이 오늘날 우리 세계의 특징이다. 사이버 공격, 심각한 기후 재앙, 대규모 분쟁, 팬데믹 등이 이런 연결 조직을 무너뜨리면 사회 구조 전체가 쉽게 산산조각이 날 것이다.

앞서 언급했듯이, 청동기 시대 붕괴 이후 암흑기 속에서 등장한 것은 바로 철기 시대였다(철기 시대라는 건 너무 단순화한 명칭이지만, 유용하므로 계속 사용하겠다). 새로 등장한 이 시대의 특징은 이름에서 알 수 있듯 무기와 도구에 철을 사용했다는 점이다. 이 점은 여러 중요한 변화를 일으켰다.

철은 이미 흑해Black Sea와 인접한 유럽 남동부 지역에서 사용되고 있었다. 비록 녹이려면 더 높은 온도가 필요했지만, 철은 미학적인 부분 이

외에도 여러 가지로 청동보다 이점이 많았다. 더 가공하기 편했고, 더 저렴했다. 끝이 날카로운 무기를 더 많이 만들고, 더 많은 사람이 소유할 수 있게 됐다는 의미다. 아마도 청동기 시대가 붕괴한 이유 중 하나로, 식량 부족으로 굶주린 사람들이 창과 검으로 무장한 채 내륙으로 대이동한 사건을 들 수 있을 것이다. 이들은 도리아인Dorians과 스키타이인Scythians 등 청동기 시대에는 북쪽과 서쪽에 있던 사람들이었을 것으로 추정된다. 이들의 무기는 청동기보다 더 저렴하고 훌륭하고 풍부했기 때문에, 더 많은 전사를 양성할 수 있었을 것이다. 결국 이들은 청동기를 사용하던 사람들을 무찔렀다.

철로 무기를 만드는 일이 더 보편화하면서 이들만의 장점은 곧 사라졌다. 따라서 궁극적으로 더 중요한 건, 철로 도구를 만드는 일이었다. 철로 도구를 만들면서 특히 농경의 생산성이 증가했고, 붕괴의 여파로 쇠락했던 지역에 다시 인구가 증가할 수 있었다. 하지만 그렇게 되기까지는 수세기가 걸렸다.

제1부 1절에서 기술의 진화에 대해 논의할 때, 기원전 4천년기에 폰토스-카스피Pontic-Caspian 스텝 지대를 발상지로 하여 말의 가축화와 바퀴의 발명이 이루어졌다고 언급했다. 말을 가축화하고, 그 이후에 바퀴가 발명되고, 둘이 결합하면서 인류의 이동성이 엄청나게 증가했다. 이 점은 특히 기술, 문화, 언어의 확산 문제와 관련해서 매우 중요하다. 따라서 **어디서**, 또 **어떻게** 그런 확산이 일어났는가 하는 것은 중요한 질문이다. 이 질문은 역사학자와 고고학자들뿐만 아니라, 이 책이 쓰이기 십여 년 전부터는 유전학자들 사이에서도 상당한 논쟁의 중심에 서 있었다.

이 문제를 대략적으로 다음과 같이 설명할 수 있다. 고고학적 증거와 언어학적 증거(원시 인도유럽어에서 나온 인도유럽어의 관계와 확산)는 기술과 문화 확산의 기원과 방식에 관해서 몇 가지 경쟁 가설들을 제시했다. 언어학적 증거를 토대로 한 한 가지 가설은 신석기 혁명 이후 정착해 사는 농경 생활로 전환될 때, 원시 인도유럽어를 사용하는 사람들이 이동하면서 언어가 퍼졌다는 것이다. 이 과정에서 원시 인도유럽어를 사용하는 사람들은 아나톨리아에서 각각 북서쪽에 있는 유럽 중부와 서부로, 또 남동쪽에 있는 인도로 퍼져 나가기 시작했다(당시까지는 양쪽 모두 수렵채집인이 차지하고 있었다). 이러한 과정은 기원전 7000년경부터 일어났다고 추측된다. 이 견해의 주된 지지자는 고고학자이자 고생물학자인 콜린 렌프류Colin Renfrew다.[16]

렌프류의 견해보다 더 널리 받아들여지는 경쟁 가설은 리투라니아계 미국인 고고학자 마리야 김부타스Marija Gimbutas가 제시한 가설이다. 앞서 이미 고든 차일드가 주장했던 바와 같이, 김부타스는 원시 인도유럽어 사용자의 고향이 폰토스–카스피 스텝 지대이며, 이들이 쿠르간 문화Kurgan culture 사람들(쿠르간은 분구묘를 뜻한다) 가운데 일부라고 주장했다.[17] 이후에 데이비드 앤서니David Anthony가 쿠르간 집단 가운데 얌나야인Yamnaya을 특정해 초점을 맞추면서 이 이론을 발전시켰다. 이 이론에 따르면 얌나야인은 흑해의 북부 해안에 살면서 수렵채집 생활에서 동물을 모는 방향으로 문화적 진화를 하기 시작했고, 그 과정에서 말을 다루는 기술을 발전시켰다. 그리고 기원전 4천년기 후반에 스텝 지대의 기후가 더 건조해지고 추워지면서, 자신들의 승마 기술과 바퀴를 이용해 점차 이동하기 시작했다. 스텝 지대를 벗어나 한쪽으로는 유럽으로, 다른 한쪽으로는 중앙아시아와 남아시아로 나아갔고, 그 과정에서 인도유럽어의 뿌리도 함께 뻗어 나갔다는 것이다.[18]

언어학적 증거는 원시 인도유럽어 기반 언어들이 단일한 기원에서 확산했다는 점을 암시한다. 그 해답의 일부를 유전학이 제시하기 전까지, 우리의 궁금증은 다음과 같았다. 이 언어가 어떻게 확산한 걸까? 고고학자들은 신석기 시대 문화의 **물질** 증거를 들여다보면서, 이러한 확산이 사람이 이동한 결과인지 아니면 문화가 퍼져 나간 결과인지 궁금해했다. 아나톨리아의 농경인들이 도구를 들고 가족과 함께 유럽으로 이동한 걸까? 아니면 이웃한 발칸Balkan인들이 아나톨리아로부터 농경이라는 아이디어를 차용하고 또 발칸의 이웃이 아이디어를 얻고, 그런 식으로 모방이 계속 이어져 나간 걸까?

후자의 관점은 '사람이 아니라 도자기pots, not people'라는 말로 요약할 수 있다. 다시 말해 모방을 통해 이동하는 건 도자기를 만드는 사람이 아니라 도자기 양식이라는 것이다. 제2차 세계대전 이후 끔찍한 전쟁이 끝나고 심리학이 발달한 덕분에, 만약 문화가 실제 사람들의 물리적 움직임으로 퍼져 나갔다면 폭력적 정복이 아니라 평화로운 '소집단 개체군 확산demic diffusion'이었을 거라고 생각하려는 욕구가 있었다. 도자기 양식이나 도구 종류는 모방을 통해 퍼질지도 모르지만, 언어는 그런 식으로 퍼지기 어려워 보인다는 게 이 견해의 근거였다. 따라서 언어적 증거와 물질적 근거로 추론할 수 있는 결과 사이에 갈등이 발생한다. 이런 어려움을 피하기 위해 일부 고고학자가 선택한 방법은 확산 방법에 관해 큰 그림을 그리는 가설을 세우는 대신에, 특정 유적지에서 발굴된 유물에 집중하는 것이었다. 즉, 고고학의 '현지인 역사' 버전에 초점을 맞추는 것이다.

하지만 고대 DNA 시퀀싱(염기서열결정)이 가능하게 되자 큰 그림을 그리는 가설이 다시 등장했을 뿐만 아니라, 놀라운 결과를 가져왔다. 사람들이 실제로 이동했을 뿐만 아니라 도착 전에 그곳에 있던 사람들을 상당한 비율로 (어떤 경우에는 거의 완전히) 대체했다는 것이다. 유럽 중부와 북부에서 끈무늬 토기 문화Corded Ware Culture(토기에 대고 끈으로 눌러서 무늬를 장식해 그렇게 불린다)가 등장한 건 얌나야인이 그 지역으로 이동한 것과 연관이 있다. 이후 이 지역 인구 게놈genome의 75퍼센트는 얌나야 이주민들에게서 유래했다. 영국에 반복적으로 스톤헨지를 세우던 사람들은 그 거대한 기념물을 마지막으로 완성한 뒤 몇 세기 지나지 않아, 기원전 2000년경에 외부에서 온 사람들에 의해 완전히 대체됐다. '스텝 지대와 관련 있는 수준 높은 조상들은 … (스톤헨지가 완성된 후) 몇백 년 안에 영국 유전자풀gene pool(어떤 생물 집단 속에 있는 유전 정보의 총량 – 옮긴이)의 약 90퍼센트를 대체했다. 이전 세기에 유럽 중부와 북부에서 그랬던 것처럼, 동서로 계속 확장해 나갔다.'[19] 한편 스페인에서는 이동으로 유입된 남성들이 원래 거주하던 여성들을 독점적으로 차지하면서, 혼합된 유전자풀에 남아 있던 토착민의 유전자가 여성에 의해서만 계승됐다는 유전적 증거를 확인할 수 있다.

유전자 데이터는 유럽으로 이주해 온 사람들의 두 갈래에 대해 말해주면서, 원시 인도유럽어의 스텝 지대 기원설을 강하게 지지한다.[20] 기원전 7천년기쯤부터 동쪽에 있던 농경인 중 한 갈래는 유럽으로 이동해 헝가리, 독일, 스페인을 점령했고, 한 갈래는 그보다 좀 더 이른 시기에 아나톨리아에 도달했다. 후자의 선구적인 농경인들은 그리스로 이동했고, 일부는 지중해 해안을 따라 이베리아Iberia로, 일부는 다뉴브Danube강을 따라 독일로 이동했다. 그 후손들은 그들 DNA의 90퍼센트를 보유하고 있다. 이 농경인들이 원래 그 지역에 살고 있던 수렵채집인들과 섞이지 않았다는 뜻이다.

하지만 시간이 흐를수록 (대략 2,000년 후), 수렵채집인들의 수가 다시 증가하기 시작하면서, 추가로 게놈의 20퍼센트를 차지하게 된다.[21] 수렵채집인이 다시 늘어난 한 가지 요인으로는 발트해Baltic 연안을 따라 수백 킬로미터 이어진 지역의 기후와 토양이 농업에 덜 적합하다 보니, 이곳에서 농업의 확산이 멈춘 점을 들 수 있다. 이 지역에는 거석기념물을 세우는 문화를 지닌 수렵채집인들이 살고 있었다(이들의 문화는 도자기 양식에서 따와서 푼넬비커 문화Funnelbeaker Culture라 부른다). 이들은 외부에서 이동해온 사람들의 풍습과 기술을 수용하는 속도가 느려서, 외부 문화를 받아들이기까지 천 년이 넘는 세월이 걸렸다.

유럽 인구에서 농경인의 게놈이 우세한 상황은 기원전 3000년이 될 때까지 2천 년 동안 그대로 유지됐다. 농경인 유전자가 섞이지 않은 수렵채집인 집단은 점점 더 희귀해져 갔고, 서로 멀리 떨어져 고립된 지역에 살았다. 농경인 인구는 특히 유럽 남부에서 김부타스가 설명한 정교한 사회 구조를 발전시켰다. 우아한 여성 조각상과 다른 고고학적 증거들을 토대로 처가살이 문화를 이루었음을 추측할 수 있다.[22]

그러다가 극적인 변화가 발생한다. '영국 외진 곳에 살며 거석기념물을 세우는 문화를 지닌 사람들이 세계에서 가장 거대한 인공기념물을 세우게 된다. 바로 스톤헨지다.' 유전학자 데이비드 라이크David Reich가 기술한 내용이다. '스톤헨지를 지은 부류의 사람들은 신을 위해 거대한 사원을 지었고, 자신들의 죽음을 위해 무덤을 지었다. 이들은 몇백 년 뒤에 자신들의 후손들이 사라지고 자신들의 땅이 초토화될 거란 사실을 알지 못했다. 고대 DNA 분석에서 드러난 특이한 사실은 불과 5천 년 정도 전까지도, 현존하는 모든 북유럽 사람들의 주요 조상이 아직 해당 지역에 도달하지 않았었다는 점이다.'[23] 이 '주요 조상'은 얌나야인으로, 유럽으로 건너와 원래 살고 있던 인구를 대체하면서 후계자들 게놈의 75퍼센트를 차지하게 된다.

유전자 증거를 통해 이러한 결론에 도달하는 과정에서 놀라운 사실들이 추가적으로 드러났다. 한 가지는 오늘날의 유럽인들이 얌나야인과 그 선임자인 수렵채집인 및 농경인의 유전자를 갖고 있을 뿐만 아니라, 놀랍게도 아메리카 원주민들과 연결된 제3의 '유령' 유전자를 지니고 있다는 사실이다.

아파치족Apaches과 수족Sioux의 조상이 직접 대서양을 건너와 청동기 시대 유럽인들과 섞였을 확률은 극도로 낮다. 따라서 그들의 선조로 시베리아인이 있었는데, 일부는 동쪽으로 베링 육교를 건너 아메리카대륙으로 갔고 일부는 서쪽으로 가서 청동기 시대 유럽의 수렵채집인들과 섞였다는 가설이 제시됐다. 유령 유전자의 주인은 '고대 북유라시아인 Ancient North Eurasians'이라는 이름을 얻었고, 연구자들은 고고학이 확증을 제공할 수 있을지 지켜보았다. 마침내 시베리아에서 2만 4,000년 전에 살았던 '말타 소년Mal'ta Boy'이 발견되면서, 그 DNA로 확증을 얻게 된다.[24]

유전학이 우리를 놀라게 한 또 다른 사실은 현대 말의 조상에 관한 것이다. 단순히 사냥하고 잡아먹는 것을 넘어선 사람과 말의 관계에 대한 첫 번째 징후는 기원전 4천년기 고대 카자흐스탄에 위치했던 보타이 문화에서 나타났다. 유전학적으로 얌나야인보다는 고대 북유라시아인과 더 가까운 보타이인은 말을 울타리 안에 가두고 젖과 고기를 얻었다. 마구를 채우고 말을 탔다는 증거도 있는데, 말을 모는 가장 좋은 방법이라는 측면에서 설득력이 있다. 하지만 유전자 분석 결과 보타이 말은 현대 말의 직계 조상이 아니며, 현대 말 게놈의 3퍼센트만을 차지한다는 점이 드러났다. 그 대신에 현대 말은 타히takhi 말, 또는 몽골야생말이라고도 불리는 프르제발스키Przewalski 말과 관련이 있다. 이는 얌나야의 말 문화가 실은 주변 이웃으로부터 배운 결과임을 시사한다. 이들은 보타이 문화와는 별개로 독자적으로 말을 포획하고 사육했다.[25]

또 다른 이상한 점은 기원전 3천년기 벨 비커 문화Bell Beaker Cluture에 관한 것이다. 종 모양 도자기에서 이름을 따온 이 문화는 유럽 전역에 걸쳐 전반적으로 퍼진 게 아니라 무작위로 듬성듬성 발생했다. 이베리아 반도에서 시작해 유럽 중부와 북부의 여러 지역과 영국 등의 서쪽 섬들로 띄엄띄엄 퍼져 나가서, 처음에는 끈무늬 토기 문화와 공존하다가 나중에는 끈무늬 토기 문화를 대체한 것으로 보인다.

벨 비커 문화 후기 단계에는 도자기뿐만 아니라 금과 구리 장신구 등 공예품을 생산했고, 집 짓는 양식과 장례 풍습(어떤 곳에서는 매장하고 어떤 곳에서는 화장했다)이 발전했다. 이 과정에서 지역적으로 다양하면서도 한편으로는 공통적인 사회적 관점을 공유한 사실이 드러났다.

이러한 벨 비커 문화의 산발적 특성은 이 문화가 문화적으로 퍼져나갔는지, 아니면 사람의 이동으로 퍼져나갔는지에 관한 고고학적 수수께끼를 다시금 불러일으킨다. 한 가지 가설은 공예가, 여행객, 기술자 등에 의한 전파다. 도착한 장소에서 원주민들에게 환영받고 모방의 대상이 된 **소수의** 사람들이 퍼트렸다는 것이다. 이러한 가설은 문화적 확산 가설과 소집단 개체군 확산 가설을 그럴듯하게 결합한다.[26]

이 시기에 관한 수수께끼를 풀어줄 확실한 열쇠 두 가지는 유전학과 언어학이다. 유전학이 드러내는 사실들은 앞에서 간단히 설명했다. 언어적 증거는 여기서 좀 더 언급하겠다. 중요도 만큼이나 흥미롭기 때문이다. 언어적 증거는 유럽, 이란, 인도 아대륙에서 쓰이는 언어가 인도유럽어라는 어족에 속하며, 모두가 원시 인도유럽어에서 왔다는 점을 시사한다.

유럽어와 인도어 사이의 관계를 처음으로 주목한 사람은 인도에 머물던 영국 판사 윌리엄 존스William Jones 경이었다. 그 시대 그 계급의 여느 사람들과 마찬가지로 존스 경은 그리스와 라틴의 고전어를 배우며 자랐고, 인도에 도착한 이후에는 산스크리트어를 배웠다. 그는 곧 산스트리트어와 고대 그리스어 및 라틴어 사이의 놀라운 유사성을 알아차렸다. 존스 경은 1786년 벵골아시아협회Asiatic Society of Bengal에서 세 번째 회장단 연설을 했는데, 이후 수차례 인용된 그의 연설 내용은 다음과 같다.

> 그 기원이 무엇이든, 산스트리트어는 정말 경이로운 구조를 지니고 있다. 그리스어보다 더 완벽하고, 라틴어보다 더 방대하며, 두 언어 중 어느 것보다도 더 정교하다. 그러면서 동사 어간 측면에서도, 문법 형태 측면에서도 두 언어와 굉장히 유사하다. 우연이라고 보기는 어렵다. 서로 어찌나 비슷한지, 세 언어를 조사해본 문헌학자라면 누구나 이 세 언어가 아마 지금은 사라졌을지도 모를 공통 근원으로부터 파생돼 나왔다는 사실을 믿을 수밖에 없을 것이다.[27]

전문가가 아니더라도 이 언어들의 유사성을 확인할 수 있다. '아버지father'는 산스크리트어로 **pitar**, 라틴어로 **pater**, 그리스어로 **pater**이다. '둘two'은 산스크리트어로 **dva**, 라틴어로 **duo**, 그리스어로 **duo**이다. '일곱seven'은 산스크리트어로 **sapta**, 라틴어로 **septem**, 그리스어로 **hepta**이다. '발foot'은 산스크리트어로 **pad**, 라틴어로 **ped**, 그리스어로 **pod**다. 동화로 유명한 그림 형제Brüder Grimm는 둘 다 언어학자였다. 이들은 특정 자음 소리가 언어 간에 어떻게 달라지는지, 특히 어떻게 **p**가 **f**가 되는지, **t**가 **th**

가 되는지, **k**가 **ch**가 되는지에 주목했다.[28] 이 발음들이 어떻게 변화하는 지 직관적으로 알아보자. **t** 발음을 하면서 혀의 위치에 집중해 보면 혀 가 이 뒤쪽을 눌렀다가 공기를 살짝 터뜨리며 떨어진다. 이제 이 동작 을 천천히, 매우 부드럽게, 혀를 이 뒤쪽에 가깝게 가져가면서 해보자. 그러면 **th** 발음이 된다. 똑같은 방식으로 **p**와 **b** 발음도 살펴볼 수 있다. 두 입술을 눌렀다가 공기가 파열음을 내도록 뗀다. 이번에는 이 동작을 천천히, 두 입술을 완전히 누르지 말고 살짝 간격을 벌린 채로 해보자. 그러면 **f** 발음이 된다. 이러한 변화를 산스크리트어 **pitar**에 적용하면 아버지라는 뜻의 영어 단어인 **father**이 된다. 모든 자음이 동시에 변하 는 건 아니다. 산스크리트어 **brhata**는 '남자 형제brother'라는 뜻이다. 영어 로 가면서 **t**가 **th**로 변했지만 **b**는 변하지 않았다. 한편 라틴어와 그리스 어에서는 남자 형제를 뜻하는 단어가 각각 **frater**와 **phrater**다. **t**는 변하 지 않았지만 **b**가 **f**로 변했다. 이와 같이 현대 언어들 사이에서 **p, b, f, v**의 유사성을 확인할 수 있다. 다음으로 영어를 사용하는 사람이, **d**와 **th**가 사실상 동일한 특정 스페인 단어의 발음에 어떻게 적응해야 하는지 생 각해 보자. 스페인 사람이 '마드리드Madrid'를 발음하면 **Mathrith**처럼 들 린다. 인도유럽어에서 유래한 게르만어Germanic와 로맨스어Romance 사이에 서는 **k**와 **ch**간의 변화가 흔하다. **ch**는 그리스어의 **xi**처럼 부드럽게 목청 을 가다듬듯이 발음되거나 혹은 영어 단어 'church'처럼 더 강하게 발음 된다. 그 소리는 혀가 **k**를 위해 입천장을 눌렀는지, 아니면 **ch**를 위해 입 천장에서 떨어졌는지에 따라 달라진다. 따라서 고대 영어 **kirk**(독일어의 **kirche**)가 오늘날 '교회church'가 된 것이다.

특정 자음의 발음 차이는 인도유럽어의 족보를 구성하는 데 도움이 된다. 이 어족의 서쪽 계열은 '켄툼어Centum Languages'라 불린다. 라틴어로

켄툼centum은 '백hundred'을 뜻한다. 반면 동쪽 계열은 '사템어Satem Languages'
라 불린다. **사템**satem은 아베스타어Avestan로 역시 '백'을 뜻한다(**c**와 **s**의 차이
는 예를 들어 영어에서 '캔들candle'과 '센터centre'를 발음할 때 나타난다). 켄툼어에
는 그리스어, 라틴어, 켈트어, 또 게르만어들(네덜란드어, 덴마크어, 노르웨이
어, 영어, 스웨덴어, 이디시어)이 포함된다. 그 외에도 히타이트어나 토카라
어 등 지금은 사라진 흥미로운 언어들도 있다. 사템어에는 이란과 인도
의 언어인 페르시아어, 벵골어, 구자라트어, 힌디어, 우르두어, 마라티어,
신드어, 펀자브어 등이 포함된다. 또 슬라브어인 라트비아어, 리투아니
아어, 폴란드어, 체코어, 러시아어, 슬로베니아어, 불가리아어, 세르보크
로아트어, 소르브어 등이 있다. 여기서 다시 갈라져 나온 알바니아어와
아르메니아어도 있다.

어떤 언어의 연대를 알아내려면, 그 언어가 연대를 유추할 수 있는
물질 위에 쓰여 보존된 형태로 우리 앞에 나타나야만 한다. 중요한 점은
특정 지역에서 사용되거나 글로 쓰였다고 해서, 그 자체가 그 언어를 사
용하는 사람들이 대량으로 그 지역으로 이동했다는 증거는 아니라는 것
이다. 하물며 이 사람들이 이전에 그곳에 살던 사람들을 대체했다는 뜻
은 더더욱 아니다. 노르만 정복Norman Conquest(1066년 노르만인의 영국 정복 –
옮긴이) 이후 영국에서 프랑스어가 법률, 정부, 귀족의 언어로 사용된 것
이 그 예이다. 노르만인들은 혈통 상으로 프랑스계가 아닌 스칸디나비아
계에 속했지만 프랑스어를 채택했다. 그에 따라 영국에서는 1066년 이
후 수 세기 동안 프랑스어가 지적인 언어로 사용됐다. 영어는 다수가 일
상생활에서 사용하는 언어로서 효력을 발휘했다. 같은 이유로 아일랜드,
스코틀랜드, 인도 등 대영제국의 다른 모든 영토에서는 영어가 지적인
언어로 쓰였다. 17세기부터 19세기까지 유럽에서는 프랑스어가 외교 언

어로 쓰였고, 폴란드와 러시아에서는 상류층과 귀족이 선호하는 언어로 쓰였다. 사람들에게 잊혀지긴 했지만, 미국이 처음 세워지고 국가의 공식 언어를 정할 때, 방금 막 무찌른 영국의 언어인 영어로 해야 할지, 아니면 펜실베이니아주와 뉴욕주에 있는 독일 출신 정착민 수를 고려해 독일어로 해야 할지 논쟁이 있었다(현재 이러한 '독일인 벨트'는 북부 주들을 거쳐 오리건주까지 뻗어 있다).[29] 이 모든 것에서 알 수 있듯이 언어와 인구는 반드시 함께 가는 건 아니다.

이런 거대한 어족의 **기원** 및 최초 확산에 관한 질문은 빅뱅과 우주의 기원에 관한 질문과 유사한 점이 있다. 둘 다 과거로 거슬러 올라가면서 소위 그 부모의 부모의 부모를 향해 점점 축소해 나가는 과정이라고 할 수 있다. 유전학 데이터와 언어학 데이터의 결합은, 앞서 설명한 것처럼 이후 인도유럽어의 역사가 상당 부분 그 언어 사용자들 및 후손의 이동과 큰 관련이 있다는 강력한 증거를 제공해 준다. 원시 인도유럽어는 얌나야 문화의 일부인 폰토스-카스피 스텝 지대가 그 **기원지**Urheimat이며, 그 지역 사람들과 후손들이 서쪽과 동쪽으로 이동하면서 확산했다. 한참 후인 최근 수 세기 동안, 유럽 제국과 식민주의 시절에는 이 서쪽 후손들이 다시 전 세계로 언어를 퍼뜨렸다. 연속적으로 세계를 변화시킨 일련의 발전을 과거 특정 시기, 지도 위 특정 장소까지 추적할 수 있다는 것은 참 특별하고 놀라운 일이다.[30]

2. 인류의 출현

앞 절에서는 최근에 새로 발견된 인류의 과거에 대해 다루었다. 이는 현세에 해당하는 약 1만 2,000년 전 홀로세가 시작한 이후의 인류 이야기다. 선사 시대부터 문자 체계가 진보한 이후의 역사까지 포함한다. 한편 최근 우리 눈앞에 드러난 과거의 또 다른 양상은 바로 수만 년, 수십만 년, 수백만 년 전부터 현재로 이어지는 인류 자체의 진화다. 뼈와 돌에 새겨진 이 새로운 이야기는 굉장히 매혹적이고 모호하며 혼란스럽고 놀랍다. 이는 고전기 이전의 역사보다도 더 최근에 발견됐다.[1]

지식의 역설에 따라서 인류의 진화에 관해 더 많이 알게 될수록 혼란이 더 가중되고는 있지만, 이야기의 전체적인 윤곽은 제법 익숙하다. 약 600만 년에서 700만 년 전, 이후 **호모 사피엔스**가 되는 호미니드 계통이 침팬지와 공유하던 공통조상으로부터 갈라져 나왔다. 해부학적 현대 인류인 **호모 사피엔스**는 5만 년 전 이전에 아프리카를 벗어나 전 세계로 대이동을 시작했다. 약 1만 5,000년 전, **호모 사피엔스**는 지구 구석구석 모든 기후대에 존재하면서, 유일하게 살아남은 **호모** 종이 됐다.[2] 연구 초기에는 인류가 유인원ape에서 원인ape-man으로, 원인에서 현생 인간으로 점진적으로 똑바로 서게 되고 키가 더 커졌다는 선형적 진화를 가정했지만, 고인류학과 유전학이라는 상세하고 인상적인 과학은 우리에게 훨씬 더 복잡한 이야기를 들려준다.

아마 인류에게 **가장 직접적인 영향을 미친** 선사 시대를 들자면, 약

6만~5만 년 전에 해부학적 현대 인류인 **호모 사피엔스**가 아프리카를 떠나 다른 곳으로 이동한 시기를 들 수 있을 것이다. 해부학적 현대 인류가 아프리카를 떠나 근동으로, 또 더 나아가 발칸반도까지 이동한 게 이때가 처음은 아니었다. 실제로 이전에도 그런 노력이 한 번 이상 있었을 것이다. 오늘날 이스라엘의 스쿨Skhūl 동굴과 카프제Qafzeh유적지에서 발견된, 기후가 온난했던 12만 년 전에서 9만 년 전에 살았던 해부학적 현대 인류는 네안데르탈인과 비슷한 도구 기술을 사용하고 있었다. 이 선조들은 약 7만 5,000년 전에 그 지역에서 멸종했다. 유명한 **호모 에렉투스**를 포함해 또 다른 고대 **호모**들도 최소한 180만 년 전부터 유라시아 전역으로 퍼져 나갔다.

이 점은 인류 진화에 관한 중요한 질문 중 하나와 연관이 있다. 바로 많은 호미닌 중에서 **사피엔스**의 직계 조상을 식별하는 어려움이다. 고인류학자들이 화석을 더 많이 찾아내고 과학 조사의 정확도가 더 높아지면서, 더 많은 호미닌 또는 호미닌 종이 발견됐다. 이 과정에서 남아프리카의 라이징스타 동굴Rising Star Cave System에서는 연대 측정 결과 상대적으로 최근으로 밝혀졌지만 그보다 더 현대적이거나 덜 현대적인 특징이 모호하게 혼합된 **호모 날레디**도 발굴됐다.

하지만 이런 다양성이 놀라운 일은 아니다. 오늘날에는 **긴꼬리원숭이아과**Cercopithecinae와 **콜로부스아과**Colobinae라는 두 아과subfamily(亞科, 생물 분류에서 과와 속의 사이 ‒ 옮긴이)에 속하는 구세계원숭이가 최소 78종(어떤 사람은 132종, 어떤 사람은 148종이 있다고 한다) 이상 있다. 이 원숭이들은 사하라 이남 아프리카, 남아시아, 동아시아에 퍼져 있으며, 지브롤터 해협 Strait of Gibraltar 양 끝에도 특이 집단이 있다.

이 원숭이들의 개체 수와 다양성은 조상 집단의 분화specialization와 분리separation를 말해준다. 먼저, 분화를 이해하기 위해 다윈이 언급한 갈라파고스 핀치Glapagos finch의 부리를 생각해 보자. 이 새 13종(또는 그 이상) 가운데 한 종은 견과류를 잘 깰 수 있도록 부리가 튼튼하고 뭉툭하다. 또 어떤 종은 꽃 안으로 집어넣거나 곤충을 잡기 쉽도록 부리가 더 얇고 긴 형태로 진화한 것도 있다.[3] 이러한 변형 덕분에 핀치는 같은 지역에서 각기 다른 틈새시장을 공략해 식량을 얻을 수 있었다.

한편, 지리적 분리에 따른 진화적 발산은 **침팬지족**panins을 통해 설명할 수 있다. 침팬지족에는 두 종류가 있는데, '일반common' 침팬지 또는 '강건한robust' 침팬지라고 불리는 **침팬지**(학명: Pan troglodytes)가 있고, 더 연약한 **보노보**(학명: Pan paniscus)가 있다. 이 두 종이 차이가 나게 된 건, 이들의 영토가 각각 콩고강의 북쪽과 남쪽에 있으며 이들이 수영을 잘하지 못한다는 사실에 어느 정도 기인한다.

따라서 **사피엔스**가 단일한 조상 계통을 지니고 있다면 오히려 그게 놀라운 일일 것이다. 자연은 그런 식으로 작동하지 않는 듯하다. 오늘날 대형 유인원과 소형 유인원(각각 **사람과**와 **긴팔원숭이과**)에 속하는 고릴라, 침팬지, 오랑우탄, 긴팔원숭이Gibbon들의 차이는 사피엔스 개개인의 차이보다 더 크다. 소형 유인원에는 긴팔원숭이 4속과 16종이 있다. 대형 유인원 역시 4속이 있는데, 여기에는 오랑우탄 3종(그중 한 종은 굉장히 최근에 발견됐으며 거의 멸종 직전이다)과 고릴라 2종 및 4~5아종, **침팬지** 2종과 4~5아종, 사람 한 종이 있다. 이는 각 속에서 현존하는 종이고, 족보에는 멸종한 종도 많다. 오늘날 지구상에 있는 **호모 사피엔스** 70억 명과 비교하면, 대형 유인원의 다른 속들은 개체 수가 매우 적다.

고인류학은 많은 도전에 직면해 있다. 최근 150여 년 동안 호미닌 화석 수천 구가 발견됐고, 이를 분석하는 기술의 발전 속도도 빨라졌다. 호미닌이 다른 호미니드에서 갈라져 나오기 시작한 지점까지, 6백만 년 이상 거슬러 올라가는 발견을 했다. 하지만 대부분의 화석은 이 기간 중 비교적 최근의 것이다. 게다가 이 화석들은 모두 가장 발견되기 좋은 장소에서 발견됐다. 동굴 속 아니면 아프리카 대지구대African Rift Valley처럼 지질학적 사건으로 지층과 퇴적층이 노출된 장소였다.

화석 호미닌이 발견된 장소가 아프리카 대륙 면적의 3%도 안 된다는 점을 감안할 때, 인류 진화의 이야기는 필연적으로 듬성듬성 조각나 있을 수밖에 없다. 아프리카 대지구대와 같은 곳은 지각판 세 개가 분리되면서 수백 년을 거슬러 올라가는 지질학적 지층이 드러난 곳이다(지금도 분리되고 있다). 결국 이곳은 우리가 진화적 과거의 잃어버린 열쇠를 가장 열심히 찾아 헤매는, 가로등 불빛 아래의 공간이라고 할 수 있다. 다른 장소들은 너무 어둡기 때문이다.

하지만 아프리카에만 초점을 맞추는 일이 다른 지역을 배척하는 건 아니다. 이 이야기에는 남아시아, 동아시아, 근동, 서유라시아가 전부 등장한다. 다윈은 『인간의 유래the Descent of Man』에서 아프리카를 인류의 고향으로 식별했다. T. H. 헉슬리T. H. Huxley가 인류를 고릴라, 침팬지, 오랑우탄과 해부학적으로 비교한 결과, 인류가 동인도의 오랑우탄보다는 아프리카 대형 유인원인 고릴라, 침팬지와 더 가까웠다는 점을 근거로 한 주장이었다. 고인류학, 특히 유전학은 다윈의 주장이 옳다는 강력한 증거를 제공한다. 180만 년 전 초기 **호모 에렉투스**가 아프리카를 벗어나 다른 지역으로 퍼져 나갔고, 한참 후인 약 70만 년 전 **호모 하이델베르겐시스**Homo heidelbergensis(네안데르탈인, 데니소바인, **사피엔스**의 조상일 가능성이 높다)가 그 뒤를 이었다. 다른 호미닌들 역시 유라시아로 퍼져 나갔을지도 모른다. 명확하지는 않지만 유전적 흔적이 그 가능성을 암시하고 있다.

장소만이 문제는 아니다. 예를 들어 사람 목 아래쪽의 모든 뼈는 두개골(특히 턱)이나 치아보다 훨씬 희귀하다. 한 가지 이유는 두개골과 치아가 척추, 갈비뼈, 팔다리뼈보다 더 무겁고, 밀도가 높고, 내구성이 강하기 때문이다. 두개골과 치아는 포식자나 시체 청소부들로 인해 부서질 확률이 낮고, 다른 부위보다 비에 씻겨 내려가거나 흩어져 버릴 확률이 낮다. 큰 호미닌 개체는 작은 개체보다 무언가를 남길 확률이 더 높다는 점도 정보를 왜곡할 수 있다.

이들이 죽은 환경의 특성 역시 후대에 얼마나 잘 보존될지에 영향을 미친다. 어떤 환경에서는 시체가 화석으로 잘 남고, 어떤 환경에서는 토양의 산성도 때문에 사라져 버린다. 전자의 환경에서는 호미닌 유골이 많이 남고, 후자의 환경에서는 거의 남지 않을 수 있다. 그래서 어떤 유적지에서는 호미닌이 제작한 석기가 다량으로 발견됐지만, 뼈는 하나도 발견되지 않는 경우가 있다. 따라서 유골의 유무로는 많은 것을 추론할 수 없다. 오늘날 유골의 연대를 측정할 때 쓰이는 과학은 상당히 정밀하지만 지진이나 홍수, 동물의 활동 등으로 유골이 실제 사망 시기보다 이전 시대나 이후 시대의 지층으로 스며들었을 가능성도 배제할 수 없다.

이 모든 요소들은 인류 진화에 관한 주장에서 아직 비어 있는 여백에 물음표를 던지고 있다. 그럼에도 지금까지 드러난 그림이 완전히 흐릿하기만 한 건 아니다. 약 600만 년 전에 호미닌 조상이 침팬지 조상에서 갈라져 나올 즈음, 지구 전체가 천천히 식으면서 건조해지기 시작했다. 이 영향으로 아프리카에서는 숲이 사바나 초원으로 변했다. 호미닌 화석과 당시 거주지의 증거를 결합해 보면, 이들은 당시 나무가 우거진 지역과 탁 트인 지역의 경계에 살면서 양쪽의 자원을 모두 활용하고 있었다. 아마 과일을 얻거나 밤에 포식자를 피해 잠을 잘 때는 나무가 필요했을 것이고, 초원을 돌아다니기에는 이족보행이 더 적합했을 것이다. 호미닌과 침팬지가 분리되는 시기에는 아마 다른 원시 호미닌 조상과 원시 침팬지 조상도 있었을 것이다. 오늘날 구세계와 신세계에 원숭이 종이 얼마나 많은지 기억하자. 지금까지 얻은 증거들을 토대로 진화의 그림을 그려보면 다음과 같다. (부록 I의 〈그림 3〉을 참고하면서 읽으면 도움이 될 것이다 – 옮긴이)

왼쪽 가지보다 오른쪽 가지가 더 짧은 대문자 'Y'를 떠올려보자. Y의 줄기 밑바닥을 700만 년 전이라고 하고 여기부터 시작하겠다. **사헬란트로푸스 차덴시스**Sahelanthropus tchadensis를 적는다(각각에 대해서는 나중에 설명할 예정이다). 줄기를 타고 조금 위쪽으로 올라와 600만 년 전에서 500만 년 전 사이에 **오로린 투게넨시스**Orrorin tugenensis, 조금 더 위쪽에 **아르디피테쿠스 카다바**Ardipithecus kadabba를 적는다. 약 450만 년 전에는 **아르디피테쿠스 라미두스**Ardipithecus ramidus를 적는다.

이 위로는 400만 년 전 이후로, 분기점에 이르면 Y가 두 갈래로 갈라지게 된다. 여기는 약간 붐빈다. 여기에서부터 위쪽으로 250만 년 전까지 동그라미를 그린 다음 400만 년 전에서 250만 년 전까지 사다리를 만들어서 아래부터 차례차례 **오스트랄로피테쿠스 아나멘시스**Australopithecus anamensis, **오스트랄로피테쿠스 바렐그하자리**Australopithecus bahrelghazali, **오스트랄로피테쿠스 데이레메다**Australopithecus deyiremeda를 적는다. 그리고 약 350만 년 전에서 300만 년 전에는 **오스트랄로피테쿠스 아파렌시스**Australopithecus afarensis를 적는다.

약 300만 년 전에서 270만 년 전은 오랜 기간 지속해 온, 해수면이 지금보다 6미터 높았던 따뜻한 시기가 끝나면서 지구가 식어가던 시기였다. 북반구에서는 빙하가 광범위하게 생겨났고 해수면이 낮아졌으며 아프리카 내륙은 메말라갔다. **사피엔스**로 나아가게 된 발달의 시작은 아마도 여기, Y의 분기점에 있을 것이다. 이제 Y의 양 가지를 올라가 보자. 약 250만 년 전, 더 짧은 오른쪽 가지에 **오스트랄로피테쿠스 아프리카누스**Australopithecus africanus를 적고, 살짝 옆쪽에 나란히 **파란트로푸스 아에티오피쿠스**Paranthropus aethiopicus를 적는다. 약 180만 년 전에는 **오스트랄로피테쿠스 세디바**Australopithecus sediba를 적고 그 옆에 나란히 **파란트로푸스 보이세이**Paranthropus boisei를 적는다. 200만 년 전과 100만 년 전 사이에는 **파란트로푸스 로부스투스**Paranthropus robustus를 적는다.

오스트랄로피테쿠스와 **파란트로푸스**라는 일련의 이름에서 알 수 있듯이, 이 오른쪽 가지는 맨 꼭대기에 **사피엔스**가 있는 왼쪽 가지와 점점 더 멀어지고 있다.

왼쪽 가지는 줄기가 나뉘는 지점에서 더 많이 붐빈다. 230만 년 전에서 165만 년 전의 **호모 하빌리스**, 약 190만 년 전의 드마니시 화석Dmanisi fossils, 190만 년 전에서 150만 년 전의 **호모 에르가스터**Homo ergaster, 약 180만 년 전부터 오랜 기간 성공적으로 살아남은 **호모 에렉투스** 등을 볼 수 있다.

어떤 이들은 **에렉투스**가 아시아에 무려 3만 년 전까지도 살았을 거라고 주장한다. 이는 4만 년 전에서 3만 년 전에 **에렉투스**, **네안데르탈렌시스**neanderthalensis, **플로레시엔시스**floresiensis, **사피엔스** 이렇게 4종의 호모 종이 살았을 수도 있다는 뜻이다. 그렇다면 놀라운 일이다. 120만 년 전에 **호모 안테세소르**Homo antecessor가, 80만 년 전에 **호모 하이델베르겐시스**Homo heidelbergensis가, 이후 70만 년 전에서 50만 년 전에 **호모 네안데르탈렌시스**가, 약 30만 년 전에 **호모 날레디**가, 또 **사피엔스**가 무대에 완전히 등장했을 때에도 **에렉투스**는 그렇게 오랜 기간 계속 지구상에 있었던 것이다. 한편 데니소바인은 후기 네안데르탈인 및 해부학적 현대 인류와 동시대에 살았다.

굉장히 복잡한 사진이지만, 여러분이 **병합파**jumper냐 **세분파**splitter냐에 따라서(분류학자들은 약간의 차이로도 다른 종으로 보느냐, 아니면 같은 종으로 합쳐야 하느냐의 견해 차이에 따라 세분파와 병합파로 나뉜다 — 옮긴이) 좀 더 단순하거나 좀 더 복잡하게 만들 수 있다. 문제는 객체 간의 변형이다. 두 화석의 두개골이나 치아가 달라 보일 때, 이 둘이 서로 다른 **호모** 종인 걸까? 아니면 오늘날 사람들이 키가 크거나 작고, 얼굴이 넓거나 좁고, 턱이 크거나 작고, 이마가 볼록하거나 납작하고, 얼굴형이 동그랗거나 긴 것처럼 같은 종이지만 차이가 나는 것뿐일까? 구글에서 'dmanisi skulls'를 검색해 보면 드마니시인 두개골 네 개를 복원한 배열을 볼 수 있다. 전문가가 아니라면, 분명 각기 다른 **호모**라고 생각할 것이다.

구체적인 머리뼈계측법craniometry과 골형태학bone morphology이 이들을 어떻게 분류할지에 대한 훌륭한 지침을 제공하고, 두개골 해부학cranial anatomy과 구체적인 진화 과정 연구가 주어진 종 내에서 어느 정도까지 변형이 일어날 수 있는지를 제한해 주고 있긴 하지만, 병합과 세분의 딜레마는 여전히 남아 있다.[4] 이런 면에서 치아와 발은 더더욱 중요한 지표가 될 수 있다. 한 종 안에서 치아의 기본 배열과 턱뼈의 구조는 개체에 따라 조금밖에 변하지 않기 때문이다. 이족 보행하는 발의 기본 구조도 마찬가지다.

이름에 알 수 있듯이 **사헬란트로푸스 차덴시스**는 차드Chad에서 발견됐다. 인류 조상과 관련 있는 화석 대부분이 발견된 아프리카 동부와 남부 유적지로부터 멀리 떨어진 곳이다. 프랑스–차드 연구팀이 두개골이 거의 완전한 한 구를 포함해 유골 아홉 구를 발굴했다. 연대는 불확실하지만, 유골이 발견된 화석 환경(다른 동물 종의 뼈)을 봤을 때 700만~600만 년 전으로 추정됐다. 바로 유전학에서 호미닌과 침팬지가 분화되는 시점이다. **사헬란트로푸스 차덴시스**의 치아와 상대적으로 납작하고 짧은 얼굴 형태는 호미닌과 흡사하지만, 전체적인 두개골은 다르게 생겼다.

케냐의 투겐 언덕에서 600만~500만 년 전 사이에 살았던 최초의 이족보행 호미닌 후보가 발견됐다. 바로 **오로린 투게넨시스**로, 그 치아와 견고한 대퇴골로 인해 인류 진화에서 중요한 위치를 차지한다. 직립 보행을 하려면 튼튼한 허벅지 뼈가 필요하기 때문이다. 시대적으로 가까운 종으로는 에티오피아의 아와시강Awash River 계곡에서 뼛조각이 발견된 **아르디피데쿠스 카다바**가 있다. 처음에는 오스트랄로피테신이라고 생각됐지만, 치아와 화석 환경을 조사한 결과 더 이전 시대의 종이라는 점이 밝혀졌다.

450만 년 전에서 430만 년 전에 살았던 **아르디피테쿠스 라미두스**는 초기 호미닌에 관한 가장 완전한 그림을 제공해 준다. (지금까지 발견된 것 중 가장 오래된) 완전한 유골 한 구를 포함해 유골 17구 이상이 아와시강 계곡 중류에서 발견됐다. 간단하게 비교하자면, 오늘날 해부학적 현대 인류는 키 1.8미터에 몸무게 70킬로그램 정도이고, '아르디Ardi'는 키 1.2미터에 몸무게 50킬로그램 정도였다. 현대 인류의 뇌는 부피가 약 1,400cc인 반면, 아르디의 뇌는 300~375cc였다. 치아와 손, 발, 화석 환경의 증거는 아르디가 부분적으로는 나무 위에 살고 부분적으로는 땅 위에 살았다는 점을 암시한다. 아르디의 발을 보면 엄지발가락이 서로 마주 볼 수 있도록 되어 있는데, 이는 나뭇가지를 잡을 때 유용하다. 하지만 동시에 튼튼한 발 중앙부와 골반은 직립 보행에 적합했다. 아르디의 손은 고릴라나 침팬지처럼 너클보행knuckle-walking(손가락 관절을 땅에 대고 걷는 보행 – 옮긴이)에 접합한 형태가 아니었다.

아르디 이후로 'Y'자의 가지들은 줄기로부터 각각 위로 뻗어 나가기 시작한다. 여기서부터 오스트랄로피테신이 등장한다. 420만 년 전에 **오스트랄로피테쿠스 아나멘시스**가, 360만 년에서 300만 년 전에 **오스트랄로피테쿠스 바렐그하자리**가, 350만 년에서 330만 년 전에 **오스트랄로피테쿠스 데이레메다**가 등장했다. **오스트랄로피테쿠스 아나멘시스**는 케냐의 투르카나 호수Lake Turkana와 카나포이Kanapoi에서 발견된 뼛조각에 약간 불확실한 근거를 두고 있다. **오스트랄로피테쿠스 바렐그하자리** 역시 드문드문 확인됐지만, 발견된 위치 때문에 중요하다. 남수단South Sudan의 아프리카 대지구대로부터 서쪽 멀리 떨어진 곳에서 화석으로 발견되었다. **오스트랄로피테쿠스 데이레메다**는 2015년 에티오피아 아파르 지역의 워란소-밀레Woranso-Mille에서 발견되면서, 이 집단 중 가장 최근에 명명됐다. 이 유골은 고인류학자들이 20년 전부터 추측하기 시작한 가설을 입증해 주었다는 점에서 중요하다. 바로 여러 종류의 호미닌이 공존했으며, 우리가 가정했던 것보다 **호모 사피엔스**까지 이르는 혈통에 미친 영향이 덜 직접적이라는 가설이다. 이에 대한 가장 중요한 지표로는 21세기 초에 케냐의 투르카나 호수 근처 로메크위에서 발견된 350만 년 전 인류인 **케냔트로푸스 플라티오프스**Kenyanthropus platyops가 있다.

그러나 현생 인류의 직계 조상일 확률이 가장 높다고 여겨지는 오스트랄로피테신은 350만 년 전에서 300만 년 전에 살았던 **오스트랄로피테쿠스 아파렌시스**다. 에티오피아 '아파르 삼각지Afar Triangle'에서 가장 많이 발견됐고, 탄자니아의 라에톨리Laetoli나 케냐의 투르카나 호수에서도 발견됐다. **아파렌시스**는 지금까지 남녀노소 수백 구가 알려져 있는데 그중에 가장 유명한 건 40퍼센트 정도 완벽한 유골인 '루시Lucy'와 더 최근에 에티오피아 코르시 도라Korsi Dora에서 발견된 25퍼센트 정도 완벽한 유골인 '카다누무Kadanuumuu'(또는 '큰 사람Big Man')이다. **아파렌시스** 남성은 키 약 1.5미터에 몸무게 약 40킬로그램 이상이었고 뇌 부피는 400~500cc 정도였다. 라에톨리에서 발견된 발자국은 **아파렌시스**가 완전히 직립보행을 했다는 점을 보여준다. 이 발자국은 정말 놀라운 발견이었다. **아파렌시스** 세 사람이 폭발로 화산재에 덮인 벌판을 가로질러 걸어가면서 뚜렷한 흔적을 남겼다. 소나기가 내리고 뜨거운 햇볕이 내리쬐면서 그 흔적은 굳어갔다. 폭발이 추가로 일어나 그 위로 화산재층이 더 덮였고, 발자국들은 3백만 년 동안의 침식 작용으로 그 모습이 다시 밖으로 드러날 때까지 고이 묻혀 있었다. 이 층에서 발가락이 세 개인 말 **히파리온** Hipparion(멸종된 원시 말의 일종으로 신생대 제3기 플라이오세에 널리 분포했으며, '삼지마'라고도 불림 – 옮긴이)을 포함해 다른 동물의 발자국도 확인할 수 있었다.

고고학자들은 '라에톨리 발자국' 윤곽을 3차원 이미지로 재구성한 뒤, 다른 걸음걸이를 가진 현생 인류, 특히 무릎이 구부러진 부류와 다리가 곧게 뻗은 부류의 발자국과 비교했다. 라에톨리 발자국의 발가락부터 발꿈치까지의 깊이는 이들이 곧게 뻗은 다리로 직립 보행했음을 시사한다.

여기서 문득 호기심이 발생한다. 적어도 20세기 초까지는 많은 중국인이 무릎을 구부리고 걸었다. 루쉰魯迅의 『아Q정전』을 보면, 일본에서 교육받아 현대 정신을 지닌 동년배가 서양인들의 곧은 다리 걸음을 흉내내는 모습을 보고 반영웅antihero(문학 작품에서 전통적 영웅 같지 않은 주인공을 칭하는 용어 – 옮긴이)인 아Q가 꾸짖는 내용이 나온다(그리고 그 결과 구타를 당한다).[5] 만약 라에톨리 발자국이 무릎을 구부린 걸음걸이를 보였다면,

우리는 무릎을 구부린 걸음걸이를 원시적 특징으로 잘못 받아들였을지도 모른다. 가정이라는 게 너무 깊숙이 뿌리박혀 있어서 미처 눈치채지 못할 수 있다는 걸 보여주는 일화다.

최초로 이름 붙은 오스트랄로피테신은 1924년 남아프리카에서 레이먼드 다트Raymond Dart가 발견한 **오스트랄로피테쿠스 아프리카누스**다. 다트는 모든 젖니가 그대로 남아 있는 '타웅 아이Taung Child'라는 어린아이 유골을 발견했다. 처음에 다트는 '현존하는 유인원과 사람의 중간 단계'에 있는 생물을 발견했다고 주장해 조롱을 받았다. 하지만 다른 **아프리카누스**들이 발견되고, 이후 동아프리카에서 발견된 오스트랄로피테신과 비교가 이루어지고, 또 이 오스트랄로피테신과 연관 있는 화석 환경의 연대가 350만 년 전에서 300만 년 전이라는 게 드러나면서 정당성이 입증됐다. 다트의 발견은 인류의 고향이 아프리카일 수도 있다는 다윈의 견해에 무게를 실어주었다는 점에서 특별한 의의를 지닌다. 그 당시까지는 네안데르탈인이 발견된 유럽이나 '자바 원인Java Man'(**호모 에렉투스**)이 발견된 동아시아가 인류의 고향이라고 가정되고 있었다.

이쯤에서 이들 및 다른 오스트랄로피테신으로부터 멀어진 Y자의 오른쪽 가지가 호미닌 계통과의 분기점을 드러내며 더 확실한 친척 및 후손인 **파란트로푸스**로 이어졌을 때, 반대편 왼쪽 가지는 그 이후 인류에게 중요한 조상들을 추가로 더해갔다. 첫 시작은 230만 년 전에서 165만 년 전에 살았던 **호모 하빌리스**다. 사용한 도구 때문에 '손재주가 있는 사람'이라는 뜻의 이름이 붙었다. **호모 하빌리스**의 화석은 처음에 탄자니아의 올두바이 협곡에서 발견됐고, 이후 케냐의 쿠비 포라Koobi Fora, 에티오피아의 오모강Omo River에서 추가로 발견됐다. **하빌리스**는 오스트랄로피테신보다는 작지만 상당히 큰 뇌, 사람 같은 발, 정확히 집을 수 있도록 발달한 엄지손가락을 지니고 있었다. 이들이 사냥을 했는지 시체를 먹고 다녔는지는 여전히 논쟁의 대상이다. 사냥을 하려면 높은 수준의 사회적 협동과 계획, 소통이 필요하다. **호모** 집단이 거의 확실히 그러한 능력을 소유하고 있었다는 점을 감안하면, 적어도 시간순으로는 **호모** 집단의 직계 조상인 **하빌리스**에게도 그런 능력이 있었다고 보는 게 타당하다. 시간 순서상 다음으로 발견된 호미닌 화석은 조지아_{Georgia} 공화국의 드마니시에서 발견된 190만 년 전의 불가사의한 화석 무리이다. 아프리카를 벗어난 곳에서 발견된 호미닌 화석 가운데 확실하게 확인된 바로는 가장 오래됐다.

호모 게오르기쿠스_{Homo georgicus}라고도 불리는 드마니시 화석은 남녀노소 할 것 없이 다양한 개체를 포함하고 있다. 팔다리의 비율은 현대 인류와 비슷하지만, 두개골의 크기는 **하빌리스**보다 크지 않았다. 흥미로운 두개골 중 하나는 이가 다 빠진 노인 개체의 것이다. 그렇게 오래 살아남기 위해서는 다른 사람들이 보살펴 주고 도와줬을 거라는 당시의 사회상을 추측할 수 있다.

해부학적 현대 인류와 가장 유사한 최초의 호미닌은 190만 년 전에서 150만 년 전에 살았던 **호모 에르가스터**다. 도구 기술이 발달했기 때문에 '일하는 사람_{workman}'이라는 이름이 붙었다. 가장 유명한 화석은 투르카나 호수 근처에서 발견된 '투르카나 소년_{Turkana Boy}'으로, 손끝, 발끝, 왼쪽 쇄골만 빼고는 거의 완전히 발굴됐다. 다른 에르가스터 화석들은 발이 오늘날의 사람과 거의 동일했으며, 뇌 부피가 보통 500cc 정도에서 최대 900cc에 이르렀다.

일부 학자들은 **에르가스터**를 **호모 에렉투스**의 아프리카 버전이 아니라 고유한 종으로 취급한다. **에렉투스**는 자바에서 최초로 발견됐지만,

그 유골은 스페인에서 중국, 동인도까지 유라시아 전역에 퍼져 있다. 아마도 아프리카를 떠난 최초의 **호모** 집단으로 추정되는 **에렉투스**는 지구상에서 오랫동안 살아남았다. 어떤 이는 **에렉투스**가 약 3만 년 전까지도 살았다고 주장하지만, 낮게 잡아 약 11만 년 전까지만 살아남았다고 하더라도 약 200만 년 전에 등장한 종이 이렇게 오래 살아남았다는 건 참으로 놀랍다. 참고로 여기서 약 11만 년 전이란 수치는 임의로 언급한 게 아니라, 자바의 솔로강Solo River 계곡에서 발견된 **에렉투스** 화석들의 연대이다.

주류 관점에 따르면 **에렉투스**는 **호모 하이델베르겐시스**와 **호모 안테세소르**의 직계 조상이고, **하이델베르겐시스**는 다시 유럽에 등장한 네안데르탈인, 아시아에 등장한 데니소바인, 아프리카에 등장한 현대 인류의 직계 조상이다. **에렉투스**는 뇌 부피 1,200cc에 정교한 아슐리안 석기를 다루고 항해 능력을 갖추었으며, 사회조직을 구성하고 언어를 구사했을 것으로 보인다. 또 장신구를 만들고 심지어는 예술 활동으로 보이는 흔적 등 겉보기에 이들은 **사피엔스**의 직계 조상이거나 직계 조상과 긴밀한 연관이 있는 것 같다. 자바에서 발견된 50만 년 전 조개껍질 위 긁힌 무늬가 장식 목적으로 고의로 새긴 것이라면, **에렉투스**는 예술을 창조할 줄 알았다. 상징적 표현이 존재한다는 건 다른 많은 것에 대한 중요한 지표가 된다. 실제로 유럽의 **에렉투스**들은 오커ochre(그림 물감의 원료로 쓰이는 황토 – 옮긴이)를 수집한 것으로 알려져 있다. 오커의 유일한 쓰임새는 안료이다.

에렉투스를 발견한 사람은 동인도에 머물던 네덜란드 군의관, 외젠 뒤부아Eugène Dubois였다. 해부학을 전공한 뒤부아는 인류의 조상을 찾겠다는 열망으로 가득 차 있었다. 그러한 열망은 1891년 최초의 **에렉투스** 화석을 찾으면서 보상받게 됐다. 이후 중국에서 상당수의 화석이 발견되면서(저우커우뎬周口店에서 '북경원인Peking Man' 40구가 발견됐다), 뒤부아의 자바원인과 함께 동아시아가 인류의 기원지라는 아이디어에 힘을 보탰다. **에렉투스** 개체들은 시간과 공간에 따라 굉장히 다양하지만, 기준표본type specimen(생물을 분류할 때 종 설정의 확인 증거가 되는 표본 – 옮긴이)은 눈 위 **뼈**가 두드러지고, 두개골 중앙선을 따라서 낮지만 두꺼운 **뼈**가 능선을 이루고 있으며, 현대 인류보다 이가 크다. **에렉투스**는 키 약 1.6~1.8미터에 몸무게 40~65킬로그램으로 거의 현대 인류만큼 컸으며, 어떤 표본은 뇌부피가 1,300cc로 현대 인류에 비견할 만했다. **에렉투스**는 아슐리안 석기 공작의 창시자다. 또 최초로 불을 통제하고, 아마도 최초로 집을 짓고 산 **호모**로 여겨진다.

호모 하이델베르겐시스는 앞서 언급했듯이 네안데르탈인과 현대 인류의 마지막 공통 조상으로 여겨진다. 1907년에 하이델베르크 근처 마우어Mauer의 동굴 속에서, 처음에는 네안데르탈인으로 오인된 **하이델베르겐시스**의 턱뼈가 최초로 발견됐다. 엄청난 불확실성과 논쟁에도 불구하고, 이 화석은 1970년대까지 일부 고인류학자들에게 70만 년 전에서 30만 년 전 사이에 살았던 아프리카와 유럽의 모든 **호모** 화석을 대표하는 역할을 했다. 다른 학자들은 이 화석이 다른 호모 아종인 **호모 에렉투스**(실제로 **하이델베르겐시스**는 오랫동안 **호모 에렉투스 하이델베르겐시스**로 분류됐다), 또는 **호모 로데시엔시스**Homo rhodesiensis(잠비아Zambia 카브웨Kabwe의 '브로큰힐인Broken Hill Man')를 대표한다고 생각했다. 어떤 학자들은 **호모 로데시엔시스**야말로 **사피엔스**의 직계 조상이라고 주장했다.

스페인 북부 아타푸에르카 산맥Atapuerca Mountains의 시마 데 로스 우에소스Sima de los Huesos('뼈의 구덩이') 동굴에서 발견된 유골 30여 구가 보여주는 유전적 증거는 **하이델베르겐시스**가 원시 네안데르탈인 또는 고대 네안데르탈인으로 분류되어야 하며, 네안데르탈인과 현대 인류가 약 80만 년 전에 갈라졌음을 시사한다. 어떻게 보면 **하이델베르겐시스**는 '직계후손종chronospecies'이다. 지금은 멸종된 초기 형태에서 뚜렷하게 진화한 형태에 이르기까지, 시간에 따른 계통 변화를 우리에게 보여주는 과도기적 형태라는 뜻이다. 다시 말해 이전 시대의 **안테세소르, 에르가스터**와 이후 시대의 네안데르탈인, 데니소바인, **사피엔스** 사이에서 연결 고리 역할을 해 준다.

100만 년 전 이후로는 **호모** 사이의 관계를 확실히 정립하기가 어렵다. 40만 년 전부터 25만 년 전 사이의 화석이 상대적으로 부족하기 때문이다. 게다가 놀랍게도 원시적 형태와 현대적 형태가 섞인 **호모**가 발견되면서 혼란은 더욱더 가중됐다. 바로 2013년 남아프리카의 라이징스타 동굴에서 발견된 **호모 날레디**다. 뛰어난(그야말로 신기에 가까운) 동굴 탐사 능력으로 거의 20여 개체에 해당하는 700개가 넘는 뼛조각이 발굴되면서 그 모습을 드러냈는데, 당시 현장에서는 뼈가 놓여 있는 깊은 동굴 속을 탐사하기 위해, 키가 작고 늘씬하며 폐소공포증이 없는 고인류학자들이 연이어 이어지는 비좁은 틈새를 비집고 들어가야 했다.[6]

날레디의 뇌 부피는 450~600cc로 작았다. 키는 1.4미터, 몸무게는 40킬로그램 미만으로 **오스트랄로피테쿠스 아파렌시스** 남성과 비슷했다. **날레디**는 이족보행을 하긴 했지만, 전형적으로 나무에 살면서 나뭇가지를 움켜쥐는 데 적합한 높은 어깨를 지니고 있었다. 최초 발견자들에게 **날레디**는 오스트랄로피테신처럼 보였다. 화석 주변에서 도구는 따로 발견되지 않았지만, 이들의 손은 도구를 제작하고 사용하기에 적합했다. 이들의 유해가 인공적인 불빛 없이 접근하기 어려운 동굴 깊숙한 곳에 있었다는 건 죽은 자들을 의도적으로 그 장소에 숨겼다는 뜻이었다. 단순히 사체 청소부 등 포식동물로부터 보호하려는 목적일지라도, 이러한 의식적 장례 풍습은 어느 정도 사회가 발달했음을 암시한다.

날레디를 최초로 발견한 사람들은 겉모습만 보고 이들이 약 200만 년 전에서 100만 년 전에 살았을 것으로 추측했다. 그러나 우라늄 토륨 연대측정uranium-thorium(U-Th)과 전자스핀공명electron-spin resonance으로 치아와 치아가 발견된 퇴적물의 연대를 측정한 결과, 실제로는 이들이 33만 5,000~23만 6,000년 전에 살았다는 사실이 드러났다. 굉장히 놀라운 일이었다. 뇌가 작고 해부학적으로 원시적 특징을 지닌 **호모**가, 뇌가 크고 해부학적으로 더 현대적인 **호모**와 함께 아프리카에서 살았다는 뜻이니 말이다.

호모 계통과의 관계에 관한 질문은 더욱 혼란스러워졌다. 초기 **호모**와 오스트랄로피테신이 교배했을 가능성, 비슷하게 다른 **호모** 계통끼리 교배했을 가능성, 그리고 훨씬 이후에 네안데르탈인과 현대 인류가 교배했다는 유전적 증거는 화석 기록에서 나타나는 계통의 모호함을 설명할 만큼 **호모** 간 교배가 잦았음을 시사한다.

유전자 조사가 진전을 보이면서, 한 **호모** 게놈에서 다른 **호모** 게놈으로의 이입이 생각보다 더 흔하고, 동시에 더 복잡하다는 증거가 나타났다. 예를 들어 현대 아프리카인들은 네안데르탈인의 유전자를 일부 지니고 있다. 이는 네안데르탈인이 15만 년 전 이후에 다시 아프리카로 이동했음을 보여준다. 또 네안데르탈인은 그들의 유전자가 여러 계통의 아프리카 조상으로부터 유입되었음을 보여준다. 마찬가지로 유라시아의 **사피엔스**가 5만 년 전 이후에 다시 아프리카로 흘러들어 갔고, 5,000년 전 이후 남아프리카로까지 유입되었다는 강력한 증거가 있다.

톨킨Tolkien의 작품 때문에 '호빗'이라는 별칭으로도 유명한, 이제는 재단 측의 반대로 더 이상 별칭으로 부르기 어려워진 아주 작은 종 **호모 플로레시엔시스**는 (현대 인류가 플로레스섬에 도달한) 5만 년 전까지, 그리고 아마 그 이후까지도 지구상에 살고 있었다. 이는 **호모** 계통 묘사의 복잡성을 암시하는 또 다른 지표다. 만약 이 작은 생물이 정말 **호모**의 왜소종이라면, 섬 서식지에서 일어날 수 있는 소형화의 예가 될 것이다. 참고로 플로레스섬에는 소형 코끼리도 있다(불행히도 섬이라는 환경은 생물의 대형화도 촉진하는 것처럼 보인다. 플로레스섬에는 대형 쥐도 있기 때문이다).

머리뼈계측법으로 분석한 결과 현대 인류보다는 거의 200만 년 전에 살았던 **호모**와 더 비슷한 걸로 보아, 확실히 **플로레시엔시스**는 '섬 왜소화insular dwarfism'가 일어날 만큼 오래 살았다. 이들의 뇌 부피는 오스트랄로피테신처럼 400cc 정도에 불과하지만, 신체 형태morphology는 **하빌리스**를 연상시킨다. 다만 키 1미터, 몸무게 25킬로그램으로 축소된 형태이기는 하다. 19만 년 전 제작된 석기들은 **플로레시엔시스**의 초기 조상으로 추측되는 **에렉투스**가 처음에 플로레스섬을 차지했다는 증거를 제시한다. 놀랍게도 **에렉투스**는 섬까지 항해해온 것이 틀림없다. **호모**가 진화하던 시기에는 인도네시아 본토까지 이어지는 육교나 빙하길이 없었기 때문이다.

고인류학의 다른 분야 대부분과 마찬가지로, **플로레시엔시스**를 둘러싸고서도 논쟁이 있다. 이제까지 발견된 유골 9구 가운데 가장 완전한 표본은 LB1이다(화산재에 묻힌 이 여성 표본이 발견된 '시원한 동굴'이라는 뜻의 리앙부아Liang Bua에서 따온 이름이다). 이들이 원래 작은 종인 게 아니라, 다른 이유로 작아진 걸 수도 있지 않을까? 예를 들어 어떤 풍토병 때문에 작아졌을 가능성 말이다. 작은머리증microcephaly이나 크레틴병cretinism 때문일 수도 있다. 작은머리증은 수천 명 중 한 명에게 발생하는 드문 질환이지만, 선천성 갑상선 기능 저하증 때문에 발병하는 크레틴병은 고립된 인구의 경우 10퍼센트까지도 발생할 수 있다. 아니면 발견된 유골들이 성장호르몬의 효과가 감소하는 라론 증후군Laron syndrome으로 고통받고 있었을 가능성도 있다. 이 증후군은 유전 질환이므로 플로레스섬 인구 전체에 퍼져 나가 풍토병이 되었을 수도 있다. 이 증후군을 앓는 사람들은 일반 사람들보다 암이나 제2형 당뇨병에 덜 걸린다. **플로레시엔시스**의 얼굴을 재구성해 보면 라론 증후군을 앓는 사람들의 특징인 돌출된 이마와 안장코가 연상된다.

호모의 친척 가운데 가장 유명한 건 네안데르탈인이다. 1856년 독일 네안데르 계곡Neander Valley에서 처음 발견돼서 이런 이름이 붙었다. 그보다 먼저 1848년에 지브롤터의 포브스 채석장Forbes Quarry에서 네안데르탈인의 두개골이 발견됐지만, 당시에는 중요성을 인식하지 못했다. 우선 네안데르탈인이 발견된 시기에 주목해보자. 다윈의『종의 기원』이 출간되기 3년 전,『인간의 유래』가 출간되기 15년 전이다.『인간의 유래』는 출간됐을 때 논란이 거의 없었다. 그쯤에는 사람을 포함해 이 세상 모든 것이 진화해 왔다는 개념이 모든 사람에게 (받아들이기를 원하지 않은 사람들조차) 익숙해져 가고 있었기 때문이다. 1864년, 찰스 라이엘Charles Lyell은 지브롤터에서 발견된 두개골을 영국과학진흥협회British Association for the Advancement of Science의 회의에서 발표하기에 앞서 다윈에게 보여줬다. 다윈은『인간의 유래』에서 네안데르탈인의 발견에 대해 간략히 언급했다.

네안데르탈인 화석 가운데 가장 연대가 오래된 것은 43만 년 전이지만(**사피엔스** 계통에서 갈라져 나온 것은 약 80만 년 전이라고 추측된다) 이 화석을 네안데르탈인으로 분류하는 것에는 불확실한 측면이 있다. 네안데르탈인의 유해는 13만 년 전 이후로 많이 남아 있으며, 앞서 언급했듯이 주류 관점은 네안데르탈인을 **하이델베르겐시스**의 후손으로 여기면서, 시마 데 로스 우에소스에서 발견된 43만 년 전 화석을 고대 네안데르탈인으로, 포르투갈 아로에이라Aroeira에서 발견된 약간 이후 시기의 **하이델베르겐시스**를 과도기적인 예로 보고 있다. 이는 오랫동안 다양한 **호모**가 공존했으며 때로는 서로 교배하기도 했다는, 최근에 제시된 그림과도 일치한다.

네안데르탈인과 **사피엔스**의 분기는 80만 년 전에 시작된 것으로 여겨지지만, 앞서 언급했듯이 현대 인류가 5만 년 전 아프리카를 떠난 이후에도 여전히 교배는 이루어지고 있었다. 3만 년 전쯤 네안데르탈인은 멸종했으며, **사피엔스**의 게놈 안에 약 3퍼센트, 데니소바인의 게놈 안에 그보다 약간 더 높은 비율로 유전자만 남아 있다.

네안데르탈인은 툭 불거진 눈 위 뼈와 건장하고 다부진 체격 때문에 대중의 상상 속에서 어리숙하고 멍청한 동굴 사람으로 희화화되곤 했다. 이러한 오명을 씻기까지는 오랜 시간이 걸렸다. 하지만 이들의 진보한 무스테리안 석기 공작과 보디페인팅, 장신구, 큰 두뇌(여성은 1,300cc, 남성은 **사피엔스**보다도 큰 1,600cc), 붉은 머리카락, 정착지에서 최대 300킬로미터 떨어진 곳에 가서 자원을 거래하거나 가져온 능력, 목적에 따른 주거지 내 구역 설정, 고기를 굽거나 훈제하기 위한 불의 사용, 음악을 즐겼다는 일부 증거(아마도 4만 년 전으로 추정되는 곰뼈 피리Divje Babe Flute) 그리고 예술품일 가능성이 있는 물품(동굴 안에 6만 6,000년 전에 남긴 것으로 추정되는 손자국, 안료 그림, 돌 공예품 등이 있었는데, 이는 **사피엔스**가 서유럽에 도달하기 2만 년 전이다) 등은 야만적이라는 평판과 극명하게 상반되는 문화적 징후를 잘 보여준다.

네안데르탈인은 말을 했을까? 이들 목에 있던 목뿔뼈(후두의 앞 방패연골과 턱 사이에 있는 말굽 모양의 뼈 – 옮긴이), 귀의 형태, FOXP2 유전자(인간의 언어 구사에 중요한 역할을 한다고 밝혀진 유전자 – 옮긴이) 등은 전부 **사피엔스**에게서 보이는 언어 능력과 관련 있는 특징이다. 또 한쪽에서는 요리를 하고 다른 한쪽에서는 석기를 제작하는 등 주거지에서 구역을 설정했다는 점은 언어 사용을 기반으로 한 사회 조직이 있었음을 암시한다. 네안데르탈인의 상기도(기도에서 상부에 해당하는 부위로 코와 구강, 후두 등 – 옮긴이)를 복원해 보면 비음은 잘 내지 못했을 것 같지만, 그 점이 언어를 표현하는 데 장벽이 되었을지는 의문이다. 이들이 말을 하지 못했다면, **사피엔스**와 그렇게 활발히 교배하지 못했을 거라는 점도 추가적으로 고려해야 한다.

하지만 네안데르탈인 사이에서도 갈등 및 식인 풍습이 있었다는 증거가 있다. 따라서 『미녀와 야수Beauty and the Beast』의 야수처럼 외모로 인해 오인 받은 존재라고 해서 너무 장밋빛으로만 그려주어서는 안 되겠다. 네안데르탈인 이야기의 진짜 비극은 전체적으로 개체 수가 굉장히 적었다는 사실이다. 이들은 수가 적다 보니 취약할 수밖에 없었고, 살고 있던 영토에 **사피엔스**가 도착하면서 멸종했다. 그 원인은 **사피엔스**가 폭력적이었기 때문일 수도, **사피엔스**가 몰고 온 질병에 대해 면역력이 없었기 때문일 수도, **사피엔스**가 자원을 채취하는 능력이 더 뛰어났기 때문일 수도 있다. 아니면 단순히 수적인 면에서나 환경 적응 측면에서 자연스레 끝을 맞이한 걸 수도 있다. 멸종은 모든 종에게 일어나는 일이니 말이다. 이들은 저항하거나 경쟁하거나 생존할 수 있을 만큼 개체 수가 충분하지 않았던 것으로 보인다. 어떤 경우든지 간에 이들의 운명은 험난했다. 네안데르탈인 유골의 80퍼센트는 40세를 넘기지 못하고 사망했고,

뼈에는 부상과 마모의 흔적이 많이 남아 있었다.

호모 사피엔스의 진화에 얽힌 **진짜** 이야기는 무엇일까? 이 질문에는 확실한 한 가지 대답이 없다. 흥미롭고 복잡하며 근거가 부족한 그림이 있을 뿐이다. 하지만 이제 다양한 호미닌과 **호모**가 서로 분리되고 다시 교배하고 다시 멀어진 이야기의 극적인 대단원으로, 그 자체가 명료한 규명을 기다리고 있다. 즉, 관련한 다른 모든 종이 최종적으로 사라짐과 동시에 **해부학적** 현대 **호모**뿐만 아니라 **행동적** 현대 **호모**가 등장한 일, 그리고 빠르게 지구 전체에 퍼져 나간 일과 함께 그 수가 꾸준히, 이후에는 점점 더 빠르게 늘어난 일에 관한 이야기다. 일부 부정적인 견해는 **사피엔스**를 약탈적이고 착취적인 종으로 묘사한다. 다양한 종류의 호미닌 조상 중에서 다른 포식자가 사냥한 사체를 주워 먹고, 먹을 것을 찾아 땅을 뒤지던 일부 종으로부터 내려온 후손으로 보는 것이다.

21세기 유전학, 특히 라이프치히Leipzig에 있는 막스 플랑크 연구소 Max Planck Institute 소속 스반테 페보Svante Pääbo 같은 연구자들은 고대 유전 물질을 복구하고 염기서열을 분석하는 기술을 개발했다. 이 기술의 발전은 흥미로울 뿐만 아니라 때로는 인류 기원에 관한 이야기에 개념적으로 혁신적인 빛을 비추어 준다. 하지만 현존하는 모든 인류의 가장 최근 공통 모계 조상이 살았던 장소가 15만 년 전의 아프리카임을 식별하는 데 성공한 건 그보다 훨씬 이른 1980년대 연구였다. 이것을 일컬어 '미토콘드리아 이브Mitochondrial Eve'라 부른다. 미토콘드리아 DNA는 모계를 따라서만 전해지기 때문에, 나의 조상의 사슬을 역추적하면 우리 엄마, 할머니, 증조할머니 등을 거쳐 15만 년 전, 아프리카에 살았던 한 여성에게로 수렴한다.

한편, 남성과 여성을 구분하는 기준은 Y염색체 소유 여부이다(사람은 23쌍의 염색체 46개를 소유하고 있는데, 여성은 그중 한 쌍이 XX이고 남성은 XY이다).[7] 하지만 'Y 염색체 아담Y-chromosomal Adam'을 이용해 부계 조상을 역추적하는 작업은 훨씬 어려운 것으로 밝혀졌다. 추적 결과 약 58만~18만 년 전이라는, 별 도움 안 되는 넓은 범위만을 얻었을 뿐이다. 가장 범위를 좁힌 추정치는 약 15만 6,000~12만 년 전이다. 이는 이브의 시기와 제법 일치한다.

이러한 발견들은 적어도 두 가지 흥미로운 점을 시사한다. 첫째, 이 발견들은 단일한 '아프리카 기원설Out of Africa Theory'을 지지한다. 이는 인류가 아시아, 아프리카, 유럽, 오스트레일리아에서 독자적으로, **호모 에렉투스** 계통으로부터 진화했다는 '다지역 기원설'과 반대되는 것이다. 둘째, 이 발견들은 (해부학적 현대 인류뿐만 아니라) 행동적 현대 인류의 등장이 인구 병목현상과 관련 있을지도 모른다는 가설을 지지한다. 일부 학자들의 주장에 따르면 해부학적 현대 인류 중 소규모 하위 집단만이 지닌 고유한 유전적 특징이 있었는데, 그 특징이 발달한 결과로 그 집단으로부터 행동적 현대 인류가 등장했다는 것이다. 하지만 현대 인류의 게놈에는 이브나 아담보다 더 오래된, 이미 아프리카를 벗어나 살던 **호모**에게서 물려받은 유전자가 있다. 예를 들어 네안데르탈인 유전자가 있고 멜라네시아와 오스트레일리아 사람의 경우 데니소바인 유전자가 있다. 따라서 이러한 설명 방식은 문제를 더 복잡하게 한다. 하지만 특정 하위 집단의 유전자 변형이 행동적으로 현대적인 특성의 발달을 촉진했다는 개념을 완전히 반박할 수는 없다.

사피엔스의 진화에서 행동적 현대성에 관한 질문(사실상 **사피엔스** 자체의 근원에 관한 질문)은 뜨거운 논쟁거리다. 이에 대해서는 제3부에서 다룰 예정이다. '행동적 현대' 인류란 언어와 예술, 상징적 사고, 그리고 한 세대에서 다음 세대로 지적 자산을 전달하고 축적해 나가는 행동을 하는 종이자, 이 자산을 새로운 도전이나 상황에 맞춰 변형하고 발전시키는 유연성과 혁신성을 갖춘, 유사점을 깨닫고 한 분야에서 다른 분야로 지식을 전달해 나가는 추론적 사고 능력 등을 지닌 종을 가리킨다. 약 30만 년 전 해부학적 현대 인류가 등장한 이후로부터 1만 2,000년 전 고든 차일드의 (완전히 올바른 표현은 아니지만 편의상 칭하자면) '신석기 혁명'에 이르기까지 진화하는 과정에서, 그 자체로 자세히 살펴봐야 할 이야기들이 있다. 특히 **사피엔스**가 약 6만~5만 년 전에, 아프리카를 (또다시, 하지만 이번엔 영구히) 떠나 약 1만 5,000년 전 즈음에는 온 지구에 퍼지게 된 이야기에 주목해야 한다. 이 확산으로 다른 모든 **호모**, 또 많은 동물 종이 멸종했다. **사피엔스**의 전 세계적 확산이 다른 종에게 미친 영향은 무분별한 팬데믹 질병이 미칠 수 있는 영향과 불쾌할 만큼 흡사하다.

고인류학은 세심한 고고학적 방법과 진보한 포렌식 과학을 적용해 수백만 년의 수수께끼를 파헤친다. 스케일이 어마어마한 탐정 소설이라고 할 수 있다. 아마 유골과 유물의 퍼즐 조각이 어느 정도 맞춰지면서 확실한 그림을 보여주기 전까지는, 증거가 모이면 모일수록 혼란이 더 커질 수밖에 없을 것이다. 영겁의 시간이 흐른 후 신비로운 침묵 속에서 우리를 바라보고 있는 다양한 선조들의 두개골을 살피는 건 참으로 아찔한 경험이다. 인류 역사는 최근 약 2만 년 동안 급격히 발전했지만, 그 시점까지 다다르는 길은 굉장히 멀었다.

초기 조상에서 **사피엔스**에 이르기까지 인류의 진화가 일어난 시대는 플라이스토세라고 알려진 280만 년 전부터 1만 2,000년 전까지의 지질 시대와 거의 정확히 일치한다. 호미닌에서 사람으로의 진화적 측면에서는 이 시기를 구석기 시대라 부른다. 구석기 시대는 다시 후기 구석기 시대(약 5만 년 전부터의 시기)와 중석기 시대(약 2만 년 전부터의 시기로 1만 2,000년 전에 시작하는 신석기 시대로 전환해 가는 시기) 등 하위 시대로 나뉜다. 이러한 명칭들은 각 시기에 특징적으로 발달한 석기 기술을 반영한 것이다. 석기 기술은 시간이 흐를수록 서서히 정교해지면서, 각 단계에서 실제로 석기를 만들고 사용한 사람들에 관해 많은 것을 알려준다. 하지만 우리가 알 수 있듯이, 후기 구석기 시대까지의 이야기는 문화적 진화보다는 생물학적 진화에 대한 것에 지나지 않았다. 그 이후로는 상황이 바뀐다. 이제 우리는 행동적 현대 인류의 등장에 초점을 맞추려 한다. 행동적 현대 인류라는 용어는 논쟁의 여지가 있지만, 암시적이고 유용한 표현이다. 19세기까지는 알려지지 않았던, 과거에 관한 책의 마지막 장이라고 할 수 있다.

3. 과거의 문제

지금까지 19세기 이후로 과거에 관해 배운 것들에 대해 알아보았다. 대부분은 지난 반세기 동안, 심지어는 겨우 지난 몇십 년 동안 알게 된 사실들이었다. 우리 인류는 역사의 극히 일부만을 알던 상황을 넘어서 수백만 년 전까지 거슬러 올라가게 됐다. 이 세상이 6,000년 전에 시작됐다는 성서의 틀 안에 갇혀 있다가 우주가 137억 년 전, 지구가 45억 년 전에 탄생했고 생명이 40억 년 전, 호미닌이 600만 년 전, **호모**가 200만 년 전, 해부학적 현대 인류가 30만 년 전, 행동적 현대 인류가 약 10만 년 전에 등장했으며, 농경 및 정착 생활이 1만 년 전에 시작됐고 도시가 5,000년 전에 등장했다는 사실을 알게 됐다.

이러한 도약은 심리학적 관점에서 실로 엄청난 것이다. 이 가운데 어떤 사실도 그전까지는 알려지지 않았고 심지어 추측되지도 않았다. 그야말로 엄청난 진보다. 그와 동시에 우리는 이 모든 걸 알아낸 방법에 대해서 점점 더 비판적으로, 또 신중하게 생각하게 됐다(실제로 이는 어느 정도 우리의 노력이 성공한 이유이기도 하다). 그 결과 고려해야 할 일부 사항들은 다음과 같다.

만약 극적인 번영이 있었던 지점부터 고려하려면, 제2부 1절의 시작 부분에서 언급한 내용대로 역사는 기원전 5세기 그리스 고전기부터 시작됐다고 말할 수 있다. 이는 과거에 일어난 일을 탐구하고 기술하는 활동, **역사 탐구**로서의 역사를 말한다. 이는 자의식적 노력이 들어간 역사로 헤로도토스의 저작이 집필된 바로 그 시점, 그 장소에서 역사가 시작됐다고 주장하는 것이다. 하지만 이건 너무 엄격한 잣대다. 우리가 왕의 목록, 위대한 실존 인물들에 대한 일화, 기념비에 새겨진 전투와 정복에 관한 기록 등에 대해 지금 아는 것들을 역사로 여긴다면, 역사는 최소한 문자 자체만큼이나 오래됐다. 우리는 그런 내용들이 메소포타미아의 스텔레나 점토판에 쐐기 문자로 새겨진 것을 발견할 수 있다. 하물며 구두로 전해지고 보존된 역사라면 의심의 여지 없이 이렇게 기록된 형태의 역사를 수천 년 앞선다.

고고학과 문헌 기록을 통해 접근할 수 있는 **과거 시기**라는 의미에서의 역사는 최근 들어 메소포타미아의 수메르 문명을 발견하면서 드러났듯이 기원전 4천년기에 시작됐다. 그 이전의 역사는 '선사 시대'다. 인류가 무엇을 했고 어디서 했고 어떻게 했는지를 밝히는 과정을 통해, 글이 있기 이전인 기원전 1만~기원전 3000년에 해당하는 신석기 시대까지 거슬러 올라간다. 더 이전의 모호하고 단편적인 인류 진화 이야기로 넘어가서, 예를 들어 식별 가능한 최초의 석기가 등장한 330만 년 전까지 거슬러 올라갈 수도 있겠다. 이 경우 역사라는 의미가 '수메르 문명 이후로 일어난 과거의 일'을 지칭한다면, 우리는 더는 역사에 있지 않다.

이런 점에서 우리는 '역사'라는 단어가 애매하다는 사실을 바로 알 수 있다. **과거 사건을 탐구하는 활동**일 수도 있고, **과거 사건과 상황 그 자체**를 뜻할 수도 있다. 두 번째 의미의 '역사'는 과거 수천 년 동안 일어난 모든 일을 포괄적으로 지칭한다. 우리는 이 '역사'에 고고학을 비롯한 모든 연구 수단, 즉 첫 번째 의미의 '역사'를 총동원해서 빛을 비추고 밝혀낸다. 우리가 더 오래된 과거로 거슬러 올라갈수록 연구 기법의 차이는 더욱 커질 수밖에 없다.

'기록된 역사'를 통해서는 기껏해야 문자 체계와 문헌 기록이 처음 등장한 기원전 4천년기 후반까지만 거슬러 올라갈 수 있다. 이때 문헌과 고고학은 서로를 보완한다. 그보다 이전의 불확실한 기간인 '선사 시대'에서는 정착한 농경 생활의 등장, 그리고 농경 생활의 증거가 최초로 발견된 지역의 도시화와 성장에 관해 다룬다.[1] 여기는 오롯이 고고학의 몫이 된다. 이는 우리를 약 1만 2,000~1만 년 전까지 데려간다. 그보다도 이전의 인류와 진화적 선조에 관한 이야기는 또 다른 고고학적 기법이 쓰이는 고인류학의 영역이다.

앞으로 보게 되겠지만, 이런 종류의 진술은 전부 검증과 이의 제기의 대상이다. 대표적인 예로는 인류가 1만 2,000년 전보다도 1만 년은 더 일찍 농경 및 정착 생활을 했으며, 수렵채집인의 삶에서 정착한 농경인의 삶이라는 한 방향으로만 선형적으로 이동해 갔다는 관점이 옳지 않다는 주장이 있다. 이러한 주장을 염두에 두고 이후의 내용을 읽어 나가길 바란다.

역사에 관한 핵심 질문은 보통 다음과 같다. 두 번째 의미의 역사(**과거에 일어난 일**)는 첫 번째 의미의 역사(**역사를 탐구하는 활동**)가 만들어 낸 것일까? 그게 아니라면 우리가 과거에 일어난 일을 발견했다고 확신할 수 있을까? 달리 말하면, '과거에 일어난 일에 대한 객관적 진실을 발견할 수 있을까?' 이러한 질문을 던지는 이유는 문헌, 기념물, 유적, 전통, 기억 등을 통해 과거가 현재로 이어지는 방식이 생각보다 불완전하고 불확실하며 모호하고 때로는 불가사의하기 때문이다. 우리는 오늘날까지 살아남은 유적들을 발견하고, 그 위에 우리의 해석을 입힌다.

첫 번째 의미의 역사(과거에 대한 탐구)는 오늘날 우리에게 친숙한 서술과 설명으로 구축된다. 그렇기에 과거에 일어난 일에 관해 역사학자들끼리 다른 의견을 보이는 것도 놀라운 일은 아니다. 교통사고 목격자들이 서로 얼마나 다른 이야기를 하고 얼마나 상반되는 해석을 하는지, 또 충격이나 관심, 동정이나 반감이 기억과 세상을 보는 관점에 어떤 영향을 미치는지 생각해 보자. 그렇게 방금 막 일어난 사건의 목격자들마저 서로 다른 이야기를 하고 심지어는 실제로 서로 모순되는 이야기를 한다면, 오래전에 일어난 사건에 대해 '정확한' 설명을 얻을 확률은 얼마나 될까?

과거 사건으로서의 역사를 우리가 타임머신만 있다면 방문해서 탐험할 수 있는, 우리 '뒤에' 펼쳐진 장소라 여기는 건 매혹적이다. 이러한 은유는 역사의 객관성에 대한 전반성적pre-reflective 믿음과 연관이 있기 때문에(전반성적 믿음이란 자신의 사고에 대해 반성적 성찰을 하기 이전에 믿는다는 뜻이다 – 옮긴이) 해석에 상상이 개입하는 것을 통제한다. 과거에 무엇이 일어났는가에 대한 엄연한 사실이 존재하고, 탐구로서의 역사는 그 사실을 발견하는 역할만을 수행해야 한다는 믿음이다.

하지만 이러한 우리의 실재론적 감각은 과거가 현재의 창조물이라는 생각으로 인해 훼손된다. 바로 특정한 역사 수정주의revisionism와 조우할 때, 특히 그 수정주의가 명백한 경향성을 띨 때, 예를 들어 유럽 유대인에 대한 나치스Nazis의 홀로코스트Holocaust가 일어났다는 사실이 부정될 때 그렇다. 이러한 예가 보여주듯이 역사가 창조된 예술인가, 아니면 발견된 과학인가 하는 질문은 쓸데없는 질문이 아니다. 이 질문은 역사적 진실이라는 게 과연 있는가, 있다면 어느 정도까지 우리가 알 수 있는가에 대한 질문으로 귀결된다.

이 마지막 요점의 중요성은 아무리 강조해도 지나치지 않다. 국제적 긴장, 민족 간의 경쟁, 상충하는 전통과 세계관, 민족적 자의식과 계속

되는 원한 등이 증명하듯, 역사는 현재 안에 생생하게 살아 숨 쉬고 있다. 16~19세기 대서양 노예 거래에서 일어난 일, 오스만 제국 후반에 아르메니아인에게 일어난 일, 특히 아르메니아인이 '**메즈 예게른**Medz Yeghern(대재앙)'이라 부르는 1915년에 시작된 집단학살, 1930년대와 1940년대 '최종해결Endlösung der Judenfrage(나치스의 계획적 유대인 말살)' 당시 유럽 유대인에게 일어난 일, 1975년 폴 포트Pol Pot가 '0년Year Zero'을 선포했을 때 캄보디아 대량 학살 현장killing field에서 일어난 일, 이 모든 일이 중요하다. 역사는 비극과 고통의 짐 아래에서 신음하고 있다. 이 짐들은 쉽게 잊히지 않을뿐더러, 잊혀서도 안 된다. 우리의 현재와 미래에 다양한 변화를 주기 때문이다.

하지만 이는 역사의 딜레마, 즉 과거에 관한 진실을 알아내는 문제를 더 악화시킨다. 흔히들 역사를 공부하면 과거에 관해서보다 우리 자신에 관해서 더 많은 것을 알 수 있다고 말하지만, 각 세대와 사회는 각자의 렌즈를 통해 과거를 바라본다. 엄밀히는 정치적, 사회적 위치에 따라 굴절률이 달라지는, 실로 효과가 제각각인 렌즈들의 묶음을 통해 본다. 이 렌즈들은 어떤 것은 확대하고, 어떤 것은 걸러낸다. 렌즈들의 제작법은 시간과 상황에 따라 변한다.

'역사'라는 단어의 모호함은 오래된 문제다. 이 단어는 '탐구'를 뜻하는 고대 그리스어 **이스토리아**istoria에서 유래했다. 하지만 기원전 4세기에는 '이야기를 낭독하는 사람'이라는 뜻의 **히스토리코스**historikos가 '질문하는 사람'이라는 뜻의 **히스토레온**historeon과 함께 사용됐다. 이는 헤로도토스, 투키디데스Thucydides, 폴리비오스Polybios, 리비우스Livius, 살루스티우스Sallustius, 타키투스Tacitus 등 유명하고 위대한 최초의 역사학자들을 어떤 범주에 넣어야 하는가 하는 의문을 불러일으킨다(앞의 세 명은 그리스어로 글을 썼고, 뒤에 세 명은 라틴어로 글을 썼다).

이 점은 여전히 의문으로 남아 있지만, 그래도 오늘날에는 **히스토리코스**라고 할 수 있는 유명한 이야기 역사학자들(아서 브라이언트와 존 줄리어스 노리치 등)과, **히스토레온**이라 할 수 있는 현장에서 기록 문서를 연구하는 역사학자들(거의 모든 학술 역사학자들)이 좀 더 확실히 구분된다.

고대 역사학자들은 이 문제를 굉장히 잘 이해하고 있었다. 본인을 단호하게 **히스토레온**으로 정의한 투키디데스는 자신이 보기에 **히스토리코스**였던 헤로도토스를 강력히 비판했다. 페르시아와 그리스 사이의 대규모 전투와 그 기원에 관한 일화적 역사를 기술하면서 헤로도토스가 이야기와 사실, 전설, 추측을 한데 뒤섞었기 때문이다.

투키디데스는 펠로폰네소스 전쟁Peloponnesian War에 관해 설명하는 첫머리에서 역사적 탐구는 직접적 관찰로 검증할 수 있는 동시대의 사건으로 제한해야 한다고 주장했다. 투키디데스는 자신의 주장을 상당히 충실하게 실행에 옮겼다. 그는 아테네 군대에서 복무했고, 자신이 경험한 것 아니면 다른 사람이 경험해서 직접 확인할 수 있는 것에 대해 썼다. 하지만 투키디데스의 도끼날도 좀 더 다듬을 필요가 있었다. 그는 주요 인물이 말하는 모든 말을 꾸며냈다(좀 더 정확하게는 '창조적으로 재구성했다'라고 말하는 편이 옳겠다). 유명한 '페리클레스의 장례식 연설Funeral Oration of Pericles'이 대표적인 사례다. 결국 명백한 **히스토레온**인 투키디데스조차도 **히스토리코스**의 기법을 차용한 것이다.

르네상스 시대까지도 역사는 **히스토레온**보다는 **히스토리코스**의 영역이었다. 하지만 17세기부터 과학과 철학, 또 그 뒤에 깔려 있는 지적 정신에 영감을 받아 더 과학적인 형태의 역사 탐구라는 개념이 등장했다. 여기에는 특히 문서가 진짜임을 증명하는 원칙이 정립되면서, 문헌 출처를 밝히는 연구가 중요한 역할을 했다. 나아가 독일에서 학문이 꽃피던 시기인 19세기 전반에는 과거에 관해서 완전히 객관적인 지식을 얻을 수 있다고 믿게 됐다. 19세기 원로 역사학자 레오폴트 폰 랑케Leopold von Ranke의 표현에 따르면 '실제로 일어난' 과거를 아는 일이 가능해졌다.

폰 랑케는 역사에 관한 '실증주의자Positivist'로 평가받는다. 역사의 객관성을 믿었을 뿐만 아니라, 역사가 인지 가능한 법칙의 지배를 받는다고 생각했다. 존 스튜어트 밀John Stuart Mill은 랑케의 관점에 동의하면서, 역사의 법칙 가운데서도 심리학의 법칙이 과거 사람들의 행동과 선택을 이해하는 창구를 열어주기 때문에 중요하다고 덧붙였다. 이러한 관점은 역사를 과학으로 여긴다. 역사 법칙이 자연법칙에 비견할 만하며, 경험적 연구를 통해 역사적 진실을 발견할 수 있다고 믿는다.

빌헬름 딜타이Wilhelm Dilthey와 같은 '이상주의자Idealist' 집단은 실증주의적 역사관에 강하게 반대했다. 칸트와 헤겔Hegel 같은 철학자들의 영향을 받은 이 사상가들은 역사란 자연 과학처럼 외부적 관점에서 현상을 연구하는 학문이 아니라, 사회과학처럼 사람의 생각이나 욕망, 의도, 경험 등을 고려해 내부적 관점에서 현상을 연구하는 학문이라는 관점을 고수했다.

실증주의자들은 역사 탐구를 객관적 사실에 관한 경험적 연구로 여겼다. 반면 이상주의자들은 과거 사람들이 어떠한 행동을 왜 했는지 이해할 수 있도록 그들의 느낌과 생각을 따라가는 '지적 공감intellectual sympathy'의 실행으로 여겼다. 나아가 이상주의자들은 이것이 '의견'이 아니라 '지식'에 다다르는 길이라고 생각했다. 비코Vico가 주장한 것처럼, 행위자로서 우리의 의도나 사회 구조는 빤히 들여다볼 수 있을 정도로 투명하기 때문이다. 인간의 본성은 과거부터 지금까지 거의 늘 한결같다.

즉 이는 모든 이상주의자들이 역사를 **단지** 주관적인 것으로만 여긴 게 아니라는 걸 의미한다. 딜타이는 책, 편지, 예술, 건축물 등 공공 영역에 존재하면서 '지적 공감'을 가능하게 해주는 인간 경험의 산물에 의해 역사가 객관성을 띤다고 주장했다. 하지만 유명한 동료 이상주의자 베네데토 크로체Benedetto Croce는 딜타이의 의견에 반대했다. 크로체는 역사란 언제나 상당히 주관적이라고 주장했다. 역사를 구성하는 과정에 역사학자 본인이 늘 개입할 수밖에 없기 때문이다.

방금 간략히 설명한 관점들은 **역사철학**philosophy of history에 해당하는 내용이다. 역사철학은 역사 연구를 위한 기술과 방법에 대해 논하는 역사기록학historiography과 밀접한 관련이 있다. 하지만 헤겔, 마르크스, 슈펭글러Spengler, 토인비Toynbee 및 신학자들이 발전시킨, 역사의 형이상학적 중요성에 대한 위대한 이론들을 지칭하는 **철학적 역사**philosophical history와는 구분돼야 한다. 이 사상가들도 폰 랑케처럼 역사를 명백한 법칙으로 간주했지만, 이 법칙들이 인류를 어떤 정점이나 목적지로 나아가게 하고 있으며, 역사는 의도적으로 그런 목적지나 정점을 향해 전개되고 있다는 매우 다른 주장을 펼쳤다. 예를 들어 헤겔에게 역사의 끝이란 **가이스트**Geist(정신 또는 세계정신)의 완전한 자기실현이다. 마르크스에게 역사의 끝이란 평화롭고 상호적인 공동생활 아래 국가가 소멸하는 것이다. 종교계에서는 세계의 끝을 지금의 상태로 본다. '종말의 시간', 판결의 날, 종말론적 우주의 끝이다. 유대인에게는 메시아의 도래이며, 기독교인에게는 메시아의 귀환일 것이다. (만약 오늘날에도 남아 있다면) 스칸디나비아 신화에 등장하는 신을 숭배하는 사람에게는 미의 신 발데르Balder의 부활일 것이다. 그리고 이 모든 경우, 충실한 신자들을 위한 아름다운 세계가 역사의 끝 이후에 펼쳐질 것이다. 이러한 관점은 역사도 아니고, 역사철학도 아니다.

역사에 대한 폰 랑케의 과학적 접근법은 18세기 괴팅겐대학교의 학자 집단에서 나온 것이었다. 당시 새로 설립된 괴팅겐대학교는 계몽주의 시대의 이성주의 정신을 고도로 구현하고 있었다. 한편, 괴팅겐 학자들은 이전 시대의 두 개념에 자극을 받았다. 하나는 고문서학을 단독으로 창시한 프랑스의 베네딕도회 수도사 장 마비용Jean Mabillon(1632~1707년)이 주장한 것으로, 문서 연구에서의 비판적 정확성에 대한 개념이었다. 다른 하나는 기번Gibbon과 볼테르Voltaire의 역사 관련 저서에 나오는 보편주의 개념이었다. 괴팅겐 학자들은 이 두 개념을 결합하면서 역사적 실증주의의 문을 열었다.[2]

그 결과가 역사 연구에 긍정적인 영향을 많이 끼쳤다는 점은 의심의 여지가 없다. 하지만 괴팅겐 학파는 역사 연구에 인류학을 도입하는 과정에서 인종 이론racial theory을 창시하는 부정적 영향을 남겼다. 괴팅겐학파의 두 교수 요한 프리드리히 블루멘바흐Johann Friedrich Blumenbach와 크리스토프 마이너스Christoph Meiners는 색으로 구분되는 다섯 '인종'을 상정하고, 각각 '백색'인은 **코카시안**Caucasian, '황색'인은 **몽골리안**Mongolian, '갈색'인은 **말레이안**Malayan, '흑색'인은 **에티오피안**Ethiopian, '적색'인은 **아메리칸**American이라고 이름 붙였다. 이들보다 연상인 동료 교수 요한 크리스토프 가테러Johann Christoph Gatterer와 아우구스트 폰 슐뢰처August von Schlözer는 『창세기』10장에 나오는 노아의 족보The Table of Nations를 토대로 노아의 아들 함Ham, 셈Shem, 야벳Japheth의 후손을 세 갈래로 분류했다. 즉 '함족' 또는 흑인종, '셈족' 또는 유대인 및 아랍인종, '야벳족' 또는 백인종으로 나눈 것이다.

인종 이론은 명백하게 인종차별의 토대이다. 이 시점에서 인종이라는 개념을 형식화하게 된 건 우연이 아니다. 우리가 지금 세계화라고 부르는 개념은 15세기에 이국적인 동양의 향신료를 거래할 수 있는 항로를 찾고자 탐험을 떠나면서 시작됐다. 동양에 다다르기 위해 서쪽으로 항해한 결과, 얼마 지나지 않아 에스파냐와 포르투갈의 침략자들이 '신세계'에서 원주민들을 정복하고 그들을 노예로 만들기 시작했다. 북아메리카의 동부 해안 일부에서도 이러한 식민지화가 뒤따랐다. 대서양을 가로지르는 새로운 대규모 노예무역은 동아프리카의 아랍 노예 제도를 위축시켰고, 이후 영국과 미국이 막대한 부를 축적할 수 있는 토대를 마련해 주었다. 하지만 동시에 처음으로 양심이 동요하는 계기가 되기도 했다. 18세기에 노예제도에 대한 퀘이커Quaker(프로테스탄트의 한 교파. 영국과 식민 아메리카 등지에서 일어난 급진적 청교도 운동의 한 부류이다 – 옮긴이) 교도들의 반대가 시작됐다. 그 결과, 19세기 초에는 노예무역이 사라졌으며, 19세기 후반에는 노예제도 자체가 폐지됐다.[3]

하지만 노예 상인들 및 이후의 식민지 개척자들은 자신들의 행동에 정당성을 부여하고자 했다. 그리고 인종 간에 차이가 있다는 생각, 특히 '우월한' 인종과 '열등한' 인종이 있다는 생각에서 실마리를 찾았다. 이 극단적 인류학에서 중요한 것은 이를 주장하기 위해 가정한 역사적 근거이다. 앞에서 인용한 성경의 권위는 함의 아들들이 영원히 '장작을 패고 물을 긷는 사람', 즉 하인과 노예일 것이라고 규정했다. 이 규정은 '바바리안'(고대 그리스에서 이방인을 이르는 말 – 옮긴이)은 열등하며, '천성적으로 노예로 타고난' 사람들이 있다고 주장한 아리스토텔레스의 관점과 맞물리면서 민족과 인종에 관한 경솔한 사고방식으로 이어졌다.

시간이 흐르면서 관련 개념들이 점점 추가되고 짜깁기 됐다. **레콩키스타**Reconquista(711년부터 1492년까지 780년 동안 에스파냐의 그리스도교도가 이슬람교도에 대하여 실지를 회복하고자 벌인 재정복운동 – 옮긴이) 시절 에스파냐에서는 무어인과 유대인을 영토에서 쫓아내기 위해 '순수한 피limpieza de sangre'라는 개념을 사용했다. 유대인은 중세 시대 기독교와 유럽에서 이미 '타인'이 되어 있었다.

이러한 고려 사항들은 역사적 의미와 책임에 관한 긴 논쟁의 뿌리에서 중요한 부분이다. 원주민에 관한 문제로 오스트레일리아를 괴롭혔던 '역사 전쟁History Wars'을 예로 들어보자. 이 논쟁은 18세기에 영국인들이 오스트레일리아를 **발견하고 정착한** 것인지, 아니면 **침략한** 것인지를 놓고 1960년대 후반에 역사학자 헨리 레이놀즈Henry Reynolds가 제기한 의문으로, 이후 결코 꺼지지 않는 격렬한 논쟁에 불을 지폈다.

레이놀즈는 오스트레일리아 퀸즐랜드주에 있는 제임스쿡대학교의 교수로 지내면서, 대학 정원사로 일하는 토레스 해협Torres Strait 섬 원주민 출신 에디 코이키 마보Eddie Koiki Mabo와 친해졌다. 마보는 자신이 소유하고 있다고 생각했던 고향 메르Mer(머레이섬Murray Island)의 땅이 법적으로는 나라 소유의 영지Crown Land라는 사실을 레이놀즈와 동료 노엘 루스Noel Loos를 통해 알게 됐다.

자신이 소유했다고 생각했던 땅이 자신의 소유가 아님을 깨달은 마보는 원주민의 토지 권리를 놓고 정부를 상대로 소송을 걸었다. 법원은 마보 측의 손을 들어줬다. 1992년 오스트레일리아 고등법원이 오스트레일리아는 **무주지**terra nullius, 즉 '주인 없는 땅'으로 여겨져서는 안 되며, 원주민들이 그 땅에 대한 권리를 소유하고 있다는 판결을 내렸다. 하지만 마보는 판결이 나기 전에 세상을 떠났다.

이 판결 이후 1993년에는 원주민 토지 소유 권리법Native Title Act이 통과됐다. 오스트레일리아 원주민들과 토레스 해협 섬 원주민들이 삶을 영위하고 사냥과 낚시를 하고 자신들의 풍습을 교육하며, 전통을 준수할 수 있도록 토지에 접근할 권리를 인정하는 것이었다. 하지만 이는 오스트레일리아 전체 면적의 15퍼센트 정도에 해당하는 **일부** 토지에 대한 권리였으며, 토지 소유권 단체가 자발적으로 체결한 토지 사용 협약Land Use Agreement 형태를 띠고 있다는 점에 유의해야 한다.

원주민 토지 소유 권리법은 폴 키팅Paul Keating 총리의 노동당 정부에 의해 통과됐다. 하지만 1996년 선거에서 보수적인 자유당이 승리하자, 후임 총리인 존 하워드John Howard는 '검은 완장'을 찬 국가 역사(검은 완장은 애도의 의미로 사용되곤 한다. 검은 완장 역사관은 호주의 보수적 역사학자 제프리 블레이니가 소개한 개념으로, 그는 호주 역사의 많은 부분이 불명예스럽게 비하당해 왔으며 특히 원주민을 비롯한 소수 집단의 처우에 주된 초점을 맞추고 있었다고 주장했다 – 옮긴이)가 지긋지긋하다며, '유대 기독교 윤리, 계몽주의적 진보 정신, 영국 문화의 제도와 가치'를 회복하는 모습을 볼 수 있기를 희망한다고 말했다.[4]

이 발언은 논란의 불씨에 부채질을 더했다. 원주민의 역사와 권리에 대한 존중을 강조한 키팅과 다르게, 직접적으로 유럽 중심적 가치의 우월성을 가정했기 때문이다. 현재의 오스트레일리아인들은 어쨌든 과거에 일어난 일에 대한 책임이 없으며, 상처를 다시 꺼내는 일은 통일된 국가 정체성 형성에 방해가 될 거라는 취지의 주장이었지만, 그것으로 하워드의 발언 아래 깔려 있는 인종차별적 암시를 가릴 수는 없었다.

설상가상으로 이 논란은 '빼앗긴 세대Stolen Generations'에 대한 보고서 출판과 동시에 일어났다. 이 보고서는 오스트레일리아 원주민과 토레스 해협 제도 원주민의 아이들이 부모로부터 강제로 분리되었고, 그들 대부분이 지금은 금기어가 된 '혼혈인half-caste'이라 불리며 주 정부 기관이나 교회 기관에 강제 수용된 채 길러졌다는 내용이다. 1905년부터 1960년 대까지 지속된 이 정책으로 원주민들이 말살되어 갔으며 그 아이들, 특히 여자아이들이 위탁된 기관에서 학대받을 위험에 처한 채 방치되었다는 믿음에 근거하고 있다. 아이들은 무려 세 명 중 한 명꼴로 가정에서 분리됐으며, 보고서에 따르면 그 수는 최소한 10만 명이 넘는다.

헨리 레이놀즈는 역사학자답게 역사적 맥락에서 이 사건에 대한 질문을 던져야 한다고 보고, 연구를 수행했다. 그리고 18세기에 영국인들이 오스트레일리아를 '침략했는가, 아니면 발견하고 정착했는가'하는 문제와 그 이후로 100년이 넘는 시간 동안 정착민들과 원주민들 사이에서 폭력적 갈등이 일어났는가 하는 문제를 구분했다. 레이놀즈는 영국인들이 오스트레일리아에 들어온 사건이 설령 폭력을 수반하지 않았을지라도, 여전히 침략일 수 있다고 주장했다. 토지권을 포함한 여러 권리가 한쪽에서 다른 쪽으로 옮겨갔기 때문이다. 만약 오스트레일리아가 **무주지**였더라도, 그래서 영국인들이 침략한 것이 아니라 정착한 것일지라도 결과적으로 1세기 동안 갈등이 지속했다는 점은 유효하다. 레이놀즈는 이 사건이 침략이자 폭력적 사건이었다고 주장한다.[5]

레이놀즈의 주장에 대한 보수 진영의 반응은 예측 가능했다. 반응은 크게 두 가지 주요 형태 중 하나 또는 모두를 취했다. 첫째는 힘겹게 황무지를 개척하고 위험한 오지를 탐험하는 등 '새로운 세계에 정착하는 영웅'이라는 오랜 전통적 관점을 레이놀즈가 부정하고 있다는 것이었고, 둘째는 레이놀즈의 주장은 원주민과 백인들 사이의 적대감을 되살리고 서로 등을 돌리게 함으로써, 분열을 초래하고 통합으로 가려는 노력을 좌절시킨다는 것이었다. 한편, 레이놀즈의 노력에 동조하는 사람들에게는 이 사안이 주요 요점 두 가지를 복합적으로 다루고 있었다. 바로 일어난 사건에 관한 진실과 원주민의 권리 회복이다.

레이놀즈와 그를 비판하는 사람들 사이의 논쟁은 역사의 망원경에서 서로 다른 끝을 통해 내려다볼 때 사물이 얼마나 다르게 보일 수 있는지를 정확히 보여준다. 일례로 '보수적 역사 전사들의 지도자'라고 불리는 역사학자 키스 윈드셔틀Keith Windschuttle은 레이놀즈가 '토지 몰수에 대한 태즈메이니아Tasmania 원주민의 저항'이라고 묘사한 행동이 사실상 거의 범죄 활동이었다고 주장하기도 했다. 그렇다면 지금부터 레이놀즈가 자신의 저서 『잊혀진 전쟁Forgotten War』의 시작부에서 언급한 이 정착민과 원주민 사이의 갈등 사건을 살펴보자.

1831년 9월, 태즈메이니아 정착민들의 지도자격 인물인 바살러뮤 보일 토머스Bartholomew Boyle Thomas와 그의 토지 관리자 제임스 파커James Parker가 원주민 세 명에게 살해당했다. 지역 신문 중 하나인 〈론서스턴 애드버타이저Launceston Advertiser〉는 보일 토머스와 파커가 '비인간적인 야만인들에게 잔혹하게 살해당했다'는 기사를 냈다. 존경받는 훌륭한 두 인물이 희생자 명단에 추가로 이름을 올렸으며, 이 야만적 인종은 어떠한 친절을 베풀어 주더라도 온화해질 리가 없다고, 완전한 절멸만이 답이라며 분개했다.[6]

이 사건이 있기 1년 전, 군인과 정착민 2,000명 이상이 저지선을 형성해서 정착지에서 적대적인 원주민 무리를 몰아내려는 시도가 있었다. '검은 선Black Line'이라고 알려진 이 사건은 1803년부터 1832년까지 정착민과 태즈메이니아 원주민 사이에서 벌어진 검은 전쟁Black War이 절정에 달한 사건 중 하나였다. 검은 전쟁으로 정착민 200명 이상과 원주민 8,000명 이상이 직간접적으로 사망했다.[7]

보일 토머스가 나폴레옹 전쟁 및 남아메리카 독립운동의 영웅이었으며, 태즈메이니아의 정착민 중에서도 원주민들과 우호적 합의에 도달하기를 원하는 쪽이었다는 사실에 정착민들의 분노는 더욱 격해졌다. 토머스가 생전에 지녔던 입장과 달리, 또 다른 지역 신문은 가해자뿐만 아니라 '원주민 전체에게 인종 차원에서' 그의 죽음에 대한 복수를 해야 한다고 촉구했다.[8]

보일 토머스와 파커를 살해한 원주민들은 체포돼 론서스톤Launceston으로 끌려갔다. 세 사람은 검시관 법원에서 확실한 유죄 판결을 받았다. 다음으로 이들을 어떻게 해야 할지에 대한 질문이 남아 있었다. 이때 한 익명의 특파원이 지역 언론에 인상적인 편지를 보냈다.[9] 이 특파원은 먼저 자신의 첫 소감은 '흑인의 몰살'을 바라는 것이었다고 인정한 뒤, 그러한 자신의 반응에 의문을 제기하게 된 두 번째 생각에 관해 다음과 같이 적고 있었다.

이 불행한 사람들은 우리 왕의 **지배 아래** 있는 반란군인가? 아니면 우리가 침략해서 전쟁을 벌이고 있는 적군인가? 이들은 우리 법의 영향력 안에 있는가? 아니면 국제법으로 심판받아야 하는가? 이들을 살인자로 봐야 하는가, 아니면 전쟁 포로로 봐야 하는가? 이들은 국제법상으로 사형을 선고받을 만한 범죄를 저질렀는가, 아니면 **자신들의 방식으로** 전쟁을 치르고 있을 뿐인가? … 우리는 이들과 전쟁을 하고 있다. 이들은 우리를 적으로, 침략자로, 자신들을 억압하고 방해하는 존재로 보고 있다. 이들은 우리의 침략에 저항하고 있다. … 우리가 범죄라고 부르는 이들의 행위는 그들의 입장에서는 애국이라 불러야 하는 행위다.[10]

레이놀즈는 국경을 둘러싼 전쟁이 오스트레일리아 모든 곳에서 꾸준히 일어났다고 주장했다. 영국인이 정착하기 시작한 이후 1920년대까지 약 140년 동안, 매년 오스트레일리아의 외딴 지역(외딴 지역의 정의는 시간이 흘러 정착지가 넓어지면서 계속 변했다)에서 사람들이 끔찍하게 죽어갔다. 상당수의 정착민도 목숨을 잃었지만, 사망자는 대부분 원주민이었다. 처음에 레이놀즈는 원주민 약 2만 명이 사망했다고 추산했지만, 나중에는 '퀸즐랜드주'만 놓고 보더라도 이 수가 턱없이 적은 수치라고 말했다. 신문, 편지, 다른 문헌 자료를 보면 20세기 초까지만 해도 이 갈등에 관한 사실이 널리 알려져 있었지만, 1960년대에 젊은 레이놀즈가 퀸즐랜드주에서 역사학 강사로 일할 때 즈음에는 레이놀즈가 사용한 교과서 어디에서도 호주 원주민을 뜻하는 애버리지니Aborigine에 관한 언급을 찾을 수 없었다. 색인에는 이 단어 자체가 아예 빠져 있을 정도였다. 하지만 당시 퀸즐랜드주에서는 인종을 둘러싼 긴장, 백인과 원주민 사이의 갈등이 빈번했다.

레이놀즈가 주장하는 내용의 핵심은 정착민과 원주민 사이의 갈등이 완전한 의미의 전쟁이었다는 것이다. **오스트레일리아에서** 일어난, **오스트레일리아에 대한** 전쟁이었다. 토지 소유권과 통제권에 대한 전쟁이었으며, 자주권에 대한 전쟁이었다. 레이놀즈는 다음과 같이 말했다. '이 전쟁은 우리에게 정말 중요한 전쟁이었다. 대륙 전체에 대한 소유권 및 통제권보다 더 중요한 게 어디 있겠는가? 동시에 이 전쟁은 전 세계적으로 중요한 전쟁이었다. 전 세계의 대륙 가운데 하나에 대한 소유권을 놓고 일어난 전쟁이기 때문이다.'[11]

미국의 상황도 오스트레일리아와 비슷했지만, 규모 면에서 몇 배는 더 컸다. 미국이 벌인 전쟁 중에 가장 오랜 기간 지속한 전쟁은 서부로 확장하면서 아메리카 원주민과 벌인 전쟁이었다. 계속된 골드러시gold rush(19세기 미국에서 사람들이 금을 캐기 위해 캘리포니아 등지로 몰려던 현상 − 옮긴이)와 철도의 등장으로 확장이 더 가속하면서, 정착민들은 쇼쇼니족 Shoshone, 샤이엔족Cheyenne, 수족Sioux을 포함해 대평원Great Plains과 로키산맥의 여러 민족이 살던 영토를 침략했다. 남서쪽으로는 뉴멕시코주, 텍사스주, 네바다주에서는 코만치족Comanche, 아파치족Apache과 싸웠다. 미국은 에스파냐로부터 플로리다주를 넘겨받을 때도 세미놀족Seminole과 쓰라린 전투를 여러 번 치렀다.

저명한 아메리카 원주민 전문 역사학자 디 브라운Dee Brown은 1860년에서 1890년까지의 기간을 다음과 같이 묘사한다.

아메리카 원주민의 문화와 문명은 파괴됐다. 미국 서부에 관한 위대한 신화는 사실상 전부 이 시기에 나왔다. 모피상인, 산ⅢⅢ사람, 증기선 조종사, 금을 찾는 사람, 도박꾼, 무장 강도, 기병, 카우보이, 매춘부, 선교사, 여교사, 농장 딸린 집에 사는 사람들이 이야기에 등장했다. 원주민에 관한 이야기는 거의 없었고, 그마저도 거의 백인이 기록한 것이었다. 원주민은 신화 속에서 어둠의 존재로 묘사됐다. 만약 원주민이 영어로 글을 쓸 줄 알았다 할지라도, 자신의 이야기를 세상에 펴내줄 인쇄업자나 출판업자를 찾을 수 있었을까?[12]

그러나 19세기의 갈등은 새로운 것이 아니었다. 아메리카 원주민들은 17세기 초 버지니아주에서 벌어진 포와탄 전쟁Powhatan Wars(1610~1614년, 1622~1632년, 1644~1646년)에서, 또 뉴잉글랜드에서 벌어진 피쿼트 전쟁Pequot War(1636~1638년)에서 처음 식민주의자들에게 저항했다. 17세기와 18세기에 걸쳐 갈등은 최소한 십여 차례 반복됐다. 뉴욕주에서 노스캐롤라이나주, 사우스캐롤라이나주까지 또 노바스코샤주에서 켄터키주, 웨스트버지니아주까지, 수많은 지역에서 아메리카 원주민들이 자신들의 영토를 지키고자 침략자에 맞서 싸웠다. 거의 모든 아메리카 원주민 집단과 조약을 체결하고 강제 추방 및 '원주민 보호구역' 내 격리가 끝난 후에도, 20세기 초반 몇십 년까지도 미국 군대는 여전히 아메리카 원주민들과 전쟁을 이어갔다. 아파치 전쟁Apache Wars은 공식적으로 1924년에 끝났다.

이는 저항과 강탈에 관한 놀라운 이야기다. 양쪽 모두가 잔혹 행위를 벌였다. 3세기 동안 이어진 분쟁을 적나라하게 보여주는 한 가지 예를 들어보자. 1851년, 아라파호족Arapaho과 샤이엔족을 포함한 '원주민 일곱 부족'이 포트 라라미에서 미국 정부와 조약을 체결했다. 북쪽으로는 노스플랫강에서 남쪽으로는 아칸소강까지, 동쪽으로는 캔자스주 서부에서 서쪽으로는 로키산맥까지를 포함하는 광활한 영토에 대한 원주민의 권리를 인정하는 내용이었다(이 영토는 오늘날의 와이오밍주, 네브래스카주, 콜로라도주, 캔자스주와 겹친다).

하지만 1858년에 콜로라도주 로키산맥에 있는 파이크스 피크 지역에서 금이 발견되면서 탐험가와 정착민이 홍수처럼 밀려들기 시작했다. 포트 라라미 조약을 재검토하고 아메리카 원주민의 영토를 다시 정의하라는 압박이 연방정부에 가해졌다. 1861년 새로운 포트 와이즈 조약Treaty of Fort Wise을 통해 아라파호 추장 4명과 샤이엔 추장 6명이 포트 라라미 조약 당시 주어졌던 땅의 12분의 11 이상을 반환하는데 서명했다. 분노한 원주민들은 추장들이 뇌물을 받고 서명했다며 조약을 받아들이기를 거부했고, 1851년 포트 라라미 조약 당시 주어진 땅에서 계속 사냥하며 살아갔다. 샤이엔족 가운데 호전적인 전사 집단인 독 솔져스Dog Soldiers는 백인 정착민에게 특히 적대적이었다. 캔자스주 스모키힐강 인근에 있는 금광 지역에서 긴장이 점점 고조됐다.

1861년 시작된 남북전쟁Civil War에서는 감리교 신자였다가 미국 육군 대령이 된 존 시빙턴John Chivington의 지휘 아래, 콜로라도주 자원병 연대가 북부 연방군을 돕기 위해 소집됐다. 콜로라도주 군은 1862년 3월 뉴멕시코주에서 일어난 글로리에타 패스 전투Battle of Glorieta Pass에서 텍사스주 군에 승리하고 난 뒤 콜로라도로 돌아왔다. 시빙턴과 콜로라도 주지사 존 에번스John Evans는 이 연대를 샤이엔족을 상대하는 데 활용하기로 결정했다.

아메리카 원주민에 대한 시빙턴의 반감은 뜨거웠다. 샌드크리크Sand Creek에서 샤이엔족을 대학살하겠다는 자신의 계획을 한 장교가 반대했을 때, 시빙턴은 '원주민을 동정하는 놈들은 다 망해버려야 한다! 나는 원주민을 죽이러 왔다. 하느님의 하늘 아래 어떤 수단을 동원해서라도 원주민을 죽이는 것이 올바르고 명예로운 행동이라고 믿는다'라고 말했다고 전해진다. 시빙턴은 자신의 군대에게 '어른이건 아이이건 할 것 없이 싹 다 죽여버려라. 아이들도 결국 성인이 된다'라고 강경하게 말했다.[13]

1864년 봄과 초여름, 미국 병사들이 예고 없이 샤이엔족의 대규모 정착지 몇 군데를 공격했다. 어떤 마을에서는 샤이엔족 추장이 대화를 하려고 미국군에게 접근하다가 총살을 당하기도 했다. 일부 무장 세력을 제외한 샤이엔족 대부분은 충돌을 피하고 싶어 했다. 그래서 콜로라도주 남동쪽에 있는 포트 와이즈(포트 라이언이라고도 불림)로 이동하면, 미군의 보호 아래 평화를 보장하겠다는 제안을 받았을 때 이에 동의했다. 검은 주전자Chief Black Kettle 추장이 이끄는 샤이엔족과 아라파호족 집단은 포트 와이즈로 갔고, 그곳에서 약 60킬로미터 떨어진 샌드크리크라고 불리는 강 굴곡에 캠프를 세우라는 지시를 받았다.

1864년 11월 29일, 시빙턴과 기병 약 700명이 원주민을 공격한 곳이 바로 이곳이다. 정부 당국의 보호 아래 안전하다고 믿었던 샤이엔족은 보초를 서지 않았다. 많은 남자들이 사냥을 하러 간 상태였기 때문에, 캠프에 남아 있던 주민 600여 명 가운데 3분의 2가 여자와 아이들이었다. 시빙턴은 새벽에 공격을 개시했다. 캠프 주민들이 처음에 알아차린 것은 군대가 돌격할 때 들리는 말발굽 소리였다. 검은주전자는 장대에 미국 국기를 게양했다. 미국 육군 장교 그린 우드Greenwood 대령이 미국 국기가 캠프 위에서 휘날리고 있는 한 어떤 군인도 발포하지 않을 것이라고 말했었기 때문이다.[14] 하지만 국기는 아무 소용이 없는 것으로 드러났다. 미군은 무차별 학살을 자행했다.

사후 조사에서 증언한 사람 가운데는 샤이엔족과 결혼한 후 시빙턴의 군대에 억지로 끌려간 상인이자 중재인 로버트 벤트Robert Bent도 있었다. 벤트는 자신이 목격한 것에 관해 다음과 같이 증언했다.

군대가 발포하자, 원주민들은 반대편으로 마구 달리기 시작했다. 일부 병사들은 숙소 안으로 들어갔는데, 무기를 가지러 가는 것 같았다. 나는 둑 아래 숨어 있는 원주민 여자 다섯 명을 보았다. 군대가 다가오자 여자들이 밖으로 달려나와 자비를 구걸했지만, 군인들은 이들을 전부 쏴버렸다. 둑 위에는 폭격으로 다리가 부러진 한 여자가 쓰러져 있었다. 한 병사가 검을 질질 끌며 다가갔다. 여자가 팔을 들어 올려 자신을 보호하려 했지만, 병사가 쳐서 부러뜨렸다. 여자는 구르면서 다른 팔을 들었고, 병사는 나머지 팔도 부러뜨렸다. 그러고는 여자를 죽이지 않고 자리를 떴다. 남자, 여자, 아이 할 것 없이 무차별적인 살육이 일어났다. 여자 30~40명이 구멍 속에 몸을 피해 모여 있었다. 이들은 6살 정도 되는 여자아이에게 백기를 단 막대를 쥐여주고 밖으로 내보냈다. 하지만 여자아이는 몇 발짝 가지 못하고 총에 맞아 숨졌다. 결국 밖에 있던 4~5명의 남자와 함께 그 구멍 속에 있던 여자들은 모두 죽음을 맞이했다. 여자들은 아무런 저항도 하지 않았다. 내가 본 모든 시체는 승리의 징표로 머리 가죽이 벗겨졌다. 한 여자는 배가 갈려 있었고, 그 옆에는 아직 태어나지 못한 것으로 추측되는 아기 시체가 눕혀 있었다. 소울Soule 대위가 나중에 내 추측이 사실이라고 확인해 주었다. 나는 추장 중 한 명인 하얀영양White Antelope의 은밀한 부위가 잘려나간 것을 보았다. 한 병사가 그걸로 담배 주머니를 만들 거라고 떠들었다. 다른 한 여성도 은밀한 부위가 잘려 있었다. … 5살 정도 돼 보이는 어린 여자아이가 모래 더미 안에 숨어 있었다. 아이를 발견한 병사 두 명이 권총을 뽑아들어 쏴 죽인 후, 팔을 잡아 끌어냈다. 엄마 품 안에서 목숨을 잃은 아기 시체도 꽤 많이 볼 수 있었다.[15]

다른 목격자들도 벤트의 진술을 입증해 주었다. 그중 한 명은 제임스 코너James Connor 중위였다. '그 다음 날 전장을 다시 지나가면서 본 남자, 여자, 아이의 시체 가운데 머리 가죽이 벗겨지지 않은 시체는 한 구도 없었다. 많은 경우에 시체들은 가능한 한 가장 끔찍한 방식으로 훼손되어 있었다. 남자, 여자, 아이 할 것 없이 은밀한 부위가 잘려 있었다. … 한 남자가 반지를 빼 가려고 원주민의 손가락을 잘랐다고 얘기하는 걸 들었다.' 훨씬 더 생생하고 역겨운 시체 훼손 묘사 후에, 코너는 다음과 같이 덧붙였다. '내가 아는 한 이러한 잔혹 행위는 시빙턴의 생각에서 나왔다. 이런 행위를 막기 위한 어떠한 조치도 취하지 않은 것으로 알고 있다.'[16]

시빙턴의 부대는 민병대였다. 제대로 훈련되지 않은 상태였으며, 샌드크리크로 향하는 밤길에 위스키를 마셨다. 이 싸움에서 발생한 시빙턴 측 사상자들 가운데 일부는 그들 자신의 부정확한 사격 때문에 피해를 입은 것으로 전해진다. 어떤 이들은 이 전투에서 샤이엔족과 아라파호족 약 130명이 사망했으며, 피해자는 대부분 여자와 어린이였고 나머지는 달아났다고 추산한다. 시빙턴은 원주민 500~600명을 사살했다고 주장했다. 시빙턴과 부하들은 다음날 머리 가죽과 신체 부위를 더 가져오기 위해 한 번 더 학살의 장소로 갔기 때문에, 아마 더 정확히 추산할 수 있었을 것이다. 그들은 남녀의 생식기와 태아를 수집해 안장과 모자를 장식했고, 살롱 특실, 심지어는 덴버의 아폴로 극장Apollo Theatre에서 전시했다.

샌드크리크 학살에서 희생된 사람들의 친척과 다른 지역에서 온 아라파호족 및 샤이엔족이 독 솔져스에 합류해 콜로라도주와 네브라스카주에서 몇 년간 보복 전투를 이어갔다. 아메리카 원주민들이 저항했던 다른 모든 경우와 마찬가지로 백인 정복자들의 월등한 수, 화력, 조직력은 독 솔져스에게 너무 벅찼다. 1876년 6월, '커스터의 마지막 저항Custer's Last Stand'이라고도 불리는 리틀 빅혼 전투Battle of the Little Bighorn에서 수족(라코타족), 샤이엔족, 아라파호족 전사들이 승리한 사건 같은 예외가 있었지만, 예외는 예외일 뿐이었다.

하지만 샌드크리크 학살의 직접적인 결과는 달랐다. 처음에는 위험한 다수의 적과 싸워 승리한 전투로 알려져 환영 받았으나, 일부 부대의 목격자들이 증언하면서 사건의 실체가 빠르게 알려지기 시작했다. 시빙턴의 병력 중 두 기병대대의 장교들이 전투 참가를 거부했고, 병력에는 로버트 벤트 같은 민간인도 있었다. 두 번의 군사 조사와 한 번의 의회 조사가 열렸다. 의회 조사에서는 다음과 같은 결론을 내렸다. 시빙턴은 '비열하고 악랄한 학살을 의도적으로 계획하고 실행했다. 그의 잔인함은 희생된 사람들 중 가장 야만적인 사람보다도 훨씬 더 야만적이다. 시빙턴은 원주민들의 우호적인 태도를 잘 알고 있었다. 또 그들이 안전한 상황에 놓여 있다고 가짜로 믿게 하는 데 이바지했다. 그럼에도 시빙턴은 그들의 방심과 무방비 상태를 악용해 자신의 심장에서 들끓는 최악의 격한 감정을 충족했다.'[17] 놀랍게도, 단지 이러한 비판이 시빙턴이 받은 유일한 처벌이었다.

연방 정부는 샤이엔족 및 아라파호족과 1865년 리틀 아칸소 조약Treaty of the Little Arkansas이라는 새로운 협약을 맺었다. 샌드크리크 학살 생존자들에게 보상을 약속하고, 부족들에게 아칸소강 남쪽 땅에 대한 접근을 허용했다(하지만 아칸소강 북쪽 땅에서는 쫓아냈다). 2년 후 연방 정부는 이를 철회하고 1867년 메디신 로지 조약Medicine Lodge Treaty이라는 새로운 협약으로 대체하면서, 원주민 보호 구역의 토지 면적을 90퍼센트까지 줄여버렸다. 그리고 이후에도 계속 원주민들의 토지 면적을 줄여나갔다.

*

북아메리카, 중앙아메리카, 남아메리카의 원주민과 그들의 땅을 침략해 뺏은 유럽인 사이의 일련의 갈등을 전체적으로 살펴보면, 이 사건들도 레이놀즈가 오스트레일리아 사건을 묘사한 것과 똑같이 해석된다는 걸 알 수 있다. 유럽 열강이 인도, 동인도, 아프리카에서 벌인 제국주의적 행위도 마찬가지다. 유럽 열강의 권력 장악은 남아프리카의 줄루족 Zulus, 북서부 전선의 아프가니스탄인, 중국의 의화단처럼 강력한 저항을 맞닥뜨렸을 때만 **명백하게** 무장 착취의 형태를 띠긴 했지만, 여전히 억압과 착취로 특징지어진다.

제국과 식민주의 역사에 대한 이러한 견해는 사실 그 시작에 대해서만 문제를 제기하고 있다. 그 이후에 대서양 무역 노예의 공포 속에서, 수 세기 동안 이어진 노예제도 속에서, 또 세계 구석구석에서 민족 전체를 정복하면서 벌어진 일들은 그야말로 끔찍한 비극이었다. 하지만 과거를 올바로 이해하기 위한 중요한 첫걸음은 이 비극적 이야기의 시작을 문명인의 영광스러운 개척으로 여기는 것이 아니라, 강한 저항을 불러온 침략으로 재구성하는 것이다.

내가 학교에 다닐 때 배운 미국의 역사, 대영제국의 역사, 오스트레일리아의 역사에서는 이런 끔찍한 투쟁에 관한 어떠한 언급도 없었다. 원주민의 행동, 교육, 의료, 종교, 사회 질서, 행정을 '문명화'한 영향, 정착민들의 영웅적 행동 등 특정한 가치 판단에 따라 긍정적인 측면만을 다루고 있었다.[18] 또 영화에서는 북아메리카의 백인을 영웅적 인물로, 아메리카 원주민을 야만인으로 묘사했다. 얼굴에 페인트칠을 하고 고함을 지르며 마차 행렬이나 기병대를 덮치는 원주민들에 관한 묘사 속에, 영토와 생계를 앗아가고 전통과 안전을 위협하는 조직적 침탈로부터 독립을 수호하려는 그들의 힘겨운 투쟁, 그 절박함에 관한 이야기는 하나도 없었다.[19] 백인들의 폭력적 착취, 땅과 금에 눈이 멀어 조약과 약속을 번복하고 깨트리는 배신행위는 조명되지 않았다.

따라서 과거 연구로서의 역사, 과거 회복으로서의 역사는 현재와 미래를 위해 중요하며, 그 과정에서 정직성이 정말 중요하다는 것을 다시

한 번 알 수 있다. 역사는 대개 논쟁적이고, 한쪽 입장을 대변한다는 의미에서 편파적이다. 하지만 이러한 논쟁성과 편파성에도 정도가 있다. 자신의 입장을 단순히 설득하고 설명하는 게 아니라, 과거를 바꿔버리고 완전히 달라보이게 하는 경우도 있다. 더욱이 승자의 입장에서 쓰인 역사는 상대편의 관점을 배제하고 불편한 진실과 책임을 외면하면서 편파적이 된다. 아니면 훨씬 더 위험한 의도를 가지고 편파적이 되기도 한다. 일부러 거짓과 왜곡을 도입하는 것이다. 가장 극단적인 예는 피해자의 기억과 책임감 있는 연구자들의 일관된 발견을 **부정**하고, 전환을 시도하는 형태의 역사 수정이 일어나는 경우다. 제2차 세계대전에서 유럽 유대인에게 자행된 홀로코스트를 부정하는 사람들, 제1차 세계대전에서 오스만 제국이 자행한 아르메니아인 집단학살을 부정하는 사람들이 대표적인 예다.

홀로코스트 부정론자들은 '최종 해결'의 목적이 유대인 학살이 아니라 단순 추방이었고, 절멸 수용소extermination camp나 가스실 같은 시설이 없었으며, 있었다 한들 유대인 사상자 수는 주류 역사에 공식적으로 기록된 600만 명의 10분의 1도 안 된다고 주장한다. 이들은 목소리를 내기 위해서 자신들의 주장과 상반되는 산더미 같은 증거들을 상대해야만 한다.

역사는 대중의 의식 속에 단순화된 형태로 입력되곤 한다. 그 전형적인 방식을 따르는 홀로코스트 역시 1942년 1월 20일, 국가보안본부Reichssicherheitshauptamt, 'RSHA' 본부장 라인하르트 하이드리히Reinhard Heydrich가 의장을 맡은 반제 회의Wannsee Conference에서 촉발한 것으로 여겨진다. 하지만 사실 홀로코스트는 이미 진행되고 있었다. 반제 회의의 요점은 트레블링카Treblinka, 헤움노Chełmno, 베우제츠Bełżec, 소비보르Sobibor, 아우슈비츠-비르케나우Auschwitz-Birkenau 등지에 특별히 지어진 강제 수용소로 유대인을 집단 수송해서 홀로코스트를 더 심화하자는 것이었다. 이는 홀로코스트가 단순히 반제 회의의 결과가 아니라, 더 규모가 크고 더 다양한 맥락에서 일어난 사건이라는 점을 보여주기 때문에 중요하다. 이러면 홀로코스트 부정론자들이 자신의 주장을 펼치기 더 어려워진다.

나치스(국가사회주의독일노동자당Nationalsozialistische Deutsche Arbeiterpartei, 'NSDAP')는 1933년 집권한 이후로 유대인을 위협하고 착취하며 '이민 장려 정책'을 추진했다. 유대인은 집시와 함께 독일뿐만 아니라 유럽 전체에서 공식적으로 '이방인'으로 분류됐다. 1937년 '집시 문제에 관한 최종 해결'이 시행됐다. 집시들은 체포되고 추방되었으며 라벤스브뤼크Ravensbrück, 마우트하우센Mauthausen, 부헨발트Buchenwald, 다하우Dachau 강제 수용소에 억류됐다.

독일이 오스트리아를 합병한 후에는 비엔나와 베를린에 유대인 이민을 '추진하는' 사무소가 설치됐다. 1940년 프랑스가 독일의 손에 넘어가자 아돌프 아이히만Adolf Eichmann은 유대인을 프랑스령 식민지 마다카스카르Madagascar로 추방할 것을 제안했다. 하지만 폴란드 침공과 2년 후 러시아 침공으로 나치스 지도부는 더 큰 야심을 품게 됐다. 침공의 결과 유대인 수백만 명을 추가로 다루게 되면서, 나치스의 관점에서 문제가 점점 더 커졌기 때문이다.

독일은 점령한 폴란드에서 유대인 공동체를 게토ghettos(유대인 거주 지역 – 옮긴이)에 수감했다. 하지만 동부 전선에서 벌어지는 전투가 격해지자, 그 지역의 유대인 인구를 더 신중하게 다룰 필요성을 느꼈다. 그에 따라 친위대 제국지도자Reichsführer of the Schutzstaffel, 'SS' 하인리히 힘러Heinrich Himmler가 설계한 '유대인 문제에 관한 최종 해결' 정책이 채택됐다. 1941년 7월 31일, 헤르만 괴링Hermann Göring은 하이드리히에게 '유대인 문제에 관한 완전한 해결을 위해 필요한 준비'를 하라고 지시했다.[20] 반제 회의가 있기 6개월 전의 일이었다.

독일은 당시 '해결책'을 위해 채택했던 수단이 불충분하다고 생각하면서 자신들의 노력을 더 강화해 나갔다. 1941년 6월 히틀러가 소비에트 연방을 침공한 바르바로사 작전Operation Barbarossa에서는 SS의 '특수작전부대Einsatzgruppen'라는 암살단과 '질서경찰Ordnungspolizei'을 전선 후방에 있는 점령지로 파견했다. 힘러가 '원칙적으로 게릴라군'이라며 적군으로 구분했던 유대인들을 사살하기 위해서였다. 유대인들은 빙 둘러싸여 총살당했다. 가장 상징적인 사건은 1941년 9월 29~30일에 바비 야르Babi Yar에서 일어난 대학살이었다. 키예프Kiev 외곽 협곡에서 유대인 남성, 여성, 어린이 약 3만 3,700여 명이 SS의 총살형 집행부대와 질서경찰, 우크라이나 보조 경찰의 손에 살해당했다. 1941년 10월 오데사Odessa에서는 3만 5,000명이 넘는 유대인이 독일과 루마니아 군대에 의해 목숨을 잃었다. 이 사건들은 가장 규모가 큰 학살이었고, 독일이 점령한 모든 지역에서 비슷한 잔혹 행위가 일어났다.

이렇게 촉발된 대혼란에 정당성을 추가로 부여하기 위해서, 나치스는 소비에트 연맹 침공이 볼셰비즘Bolshevism(러시아사회민주노동당의 급진파인 볼셰비키의 사상 및 이론 – 옮긴이)을 근절하기 위한 것이라고 주장했다. 또 유대인은 전부 볼셰비키이므로 '모든 유대인과 공산주의자들'이 공격의 타깃이라고 주장했다. SS와 질서경찰은 동쪽에서 1만 5천 명의 병사를 거느리고 이러한 노력을 수행하고 있었으며, 폴란드와 우크라이나의 기본 경찰 병력 또는 특수 모집 부대의 지원자들로 병력을 충원했다. 바르바로사 작전이 시작되면서 부대도 일을 시작했다. 1941년 6월, 폴란드 비아위스토크Białystok에서 5,500명이 학살됐다. 그 가운데 수백 명은 화재가 난 대★ 시너고그Great Synagogue(유대교 대회당) 안에 갇혀 있었다. 하지만 하이드리히는 분대가 일을 열심히 하지 않는다고 비난했다. 사망한 유대인 수가 부족하니, 여성과 아이들도 모조리 죽이라고 명령했다.[21]

1941년이 끝날 무렵까지, 동부 점령 지역에서 유대인 약 44만 명이 목숨을 잃었다. 총살로 인한 사망자는 다음 해까지 두 배로 증가해 80만 명에 이르렀다.[22] 하지만 점령지에 사는 유대인이 수백만 명이라는 사실을 감안했을 때, 나치스에게 이 숫자는 턱없이 부족했다. 나치스는 유대인 절멸을 가속하기 위해 밀폐된 내부로 가스를 살포하는 트럭을 사용했다. 또 유대인들을 화물차에 가둔 뒤 안에서 얼어 죽거나 탈수해 죽거나 굶어 죽게 하려고 철로 변에 버려두었다. 하지만 이러한 방식은 너무 느리고 번거로웠다.[23] 죽음을 목전에 둔 수많은 사람을 통제하기 위해서, 또 어이없게도 역사의 심판을 받을 가능성에 대해 의식한 듯, 더 관리하기 편하고 후대에도 알려지지 않을 학살 방법을 모색했다. 필요한 조건은 네 가지였다. 첫째, 죽을 운명에 처한 사람들이 앞으로 무슨 일이 일어날지 모를 것. 둘째, 원칙적으로는 학살을 행하는 사람들이 피해자들을 보거나 만질 일이 없을 것. 심지어는 피해자들의 소리도 들을 일이 없을 것. 셋째, 즉각적으로, 아니면 적어도 재빠르게 목숨을 앗아갈 것. 넷째, 시체에 어떠한 피해 흔적도 남기지 않을 것.[24]

이에 따라 나치스 당국은 특별히 설계된 절멸 수용소를 건설하기 시작했다. 첫 번째는 폴란드의 베우제츠 수용소로, 1941년 10월에 건설을 시작해 1942년 3월부터 가동을 시작했다. 1942년 5월과 7월에는 소비보르와 트레블링카 수용소가 각각 가동을 시작했다. '가동을 시작했다'는 말은 유대인을 수송해 대량 학살을 자행했다는 뜻이다. 폴란드에 있는 유대인을 모조리 말살하는 계획, 라인하르트 작전Operation Reinhard이었다. 희생자들은 특수 제작된 벙커 안에서 탱크 엔진이 내뿜는 독가스 공격을 받고, 기계로 구멍을 판 집단 무덤에 묻혔다. 아우슈비츠-비르케나우에서는 독성 시안화물 치클론 BZyklon B를 독가스로 사용하였고, 특수 제작한 화장터에서 시신을 소각하는 방법을 썼다. 유대인 270만 명의 목숨을 앗아간 소비보르, 베우제츠, 트레블링카 수용소는 1943년 말 불도저로 싹 밀린 후 잔디가 깔렸다. 이후에는 아우슈비츠-비르케나우 수용소가 유럽 전역에서 오는 수송 기차의 주 목적지가 됐다.

아우슈비츠-비르케나우 수용소는 1942년 6월부터 가동을 시작했다. 첫 달에만 새로 완성된 벙커 I호에서 프랑스 유대인 1만 6,000명, 실레지아 유대인 1만 명 이상, 슬로바키아 유대인 7,700명이 독가스로 목숨을 잃었다. 산업 살인이라 할 만큼 능률이 높은 학살의 시작이었다. 이어지는 2년 동안, 캠프에는 다양한 '개선'이 이루어졌다. 승하차와 집결을 용이하게 하기 위해 램프를 확장하고 철도 측선을 새로 추가했다. 능률이 얼마나 더 올라갔는지는 1944년 6월에서 8월까지 8주도 채 되지 않는 기간 동안 헝가리 유대인 총 32만 명이 벙커에서 독가스로 목숨을 잃고 화장터에서 재로 변한 사실을 통해 알 수 있다. 1944년 봄부터 가을까지 겨우 6달 만에, 아유슈비츠-비르케나우 수용소에서는 유럽 전역에서 온 유대인 58만 5천 명이 살해됐다.[25]

홀로코스트에 관한 사실들은 나치스 당국 본인들이 보관한 공식 문서 안에 살아 있다. 히틀러, 힘러, 괴링 등 나치스 정권의 주요 인물들의 연설 녹음, 편지, 일기, 보고서 등의 형태로 기록이 꼼꼼히 남아 있다. 생존자들의 기억과 증언 속에도 더욱 생생히 남아 있다. 그 끔찍한 사건에 대한 압도적인 일련의 증거들을 보면, '홀로코스트 부정'을 이해하기 어렵다. 홀로코스트 부정을 분석한 사람들은 부정의 동기가 반유대주의,

인종주의적 태도, 친나치스 성향, 극우 정서 등에 있다고 본다. 그리고 실제로 홀로코스트 부정론자들은 대부분 (전부는 아닐지라도) 그러한 뿌리를 가지고 있다. 참으로 우려스러운 문제다.

최초의 홀로코스트 부정론자들은 나치스 본인들이었다. 패배의 그림자가 드리우자 힘러는 증거를 인멸하라고 명령했다. 소비보르, 트레블링카, 베우제츠의 수용소 외에도 마이다네크Majdanek, 포니아토바Poniatowa, 트라브니키Trawniki 수용소가 1943년 말 문을 닫았다. 뒤에 언급한 세 수용소에서는 SS부대, 질서경찰, 우크라이나 특수부대Ukrainian Sonderdienst, 보조경찰이 수감자를 없애버리기 위해서 '수확제 작전Aktion Erntefest'이라는 끔찍한 이름 아래 유대인 4만 2,000명을 사살했다. 1944년 말, 소비에트 연맹 군이 진격해 오는 상황에서 아우슈비츠-비르케나우의 화장터가 철거됐다. 라트비아Lavia 리가Riga 근처 럼블라Rumbula에서는 1941년 가을에 총살된 유대인 2만 5,000명의 시체가 발굴돼 화장됐다. 베우제츠나 트레블링카의 다른 집단 무덤에서도 똑같은 일이 일어났다. 어떤 수용소에는 유골을 처리하기 위한 뼈 부수는 기계가 설치되어 있었다. '특수 전담반Sonderkommando' 요원들이 기계 옆에서 포즈를 취하고 있는 사진이 남아 있다.[26] 이렇게 홀로코스트의 흔적을 감추려는 노력은 상황이 빠르게 악화하면서 엉망이 됐다. 나치스는 초기에 문을 닫고 철거한 수용소들만은 발견되지 않을 거라고 생각했지만, 그 수용소들도 완벽히 숨겨질 수는 없었다.

이후 나치스의 뒤를 이은 초기 홀로코스트 부정론자들은 전쟁 직후 몇 년 동안 활발히 활동했다. 당시에는 제1차 세계대전이 끝나고 '독일군은 악마'라는 선전이 거짓으로 드러나면서, 잔혹 행위가 일어났다는 점에 회의적인 분위기가 널리 퍼져 있었다. 게다가 홀로코스트에 관한 많은 문서가 아직 출간되기 전이었기 때문에, 부정론자들은 제대한 군인 목격자들과 수용소 생존자들의 증언에 더 당당하게 이의를 제기할 수 있었다.

'홀로코스트 부정의 아버지'라고 불리는 프랑스 정치가이자 작가 폴 라시니에Paul Rassiniers는 부정론자들에게 신뢰를 줄 만한 경력을 지니고 있었다. 라시니에는 레지스탕스Resistance의 일원이었으며, 부헨발트Buchenwald 와 미텔바우-도라Mittelbau-Dora(V2-로켓 공장) 수용소에 감금됐다가 살아남았다. 그는 제1차 세계대전에 참전한 프랑스 군인 목격자들의 진술에 관한 장 노통 크뤼Jean Norton Cru의 연구를 읽고 큰 영감을 받았는데, 목격자들의 진술이 얼마나 거짓되고 왜곡되고 과장되었으며, 모순될 수 있는지를 깨달았다고 말했다.[27]

홀로코스트 부정론자들은 주로 인종차별주의자, 신파시스트, 극우주의자인 경우가 많지만 라시니에는 공산주의자이자 무정부주의자, 평화주의자였다. 전쟁이 끝나고서는 프랑스 의회에서 의원으로 활동했다. 피에르 기욤Pierre Guillaume이 운영하는 라 비에유 토프La Vieille Taupe 홀로코스트 부정 출판사 및 파리 서점을 중심으로 활동한 홀로코스트 부정론자 좌익 단체에게, 라시니에는 영감의 대상이었다.[28] 나중에 라시니에가 우익으로 가자 그와 거리를 두게 되지만, 라시니에는 일부 프랑스 좌익에게 홀로코스트를 부정하는 전통을 남겼다.

라시니에의 주장은 독일의 강제 수용소가 프랑스의 감옥이나 러시아의 수용소와 다를 것이 없다는 것에서부터 시작했다. '나치스 친위대 국가만 그런 게 아니라 모든 국가의 본질이 그렇듯이, 상황에 따라 다소간 가혹 행위가 나타나기도 하는 것이었다. … 국가의 본질에 깔려 있는 기본 논리는 전쟁과 노예의 논리다.' 따라서 라시니에는 자신의 주장을

'모든 책임을 한쪽으로만 돌려서 전쟁을 유발하는 마니교Manichaeism(3세기 페르시아에서 마니가 창시한 이원론적 종교 – 옮긴이)'에 대한 경고로 여겼으며, '절대적 악은 전쟁을 일으킨 쪽이나 그 반대쪽이 아니라 전쟁 자체다'라고 말했다.[29] 라시니에는 일부 수용소에 가스실이 있었다는 사실을 인정했지만, 사람을 죽이는 용도가 아니라 살균 등 다른 목적으로 지어졌을 거라고 말했다. 가스실이 화장터 옆이 아니라 위생 시설 옆에 있었다는 것이다. 라시니에는 그렇다고 '가스실이 유대인 절멸에 사용됐다는 점을 완전히 부인할 수는 없다'라면서도, 다만 절멸이 일어났다면 'SS부대나 수용소 관료 가운데 미친 한두 명의 소행'일 거라고 주장했다.[30] 라시니에의 요지는 나치스 치하 아래 조직적인 집단 학살이 일어나지는 않았다는 것이다.

라시니에는 특수한 경우였고, 앞서 언급했듯이 홀로코스트 부정론자들은 대부분 정치적으로 우익에 속했다. 가장 초기 부정론자로는 모리스 바르데슈Maurice Bardèche가 있다. 자칭 반유대주의자인 바르데슈는, 비시정권Vichy Regime(1940년부터 1944년까지 비시를 수도로 남프랑스를 통치한 친독일 프랑스 정부 – 옮긴이)을 지지하는 프랑스 파시스트이자 프랑스의 전후 판결에서 **독일협력자**collabo로 처형당한 로베르 브라지야크Robert Brasillach의 처남이기도 했다. 비록 처음에는 정치적으로 반대 진영이었지만, 라시니에가 과거에 강제 수용소 수감자였다는 명성을 이용해 라시니에의 연구를 홍보하고 유명하게 만들어 준 이가 바로 바르데슈였다.

라시니에의 또 다른 추종자이자 옹호자로는 미국 역사학자 해리 엘머 반스Harry Elmer Barnes가 있다. 반스는 1921년 설립돼 독일 정부의 지원을 받던 '전쟁원인연구센터Zentralstelle für Erforschung der Kriegsursachen'와 함께 연구했다. 반스는 독일이 1914년 영국과 프랑스의 침략 대상이었으며, 베르

사유 조약 제231~248조가 독일로 하여금 전쟁에 대한 책임을 받아들이고 영토를 포기하며 부담스러운 배상금을 지불하도록 강요한 것이 도덕적으로 무효하다는 점을 증명하는 데 전념했다.

제2차 세계대전 이후 반스는 홀로코스트에 관한 이야기가 거짓이며, 1914년과 마찬가지로 1939년 전쟁으로 몰락한 독일은 가해자가 아니라 피해자라고 주장하기 시작했다.[31] 반스는 홀로코스트 선전이 미국의 참전을 정당화하기 위해 날조된 이야기며, '독일의 국민성과 행동을 모독했다'고 주장했다.[32] 1964년 「시온주의자의 사기극Zionist Fraud」이라는 기사에서 반스는 라시니에를 이 문제에 관한 '용기 있는' 권위자로 인용하면서, 홀로코스트가 '화장터의 사기꾼이라 불려 마땅한 사람들'이 꾸며낸 허구라고 주장했다. '사기꾼 같은 이스라엘 정치인들이 존재하지도 않는 상상 속 시체로 수십억 달러를 벌어들이고 있으며, 굉장히 왜곡되고 부정직한 방법으로 피해자 수를 산출하고 있다'는 것이다.[33] 하지만 시체가 존재하지 않으면 시체의 수도 '왜곡'할 수 없다는 점에 주목한다면, 이런 주장이 편파적이라는 것을 감지할 수 있다. 반스의 주장은 실제로 셀 수 있는 시체가 존재했다는 사실을 암묵적으로 시인하고 있는 셈이다.

라시니에, 바르데슈, 반스 등은 명백한 부정론자들이었다. 후기 부정론자들은 이런 명백한 부정론자뿐만 아니라 부정론자에 근접한 사람들에게서도 이익을 취했다. 또 독일 역사학자 에른스트 놀테Ernst Nolte와 미국 역사학자 A. J. 메이어A. J. Mayer처럼 홀로코스트 부정을 뒷받침하는 연구 결과를 내놓은 사람들에게서도 이익을 취했다.

놀테는 팔레스타인 문제로 이스라엘에 적개심을 품고 부정론자가 된 사람들에게 공감을 표했다. 놀테는 애당초 반제 회의가 없었으며, 관런 회의록은 유대인 역사학자들이 전후에 위조한 것이라고 주장했다. 유대인 역사학자들이 제3제국Third Reich(1933~1945년 사이 히틀러가 장악한 시기의 독일제국 – 옮긴이)에 대한 '부정적 신화'를 조장했다고 비난했다. 놀테는 강제 수용소와 가스실의 존재를 부정하지는 않았지만, 그럼에도 일부 부정론자들이 아예 '근거 없는' 주장을 하는 건 아니라고 말했다.[34]

메이어의 주장은 더 단호하고 논란의 여지가 많았다. 메이어는 아우슈비츠 수용소의 사망자가 대부분 살인이 아닌 질병으로 사망했다고 주장했다. 또 SS가 모든 증거서류를 인멸했기 때문에, 가스실과 관련한 모든 주장의 근거는 '희귀하며 신뢰할 수 없는' 것으로 간주해야 한다고 주장했다.[35]

이런 주장들은 열정적인 부정론자들에게 자양분이 되어주곤 하였는데, 이를 가장 공공연하게 보여준 인물은 데이비드 어빙David Irving이었다. 홀로코스트 역사학자 데보라 립스타트Deborah Lipstadt는 1993년 출판한 저서 『홀로코스트 부정Denying the Holocaust』에서 '어빙은 홀로코스트 부정론자를 대변하는 가장 위험한 인물'로 '이념적 성향과 정치적 선전'에 부합하도록 편파적으로 증거를 왜곡하고 심지어는 위조했다고 비난했다가 어빙에게 고소를 당했다.

립스타트의 변호사들은 어빙의 출판물들 그리고 **실제로 한 발언**들을 심리하기 위해 권위자 두 명을 초빙했는데, 케임브리지대학교의 제3제국 역사학 교수 리처드 에번스Richard Evans와 노스캐롤라이나대학교 채플힐캠퍼스의 홀로코스트 역사학 교수 크리스토퍼 브라우닝Christopher Browning이었다. 변호사들은 또 건축사학자 로버트 얀 반 펠트Robert Jan van Pelt를 초빙해 아우슈비츠-비르케나우 수용소에 가스실이 존재했다는 증거에 대해 보고해달라고 요청했다. 어빙은 법정에서 자신을 변호하며 피고

측 증인을 반대 심문했다. 이 재판의 판사 그레이Gray는 350쪽에 달하는 판결문에서 법정에서 제시된 증거들을 상세히 열거하면서, 이를 근거로 '객관적이고 공정한 역사학자라면 아우슈비츠 수용소에 가스실이 있었으며, 유대인 수십만 명의 목숨을 앗아가기 위해 상당한 규모로 가동됐다는 사실을 의심할 이유가 없다'는 판결을 내렸다.[36] 어빙은 패소했다.

홀로코스트 부정에 관한 논란은 **부정**denial과 **수정**revision을 구분하는 중요한 문제를 제기한다. 앞서 언급한 오스트레일리아 원주민과 아메리카 원주민의 관점을 조명한 예는 수정이다. 다분히 의도적으로 과거를 왜곡하고 잘못된 이해를 불러일으키는 '승자의 역사', 그 일방적이고 승리주의적인 설명에 대해 본질적인 수정을 가한 예라고 할 수 있다. 또 다른 예로는 중앙아메리카와 남아메리카에 관한 '새로운 정복사New Conquest History'가 있다. 새로운 정복사는 정복자들의 군사적 성공, 개종이라는 '영적 정복Spiritual Conquest', 식민화 과정을 자랑스러워하는 서술 방식에 도전하는 학문에 기초한다. 미국 민족역사학 분야에 '신문헌학New Philology'(중세 문헌을 연구할 때 다양한 버전을 하나의 버전으로 재구성하고 해석하는 게 아니라, 있는 그대로 수용하는 움직임 – 옮긴이)을 적용한 것과 비슷하게 메소아메리카(멕시코 중남부와 중앙아메리카 북서부를 포함한 문명권 – 옮긴이)의 목소리에 대한 새로운 기록 작업을 수행하고 고증적 부활을 거치면서, 이전까지는 생략됐던 원주민 및 흑인 남녀들의 이야기가 다시 살아나 정복기에 대한 새로운 시각을 제시하고 있다.[37]

이는 일반적으로 모든 식민주의에 해당하는 이야기다. 2020년 5월 미니애폴리스Minneapolis에서 조지 플로이드George Floyd가 경찰에게 살해당하면서 일어난 분노의 감정은, 전 세계에서 과거에 관한 억압된 진실을 밝히려는 노력의 불씨가 됐다. 이 비극적 사건은 인종 차별과 인종 불평등이 만연한 미국에서는 새로운 일이 아니었다. 그전부터 수많은 사람들이 플로이드와 같은 고통을 겪어왔다. 조지 플로이드 사건은 뉴스와 영상을 급속도로 퍼뜨리는 소셜 미디어라는 새로운 현상 아래 전 세계로 충격의 물결을 퍼뜨리면서, 사람들로 하여금 아프리카계 미국인 같은 역사적 약자 집단의 문제를 오늘날까지 이어지게 하는 원인인 침묵과 왜곡에 맞서겠다는 결의를 다지게 했다.

영국에서도 과거에 대한 안일한 관점에 이의를 제기하는 반응이 일었다. 브리스틀과 같은 도시 광장에 노예 무역상의 조각상이 서 있었는데, 이 노예 무역상들은 서인도 농장 및 노예무역으로 막대한 이익을 취한 사람들이었다. 가까운 조상들이 노예를 해방하는 조건으로 수백만 달러어치의 돈을 챙겼지만 정작 해방된 노예들은 아무것도 받지 못했다는 사실은 많은 이들에게 좋은 의미의 충격을 안겨다 주었다. 더 중요한 사실은 지금껏 승자 입장에서만 기록한 역사가 용케 '백지'화 했던(이중적으로 적절한 울림을 주는 용어다)(역사가 '백인' 입장에서 쓰였다는 의미를 포함한 것으로 보인다 – 옮긴이) 인종 차별과 불이익이라는 유산을 많은 이들이 이해하게 됐다는 교육적 효과다.

부정론자들은 스스로를 수정주의자라고 부르면서 '부정론자'라는 꼬리표를 거부한다. 듀크대학교의 역사학과 교수진은 두 범주를 구분하는 한 가지 방법을 고안했다. 대학신문에 「홀로코스트에 대한 공개 토론 Open Debate on the Holocaust」을 요구하는 광고를 주기적으로 게재한 한 홀로코스트 부정론자에 대한 응답이었다. 듀크대학교 역사학자들은 역사학자들이 수정에 관여하는 것은 사실이지만, 이때의 수정은 '사건의 사실 여부에 관한 것이 아니라 역사적 해석, 보통은 인과관계에 관한 것이다'라고 기술했다.[38] 더 자세히 설명하자면 잃어버린 목소리와 관점을 되찾는 일, 현재 주어진 해석을 평가하는 일, 강조되거나 누락된 사항을 확인하는 일을 뜻한다.

반면 부정론자들은 단지 물질 증거를 숨길 뿐만 아니라, 적극적으로 왜곡하고 위조하고 심지어는 특정 사건이 일어났다는 사실 자체를 노골적으로 부정한다. 이러한 홀로코스트 부정에 대해 연구한 마이클 셔머Michael Shermer와 앨릭스 그로브먼Alex Grobman은 수정이란 새로운 증거나 기존 증거의 재평가를 통해 특정 사건에 관한 지식을 개선하는 행위라고 설명했다. 이때 사건 자체가 발생했는가는 데이터로 잘 입증된 이상 의문의 대상이 아니다.[39] 그럼에도 부정론자들은 사건 자체가 없었다고 부인한다. 아니면 사건의 성격이 매우 달랐다고 주장한다. 그리고 부정론자들이 주장하는 사건의 성격은 보통 그들의 개인적, 정치적 성향에 부합하곤 한다.

역사와 역사 지식의 본질에 관한 논쟁은 부정 **대** 수정이라는 질문보다 훨씬 더 복잡하다. 앞서 언급했듯이 역사는 현재와 미래에도 중요하다. 따라서 역사의 수정은 역사학자 본인의 시대에 문제가 되고 있는 격론의 관심사를 겨냥하게 된다. 부정론자와 수정주의자의 **격론**의 차이는 무엇일까? 부정론자의 주장은 기본적으로 'X가 아예 일어나지 않았다'는 것이다. 수정주의자의 주장은 다음과 같다. 'X가 일어났지만, 그게 전부는 아니다. 다른 측면이 있다. 이 다른 측면을 이해하는 게 중요하다. 바로 그게 현재 일어나는 일에 대해서 무언가를 알려주기 때문이다.' 부정은 때로 '부인주의negationism'라고도 불리는 개념이다. 반면 수정은 재해석하도록 설득하려는 노력이다.

고전적 예시로는 17세기 중반 영국의 '청교도 혁명'(1642년부터 1649

년까지 영국에서 왕당파와 의회파 사이에 벌어진 내전으로, 국교회를 중심으로 종교적 통일성을 강조한 찰스 1세에 맞선 청교도가 의회파와 연합했다 – 옮긴이)에 관한 크리스토퍼 힐Christopher Hill의 연구를 들 수 있다. 1962년 행해진 일련의 강의와 이를 묶어 출판한『영국 혁명의 지적 기원Intellectual Origins of the English Revolution』(1965)에서 힐은 청교도 혁명이 우리가 생각하는 것처럼 주로 종교적인 사건이 아니라 근대 최초의 정치적, 사회적 대규모 혁명이었으며, 이후 3세기 동안 미국, 프랑스, 러시아 혁명의 토대를 정립했다고 주장했다. 35년 후 힐은 자신의 주장이 촉발한 격렬한 논쟁에 대한 응답으로『지적 기원Intellectual Origins』의 확장판을 출간했다.[40] 힐은 추가적인 연구를 통해 영국 혁명이 영국뿐만 아니라 전 세계에 중요한 변화를 일으켰다고 확신했다. 그 혁명이 영국을 세계로 뻗어 나가게 했기 때문이다. 영국 혁명은 후대의 혁명가들에게 귀감이 되었을 뿐만 아니라, 18~19세기 영국이 제국을 확장해 나갈 수 있는 여건을 조성해 주었다. 이 시기에 영국의 제도, 경제관념, 관행, 언어가 전 세계로 뻗어 나갔다.

영국 혁명의 중요성은 국왕 살해, 토지 소유권의 급진적 이동, 대규모 민주주의 운동, 의회의 통제 아래 더 확고해진 과세제도 등 그에 따른 복합적 변화 속에 있다. 이런 변화들이 한데 모여 영국의 헌법과 사회의 성격을 바꾸었다. 반역죄로 왕을 처형한 것은 두 가지 교리, 즉 왕권신수설과 군주주권설에 대한 실질적 거부였다. 제임스 2세를 보면 알 수 있듯이 왕정복고시대가 열리고 나서도 이전과 같은 군주제로는 돌아갈 수 없었다. 그야말로 상징적이라 할 수 있는 찰스 1세의 참수형과 함께, 입헌제의 기반이 마련됐다. 조지 3세에게 거역한 미국 식민지의 영국인들이나 루이 16세를 단두대에서 처형한 프랑스인들은 이러한 영국의 선례를 인식하고 있었을 뿐만 아니라, 직접 차용한 것이었다.

힐은 결과를 이해하려면 그 계기를 이해해야 한다고 주장했다. 따라서 이후 영국의 역사와 그 세계적 영향을 촉발한 계기를 살펴보는 것은 단순히 과거를 고해성사하는 것 이상의 의미를 지닌다. 예를 들어 봉건적 토지 소유권의 거부로 지주들은 자신의 지위를 공고히 하고 농업에 대한 장기 투자를 계획할 수 있게 됐다. 그렇게 추가로 뿌려진 씨앗의 일부는 이후 산업 혁명Industrial Revolution에 자금을 대는 자본의 축적으로 이어졌다. 또 중요한 점은 의회의 조세 수입이 가공할만한 해군을 육성하는 데 쓰였다는 것이다. 그 결과 영국은 바다를 통제하면서 국제 무역에 중요한 영향을 미치게 됐다. 이는 제국주의 확장을 자극했고, 산업 혁명의 연료가 될 부를 더 축적하게 했으며, 그 결과 또다시 제국주의 확장을 자극하는 식으로 눈덩이 효과를 불러일으켰다.

힐은 이러한 17세기 중반의 사건들이 세계 역사의 전환점이라고 주장하면서도, 당시 사람들이 그런 결과를 의도했거나 추측하지는 않았을 거라고 했다. 그들은 심지어 자신들의 행동에 어떤 이름을 붙이지도 않았다. 현대적 의미에서 '혁명'이라는 단어는 올리버 크롬웰Oliver Cromwell이 처음으로 사용했다. 모든 일이 일어난 이후에 붙인 이름이다. 혁명을 위한 어떠한 모의나 공모도 없었다. 힐은 그런 것들이 필요 없다고 말했다. 혁명은 이미 사람들이 현 상황에 충분히 지쳐서 급진적 변화에 대한 정서가 싹틀 때 일어나기 때문이다.

힐의 연구는 영국 혁명을 이끈 **사상**에 주된 초점을 맞춘다. 철학, 과학, 의학, 경제학 및 역사 이론의 발전이 다양한 문학적 영향(특히 영어로 된 성경)과 합쳐지면서 사람들의 세계관을 크게 바꾸었다. 17세기 사람들에게는 더는 16세기의 방식이 통하지 않았다. 자신의 상황에 정확히 적용되는 건 아니었지만, 사람들은 네덜란드가 외부의 억압 세력인 스페인의 멍에를 벗어던지는 모습을 목격했다. 사람들은 무언가 대담하고 참신한 시도를 해야 한다고 느꼈다. 그게 정확히 무엇이고 어떤 방향으로 흘러갈지는 아직 알지 못했지만 말이다. 하지만 그중에도 토머스 홉스Thomas Hobbes와 같은 일부 사람들은 어떠한 변화든지 간에 엄청난 영향을 일으킬 거라고 생각했다. 그리고 그 생각은 옳았다. 이것이 힐의 요점이다.

따라서 힐의 연구는 수정주의 역사의 예를 잘 보여준다. 찰스 1세의 재임, 그를 처형한 내전에 관한 사실과 연대는 문서로 잘 남아 있고, 모두가 그 내용에 동의한다. 힐은 그 역사적 사실 자체에 이의를 제기한 게 아니다. 그 원인과 결과를 새로운 시각으로 바라보자고 주장한 것이다. 사실을 확립하고 그 원인, 의미, 결과를 이해하는 것은 역사라는 학문의 핵심이다. 새로운 증거나 주장을 바탕으로 어떤 주제에 대한 우리의 이해를 수정하는 것이야말로 역사적 논쟁이 해야 할 일이다. 이와 달리 부정론자들은 찰스 1세가 처형당하지 않았다거나, '친정'을 한 11년 동안 의회의 소환을 회피한 일이 없다거나, '주교 전쟁'에서 스코틀랜드인에게 패배한 일이 없다거나, 가톨릭 공주와 결혼했다는 이유로 청교도 측의 사주를 받은 **폭동**의 무고한 희생자가 됐다는 식의 주장을 펼친다.

정치사, 외교사, 군사, 사회사, 이념사 등 역사 탐구의 영역은 광범위하며, 각 목적에 따라 활용하는 자원과 기술도 다양하다. 하지만 모든 분야에서 부정과 수정의 차이는 동일하게 유지된다. 한 주제에 관해 이미 수렴된 견해를 거부하는 것은 부정이고, 수렴된 견해에서부터 출발하는 것은 수정이다. 확실한 증거를 제대로 수집해서 신중한 주장을 펼친다면 수렴된 견해, 즉 통설을 뒤집어 버리거나 크게 바꾸는 행위는 타당하다. 부정은 **그 자체로** 잘못된 것이 아니다. 특정 안건에만 헌신하는 점 때문에 잘못된 것도 아니다. 다만 그 수단이 왜곡과 위조일 때, 또 안건이 도덕적으로 편파적이라고 의심될 때 우리는 의혹의 눈살을 찌푸리게 된다.

해리 엘머 반스가 옹호한 전쟁원인연구센터의 논지는 독일이 1914년 침략의 희생자이며, 베르사유 조약은 역사적으로 부당하다는 것이었다. 철도 시간표에서부터 과다한 군비 확충, 강대국들의 외교 혼란에 이르기까지 제1차 세계대전의 원인이 복합적이고 논쟁적이라는 점을 고려했을 때, 전쟁원인연구센터의 주장은 다각적 논쟁의 한 측면으로서 가치 있다고 평가될 수도 있다. 하지만 나중에 반스는 홀로코스트가 제2차 세계대전 이후 시온주의 음모자들이 꾸며낸 허구라고 주장했다. 바로 여기서 수정주의와 부정주의의 경계를 넘어서고 있다.

앞서 언급한 내용을 염두에 두면서 생각해 보자. 역사의 객관성에 관한 질문과 역사의 용도에 관한 질문이 연결되면서 어려운 문제를 불러일으킨다. 단순히 중국, 일본, 영국, 미국, 프랑스, 캐나다, 사실상 전 세계 모든 국가에서 일어나는 역사 교육에 관한 논쟁과 정치적 견해를 생각해 보자. 교과서에 무엇이 포함되고 무엇이 누락되고 무엇이 강조되어야 하는가? 전체적인 어조는 어떠해야 하는가? 역사는 그 나라의 업적만을 칭송해야 하는가? 자랑스럽지 못한 행동과 선택에 관해서도 솔직하게 기술해야 하는가? 다른 것보다도 사회사와 정치사를 더 강조해야 하는가? 과거를 '원인, 과정, 결과'라는 순서에 따라 취급해야 하는가? 아니면 복잡하고 모호하고 요동치는 사건의 홍수가 (행위자의 의도가 아니라) 우연히 휘저어진 것으로 보아야 하는가?

20세기 후반 영국에서는 역사를 어떻게 가르칠 것인가 하는 문제로 역사 수업의 내용을 두고 복잡한 논쟁이 일었다. 1970년대 이후로 역사 교육은 연대순의 이야기가 아니라 방법론적인 접근을 하고 있다. 예를 들어 학생들은 특정 마을의 인구 조사 결과를 10년 전과 비교하고, 중요한 동향이나 변화를 찾아내는 일을 배웠다. 더 저학년 때는 튜더 왕가와 스튜어트 왕가처럼 충분히 오래된 과거에 관해 배웠다. 배신과 살인, 대다수 국민의 가혹한 삶에 관한 장황한 이야기를 잘 포장하거나 무시한다면 어느 정도 영광스럽게 묘사할 수 있는 과거였다. 더 최근에는 제2차 세계대전이 너무나도 중요한 주제가 되었다. 어떤 학생들은 이 주제에 관해서만 여러 학년에 걸쳐서 여러 번 배우고 있는 실정이다.

보수적인 영국 정치인들은 역사가 대영제국의 영웅적 부상과 재임의 연대기여야 한다고 거듭 압박해 왔다. 뒤늦게 해군 강국이 되면서(스페인 무적함대는 제외한다. 2세기에 걸친 영국의 해군 패권은 17세기 후반 새뮤얼 피프스Samuel Pepys가 등장하면서 비로소 시작된다) 항해 민족의 '섬 이야기'를 발명했다. 알프레드 대왕King Alfred부터 넬슨 경Lord Nelson, 윈스턴 처칠Winston Churchill에 이르는 국가 영웅들은 영국에 해가 지지 않게 한 미덕의 예였다. 로마인과 노르만인이 영국을 침략해 왔지만 결국에는 유익한 일이었다고 해석했고, 각 침략에서 패배한 부디카Boudicca와 해럴드 왕은 낙오자 범주로 밀려났다. 승리주의적 관점에 따라 나폴레옹이나 히틀러처럼 침략을 구상했지만 실패한 사람들은 무시하고 깎아내렸다.

하지만 제국의 다른 지역. 예를 들어 마우마우Mau Mau(1950년경 케냐 키쿠유족이 영국 식민 통치에 대항하기 위해 조직한 무장 투쟁 단체 – 옮긴이) 봉기 당시의 케냐나 '반란'이 일어난 말레이 반도에서 영국은 원주민들을 어떻게 대우했는가? 인도, 파키스탄, 카리브해에서 온 이민자들을 어떻게 대우했는가? 브리스틀과 리버풀 같은 도시를 번영하게 하고 영국을 부유하게 한 노예무역은 어떠한가? 영국이 1914년과 1939년에 보인 만성적인 전쟁 대비 부족, 아마추어가 통치하는 습관, 지속적이고 심각한

계급 사회 문제는 어떠한가?

미국에서는 1776년과 그 이후의 공식적이고 규범적이며 정체성을 형성하는 이야기가 국가 건설에 중요하게 작용했다. 1920년대 초까지 이민이 장려됐다. 이들이 동화될 수 있었던 것은 **에 플루리부스 우눔**e pluribus unum, '여럿으로 이루어진 하나'가 가능하다는 멜팅팟melting pot 개념(용광로 속처럼 여러 인종, 민족, 문화가 뒤섞여 하나로 동화되는 것 – 옮긴이) 덕분이었다. 미국 독립의 역사와 서부 개척에는 드라마, 영웅주의, 드넓은 공간, 도전적 상황이 있었고 미국의 거대한 도시들, 엄청난 부, 막강한 힘이 세계적으로 부상하는 배경이 되었다. 하지만 아메리카 원주민에 대한 강탈과 대량 학살, 노예제도, 이후의 인종 분리 정책과 불평등, 남북전쟁 중에 일어난 끔찍한 학살, 특히 냉전 시대 동안 이어진 외교 정책의 흔들림 없는 **현실정치**realpolitik(당시 CIA는 미국 정부가 어떤 외국 정부를 받아들일지 아닐지를 결정할 때 정책결정자들의 한쪽 팔 역할을 했다) 등은 이 이야기에서 중요하게 다뤄지지 않는다. 국기에 대해 경례하거나 독립기념일을 기념하는 것은 역사의 부정적인 부분이 아니라 긍정적인 부분에 관한 것이다.

미국 학교에서는 생물학적 진화에 관해 가르치는 것과 마찬가지로, 역사 수업의 내용도 논쟁의 중심이 되어왔다. 사회적, 정치적으로 더 보수적인 주에서는 역사 교육이 애국심 장려를 목표로 해야 한다고 주법에 명시되어 있다. 1990년 초반에 역사 과목의 내용에 관한 문제가 대두됐다. 조지 H. W. 부시George H. W. Bush 대통령은 과학, 수학, 지리학, 영어와 함께 역사를 핵심과목으로 선정하는 일련의 '국가 교육 목표National Education Goals'를 고안하기 위해 전담팀을 꾸렸다. 국가역사표준심의회The National Council for History Standards(이름만으로도 이 단체가 직면할 모든 어려움을 예측할 수 있다)는 미국 역사 및 세계 역사에서 다문화주의, 흑인의 역사, 여성의 역사의 중요성을 부각하도록 자문하는 권고서를 작성했다. 예측대로 공화당 정치인과 언론의 반발이 이어졌다. 이들은 '정치적 올바름Political Correctness이 미쳐간다'면서, 권고서가 미국을 '본질적으로 사악한' 국가로 묘사하고 있다고 개탄했다. 대통령 후보였던 상원의원 로버트 돌Robert Dole은 권고서가 제안하는 커리큘럼은 거의 '반역 행위'이며, '외부의 적보다도 더한 피해를 미국에 입힐 것'이라고까지 했다.

역사학자, 역사 선생님 그리고 더 이성적인 사람들 덕분에 권고서는 결국 채택됐다. 그 대신에 역사 자체의 본질과 용도에 대한 성찰을 장려하는 (환영할 만한) 내용이 추가됐다.

하지만 논란이 격화되는 와중에도 제2차 세계대전 종전 50주년을 기념하는 전시회를 개최하려던 스미스소니언 협회는 난관에 빠졌다. 스미스소니언 협회의 컬렉션 중에는 1945년 8월 6일 히로시마에 세계 최초의 원자 폭탄을 투하했던 B-29 슈퍼포트리스 폭격기도 포함되어 있었다. 조종사의 어머니 이름을 따 **에놀라 게이**Enola Gay라고도 불리는 이 폭격기는 격렬한 논쟁의 타깃이 됐다. 이 폭격기가 민간인에 대한 궁극의 '지역 폭격' 도구였던 데다가(이러한 전쟁 방식은 1949년 제네바 제4협약 및 1977년 제1의정서로 법적으로 금지됐다), 큐레이터가 전시 관람객을 초대해 그 도덕성에 대해 심사숙고해 보도록 하자고 제안했기 때문이다. 히로시마와 나가사키의 유물과 희생자들의 사진도 전시될 예정이었다.

언론 및 정치인들의 격렬한 반대가 이어졌다. 상원에서도 개입해 전시 자료를 설명하는 문구가 '수정주의적이며, 제2차 세계대전 참전 용사들을 모욕하고 있다'고 비난했다. 이 전시는 폭격 임무를 맡았던 참전 용사들을 존경심을 담아 대우하고 있다고 인정한 미군 공군협회의 의견과는 상충하는 주장이었다. 스미스소니언 협회가 일본인 희생자들이 고통받은 증거들을 빼고 전시회를 덜 자극적으로 바꾸겠다고 제안하자, 이번에는 일본 정부 측에서 강력히 들고 일어났다. 사람들의 분노, 외교적 긴장, 역사에 대한 책임감 사이에서 옴짝달싹 못하게 된 스미스소니언 측은 결국 전선에서 물러났고, 책임자는 사임했다.

캐나다에서도 제2차 세계 대전 당시 독일에 가해진 공중 폭격에 관해 다시 논의하려는 움직임이 일면서 똑같은 상황이 발생했다. 심지어는 전쟁 중에도 이미 민간인에 대한 무차별적 '지역 폭격'을 비판하는 목소리가 있었다. 1943년 의회 상원에서 치체스터Chichester 주교는 '우리는 야만인과 싸우고 있다. 왜 우리가 그들처럼 행동하고 있는가?'라고 물었다. 하지만 독일이 장악한 유럽 상공에서 중폭격기를 운영하는 임무를 맡아 많은 사상자를 낸 참전 용사들은(대부분 캐나다 왕립 공군 제6비행단 소속이었다) 전범 가해자로 재평가받고 싶지 않았다.

2005년 오타와 전쟁 박물관Ottawa War Museum이 문을 열었을 때, 캐나다가 폭격에 관여했다는 사실과 관련한 자료에는 '지속되는 논란An Enduring Controversy'이라는 이름이 붙었다. 사실상 이 표현은 군사 작전에 대한 논쟁이 전쟁 중에 이미 시작됐다는 점뿐만 아니라, 기회가 있을 때마다 수그러지지 않는 열기와 함께 되살아났다는 사실을 의도적으로 드러내고 있다. 1992년에는 한 캐나다 방송사가 전쟁에 관한 텔레비전 시리즈에서 지역 폭격을 도덕적으로 수용할 수 있는지에 대한 의문을 표하면서 참전 용사들을 분노에 휩싸이게 했다.[41]

이러한 문제를 둘러싼 국가 차원의 논쟁은 거의 언제나 더 큰 그림의 퍼즐 조각이기 때문에 한층 더 복잡해진다. 캐나다에서는 1867년 대영제국의 자치령이 된 것을 기념하는 날일 도미니언 데이Dominion Day의 이름을 다시 지어야 한다는 논쟁이 일었다. 새로 채택된 이름은 캐나다 데이Canada Day였다. 1892년 캐나다 사법부가 영국 추밀원Privy Council과 분리된 것을 기념하는 의미였다.

미국에서는 콜럼버스의 날Columbus Day이 논란을 불러일으켰다. 사람들은 콜럼버스가 아메리카 대륙에 도착한 사건이 이미 그곳에 살고 있었던 사람들이나 이후에 노예로 끌려온 사람들의 후손에게는 축하할 일이 아니라고 지적했다. 보수주의자와 진보주의자 사이에 이제는 친숙하기까지 한 전선이 그어졌다. 콜럼버스가 유럽인들이 '신세계'라 부르던 땅을 '발견'한 사건을 **기념하는** 날이 아니라 **표시하는** 날로 명칭을 바꾸면서 긴장이 약간 완화됐을 뿐, 진보주의자 측에서는 침략, 대량 학살, 강탈, 노예제도가 확실히 기억되어야 한다고 요구했다.

프랑스가 제2차 세계대전을 대하는 태도는 독일이 20세기 과거를 받아들이고 이를 만회하고자 단호하게 노력하는 모습과 대조된다. 제1차 세계대전에서 끔찍한 인명 피해를 입고 깊은 상처를 받은 점 때문에 그 경험을 되풀이하지 않으려 한 걸 수도 있다. 하지만 최악은 비시 정권의 이적행위와 관련한 태도였다. 전쟁이 끝난 뒤 초조해진 많은 사람들은 자신이 비시 정권과 관련이 없다고 주장했을 뿐만 아니라, 한술 더 떠서 자신들이 레지스탕스(독일점령군과 비시 정권에 대한 저항운동 조직 ― 옮긴이)였다고 주장했다. 독일인 남자친구를 사귀었던 여성들을 호되게 비난하던 많은 이들은 분명 어떤 식으로든 그 여성들 못지않게 '유죄'였다.

격동의 역사를 지닌 프랑스인들에게는 1793~1794년 프랑스 혁명의 공포 정치, 나폴레옹(영웅인가 약탈자인가?), 알제리 전쟁 등 고려해야 할 사안이 많다. 비슷하게 영국은 노예제도와 제국주의, 러시아는 스탈린의 테러, 스페인은 프랑코의 유산, 오스트리아는 제3제국에 병합된 안슐루스Anschluss 이후의 상황, 또 모든 유럽 국가는 식민주의 및 인종차별주의에 관해 고려해야 한다.

역사적 책임의 짐을 지고 있는 것은 유럽만이 아니다. 튀르키예가 아르마니아 대학살을 대하는 태도, 또 일본이 1930년대와 1940년대에 한국과 중국 사람들에게 자행한 잔혹 행위를 대하는 태도는 어떠한가? 1937년 12월에 있었던 난징대학살을 새 역사교과서에 포함하라는 중국의 요구를 일본이 외면하거나, 전범자를 모시는 야스쿠니 신사를 일본 총리가 참배할 때마다 외교적 긴장이 고조된다.

중국 정부 역시 자국의 역사 수업에서 무엇을 가르칠지에 대해 확고한 입장을 지니고 있다. '올바른 역사'를 가르치지 않거나 '사회주의와 당의 지도력'에 의문을 표하는 내용은 정치적, 이념적으로 '이단'으로 치부되고 금지된다. 티베트 및 베트남 침공, 인도 급습, 타이완 영토에 대한 위협, 스프래틀리 군도Spratly Islands 영토 강탈 등은 과거에 부당하게 빼앗긴 영토를 되찾기 위한 정당방위로, 또 억압된 사람들을 해방하기 위한 숭고한 노력으로 묘사된다. 1958년부터 1962년까지 3천만 명이 굶어 죽은 대기근을 불러온 대약진 운동이나 1966년부터 1976년까지 수천만 명 이상이 목숨을 잃고 수많은 사람이 박해받은 문화대혁명에 관해서는 아무런 언급도 없다.[42] 한 중국 역사학자가 말한 것처럼 '마오쩌둥과 덩샤오핑, 해방의 주요 인물에 대한 역사를 깊숙이 파고드는 것은 금지되어 있다.'[43]

역사에 대한 심판이 이루어졌거나, 아니면 심판하려고 정직하게 시도한 곳들도 있다. 앞서 언급했듯이 독일은 나치스 과거에 관해 계속 언급해 왔다. 아일랜드 공화국은 자신들의 역사를 800년 동안 영국(더 일반적으로 말하자면 이웃한 그레이트브리튼섬의 영국 프로테스탄트)으로부터 받은 억압과 주기적인 잔혹 행위가 이루어진 과정, 그에 따른 결과만으로 설명하는 일을 거의 중단했다. 물론 유감스럽게도 이 사건들이 아일랜드 역사 대부분을 구성하는 점은 사실이다. 남아프리카에서는 아파르트헤이트apartheid(과거 남아프리카공화국의 인종차별정책)의 암울한 역사와 그 이후 '무지개 국가'를 만들려는 노력(이 책을 쓰는 시점에도 백인을 중심으로 한 부와 생활 수준의 불균형이 여전히 극심하다)을 조명하는 일이 '진실과 화해' 프로젝트라는 형태로 이루어졌다. 과거에 일어난 일을 솔직히 직시하고 남아프리카의 모든 공동체가 화합하자는 취지다. 참고로 남아프리카는 호사족Xhosa, 산족San, 줄루족, 인도인, 아프리칸스어를 쓰는 네덜란드계 백인, 영국계 백인 그리고 웨스턴케이프Western Cape 인구의 거의 절반을 차지하며 공식적으로 '케이프 컬러드Cape Coloureds'라 불리는 혼혈 민족 등으로 구성된 복합 사회다. 이러한 예들은 역사의 풍경을 마구 어지럽히는 지뢰와도 같은 질문들에 우리가 답할 수 있음을 보여준다.

한편, 1990년대 발칸 반도에서 일어난 사건처럼 오래된 상처들은 결국 다시 찢어지고 피를 흘리게 되는 건지, 아니면 이스라엘과 팔레스타인의 분쟁처럼 다루기 어려워 보이는 문제들은 해결 가능한 건지, 하는 질문은 여전히 답하기 어려운 상태로 남아 있다. 어떤 사람들에게는 역사로부터 받은 상처뿐만 아니라 역사가 자신들의 존재를 지워버렸다는 점에서 더 큰 비극이다. 티모르족Timorese, 쿠르드족Kurds, 나가족Naga, 로힝야족Rohingya, 위구르족Uighurs, 티베트족Tibetans, 아르차흐인Artsakhtsi 들이 모두 그런 일을 겪었다. 국경은 인위적이고 대부분 전쟁에서 흘린 피로 그어졌으며, 다양한 민족과 전통을 강제로 한 지역으로 몰아넣기도 하면서 성립됐다는 점을 지도는 겉으로 드러내지 않는다. 중국 서부와 남서부의 '소수 민족', 인도와 네팔의 달리트Dalit(불가촉천민)가 가장 두드러진 예시다. 원칙적으로는 에스파냐의 카탈로니아인Catalans과 바스크인Basque, 영국 제도의 스코틀랜드인과 웨일스인, 벨기에의 플라망인Flemings과 왈론인Walloons도 마찬가지다. 하지만 이런 상황에서도 어떻게든 갈등을 해결하고 화해를 시도한 역사적 사건들은 우리에게 희망의 빛을 비춰준다.

또 다른 질문은 역사의 진보와 퇴행을 판단하는 일에 관한 것이다. 서유럽에서 로마 제국이 붕괴하면서 찾아온 '암흑기'를 생각해 보자. 문해력, 교육, 출판, 공학 기술, 수도교의 기능, 기록 및 보관, 개인위생과 보안 등 사회와 도시 체계 모든 측면에서 삶의 질이 떨어졌고, 심지어는 인구까지 감소했다. 페트라르카Petrarch(이탈리아의 시인 – 옮긴이)가 활동한 르네상스 초기부터 에드워드 기번Edward Gibbon(영국의 역사가 – 옮긴이)이 활동한 18세기까지 받아들여진 고전기 이후 시대에 대한 통설은 이 시기가 문명이 쇠락한, 미신과 무지의 시기라는 것이었다.

이 암흑기는 후대에 들어서 5세기에서 10세기까지로 정의되지만, 14세기 당시 페트라르카는 자신이 여전히 암흑기에 살고 있다고 생각했다. 사람들은 암흑기의 원인으로 대부분 4세기와 5세기에 정통파 형태로 형성된 기독교의 확산을 지목하며 비난했다. 기독교가 이전에 존재하던 '이교도'적 사상과 믿음에 관련된 문학 및 물질문화를 파괴하고, 사상에 관한 패권을 잡았기 때문이다.[44] 기독교 황제 유스티아누스가 529년 아테네에서 철학자들을 추방한 사건이 그 예다.

만약 서로마가 몰락한 후 정말로 암흑기가 도래했다면, 이는 역사적으로 퇴행의 예가 될 것이다. 하지만 역사학자들은 암흑기라는 비유가 옳지 않다는 데 의견을 모은다. 이 시기를 연구하는 학자들은 당시 수도원에서 교육과 문서 보존이 이루어졌다는 점, 카롤링거 르네상스

Carolingian Renaissance(샤를마뉴 개혁Charlemagne's reforms)에서 볼 수 있듯이 샤를마뉴 대제의 통치 지역에서는 어느 정도 교육과 개혁의 흐름이 있었다는 점 등을 지적하면서 암흑기라는 오명에 반대한다. 한 가지만 더 예로 들어보자. 앵글로색슨족의 예술품, 금속공예품, 상아 조각, 직물, 필사본에 들어간 채색 삽화의 정교함과 아름다움은 그 자체로 암흑기라는 오명을 떨쳐버린다.

그러나 이 시기에 일반적으로 문맹이 늘어났고, 고대 세계의 문학, 역사, 철학을 통째로 잃어버렸다는 점을 부인할 수는 없다. 고대 세계의 문헌은 비잔틴 제국에서 그 일부만이 살아남았을 뿐이다. 이러한 자료들은 '이교도'라는 이유로 읽히지 않고 방치되다가, 이후 아랍이 비잔틴 제국을 정복하면서 비로소 다시 세상에 모습을 드러내게 된다.[45] 마찬가지로, 포로 로마노Roman Forum의 막센티우스 바실리카Basilica of Maxentius가 건축된 후 브루넬레스키Brunelleschi가 피렌체 대성당의 돔을 올리기까지 천 년이 넘는 세월이 흐른 것도 분명한 사실이다. 막센티우스 바실리카를 세우는 데 사용된 공학적 기술들이 전부 손실됐기 때문이다.

이 문제의 시기가 암흑기라는 경멸적 꼬리표만큼 어둡고 밋밋한 시기는 아니었을지라도, 그 이전에 수천 년간 이어졌던 그리스 고전기와 로마 시대에 나타난 높은 수준의 삶, 예술, 문학을 고려했을 때, 같은 유럽 지역임에도 거의 비교가 불가능하다는 것도 명백한 사실이다. 퇴행이라는 죄명은 유효하다. 그리고 기원전 1200년경 청동기 시대 붕괴 이후의 시기에 대해서도 '암흑기'라는 표현을 똑같이 쓰는 것과 마찬가지로, 퇴행이라는 표현은 서술적 효용성을 지닌다. 같은 이유로 어떤 시대나 어떤 사건은 측정 가능한 표준에 따라 '진보'라고 부를 가치가 있다고 주장할 수 있다(특정 시대에 일어난 모든 사건이 햇살이 내리쬐는 고지대로의 거침

없는 진전이라고 주장하는 '휘그의 역사관Whig interpretation of history'까지 가지는 않더라도 말이다). 예를 들어 4세기 전까지만 해도 귀족, 상류층, 고위 성직자 등 극소수만 누릴 수 있었던 자유, 권리, 그리고 모든 기회를 21세기 초에 들어와서는 평범한 유럽과 북아메리카 사람들이 모두 누리게 됐다. 4세기 전 우리 조상들은 보통 글을 읽고 쓸 줄 모르는 소작농이었다. 태어난 곳으로부터 멀리 떠나는 일이 없었고, 삶의 거의 모든 부분에서 엄격한 제한을 받으며 살았다. 조상들은 아마 굶주리지 않고 건강하며 좋은 대인관계를 맺는 한 자신의 삶에 만족했을 것이다. 하지만 개인으로서의 가능성을 객관적으로 측정해 본다면, 이들의 삶은 오늘날의 삶과는 비교할 수 없다. 그때와 지금의 이 차이가, 좋은 의미로 '진보'의 확실한 예라고 할 수 있다.[46]

또 다른 관련 있는 예로는 16세기와 17세기, 말 그대로 근대의 문을 연 철학 및 과학 혁명을 들 수 있다. 물론 이 혁명에 극도로 부정적인 측면이 아예 없는 건 아니지만, 그래도 긍정적인 측면이 더 많았다고 단언할 수 있다. 단순히 통신, 컴퓨터, 의학의 진보, 일반적인 과학 기술의 응용을 떠올려보자. 이 혁명의 씨앗이 된 사상은 종교개혁 덕분에 꽃필 수 있었다. 프로테스탄트가 과학 혁신에 우호적이었기 때문이 아니라, 유럽의 많은 지역이 가톨릭 교회의 패권적 통제로부터 해방되면서 부수적으로 발생한 일이었던 것이다. 가톨릭 교회는 정통 교리에 의문을 제기하는 사상에 적대적이었다. 1600년 조르다노 브루노Giordano Bruno, 1619년 체사레 바니니Cesare Vanini, 1632년 갈릴레오 갈릴레이Galileo Galilei의 사례는 코페르니쿠스적 사상에 대한 가톨릭 교회의 태도가 어떠했는지 잘 보여준다. (칼뱅파라기보다는) 새로운 루터교도는 사람들의 생각과 그 출판을 통제하는 데 상대적으로 약했고, 그 결과 의도치 않게 유럽의 정신을 해방시켰다.[47] 모두가 동의하진 않겠지만, 이 사건 역시 많은 이들이 진보라고 여길 것이다.

특정 시대 또는 일련의 사건이 진보냐 퇴행이냐를 주장하는 일은 역사를 논쟁적으로 만들지만, 어디까지나 해석의 수준에서 접근하는 것이다. 이것은 정당한 일일 뿐만 아니라 중요한 일이다. 과거를 어떻게 이해할 것인지 끊임없이 재평가하고 협의하는 과정에서 이러한 종류의 토론은 필수적이기 때문이다.

4. 역사 '판독'

역사 탐구에서 반드시 주의해야 할 점 가운데 하나는 '지도 문제'다. 1:10,000 축척(지도에서의 거리와 지표에서의 실제 거리와의 비율 – 옮긴이)의 지도는 '대축척'으로 간주된다. 이는 대략 역사책 한 페이지에 일 년을 담는 것(페이지당 10,000시간)과 같다. 우연하고 사소한 것에서부터 문명의 흐름을 바꾸는 것까지, 모든 시기에 모든 장소에서 일어난 모든 사건을 분별없이 전부 기록하는 건 아무짝에도 쓸모없는 행동일 것이다. 나무만 보다가 숲을 하나도 보지 못하는 격이다. 탐구로서의 역사는 사건을 체계화하고 이해하려는 시도다. 하지만 역사와 과거 사건의 관계가 기껏해야 지도와 영토의 관계와 같다는 점을 받아들이는 것은 또 다른 문제를 불러일으킨다. 바로 '판독 문제'다. 이제 다음과 같은 질문으로 넘어가게 된다. 우리는 어떠한 근거를 바탕으로 과거를 해석해야 할까?

'판독'은 연구자의 추정 및 관심사에 따라 데이터를 해석하는 일이다. 연구자가 착용한 개념적 경험적 안경으로 색이 입혀지고 모양이 형성된 사물을 바라보는 일이다. 그만큼 잠재적 왜곡의 주요 원천이 된다. 자연과학에서 받아들여지는 객관성과 구분하기 위해서, 사회 과학에서 **이해**Verstehen 이론이라는 형태를 지지했던 사람들 사이의 논쟁을 생각해 보자.[1]

이해 이론의 기본적인 개념은 자연과학이 묘사와 설명을 그 목표로 삼는 반면, 사회과학은 이해와 해석이 목표라는 것이다. 묘사에 쓰이는 도구(측정과 반복 실험)와 이해에 쓰이는 도구는 다르다. 이해에 필요한 주요 자원은 연구자의 통찰력, 공감, 경험이다. 그리고 이 말은 애초에 우리가 판독을 피할 수 없다고 인정하는 셈이다. 정말 그러한가?

정말 그런지 아닌지는 명확히 답할 수 없다. 예를 들어 상대주의자들(절대적으로 올바른 진리는 없고 올바른 것은 기준에 따라 달라진다고 주장함 — 옮긴이)은 우리가 우리의 문화라는 개념적 틀에 갇혀 있기 때문에 과거, 아니면 다른 문화의 사람들이나 다른 언어를 사용하는 사람들의 입장을 이해할 수 없다고 주장한다. 하지만 그에 반하는 예시는 쉽게 마주할 수 있다. 예를 들어 우리는 『일리아드Iliad』 18권에서 파트로클로스의 죽음에 비통해하는 아킬레우스에게 깊이 공감한다. '비통함의 먹구름이 아킬레우스를 덮었다. 그는 양손으로 흙먼지를 들어 올려 자신의 머리 위로 뿌리고 흰 얼굴을 더럽혔다. … 그러더니 자신도 먼지 위로 드러누웠다. … 손으로 자신의 머리카락을 쥐어뜯고 마구 헝클어뜨렸다. … 그러고는 끔찍한 신음 소리를 냈다.' 동료들은 혹여나 아킬레우스가 자해할까 봐 그의 손을 꼭 잡았다.[2] 아킬레우스는 잠들지 못했다. 밤이 되면 아카이아 함선이 정박해 있는 해변을 걸으며 사랑하는 친구의 죽음을 애통해했다. 이 외에도 시대와 문화를 초월한 문학과 역사에서 사랑과 슬픔, 분노와 후회, 굶주림과 고통, 편안함과 두려움에 관한 예는 무수히 많다. 우리는 이러한 이야기로 인해 감동하고 공감하고 타인을 이해한다. 인간의 공통성은 위대하며 심오하다. 미소, 웃음, 눈물, 고통, 공포, 분노의 표현을 알아차리고 반응하는 능력이 마치 유전자에 각인되어 있는 것처럼 보인다. 우리는 모두 행동적 현대 인류를 낳은 종의 후손이다.

물론 각 문화를 가로막는 장벽이 있다는 걸 부정하는 것은 아니다. 같은 문화 안에서도 예를 들면 남성과 여성 사이에, 기성세대와 젊은 세대 사이에 장벽이 있을 수 있다. 그렇다고 이러한 장벽을 본질적으로 극복할 수 없다고 보는 건 너무나도 비관적인 생각이다. 같은 이유에서 사람들은 인간의 공통성이 문화와 문화를 이어주는 다리가 되어, 서로 이해할 수 있게 도와줄 거라고 희망한다. **이해** 이론과 같은 주장은 이러한 가정에 바탕을 두고 있다.

여기서 질문은 우리가 이러한 장벽을 얼마나 잘 극복할 수 있을까 하는 것이다. 다음의 예에서는 이 질문이 역사를 연구할 때 얼마나 중요하게 작용하는지 보여준다. 특히 오래된 과거를 연구할 때는 더더욱 그러하다.

가까운 미래에 한 고고학자가 현재 우리가 살고 있는 세계를 발굴한다고 가정해 보자. 어떤 엄청난 재앙으로 도서관과 컴퓨터 하드드라이브가 전부 파괴돼서, 문헌 기록은 거의 또는 전혀 남아 있지 않다. 증거라고는 황폐화한 도시 중심지의 물리적 유적뿐이다. 고고학자는 다양한 크기의 건물을 발견할 것이다. 큰 건물은 작은 건물보다 수가 훨씬 더 적을 것이다. 따라서 고고학자는 큰 건물이 더 중요하다고 여기고 그 용도가 무엇인지, 그 건물들이 우리 사회의 특성에 관해 무엇을 말해주는지 추측할 것이다. 이 고고학자가 다양한 사회 문화적 환경 속에 살고 있다고 가정해 보자. 예를 들어 그녀가 살고 있는 세계에서는 사람들이 매일 8시간씩 피트니스 센터에서 운동을 한다고 해보자. 그 세계 사람들은 모두 근육질에 체육관들은 으리으리하고, 재정이 풍족하다. 아니면 그녀가 군사 중심 세계에 살고 있다고 해보자. 이 세계에서는 청소년부터 노인까지 모든 인구가 매일 다양한 군사 준비를 하거나 특수 설계된 막사에서 훈련받는 데 시간을 대부분 할애한다. 그것도 아니면 그녀가 완전히 종교적인 세계에서 살고 있다고 해보자. 사람들은 매일 대부분의 시간을 종교의식에 쓴다. 오늘날 미국 일부 마을처럼 거리 전체가 교회로 가득하다. 각각의 경우 고고학자는 자신이 발굴한 큰 건물의 존재를 어떻게 해석할까? 어떤 용도라고 결론 지을까? 체육관일까, 막사일까, 교회일까?

고전기 이전 시대를 다루는 고고학에서는 큰 건물을 신전이나 궁전으로 해석한다. 고전기에서 근대 시작 사이(대략 6~17세기)에 지어진 큰 건물들이 신전 아니면 궁전이었기 때문이다. 오늘날에는 상황이 다르다. 신전과 궁전 외에도 도서관, 영화관, 콘서트홀, 학교, 대학교, 미술관, 병원, 정부 청사, 아파트, 막사, 공장, 백화점 등 다양한 큰 건물이 있다. 기독교와 이슬람교가 3세기 안에 패권적 형태로 부상한 이후(기독교는 380년 테살로니카 칙령Edict of Thessalonica으로 로마의 국교가 됐고, 이슬람교는 650년 정도부터 확산하기 시작했다), 그들의 지배 아래 있는 영토에서 가장 큰 건물은 거의 전부 대성당이나 모스크(이슬람교의 예배당 – 옮긴이)였다(참고로 모스크는 비잔틴의 대성당을 본떠서 만들었다). 이런 문화적 지배의 상징물을 세우고 유지하기 위해 공동체에서 거둬들인 부와 노동력은 어마어마했다. 하지만 이런 상황이 이어진 수천 년 동안에도 사람들의 일상생활이 신전 활동에만 집중된 것은 아니었다.

물론 일반적으로 기원전 6000년으로 거슬러 올라갔을 때, 정착지의 중심에 있는 큰 건물은 최고위자의 집이나 종교적 건물로 여겨진다. 보통 그런 큰 건물이 학교라든지, 곡물이나 무기를 저장하는 중앙 창고, 성인이 될 준비를 하는 남자아이들의 기숙사, 월경 중이거나 출산을 마친 여성들을 위한 휴식처, 게스트하우스, 원로들이 정책을 논의하는 의회, 과부들이 사는 집, 아픈 사람들을 위한 쉼터, 아니면 의류, 장식품, 무기, 농기구 등을 제작하는 장소일 거라고 생각하지는 않는다. 그 이유를 이해하는 건 어렵지 않다. 큰 건물의 목적을 해석하는 데 쓸 수 있는 증거는 하나뿐이다. 바로 다른 자원을 활용해, 큰 건물의 용도를 해석할 수 있는 다른 시기들을 참고하는 것이다. 다른 시기들에 큰 건물이 전형적으로 어디에 쓰였는지 살피는 것이다. 그런 맥락에서 동굴 벽화에서 석조 조각에 이르기까지 모든 예술품은 보편적으로 종교적 의미를 지닌다고 여겨진다. 심지어는 오늘날에도, 사람들이 단지 순수한 즐거움 때문에 예술품을 창작하고 감상할 수 있다는 사실을, **그리고** 창작과 감상 모두 굉장히 중요한 일이라는 점을 인정하지 않는 반사적 거부감이 존재한다(예술을 지원하는 공공 지출을 둘러싼 격한 논쟁을 떠올려보자). 사람들은 어떤 공동체가 특별한 이유 없이 굳이 일반 건물보다 더 큰 건물을 지으려고 노력하지는 않을 거라고 가정한다. 이러한 가정은 어디서 오는 걸까? 분명 왕과 교황의 시대에 존재를 과시하기 위해 세운 건물들을 근거로 한 것이다.

하지만 생각해 보면, 이러한 가정은 고전기나 (예를 들면) 고전기 이전 이집트에서조차 사실이 아니다. 이집트에서 가장 큰 건물은 무덤이었다. 미노아와 미케네 유적지에서 가장 큰 건물은 궁전으로 추정된다. 단순히 통치자가 사는 공간이 아니라, 정부와 재판부의 중심으로서 복합적인 목적을 수행하던 장소라는 뜻이다. 그리스에서는 가장 큰 건물이 영화관이었다. 공화정 후기와 제정 시대 로마에서는 시민 포럼이나 콜로세움 같은 아레나가 가장 컸다. 로마에서 신전은 베스타 신전Temple of Vesta처럼 중요한 건물도 상대적으로 크기가 작았다.

기원전 6000년 정착지에 있던 큰 건물을 사원으로 해석할 만한 증거가 레슬링 경기장으로 해석할 만한 증거보다 더 낫다고 할 수 있는가? 우리를 표준 해석으로 이끄는 것은 오로지 후대에 우리가 알고 있는 것이나 생각하는 것을 바탕으로 한 **판독**이다. 왜 그 공동체가 그 중앙에 평균보다 큰 건물을 짓는 데 자원을 할애했는지에 대한 선입견이다.

이러한 가정에서 벗어나기란 몹시 어렵다. 왜 사람들이 수백 킬로미터 떨어진 곳에서 커다란 돌을 채석하고 다듬은 다음, (다른 증거들을 종합해 봤을 때) 수 세기 동안 중요한 의미를 지닌 특정 지역으로 끌고 왔을까? 한 가지 예는 스톤헨지다. 스톤헨지를 만든 사람들은 스코틀랜드 끝에서 아일랜드 서쪽까지, 또 유럽에서 가장 외딴곳인 스칸디나비아에서 지중해의 섬들까지, 유럽 전역 및 근동에 살던 다른 사람들과 어떤 중요한 개념적 책무를 공유했다. 그리고 이는 기원전 10천년기 아나톨리아의 괴베클리 테페에서 기원전 3천년기 스톤헨지에 이르기까지, 수천 년이 넘는 시간 동안 이어졌다. 가장 그럴싸한 답변은 이 사람들이 거대한 성당 건축물을 지은 사람들과 비슷한 이유에서 거석 기념물을 만들었다는 것이다. 그 동기는 그들에게 정말 중요한 것이었다. 그들은 기념물을 세우는 데 엄청난 노력을 쏟았다. 굉장하고 의미 있는 보상을 기대했음이 틀림없다.

괴베클리 테페와 차탈회위크Çatalhöyük의 발견은 이러한 가설의 중요한 예다. 스미스소니언 협회 웹사이트에 들어가면 이 놀라운 괴베클리 테페 유적지가 '세계 최초의 신전'으로서, '선사 시대 숭배의 초기 증거'이며 '문명 발상에 관한 통념을 뒤엎고 있다'는 극적인 주장을 볼 수 있다.[3] 이 주장은 이제 보편적인 관점이 됐다. 기사와 다큐멘터리들은(보통 신비로운 음악이 흐르고, 어둠 속에서 유적지를 밝게 밝힌 장면을 길게 보여주면서 시작한다) 이 유적지가 세계 최초의 종교가 있었던 본거지, 아니면 적어도 세계 최초의 신성한 장소였다는 생각을 홍보하고 있다.

괴베클리 테페에서 가장 긴 돌은 높이가 6미터, 무게가 20톤으로, 철기 없이 다듬어지고 조각됐다. 돌들은 T자 모양을 하고 있으며, 기반암을 파낸 구멍 위에 세워져 있었다. 발굴과 지구물리학적 조사 결과, 20개의 원형 구조를 구성하는 기둥 약 200개가 드러났다. 그중 원형 건물군 세 개는 중심점을 이었을 때 정삼각형을 이루고 있었다. 또한 토템폴totem-pole(북아메리카 원주민들이 토템을 그리거나 조각해 세운 기둥 ─ 옮긴이) 비슷한 스텔레에는 인간처럼 보이는 형상이 새겨져 있었고, 기둥에는 뱀, 사자, 황소, 가젤, 여우, 당나귀, 거미, 새, 특히 독수리와 같은 동물의 형상이 정교하게 돋을새김 되어 있었다. 독수리는 살이 제거된 후 뼈를 묻는 **탈육신**excarnation 풍습이 있는 사람들에게 중요한 의미였을지도 모른다. 시체를 독수리에 노출시켜 살을 발라먹게 하는 조로아스터교의 '고요의 탑 Towers of Silence'이나 티베트의 '천장天葬' 전통이 그 예다.

괴베클리 테페에서 가장 오래된 층의 시기는 농경, 도예, 금속공학이 등장하기 이전이며, 문자와 바퀴가 발명되기 수천 년 전이다. 유적지에 있는 거대한 돌들은 최대 반 킬로미터 떨어진 근처에서 채석됐다. 돌을 준비하고, 세우고, 더 나아가 다듬고 조각하는 데 필요한 노력은 사회 조직 및 전통의 수준이 높았음을 말해준다. 현장 발굴 지휘자였던 독일 고고학 연구소German Archaeological Institute의 클라우스 슈미트Klaus Schmidt는 이곳을 '언덕 위의 성지'로 묘사하면서, 당시 사람들에게 '성지 순례의 목적지'였을 거라고 주장했다.[4]

원래 괴베클리 테페 현장에는 영구적으로 거주하거나 일생 생활을 한 흔적이 없었다. 하지만 나중에 부싯돌을 제작하고 음식물을 준비한 증거가 발견되면서, 캐나다 고고학자 에드워드 배닝Edward Banning이 슈미트의 관점에 이의를 제기했다. 배닝은 선사 시대 사람들이 신성한 것과 세속적인 것을 명확히 구분하지 않았으며, 오늘날 신성하고 종교적이고 미신적이라고 여겨지는 것들이 당시에는 사람들의 일반적 세계관 및 활동에 통합되어 있었다고 주장했다. '"예술", 심지어는 "기념물" 예술이 특별한 성지처럼 일상생활에서 분리된 장소와 관련 있다는 추측 역시 정밀 조사를 견뎌내는 데 실패했다'라고 배닝은 주장했다. '조상의 위엄을 기리기 위해, 혈통의 역사나 최고위자의 관대함을 자랑하기 위해, 종교의식을 치르거나 소속임을 알리기 위해서 집안 구조와 공간을 꾸미는데 많은 공을 들였다는 민족학적 증거는 풍부하다.'[5]

어떤 사람들은 한발 더 나아가 기원전 5000년 이전 시기의 건축물과 예술품에 '종교'라는 개념의 의미를 부여하는 게 옳은가 하는 의문을 제기한다.[6] 문자 체계가 등장하기 이전 시기에 대해서는, 믿음 체계에 대한 확실한 증거가 없다. '종교 관행에 관한 최초의 문자 기록은 기원전 3500년경 수메르의 기록이다. 메소포타미아에는 사람과 신이 힘을 합쳐 혼돈의 힘을 누르기 위해 노력하고 있다는 종교적 믿음이 있었다.'[7]

하지만 매장 풍습과 동굴 벽화는 종교적 태도와 관행이 아주 오래전부터 있었음을 암시한다. 이때 '종교'는 훨씬 넓은 의미이다. 즉, 자연 세계 너머에 있는 행위주체에 대한 믿음뿐만 아니라, 자연 내부에서 작용하는 행위주체에 대한 믿음을 의미한다. 매장 풍습은 아마도 30만 년 전부터 있었던 것으로 보인다. 네안데르탈인과 **호모 날레디**는 의도적으로 시체를 묻거나 숨겼다. 만약 동굴 벽화가 종교적 의미나 의도를 담고 있는 거라면, 종교적 태도는 3만 년 전보다도 훨씬 더 이전에 등장했다.

이 모든 건 가능한 이야기다. 하지만 동시에 이 모든 건 판독이 크게 작용한 결과일지도 모른다. 고고학적 기록에서 특정 종류의 증거(이 경우에는 종교의 증거)를 찾겠다는 **열망**이 부채질한 결과일지도 모른다. 비판가들은 판독의 대표적인 예로 아나톨리아 남부의 놀라운 고고학적 유적지 차탈회위크와 함께, 존 템플턴 재단John Templeton Foundation의 막대한 연구 기금을 언급한다.[8] 존 템플턴 재단은 종교적 믿음의 타당성을 선전하는 일에 전념하는 단체로 알려져 있다. 과학자, 고고학자 등이 종교적 믿음의 타당성을 지지하도록 장려하면서, 결과적으로 재단의 지원을 받은 연구의 공평성과 객관성을 둘러싼 논쟁을 불러일으켰다.[9] 특히 차탈회위크에 관한 연구는 판독 문제의 유익한 예시가 되어준다.

'포크 언덕Fork Mound'이라는 뜻의 차탈회위크는 기원전 7000~기원전 5000년경 사이의 대규모 신석기 시대 유적지다. 집이 많이 모여 있었으며, 그중에 어떤 공공 목적에 쓰였을 법한 큰 건물은 없었다. 주거지에는 길이 없고 집끼리 벽을 맞대고 붙어 있었으므로, 집을 드나들 때는 지붕을 통해 다녔다. 거주자들은 사람이 죽으면 탈육신 과정을 거친 후, 남은 유골을 살고 있는 집 바닥 아래 묻었다. 때로는 두개골을 분리한 후 붉은 황토색으로 얼굴을 칠하기도 했다. 집 안의 어떤 방들은 벽화로 장식되어 있었다.

차탈회위크 연구로 유명한 고고학자 이안 호더Ian Hodder 교수는 수잔 마주르Suzan Mazur와의 인터뷰에서 존 템플턴 재단의 연구 자금에 관한 질문을 받았다.

수잔 마주르: 존 템플턴 재단은 과학과 종교를 짝지으면서 과학에 신을 결부시키는 것으로 유명하다. 1만 년 전에는 종교가 없었다는 점을 고려할 때, 재단 이사회로 일하고 또 차탈회위크 연구와 관련해 재단으로부터 네 종류의 보조금을 받으면서 이해가 충돌하는 일은 없었는지? 보조금 중 세 종류는 소위 '종교'와 관련 있지 않나?

이안 호더: 음, 지금 여러 사안을 한꺼번에 질문하고 있는데, 먼저 나

는 돈을 배분하는 이사회에 속해 있지 않았기 때문에 어떠한 이해 충돌도 겪지 않았다. 나는 연구 관련 조언을 하는 자문위원회에 있었을 뿐, 돈이 어떻게 쓰일지를 결정하는 일에는 조금도 관여하지 않았다. 그래서 어떤 이해 충돌을 목격하지도 않았다. 내가 보기에 존 템플턴 재단은 이해 충돌을 피하려고 굉장히 신중하게 행동하고 있다. 다음으로 종교에 관한 질문에 답하자면, 그것은 종교를 어떻게 정의하는가에 달려 있다. 나는 선사 시대의 종교에 관한 책을 세 권 썼다. 나는 종교를 '모든 사람에게, 심지어는 사람이 아닌 존재에게도 일어나는 그 무언가'라고 정의하는 게 꽤 납득할 만하다고 본다. 영적인 개념은 매우 일반적인 것이다.

수잔 마주르: 내가 이런 질문을 하는 이유는 존 템플턴 재단이 생명의 기원과 진화에 관한 연구부터 우주 과학에 이르기까지, 과학 전반에 손을 대왔다는 비난을 받기 때문이다. 사람들은 존 템플턴 재단이 과학자들의 연구를 방해하며 과학의 발전을 늦추고 있다고 생각한다. 차탈회위크에 대한 책을 당신과 공동 집필한 모리스 블로흐Maurice Bloch는 차탈회위크에서 종교적 측면을 추구하는 것이 '잘못된 기러기 쫓기'라고 말했다. 인류는 빨라보았자 겨우 5,000년 전에 종교를 고안해 냈기 때문이다.[10]

마주르가 던진 질문의 취지는 판독 문제와 직접적으로 연관이 있다. 마주르의 요지는 존 템플턴 재단이 영적 차원을 식별하는 것으로 판단되는 연구 프로젝트에 자금을 지원하고, 종교와의 중요한 연결점을 찾은 과학자나 철학자에게 매년 약 18억 원(140만 달러)의 상금을 수여한다는 것이었다. 수혜자로는 천문학자 마틴 리스Martin Rees, 물리학자 폴 데이비스Paul Davies(존 템플턴 재단의 고문이자 이사), 마르셀로 글레이서Marcelo Gleiser('과학과 영성을 융합한 연구로' 상금을 받았다), 철학자 찰스 테일러Charles Taylor 등이 있다. 재단이 자금을 지원하는 분야로는 '신학과 과학', '과학과 위대한 질문' 등이 있다. 존 템플턴 재단의 후원을 받으며 차탈회위크 연구를 수행한 이안 호더는 『문명 출현과 종교Religion in the Emergence of Civilization』(2010), 『신석기 사회에 작용한 종교Religion at Work in a Neolithic Society』(2014), 『종교, 역사, 장소와 정착 생활의 기원Religion, History and Place and the Origin of Settled Life』(2018) 등의 책 시리즈를 출간했다.[11]

　　존 템플턴 재단이 막대한 부를 이용해 잠재적 왜곡 가능성이 있는 연구 안건에 힘을 실어온 일은 많은 항의를 불러일으켰다.[12] 그 내용은 〈인사이드 하이어 에드Inside Higher Ed〉(미국의 고등교육 분야 일간지 – 옮긴이)의 한 기사에 잘 나타나 있다. '존 템플턴 재단의 보조금은 신학적 질문과 과학적 질문이 교차하는 지점에 대한 연구를 후원하는 것이 목적이다. 예를 들어 의학 연구에 관한 보조금은 기도의 힘이 건강에 어떤 영향을 미치는지 탐구해 왔다. … 재단은 매년 "삶의 영적 차원을 확인하는 데 두드러진 공헌을 한" 사람에게 템플턴 상을 수여한다.' 만약 호더가 묘사한 것처럼 '종교'가 '사람이 아닌 존재도 공유하는 그 어떤 것이며, 영적인 개념이 매우 일반적인 것'이라면, 어떤 것이라도 종교가 될 수 있다. 그리고 '종교'가 모든 종류의 연구가 들어맞을 수 있는 현상이라고 판독한 템플턴의 안건은 성공했다고 할 수 있다.[13]

　　이 논의의 요점은 명확하다. 연구 프로젝트에 자금을 대는 조건으로 행하는 의도적 판독은 탐구의 정직성을 뒤집어 버린다. 종교, 종교적 관행, 종교 역사 등을 연구하는 데 자금을 대는 일 자체에는 이의를 제기할 수 없다. 문제는 그 자금이 어떤 연구 분야에서 의심스러운 현상을 단순히 찾아보는 게 아니라 **실제로 찾아내라고** 장려할 때 발생한다(이렇게 엄청난 금액이라서 뿌리치기 어려운 경우에는 더 문제다). 연구가 제대로 되려면 그러한 발견은 누군가가 찾기를 **원해서**가 아니라, 찾아낸 증거**만을** 토대로 이루어져야 한다. 고대 유적지에 관한 고고학적 조사는 그곳에 무엇이 있고 우리에게 무엇을 알려주는지 발견하는 게 목표다. 존 템플턴 재단 같은 연구 방식은 고대 유적지에서 첫 삽을 뜨기도 전에 종교를 찾기 시작한다. 한편 이 재단은 생물학에서 '생명'의 개념을 수정하려고도 노력하고 있다. 창조론이 생명의 기원에 관해 설명하는 내용과 일치하게 만들려는 목적이다. 이런 것은 정책으로서의 판독이다.[14]

괴베클리 테페는 기원전 8000년쯤, 차탈회위크는 기원전 5000년쯤 버려진 것으로 보인다. 차탈회위크의 경우 벽화 작품과 장례 풍습의 상징성으로부터 그 종교적, 영적 측면이 추론됐다. 한 평론가는 호더의 『신석기 사회에 작용한 종교』를 읽고 다음과 같이 평했다. '고고학적 해석에서 위험을 감수하는 호더의 역사관에서 예상할 수 있듯이, 이 책은 물질적 유적에서 과거 지식을 도출하다 보면 한계를 맞닥뜨릴 수밖에 없다는 문제점을, 어떨 때는 거북하게 회피한다.'(그리고 평론가는 호더의 연구가 존 템플턴 재단의 후원을 받았다고 언급하면서, '독자들은 존 템플턴 재단이 "새로운 영적 정보"를 발견하는 연구에 자금을 지원하는 자선 재단이라는 점을 인지해야 한다'라고 덧붙였다.)[15] 정해진 가정 아래 과거를 바라보려는 단호한 노력의 결과, 거의 모든 신석기 시대의 문화, 후기 구석기 시대의 예술, 초기 구석기 시대의 매장 풍습 등이 오늘날의 종교와 지나치게 유사한 믿음과 태도에서 나온 것으로 여겨지게 됐다.

판독은 공통의 인간성을 근거로 이해Verstehen를 정당하게 사용한 것일 뿐이라고 반박할 수도 있다. 이러한 반박이 의미가 없는 건 아니다. 하지만 앞서 말한 것처럼 판독은 굉장히 주의해서 사용해야 한다. 특히 역사적, 고고학적 탐구의 대상이 등불 문제, 지도 문제, 망치 문제와 같이 탐구를 방해하는 다른 문제들로 인해 제약을 받을 수 있다는 점을 기억해야 한다. 고고학자들은 볼 수 있는 곳만 본다. 표본을 보고 전체를 일반화한다. 점점 정교해지고는 있지만, 연구에 쓰이는 도구들은 근본적으로 고고학자들이 발견하기를 바라는 것을 조사하도록 설계됐다. 최소한 장애물과 산만한 도구들이 조합되어 있다는 사실을 인식하는 것만으로도 탐구를 수행하고 무언가를 추론하는 일련의 과정을 좀 더 정제할 수 있다.

구석기 시대 인류의 정신과 세계관에 대해 유추할 수 있는 증거인 동굴 벽화를 생각해 보자. 예를 들어 에스파냐의 알타미라Altamira 동굴, 프랑스의 라스코Lascaux와 쇼베Chauvet 동굴에서 발견된 동굴 벽화들을 보면 세심한 관찰과 정교한 묘사, 그 예술적 기교에 감탄이 절로 나온다. 그렇게 훌륭한 그림을 그리려면, 분명 사전 연습을 했을 것이다. 이 예술가들은 어디서, 어떤 재료 위에 연습을 했을까? 우리는 동굴 안에서 예술을 발견한다. 하지만 예술은 동굴 밖에도 있지 않았을까? 어쩌면 동굴 안보다도 밖에 더 많지 않았을까? 튀어나온 바위에 그린 그림들이 비와 바람을 맞고 시간에 씻겨 내려간 건 아닐까? 튀어나온 바위에서 안료의 흔적을 검출하는 방법을 고안할 수 있을까? 그림을 그리고 색칠하는 연습을 할 때는 나무껍질이나 동물 가죽처럼 썩기 쉬운 재료를 캔버스로 사용했을 수 있다. 아울러 끈으로 꿴 조개껍질, 새 발톱처럼 구석기 시대 유적지에서 발굴되는 장신구들은 내구성이 좋은 물건들이다. 하지만 깃털, 나뭇잎, 동물 가죽, 털은 어떠한가? 또는 내구성이 좋은 물건들일지라도 끈으로 꿴 게 아니라 옷에다 부착했던 것들, 아니면 피어싱 같은 방식으로 몸에 직접 부착했던 것들은 어떠한가?

등불 문제의 한 측면은 분명 구석기 시대 사람들의 물질문화가 대부분 썩기 쉬운 물질로 만들어졌을 거라는 점이다. 고전기 건축물에서 돌기둥의 의미하는 바를 생각해 보자. 돌기둥은 그 이전 시기에 지붕을 지지하던 나무 기둥의 유산이자 진보라고 볼 수 있다. 금속 도구가 없는 상황에서 나무는 돌보다 작업하기 쉽다. 맨 처음에는 돌로 된 '스톤헨지'가 아니라 나무로 된 '우드헨지'를 만들지 않았을까? 실제로 그런 유적지가 있다. 영국 윌트셔의 스톤헨지 근처에서 우드헨지가 항공사진을 통해 발견되었고, 조사 결과 기둥 구멍들이 동심원 6개를 이루고 있으며, 도랑과 둑이 그 바깥을 두르고 있다는 사실이 드러났다. 이 유적지는 수세기에 걸친 농업 활동으로 거의 사라져 버렸다. 얼마나 더 많은 유적지들이 있었을까? 도시 전체가 썩기 쉬운 재료로 지어져서, 존재했다는 어떠한 단서도 남기지 않은 그래서 우리가 무언가 발굴할 기회조차 얻지 못한 문명들이 있지는 않을까?

이런 생각은 또 다른 생각으로 이어진다. 괴베클리 테페의 숙련된 조각품들을 보면, 분명 그보다 앞서 나무에 조각을 하던 역사가 상당 기간 있었을 거라고 생각하게 된다. 조금 더 상상의 나래를 펼쳐보는 건 어떨까? 예를 들어 고대 사람들이 식물성 재료로 거대한 조각상을 주기적으로 제작했다고 상상해 보자. 이 조각상은 홀로 서 있었을 수도 있고, 고대 유적지의 석조 건축물 위에 장식처럼 올라갔을 수도 있다. 계속해서 다른 모습으로 제작되면서, 고대 사람들에게 어떤 의미를 부여했을 수도 있다. 그 의미는 우리가 오늘날 '신'이나 '영혼'이라 부르는 행위자와 관련이 있었을 수도 있고, 없었을 수도 있다. 종교의식의 끝을 알리거나, 최고위자를 선출하거나, 사냥 시즌의 시작과 끝을 알리는 축제를 열거나, 연회를 즐기거나, 재판을 할 때 쓰였을 수도 있다. 수많은 가능성을 추측할 수 있다. 이 가운데 굉장히 한정적인, 사실상 '종교'라는 한 가지 레퍼토리에만 초점을 맞추는 것은 그야말로 등불 문제, 망치 문제, 판독 문제의 전형적인 예가 될 것이다. 사실 '동굴 벽화'가 동굴에서만 발견되고, 때로는 정말 깊숙하고 어둡고 접근하기 어려운 곳에서 발견된다는 점은 동굴 벽화가 '성스러운' 무언가와 상호작용하기 위해 그려졌다고 해석하는 강력한 동기가 된다. 하지만 만약 그런 예술 작품이 동굴에만 한정되지 않았다면(실제로 동굴에만 한정되지 않았을지도 모른다), 우리는 그 의미를 상당히 다르게 해석했을 것이다.

이러한 생각을 하다 보면 자연스럽게 인류 진화에서 등장한 **행동적 현대성**에 대한 질문으로 넘어가게 된다. 앞서 해부학적 현대 인류가 아프리카를 떠난 약 5만 년 전부터 '신석기 혁명'이 일어난 약 1만 2,000년 전까지의 인류 역사를 논의할 때 뒤로 미뤄두었던 문제다. 행동적 현대성을 구분하는 핵심 지표는 예술, 장신구, 정교한 도구 제작, 장례 관습 등이다. 이는 상징적 사고를 통해 가능해진 개념 체계와 더불어 진보한 사회 구조를 암시한다.

신석기 시대의 시작을 혁명이라고 평가하는 통설과 마찬가지로, 어떤 사람들은 행동적 현대성의 등장이 혁명이었다고 평가한다. 행동적 현대성이 유전적, 신경학적 변화가 일어난 결과라는 것이다.[16] 반면 해부학적 현대화가 일어나면서 행동적 현대화도 점진적으로 일어났다고 보는 사람들도 있다.[17] 어느 쪽이든 혁명이었다고 보는 견해는 그 기폭제가 언어의 등장이었다고 주장한다. 네안데르탈인, 데니소바인 등 **사피엔스**가 아닌 다른 선조들은 언어를 사용하지 않았다는 것이다.

이러한 대안 중에 어떤 게 옳은지 판단할 유일한 수단은 **사피엔스**

가 아프리카를 떠난 이후 시기에 남긴 물질과 약 10만~9만 년 전보다도 더 이전 시기에 남긴 물질의 차이점을 바탕으로 추론하는 것이다. 행동적 현대성이 상대적으로 늦게, 동굴 벽화가 등장한 4만 년 전쯤에 등장했다고 주장하는 사람들은 어떻게 전 세계로 뻗어 나간 다양한 **사피엔스** 집단(처음에는 근동과 아시아에, 약 4만 년 전에는 오스트레일리아와 서유럽에 도착했다)이 그렇게 많은 특성, 특히 언어, 예술, 상징적 사고를 공유할 수 있었는지 설명해야 할 것이다.

겉으로 보기에는 아프리카 밖으로 이동한 결과 행동적 현대성이 발전한 게 아니라, 행동적 현대성이 발전한 결과 아프리카 밖으로 이동하게 됐다는 가정이 더 타당해 보인다. 이를 토대로 이동에 대한 다른 설명을 찾아야 할지도 모른다. 예를 들어 환경적 요인, 인구 증가의 압박, 자원 문제 등이 원인이었을지도 모른다. 아니면 현대 인류의 해부학적 진화 과정에서 이 시점에 인지적 진보가 일어나면서 그 자체가 원동력이 되었을 수도 있다. 모험에 대한 호기심, 열망, 자신감을 자극하는 인지 능력의 **티핑포인트**tipping point(어떤 현상이 서서히 진행되다가 한순간 폭발하는 지점 – 옮긴이)를 넘어선 것이다.

메소포타미아에서 발생한 최초의 문명이 보여준 예술, 건축, 기술이 우리 기준에서 봤을 때 명백히 '행동적 현대성'을 띤다는 점에는 양측 모두 동의할 것이다. 이 발언은 '우리 기준에서 봤을 때'라는 판독의 가능성을 일깨워준다. 여기에는 인류가 현재 서 있는 위치에 대한 암묵적 가정이 있다. 만약 인류가 지금 어떤 면에서는 진화의 도착점에 와 있다고 느낀다면(실제로 과거에 관한 많은 논의들이 그렇게 부주의하게 가정하고 있다), 그건 잘못된 생각이다. 그렇기는커녕 인류는 미래에도 (살아남는다면) 계속 진화해 나갈 것이고, 먼 후손들은 지금 우리가 사는 **이** 시점을 '진보' 지수가 낮았던 과거로 평가할 것이다.

지금 이 세계에는 전쟁, 사회적 경제적 불평등, 부족중심주의, 인종 차별주의, 성차별주의, 빈곤, 이념적 분열이 끊이지 않을 뿐만 아니라 더 번성하고 있다. 이러한 요소들은 사회가 원시적이라는 명백한 증표다. 성숙함과 지혜로움이 결여된 행동이다. 어떻게 보면 전쟁은 문명의 산물이다. 전쟁은 대규모의 살인과 파괴를 허용하는, 사회적으로 체계화된 분쟁이다. 예전에는 한정된 지역에서 짧은 기간 일어나는 갈등 정도만 있었을 뿐, 이렇게 큰 규모의 전쟁이라는 개념은 존재하지 않았다.[18] 그렇다면, 인류 역사에서 전쟁의 출현은 진보라고 보기 어렵다. 구석기 시대에 던지던 창이 오늘날 유도 미사일로 발전하기까지, 인류는 더 똑똑해졌지만 더 현명해지지는 않았다는 아도르노의 발언도 이와 연관이 있다. 기술적 진보는 진보의 한 종류일 뿐이다.

다시 요점으로 돌아와서, 지금 중요한 건 약 12만~10만 년 전 해부학적 현대 인류의 석기 공작과 오늘날 우리 인류가 보유한 가장 진보한 기술을 비교하는 것으로 행동적 현대성이 결정된다는 점이다. 후기 구석기 시대의 행동적 현대성을 특징짓기 위해서 우리가 답해야 할 질문은 다음과 같다. 그 시기의 무엇이 인류를 지금의 **우리에게로** 이끌었을까?

후기 구석기 시대의 예술, 장신구, 장거리 무역, 인구 증가, 정착지 내 구역 구분, 또 도구나 예술품에 뼈, 녹용, 상아 등을 이용하는 기술 레퍼토리의 확장 등을 이전 시기와 구분되는 중요한 발전의 증거로 제시할 수 있다. 이러한 발전은 물질 증거로 입증되며, 이를 통해 추상적으로 사고하고 계획하는 능력, 언어가 없었다면 힘들었을 사회 조직 수준을 추론할 수 있다. 이러한 현상의 핵심은 '상징적 행동'을 가능하게 한 인지 발달(정신 능력)이다. 이 '상징적 행동'이야말로 학자들 대부분에게 논쟁

의 핵심 개념이다.[19]

불확실한 부분은 해부학적 현대 인류가 다양한 능력과 행동을 발현하는 시점에 도달하기까지, 인지발달 과정이 얼마나 오래 걸렸는가 하는 점이다. 발달이 빠르게 진행됐을까, 아니면 느리게 진행됐을까? 한꺼번에 갑자기 일어났을까, 아니면 조금씩 점진적으로 일어났을까? 일부 연구자들은 후기 구석기 시대의 발전이 다양했다는 점, 다양한 시기에 다양한 장소에서 혁신이 일어나고 사라졌다는 점을 인식하면서, 4만 년 전 이후 행동적 현대성이 '강화consolidation'되었다는 주장보다 실제 그림은 더 복잡할 수 있다고 느낀다.[20]

'행동적 현대성'이라는 개념을 둘러싼 논쟁은 계속되고 있지만, 적어도 다음 사항에 대해서는 점점 의견이 일치하고 있다. 첫째, 해부학적 현대성으로부터 행동적 현대성을 직접 추론할 수 없다. 둘째, 행동적 현대성의 다른 특징이 무엇이든, 그 핵심은 상징의 사용이다. 셋째, 행동적 현대성은 한때 생각했던 것처럼 서유럽에서 비롯되지 않았다. 넷째, 후기 네안데르탈인도 적어도 어느 정도는 행동적 현대성을 보였다.[21]

역사철학에서 실증주의자와 이상주의자(앞서 언급했듯이 각각 레오폴트 본 랑케와 빌헬름 딜타이로 대표된다) 사이에 발생한 견해 차이는 고고학에서도 거의 똑같이 재현됐다. 제2차 세계대전 이후 수십 년 동안 고고학 연구에 활용할 수 있는 과학 기술이 점점 더 늘어나면서 고고학의 본질에 관한 논쟁이 일어났다. 가장 기본적인 질문은 고고학이 과학에 속하는가 인류학에 속하는가였다. 고고학이 객관성을 추구할 수 있는가? 아니면 궁극적으로는 해석에 의존하기 때문에 어느 정도 주관적일 수밖에 없는가? 이는 역사 연구 및 고고학과 고인류학 분야에 일반적으로 해당하는 핵심 질문이다.

고고학에 적용되는 과학은 참으로 인상적이며, 고고학계 전반에 큰 변화를 가져왔다. 지구물리학적 조사와 원격 감지 기술은 땅을 한 삽도 파지 않고 지표면을 벗겨 내, 상상조차 하지 못했던 수많은 것들을 우리 앞에 드러낸다. 과거의 기후와 지리적 특징에 관한 환경 분석은 바위, 금속, 동식물군의 잔해, 얼음과 퇴적물에 달라붙은 먼지, 꽃가루, 포자 분석과 함께 유적지를 이해하는 유용한 틀을 제공한다. 인간 유해에 대한 포렌식과 유전자 검사는 식습관, 건강, 부상, 수명, 다른 종 간의 밀접성, 대규모 이동에 대한 증거가 된다. 또 진보한 보존 기술은 유물을 잘 유지해서 더 잘 분석할 수 있게 해준다.

아마 고고학에서 가장 중요한 과학 발전은 연대측정 기술일 것이다. 유기물에 대한 방사성탄소 연대측정법radiocarbon dating, 무기물에 대한 열발광 측정법thermoluminescence, 인공물이나 화석 잔해와 연관 있는 바위에 대한 포타슘-아르곤 연대측정법potassium-argon dating, 방사성탄소 연대측정법을 보정하는 데 쓰이는 나이테 연대측정법dendrochronology, 전자-스핀 공명electron-spin resonance(ESR) 분광법, 퇴적물이나 도자기에서 이온화 방사선을 감지하는 루미네선스 연대측정법luminescence dating, 광 여기 루미네선스optically stimulated luminescence(OSL) 등 다양한 측정법이 과거의 연대표를 더 정확하게 밝혀주고 있다.

고고학의 과학은 고고표본연대측정학archaeometry이라 불린다. 그 객관적이고 정량적인 방법론은 실증주의자와 이상주의자 가운데 실증주의자의 편을 들어주면서 논쟁에 마침표를 찍는 것처럼 보인다. 오늘날의 용어로 표현하자면 과정 고고학processual archaeology과 후기 과정 고고학post-processual archaeology 중에 과정 고고학의 손을 들어줬다고 할 수 있다.

또 한편으로는 과학 자체가 무엇을 말하고 있는가를 두고 논쟁이 발생할 수 있다. 대표적인 예로는 선사 시대 유럽에 발전된 기술과 농경이 퍼져 나간 방법에 대한 수수께끼를 방사성탄소 연대측정법이 해결했다는 주장을 들 수 있다. 기술과 농경의 발전은 아이디어의 확산으로 퍼져 나갔을 수도 있고, 사람의 이동으로 퍼져 나갔을 수도 있다. 사람의 이동의 경우 침략을 통해 일어났을 수도 있고, 평화롭게 진행됐을 수도 있다. 1960년대에 더 정확하게 연대를 보정할 수 있게 된 '2차 방사성 탄소혁명the second radiocarbon revolution'은 이러한 혁신이 국소적으로 일어난다는 가설을 지지하는 듯한 증거를 내놓았다.

즉, 혁신이 인구 이동의 결과가 아니라는 것이었다. 이는 스텝지대 사람들이 유럽을 침략했다는 가설을 반박하는 것처럼 보였다. 마치 1939년부터 1945년까지 지속한 끔찍한 세계 전쟁 직후, 폭력을 수반한 인구 이동이 있었다는 사실을 부인하던 고고학계의 분위기와 비슷하다. 하지만 이러한 가설은 데이비드 라이크와 다른 사람들이 최근 유전자 데이터를 제시하면서 다시 반박됐다. 유전자 데이터는 원래 영국 제도에 살던 사람들이 오늘날 남아 있는 모습의 스톤헨지를 세운 직후에, 얌나야인이 유럽으로 들어와서 그 사람들을 전부 대체했다고 이야기한다.

연대측정법이 문화적 측면에서 정말 중요한 문제들을 항상 해결하는 건 아니다. 가장 오래된 히브리어 성경 판본 일부를 포함하는 사해문서Dead Sea Scrolls는 기원전 400년에서 기원후 400년 사이에 제작된 것으로 측정된다. 결국 가장 오래됐다고 했을 때, 기원전 3세기까지 거슬러 올라가는 것이다. 하지만 이 결과를 비판하는 사람들은 두루마리에 글씨를 또렷이 보이게 하는 기름칠이 되어 있다 보니 분석이 제대로 이루어지지 않았다고, 그래서 실제 연대보다 덜 오래된 것처럼 보이는 거라고 지적했다. 어떤 사람들에게는 이 두루마리가 반드시 연대측정 결과보다 훨씬 더 오래됐어야만 했다. 비슷한 예로는 토리노의 수의Shroud of Turin를 들수 있다. 어떤 사람들은 십자가에 못 박힌 예수 그리스도의 몸을 감쌌던이 천에 그의 형상이 기적적으로 찍혔다고 믿는다. 1988년에 연구소 세곳에서 각각 독자적으로 린넨 표본을 테스트한 결과, 이 수의는 1세기가아니라 14세기의 것으로 드러났다. 이 결과가 얼마나 많은 이들의 마음을 움직였는지는 알 수 없다. 일반적으로 믿음은 과학보다 더 강력한 확신의 원천이기 때문이다.

20세기 후반까지는 고고학을 주로 문화를 식별하고, 이름 붙이고, 기록하는 역사의 한 갈래로 여겼다. 비판가들의 표현에 따르면 '우표 수집' 같은 느낌이었다. 1960년대에 ('우표 수집가' 발언의 주인공인) 루이스 빈포드Lewis Binford가 이끄는 미국의 고고학자 집단은 유적지와 유물을 과학적, 민족학적으로 분석해서 설명 모형을 개발하는 새로운 접근법을 주장했다.[22] 이를 '신고고학' 또는 '과정 고고학'이라 부른다. '과정 고고학'이라는 이름이 붙은 이유는 고고학 조사에서 발견한 것들이 문화 유형을식별하는 최종적 산물이 아니라, 그 시대에 사용되면서 역동적으로, 자연적으로 제조되는 '과정'에 있던 것이라는 주장 때문이다.

이 새로운 접근법은 과학 기술뿐만 아니라, 데이터를 수집하고 가설을 검증하는 과학적 방법론을 적용했다는 점에서 실증주의적 측면을 지닌다. 집 근처에 쌓여 있던 굴이나 조개껍데기 더미가 당시 사람들의 식습관, 건강상태, 가정사 등에 관해 말해주는 것처럼, 고대 정착지가 공간적으로 배치된 방식, 무역과 제조업 같은 경제 활동 등은 당시 사람들의행동 양식과 사회 구조에 관해 많은 것을 말해준다. 신고고학의 특징은고고학을 역사에서 인류학으로 전환했다는 점이다. 발견한 것을 기록하고 분류하는 특수주의적 접근법에서, 인류 과거의 문화적, 사회정치적 차원을 이해하고자 하는 더 일반적인 접근법으로 넘어간 것이다.

'후기 과정 고고학'은 과학을 사용하고 탐구 결과를 객관화하려는 과정 고고학의 성격에 대한 반발로 일어났다. 후기 과정 고고학 지지자들은 고고학이 사회과학에 속한다고 생각한다. 따라서 그 방법론은 과학과 다르며, 또 달라야만 한다는 주장을 다시 펼친다. 고고학이 다루는 현상은 실험실에서 실험을 되풀이해 연구할 수 없다. 그뿐만 아니라 인간 현상과 사회 현상은 가변적이고, 일시적이며, 주관적이다. 대표적인 후기 과정 고고학자들은 구조주의, 포스트모더니즘, 마르크스주의 인류학의 영향을 받았다. 이들은 고고학이 필연적으로 해석을 수반하며, 해석은 필연적으로 주관적이라고 생각한다. 고고학자들의 편견과 성향이 반영되기 때문이다. 마르크스주의적인 요소는 여기서 한발 더 나아가, 주관적 관점은 필연적으로 정치적 관점이며, 따라서 고고학이 억압적 사회관에 힘을 싣는 데 쓰일 수 있다고 강조한다. 예를 들어 사회가 자연스럽고 객관적인 방식으로 형성됐다고 주장함으로써, 사회 불평등을 묵인하거나 심지어는 정당화할 수 있다는 것이다.[23]

후기 과정 고고학의 관점에서 보면, 고고학자는 그림의 한가운데에 있다. 기술적으로 얻은 측정값이라는 캔버스 뒤에 숨지 않고, 자신들이 제시하는 해석에 책임을 진다. 해석은 적극적이고 창조적인 노력으로서 지금 현재 일어나는 일이다. 오래된 과거는 해석이 이루어지는 현재 시점에 불완전하게 남아 있기 때문에, 고고학자 본인의 능력과 경험, 그리고 발견한 것들을 토대로 정립한 관점을 통해서만 이해할 수 있다는 점을 인지해야 한다. 핵심 질문은 특정 고고학적 발견이 어떤 의미인가, 고고학자들이 이를 어떻게 이해할 것인가 하는 것이다. '의미'와 '이해'는 본질적으로 해석적이다. 따라서 고고학적 발견에 대한 확정적 설명은 있을

수가 없다. 어떤 해석이 계속 이어져 내려오거나, 다른 해석과 경쟁할 뿐이다.[24]

후기 과정 고고학이 이전 시기의 이해 이론이나 사회 과학적 방법론을 주장하는 여타 이론과 다른 점은, 고고학이 **지식**의 출처가 된다는 개념을 완전히 부인한다는 점이다. 후기 과정 고고학의 관점에 따르면 고고학은 '다양한 의미를 지니고' 심지어 상충하기까지 하는 해석의 집합이다. 그중 어떤 것도 독단적으로 옳다고 주장할 수 없다.[25] 객관주의적 접근법과의 대립이 이보다 더 첨예할 수가 없다. 객관주의적 접근법은 방사성 탄소 연대측정법, 전자-스핀 공명 분광법, 지구물리학적 조사, 게놈 시퀀싱 등을 통해 확실한 데이터, 즉 사실을 얻을 수 있으며 이렇게 얻은 사실들이 권위를 지닌다고 주장한다. 이러한 실증주의적 관점에서 보면 고고학은, 그리고 더 일반적으로 역사는 지식이다.

하지만 이런 첨예한 대립은 오해의 소지가 있다. 자연과학은 원칙상 언제든 파기될 수 있다는 점을 상기하자. 추후 더 나은 증거나 주장이 나타나면, 현 이론은 반박되거나 수정된다. 하지만 잘 뒷받침된 이론으로 탐구를 확장하고 진보를 누적해 가는 과정에 이러한 파기 가능성이 장벽이 되지는 못한다. 탐구 대상의 **종류**가 전혀 다르다고 지적하면서, 사회과학 주변에 방어벽을 쌓으려고 시도하는 사람도 있다. 자연과학은 지질학적 형성, 유전자, 스펙트럼, 은하, 양성자 충돌 등을 다루고, 사회 과학은 기관, 가족, 결혼, 장례 풍습, 계급, 믿음 등을 다룬다는 것이다. 이렇게 돌이킬 수 없는 상대주의로 도약해 버리는 건, 사회 과학을 단순히 온 가족이 거실에 모여서 즐기는 스무 고개 게임 정도로 취급해 버리는 격이다.

이에 대한 대안으로, 방법 자체가 아니라 방법이 적용되는 방식을 강조할 수 있다. T. S. 앨리엇T. S. Eliot은 모든 활동에는 사실상 한 가지 방법만 존재하는데, 바로 '똑똑해지는 것'이라고 말했다. 이것이 핵심이다. 잘 정제된 이성적 탐구, 증거에 대한 꼼꼼한 처리와 평가, 지적 정직성에 대한 규범적 원칙은 어떤 주제에서 주장을 펼치든지 간에 방법론을 뛰어넘는 요구사항이다. 그렇게 철저한 검토를 통과하고 입증되면, 한 이론을 건설하는 과정에서 한 장의 벽돌로 쓰일 수 있다. 종종 이론이라는 건물을 해체해야 하는 상황이 오기도 하지만, 거기에 쓰인 모든 벽돌이 버려지는 건 아니다.

하지만 탐구 과정에 무언가를 도입할 때, 어떤 건 '똑똑해지는' 데 더 도움이 되고 어떤 건 아니라는 점을 인식해야 한다. 물리학에 수학 기술을 도입해 적용하는 것과 역사에 종교적, 정치적 선입견을 도입해 적용하는 것은 전혀 다른 이야기다. 이념적 헌신을 해석에 적용하는 사람들은 결국 해석에는 **어떤** 이념이든 도입될 수밖에 없다고 말하면서, 무의식중에 아무 이념이나 도입할 바에야 차라리 의식적으로 자격 있는 이념을 선택하는 게 낫다고 말한다. 이 문장에서 뒷부분은 사실이다. 따라서 이데올로기의 자격에 관해 질문할 필요가 있다. 편견을 바로잡기 위한 자기 비판적 노력, 특히 탐구 대상에 대한 관점을 왜곡하는 판독을 방지하려는 노력은 탐구가 따라야 할 규범이다. 게다가 자연과학과 사회과학 탐구는 공적인 것이다. 토론과 비판의 대상이며, 그에 따른 보완과 수정의 대상이다. 탐구의 이러한 측면 때문에 주관적 요소조차도 어찌할 수 없을 만큼 탐구의 범위가 제한된다.

지적 책임이 있는 탐구에서는 우리의 이해를 넓혀줄 수만 있다면 어떠한 자원도 거부되지 않는다. 고고학에 종사하는 사람들에게 과학의 도움과 해석의 기술은 둘 다 똑같이 필수적이다. 고고학자가 자신의 공감 능력만 있으면 충분하다는 이유로, 아니면 현대 서양 과학의 산물은 선사 시대를 해석하는 데 사용하기 부적합하다는 이유로 지구물리학적 조사나 방사성탄소 연대측정법의 결과를 무시할 거라고는 생각하기 어렵다.

의견의 집합과 달리, 지식은 정제된 방법을 사용해 합의된 수준에 도달하고 공통주관성(각자의 주관적인 의식에 의해 공통적으로 의식되는 특징 − 옮긴이)의 승인을 얻는 최소한의 과정을 거쳐야 한다. 그러기 위해서는 다른 분야에서처럼 역사, 고고학, 고인류학에서도 지식 주장이 자기 자신을 증명해야 한다. 한 번 더 강조하지만, 책임 있는 모든 탐구가 그렇게 하듯이 도움을 위해 소환할 수 있는 모든 것을 환영해야 한다.

이러한 접근이야말로 언젠가 **과거에 일어난 사건**으로서의 역사에 대한 최종적이고 확정적인 진짜 설명에 도달해서, **과거를 탐구하는 활동**으로서의 역사 문제를 없앨 수 있는 여지를 남긴다. **탐구로서의** 역사는 살아 있고, 점점 발전하며, 초점과 의미를 어디에 두느냐에 따라 계속 변한다. **과거로서의** 역사를 파악하는 최선의 방법은 충실하게 증거를 모으고, 꼼꼼하게 추론하고, 냉철하게 판단하는 것이다. 또 이미 마음속에 품은 결론에서 시작함으로 인해 사실을 왜곡하지 않아야 한다. 우리가 지나온 과거에 대한, 그 가장 탄탄한 기반 위에 놓인 이해에 도달할 가능성은 여기에 있다.

제3부

두뇌와 마음

제1부와 제2부의 주제는 각각 우주 밖으로 나아가는 탐구와 시간을 거슬러 올라가는 탐구였다. 이 탐구를 통해 우리는 지식의 진보라는 것이 우리를 얼마나 놀라운 세상으로 이끄는지 알게 되었다. 한 번 더 요약하자면, 19세기 이후로 인류는 당시까지 잊혔거나 전혀 알려지지 않았던 과거에 관한 지식을 되찾았다. 20세기 초 이후로 인류는 도달할 수 있는 가장 작은 규모와 가장 큰 규모의 물리적 우주에 대해서 상상조차 할 수 없던 발견을 했다. 그리고 이 책이 쓰이기 불과 몇십 년 전부터는 뇌 속을 들여다볼 수 있게 되었다. 이전에는 불가능했던 미세한 수준까지 뇌의 해부학적 구조를 그려내기 시작했을 뿐만 아니라, 심지어는 뇌가 작동하는 모습을 실시간으로 관찰할 수 있게 됐다. 이런 일을 가능하게 한 기술과 그 기술이 드러낸 사실들은 진부한 표현이지만 '놀라움' 그 자체다.

뇌에 관해서는 최근까지도 알려진 게 거의 없었다. 하지만 마음에 관해서는 상황이 다르다. 사람들은 오래전부터 정신 현상을 알고 있거나, 어떤 식으로든 믿어 왔다. 결국 거의 모든 문학과 예술은 인류가 살아가는 1차적 세계, 즉 사회적, 감정적 경험의 세계를 구성하는 욕망, 고뇌,

기쁨, 비탄, 행복, 슬픔, 사랑, 증오, 통찰력과 그 결여를 탐구한다. 하지만 마음에 대한 핵심 질문은 아직도 대답하기 어려운 상태로 남아 있다. 마음과 뇌는 어떤 관계일까? 의식의 본질과 근원은 무엇인가? 어떻게 우리 머릿속에서 재생되는 천연색 유성 영화가 뇌세포의 전기화학적 활동으로부터 발생하는 걸까? 사실 어떤 면에서는 이러한 질문에 대답하기가 전보다 **더 어려워졌다**. 뇌에 관한 지식은, 정신적 삶의 근원에 관한 설명을 마무리 지은 것처럼 보였던 여러 선택지를 제거해 버리기 때문이다. 우리가 뇌에 관해 더 많이 이해할수록, 마음에 관해 우리가 가지는 생각의 복잡성과 한계는 더욱 명백해지고 있다.

이 책에서 다루는 발견의 세 영역 가운데 신경과학의 진보는 실용적 측면에서 가장 즉각적인 결과를 가져온다. 신경과학 자체는 새로운 연구 기술이 개발되면서 이제 막 권한을 위임받는 초기 단계에 있지만, 이미 임상적으로, 또 다른 방식으로 실생활에 적용되고 있다. 이러한 기술이 개발되기 전까지 뇌과학 그리고 마음의 심리학적, 철학적 이해 사이에는 굉장히 느리고 미미한 진전만이 있었다. 사실상 거의 아무런 진전도 없었다고 볼 수 있다. 이 탐구의 타깃인 뇌, 마음 그리고 그 둘의 관계가 너무나도 복잡하기 때문이다.

신경과학에 관해 생각할 때는 좋은 의미로 신중해야 한다. 엄청난 진보가 워낙 빠르게 일어나다 보니, 뇌에 관한 현재의 그림을 확정적으로 받아들이는 건 너무 섣부른 행동이다. 그럼에도 지금까지의 발견에 있어 고려해야 할 것이 많다. 그 발견이 던지는 질문들, 특히 그 발견이 시사하는 바가 무엇인가 하는 질문들은 신경과학 자체가 진보하는 만큼이나 빠르게 늘어나고 있다.

대부분의 다른 분야와 마찬가지로 여기서도 맥락과 배경이 중요하다. 따라서 지금부터 뇌와 마음에 관한 생각의 배경에 대해 알아보고, 신경과학의 새로운 기술들과 그 기술이 드러낸 사실들을 살펴본 뒤, 그것들이 정신적 삶에 관해 무엇을 말하고 있는가를 논해볼 것이다. 아울러 앞으로 신경과학으로 무엇이 가능해질지, 특히 윤리적인 측면에서 그 영향을 예측해 보려 한다.

먼저 이러한 논쟁에서 서로 관련이 있고 겹치기도 하는 분야들에 대한 큰 그림을 그려볼 필요가 있다. 여기에는 **신경과학**neuroscience, **심리학**psychology, **신경심리학**neuropsychology, **인지신경과학**cognitive neuroscience, **신경학**neurology, **심리철학**philosophy of mind 등이 포함된다.

이 다양한 이름들은 각 분야가 연결되어 있으면서도 관심의 초점이 다르다는 사실을 알려준다. 이 중 가장 포괄적인 분야는 '신경과학'과 '심리학'으로 광범위한 주제를 다룬다. **신경과학**은 신경계, 그중에서도 주로 뇌를 다루는 학문이다. 해부학, 생리학, 분자 및 세포와 그들의 성장을 탐구하는 생화학과 생물학 등 관련 있는 모든 관점에서 신경계를 바라보면서, 정상적 상태와 병리학적 상태 둘 모두를 연구한다. 연구의 주요 타깃은 뉴런neuron(신경세포)과 그 연결이다. 뉴런을 가능한 한 정확하게 이미지화할 수 있는 기술로 직접 조사하는 일뿐만 아니라, 뉴런의 상호 연결된 활동을 수학적으로 모델링하고, 그러한 뉴런 활동과 심리의 상관관계를 이해하는 일도 포함한다.

심리학은 마음과 행동에 관한 연구로, 이 두 단어가 내포하는 광범위한 현상을 다룬다. 자각, 이성, 기억, 학습, 동기, 감정, 지성, 성격, 관계, 그리고 이러한 능력의 발달, 이와 관련해 발생하는 문제, 그 문제에 대한 치료, 연구 및 응용에서 사회적, 신경학적, 약리학적, 포렌식적 방법의 사용 등을 다룬다. 심리학에는 발달심리학, 사회심리학, 임상심리학 등 전문적인 하위 분야가 많다.

신경심리학은 심리학의 전문 하위 분야 가운데 하나로, 행동과 정신적 삶이 신경계, 주로 뇌에서 어떻게 생겨나고 조정되는지 연구한다(호르몬을 생성하는 내분비계도 관련이 있다). **신경정신의학**neuropsychiatry과 결부해서 정신적 삶과 행동이 신경학적으로 어떻게 발생하는지, 신경질환 및 부상이 어떻게 인지, 행동, 정신적 삶에 장애를 일으키는지, 또 이를 어떻게 치료해야 하는지를 이해하려는 연구 프로젝트에 더해, 임상적인 측면에도 중점을 두고 있다.

인지신경과학은 뇌와 신경계의 감각 경로에 초점을 맞추면서 이것들이 지각, 기억, 주의력, 언어 능력, 의사 결정, 감정 등을 어떻게 조정하고 처리하는지 이해하고자 한다. 앞서 언급한 임상 신경심리학과 신경정신의학은 이러한 기능의 병리학적 측면을 다루지만, 병리학적 또는 결여된 기능과 대조하기 위해서는 정상적인 기능도 이해해야 한다. 간단히 말하면 인지신경과학은 뇌와 신경계가 평소에 어떻게 활동하는지를 설명하고, 인접 분야의 연구들은 문제가 발생했을 때 무엇이 잘못된 것인지, 어떻게 치료할지를 이해하려고 노력한다.

신경학은 뇌와 신경계의 질병과 부상을 전문으로 다루는 의학이다. 상당히 최근까지도, 굉장히 뛰어난 의사들은 자신들이 할 수 있는 일이 많이 없다는 걸 알면서도 관심이 있어서 신경학에 끌렸다고 말하곤 했다. 이제 의사들의 관심은 그대로이면서, 치료 가능성은 점점 커지고 있다.

이 모든 활동의 중심에는 **전념**commitment과 **핵심 질문**core enquiry이 있다. 전념은 뇌가 의식, 마음, 정신적 삶이 자리 잡은 곳이며, 이를 일으키는 중심이자 원인, 운영체계라는 명제에 대한 것이다. 일반적으로 두뇌와 마음을 연구하는 '심리학', '정신의학', '과학'에 '신경-'이 접두사로 붙는 이유다. 그리고 **핵심 질문**은 두뇌의 포괄적 이해를 목표로 하는, 신경과학 자체의 서술적이고 분석적인 측면을 뜻한다.

이 전념은 매우 강력하다. 마음과 두뇌를 별개의 실체로 여기는 대안적 견해에는 어떠한 신뢰도 부여하지 않는다. 의식과 정신적 삶이 자리한 장소가 뇌가 아닌 다른 곳이라고 주장하는 이론에도 신뢰를 부여하지 않는다. 이것을 '추정'이 아닌 '전념'이라고 부르는 이유는, 이를 지지하는 모든 증거와 더불어 그 설득력이 너무나도 강력하기 때문이다. 너무나 강력해서, 한낱 추정일 뿐인 다른 약한 주장들이 설 틈이 없다. 지적인 측면에서는 강압적이라고 할 만큼 잘 정립된 견해다.

이 전념의 힘을 이해하기 위해 다른 대안 이론들을 살펴보도록 하자. 첫째, 회의론자나 신랄한 비판가들은 신경과학이 핀홀 문제, 지도 문제, 망치 문제, 종결 문제, 은유 문제 등 탐구를 방해하는 문제 가운데 최소한 다섯 가지 이상의 예시가 된다고 말할 것이다. 처음 세 문제는 서로 연결돼 있다. 사람의 뇌에는 천억 개 정도(지금까지 가장 정밀하게 계산한 바로는 대략 860억 개 정도)의 뉴런이 작고 **빽빽**하게 들어차 있고, 그 사이의 연결은 **100조 개**에 달한다고 한다. 수많은 뉴런들이 계속해서 자라거나 죽으면서 그 사이의 연결도 끊임없이 변하고 있다. 현재 가능한 최고의 기술로도, 우리는 이 모든 것을 핀홀을 통해 볼 뿐이다(핀홀 문제 – 옮긴이). 엄청난 소축척 지도만을 보면서 뇌 영역을 연구하고 있다(지도 문제 – 옮긴이). 가장 최근에 등장한, 실시간으로 뇌 활동을 이미지화하는 강력한 기술(기능적 자기공명영상fMRI 및 다른 기술들) 역시 대략적인 그림만을 제공한다. 신랄한 비판가들은 fMRI가 그저 더 비싸고 첨단인 기술을 사용한 골상학이라고 말할 것이다. 예를 들어 해상도가 1밀리미터인 fMRI로 뇌를 연구한다는 건, 부엌 서랍에서 칼을 찾는 느낌이 아니라(적어도 이 정도는 되어야 의미가 있다) 우주에서 에베레스트 산을 찾는 격이다. 게다가 이게 우리가 두개골 안에서 무슨 일이 일어나는지 보는 데 사용하는 도구이기 때문에, 우리는 이 기구가 보여주는 것을 봐야 하는 것으로 받아들인다(망치 문제 – 옮긴이).[1]

처음 이 세 가지 문제에 관한 비판은 신경과학이 놀라운 장비와 높은 수준의 과학으로 연구를 하고 있음에도, 아직 초기 단계이다 보니 섣불리 결론으로 도약할 위험이 있다고 말한다. 일종의 종결 문제다. 이 점은 인정해야 한다. 하지만 신경과학이 현재 빠르게 발전하고 있는 모습에 비해 상대적으로 초기 단계에 있다고 해서, 신경과학 자체를 부인할 수 있는 건 아니다. 이러한 비판은 기껏해야 지금까지 결론지은 것들에 대한 경고나 보류 정도에 해당한다. 비판가들은 지금까지 배운 것과 이를 바탕으로 앞으로 할 수 있는 일들의 범위와 중요성을 과소평가하고 있다.

은유 문제를 바탕으로 한 비판은 더 중요하다. 신경과학 연구에서 쓰이는 은유는 **계산** 은유이다(이에 대한 자세한 설명은 뒤에 나온다 – 옮긴이). 이 은유는 너무나 강력해서 어떠한 도전도 받지 않고 있다. 하지만 계산 은유는 인지와 정신적 삶을 설명하는 오랜 은유들 가운데 가장 최근에 등장했다. 따라서 최소한 조사를 통해 그 적절성을 입증해야 할 필요가 있다(이 분야에서 은유가 '설명'이라는 무거운 짐을 상당 부분 지고 있기 때문에 더욱 그렇다). 적어도 의식에 관한 최근 이론 가운데 하나는 계산 은유를 완전히 부인한다.

마음에 관해 생각하는 것은 언제나 은유와 직유에 의존해 왔다. 우리의 무지를 보완하려면 결국 비교라는 자원을 활용해서 설명해야 하기 때문이다. 초기 근대 시기인 16세기에는 뇌가 작동하는 방식을 시계 장치나 유압 장치에 빗대는 은유가 선호됐다. 둘 다 인류의 경이로운 업적이다. 시계 장치는 수 세기 동안 사용됐지만(제1부에서 기술에 관해 언급한 부분을 참고하자), 점차 소형화됐다. 마치 미세한 톱니바퀴와 용수철로 이루어진 작은 뇌처럼, 일단 움직이기 시작하면 사람이나 동물이 조작할 필요 없이 온 세상이 알아서 움직였다. 실제로 많은 사람이 시계 장치 은유를 우주 전체에도 적용했다. 그 장치의 '신성한 제작자'로는 신이 지명됐다.

물의 흐름은 오랫동안 시계를 포함한 다양한 장치의 에너지원으로 사용됐다. 16세기와 17세기에는 유압식 장비가 조각상을 움직이고 말하도록 하는 데 쓰이면서. 생 제르맹 앙 레Saint-Germain-en-Laye의 정원 등을 방문한 사람들에게 놀라움을 선사했다. 데카르트 역시 이 정원에서 영감을 받아 뇌와 신경계를 메커니즘으로, 동물을 ('영혼이 없다'는 이유로) 의식이 없는 기계로 여기는 견해를 지니게 됐다.[2] 뇌를 기계에 비유하면서, 자연이 작용하는 다른 많은 부분 역시 기계에 비유하게 된 것도 이 시기였다 (그래도 여전히 마음은 뇌와 개별적인 실체로 인식됐으며, 뇌가 작동하려면 **정신적** 활성이 입력돼야 한다고 여겼다).

19세기에 들어서면서 뇌에 대한 은유는 조금 더 제자리를 찾아가기 시작했다. 전기와 전기가 신경에 미치는 영향에 대한 발견이 첫 번째 단서였다. 그다음 전신telegram 체계와 뒤이은 전화 체계에 빗댄 은유가 그림을 완성했다. 메리 셸리Mary Shelley의 아버지인 윌리엄 고드윈William Godwin은 1790년대에 런던에서 시체에 전기를 가하는 갈바니즘galvanism 공연을 목격했다(시체 근육에 전기 자극을 가하는 내용을 다룬 루이지 갈바니의 저서 『근육 운동에서의 전기 작용에 대하여』는 1791년에 출간됐다). 이는 셸리의 소설 『프랑켄슈타인』에 영감을 주었다. 당시 현장에 있던 몇몇 사람들은 전기

자극을 받고 시체가 움직이자 공포에 질려 실신하기도 했다. 뇌에 대한 전화 은유는 매우 적절했기 때문에 20세기까지 지속했다. 전화 교환국은 현미경으로 관찰할 수 있는 신경망에 대한 좋은 모형처럼 보였다.

하지만 1950년대에 컴퓨터가 등장하면서, 구조 면에서도 작동 면에서도 훨씬 더 강력하고 설득력 있는 은유가 등장한다. 바로 계산computation 은유다. 계산이란 어떤 결과를 목표로 연산이나 절차를 규칙이나 알고리듬에 따라 순차적으로 수행하는 일을 뜻한다. 대수학에서는 방정식을 푸는 게 목표다. 뇌 영역에서는 예를 들어 식탁 위에 있는 컵을 집어드는 것을 목표로 시각과 운동 제어를 조정하고, 거리, 각도, 근력, 손가락의 수축과 확장 등을 계산한다. 계산 은유는 뇌에 '피드백', '부호', '알고리듬', '정보'와 같은 강력한 개념들을 도입한다.

이러한 **계산** 은유의 가장 큰 문제는 뇌가 정말 디지털 장치인지, 그렇다면 어느 정도까지 디지털인지가 명확하지 않다는 점이다. 뇌는 우리가 아는 디지털 장치처럼 이진법이나 산술을 사용하지 않는다. 뇌의 내부, 그리고 세계와의 감각 인터페이스에서 계속해서 변화하는 자극의 흐름은 아날로그적인 측면을 보인다. 하지만 그렇다고 완전히 아날로그 장치인 것도 아니다. 그 대신에 뇌는 추정 및 통계적 근사치로 정보를 다루는 것처럼 보인다. 이러한 처리는 비결정론적이기 때문에(불변적이거나 자동적이지 않기 때문에), 정보처리가 아무런 변동도 없이 똑같이 되풀이되지는 못한다. 뉴런이 활성화할 때 흥분excitation과 억제inhibition는 전기 회로처럼 켜지거나 꺼지거나 둘 중 하나이다. 즉, 이진법이다. 하지만 흥분과 억제의 가중치를 고려한 최종 출력은 아날로그적인 성격을 띤다. 정리하자면 두뇌는 이진법적이면서도 아날로그적인 방식으로, 또 이진법적이지도 아날로그적이지도 않은 방식으로 작동하는 것처럼 보인다. 만약 그렇다면, 뇌가 정보를 처리하고 배치할 때 **계산**을 수행한다 하더라도, 비판가들이 주장하는 것처럼 우리는 그 계산에 대한 모형을 아직도 찾지 못했다.[3]

뇌는 그 자체로 은유이자 모형이 된다. **신경망**neural network은 연속적으로 적용된 알고리듬에 따라 작동하는 단위들의 체계적 집합이다. 이 단위들은 출력을 산출하기 위해서 상호적으로 가중된 신호 다발을 앞쪽으로 전달한다. 이때 시스템은 반복 실행을 통해 결과를 생성하는 법을 훈련받을 수 있다. 더 정확히 말하면, 배울 수 있다.[4] 연결주의 모델 connectionist model은 신경망과 병렬 분산 처리parallel distributed processing를 이용해 뇌 활동을 모방한다. 뇌가 연결주의 네트워크에 비유되고, 또 신경 네트워크가 뇌에 비유되는 이 상호적 모형의 힘과 유용성은 결국 '계산'이 그저 은유가 아니라 실제 두뇌 활동에 대한 정확한 묘사라는 관점에 설득력을 더한다. 하지만 이는 로저 펜로즈Roger Penrose와 같이 대안적 견해를 지지하는 사람들을 설득하는 데에는 실패했다.[5]

이 시점에서 마지막으로 다루고자 하는 요점은 그 무엇보다도 중요한 요점으로, 바로 신경과학에의 '전념' 자체에 관한 것이다. 이 분야의 기본 전제, 즉 뇌신경생리학brain physiology의 용어로 마음을 완벽하게 설명할 수 있다는 언질 말이다. 비록 이 우주에 궁극적으로 물리학의 문제가 아닌 것은 하나도 없지만, 그럼에도 나는 뇌가 마음에 관한 이야기의 전부는 아니라는 점을 보일 것이다. 또한 이 그림에는 여전히 '신경–'이 접두어로 붙은 또 다른 분야, 예를 들면 뇌의 사회적 환경의 역할을 밝히는 것을 목표로 하는 **신경사회학**neurosociology이 필요하다는 점을 보일 것이다. 이는 간과되었지만 잠재적으로 중요한 요점이다.

마음은 관계적 개체라서 두개골 안에서 일어나는 일로만 여겨서는 이해할 수 없다는 관점에서, 마음은 뇌가 다른 뇌 또는 물리적 주변 환경과 상호작용한 결과물이다. 신경과학은 '좁은 내용'(뒤에서 더 자세히 설명한다 – 옮긴이)을 기반으로 정신 현상을 다루곤 한다. 뇌에 관해 알아야 할 모든 것이 뇌 안에 있다고 가정한다. 이는 뇌가 본질적으로 상호작용적 장치라는 풍부한 함축성을 간과한 것이다. 그 입력과 출력, 사회적, 물리적 세계와의 연결이 인지와 정신적 삶을 만들어 내는 핵심이며, 뇌의 발달과 활동 및 손상과 결함의 근원이라는 점을 놓치고 있는 것이다. 이러한 지적은 앞서 언급한 다양한 인접 분야 가운데 마지막, 즉 **심리철학**과 연관이 있다.

이 모든 문제와 관련해 혜안을 얻으려면 지금의 신경과학이 있기 전에는 마음에 대한 생각, 마음과 몸의 관계에 대한 생각이 어떠했는지, 또 그렇게 생각한 이유는 무엇인지 살펴보아야 한다. 다음 절에서 마음과 뇌에 관한 지식의 최전선은 과거에 어떤 위치에 있었으며, 왜 그런 위치에 있었는지 살펴보도록 하자.

1. 마음과 심장

과학적 이해, 특히 신경과학적 이해에 많은 진보가 있었음에도, 오늘날에도 여전히 세계 인구의 대다수가 마음을 뇌나 몸과는 다른 것으로 여긴다. 마음을 영혼, 아니면 영혼과 밀접한 무언가라고 모호하게 인지한다. 이는 사람이 육체적으로 죽은 후에도 의식과 기억을 지닌 채로 천국, 연옥, 지옥 등 어떤 비물리적 체계의 목적지로 간다고 가정하면서, 죽은 자에게는 또 다른 세계가 기다리고 있다고 믿는 종교적 세계관의 기본 가정이다.

　민주주의적 충동을 느낀다면 유감이지만, 다수가 지닌 이 형이상학적 관점은 틀렸을 가능성이 더 크다. 이러한 사후 세계에 대한 믿음은 역사가 짧은 편인 기독교나 이슬람교 신도 사이에서는 표준이 됐지만, 어쨌든 보편적으로 받아들여지지는 않는다. 초기 기독교인들은 육신을 떠난 영혼이 향할 사후 세계를 믿은 게 아니라, 자신들 견해의 기원이 되는 유대교 종파의 신도들처럼 육신의 부활을 믿었다. 신체와 분리된 '불멸의 영혼'에 대한 플라톤의 개념이 (신플라톤주의 형태로) 기독교 사고에 유입된 것은 대략 4세기 이후의 일이다. 그 이유는 예상했던 재림이 일어나지 않았고, 또 거룩한 자는 '부패'하지 않는다는 기독교 신앙의 암시와 달리 순교자, 신자 등 '성자'의 시체가 무덤 속에서 썩어갔다는 점이 드러났기 때문이다. 『카라마조프가의 형제들The Brothers Karamazov』에서는 조시마 장로가 죽은 후 그 시체가 급속히 부패하자 열성적인 신자들이 크게 실

망하는 장면이 나온다.[1]

사실 영혼의 지적인 부분이 육체와 분리된다는 플라톤의 견해는 심지어 그가 살던 시대에도 널리 받아들여지지 않았다. 『파이돈Phaedo』 또는 『영혼론On the Soul』에서 소크라테스의 대화 상대들은 영혼의 불멸성에 관한 그의 주장에 회의적인 태도를 보였다. 이는 그리스 신화에서 죽은 이들의 목적지인 '저승'을 어떤 곳으로 이해했는지 의문을 불러일으킨다(그곳이 바람직한 곳이 아니라는 점은 알고 있지만). 영웅적 충동은 사후에 보상으로 어떤 장소에서 사는 게 아니라, 다른 사람들의 기억 속에서 존경받으며 살아남고 싶은 열망의 지배를 받았다.

중국의 조상 숭배, 이집트의 미라화 및 정교한 부장품, 그리고 선사시대의 부장품으로 추측되는 물건들을 보면, 사후에도 어떤 형태로든 존재가 지속한다는 믿음이 있었음을 추측할 수 있다. 다만 존재가 신체 없이 지속할 거라고 믿은 건지, 아니면 신체가 있을 거라 믿어서 물건들을 함께 묻은 건지는 불분명하다(미라화는 후자를 암시한다).

이는 마음이 무엇인가 하는 질문이 인류 역사 내내 이어져 왔다는 사실을 보여준다. 육체가 살아 있는 동안 마음이 **어디에** 있는가 하는 질문도 마찬가지다. 사실 마음의 위치에 관한 질문은 오늘날에도 여전히 살아 있다. 단순히 종교인들 사이의 이야기가 아니다. 놀랍게도 마음의 위치(물리적인지 아닌지와는 별개로)에 관한 두 경쟁 이론, 즉 마음이 뇌에 있다는 이론과 심장에 있다는 이론이 근대까지 이어졌다. 가장 유명한 최후의 심장 이론 지지자 가운데 한 명은 심혈관 순환의 발견자 윌리엄 하비William Harvey였다.[2]

심장이 마음의 위치라는 말을 들으면 비웃고 싶을지도 모르겠지만, 당대 가장 뛰어나고 진보한 과학자였던 아리스토텔레스조차 심장 이론을 지지했다. 아주 오래전부터 활발히 진행되던 뇌냐 심장이냐 하는 논쟁에 참여하면서 한쪽 편을 든 셈이다. 하지만 아리스토텔레스에게는 어느 정도 두 주장을 화해시키려는 의도도 있었다. 그는 뇌와 심장이 상호작용하는 단일 시스템을 구성한다고 보았다.

이 논의는 일반적으로 소크라테스 이전 시대의 철학자, 크로톤Croton의 알크메온Alcmaeon에서 출발한다. 알크메온은 기원전 510년경에 태어났으며, 피타고라스의 제자였다고 여겨진다. 남부 이탈리아에 있는 그리스 식민지였던 크로톤은 그리스 세계에서 의학 연구의 주요 중심지 중 하나였다. 알크메온은 피타고라스의 사상에 영향을 받았지만, 그의 해부학적 연구에서 확인할 수 있듯이 경험적 접근법을 사용했다. 알크메온은 유스타키오관Eustachian tube(코 뒷부분과 중이를 연결하는 인두고실관) 및 눈과 시신경의 해부학적 구조를 묘사했다고 전해진다. 여기에는 그가 좌우 시신경의 접합부라고 생각한 시신경교차도 포함된다(사실 시신경교차는 좌우 시신경이 뇌 뒤쪽의 일차 시각겉질로 들어가면서 서로 교차하는 지점이다).

우리가 알크메온에 관해 아는 지식은 칼키디우스Calcidius의 작품에서 비롯한 것이다. 칼키디우스는 플라톤의 마지막 대화편『티마이오스Timaeus』를 라틴어로 번역했다. 중세까지는 유일하게 전문이 알려져 있던 플라톤의 작품이다. 칼키디우스는 주로 플라톤의 우주론에 관심이 있었지만, 최초로 해부학적 연구를 위해 절개술을 시행한 사람으로서 알크메온의 업적을 지나가듯 언급하고 있다. 알크메온이 사람을 해부했는지, 다른 동물을 해부했는지는 알려져 있지 않다. 하지만 어느 쪽이든 이를 통해 알크메온은 정신적 삶이 뇌에 자리하고 있다고 생각하게 됐다.

알크메온은 시신경이 결합된 것을 보고 왜 두 눈이 항상 협력해서 작동하는지를 이해했다. 그는 시신경을 뇌로 '빛을 매개하는 경로'라고 불렀고, 눈 자체가 빛을 담고 있다고 생각했다. 바람이 불거나 재채기를 해서 눈에 압력이 가해지는 경우 또는 시신경이나 망막에 질병 및 손상이 발생하는 경우, 눈앞에 '별이 보이거나' 불빛이 반짝이는 느낌인 안내섬광이 일어나는데 이를 눈에 빛이 들어 있다는 근거로 삼았다. 이러한 견해는 18세기에 들어서야 비로소 버려졌다.[3]

소크라테스 이전 시대의 많은 철학자가 알크메온의 견해를 공유했다. 그중에는 이후 플라톤에게 영향을 주는 데모크리토스도 있었다. 데모크리토스와 그의 스승 레우키포스는 모든 것이 원자 또는 원자가 움직이는 빈 공간으로 이루어졌다고 주장했다(제1부에서 나왔지만 둘 다 원자론자다). 원자들은 정제된 정도가 다 달랐다. 가볍고, 빠르고, 완벽한 구 모양의 원자들은 프시케psyche(영혼, 정신 등을 뜻한다. 그리스어로 원래는 생명이라는 뜻이다 – 옮긴이)를 구성했다. 이 원자들은 몸 전체에 퍼져 있되, 주로 머리 쪽에 모여 있었다. 그보다 덜 정제된 원자들은 주로 심장에 모여서 감정의 위치를 구성했고, 그보다도 덜 정제된 원자들은 간에 모여 식욕, 성욕 등 욕망의 위치를 구성했다.

이렇게 영혼의 기능을 이성, 감정, 욕망 셋으로 나누고 각각의 위치를 설정한 개념은 이후에 플라톤에 의해 받아들여졌다. 플라톤은 『티마이오스』에서 '신은 우주의 구형을 모방해서 구형의 신체, 즉 우리가 머리라 부르는 부분에 신적인 두 개의 회전(인간의 혼으로, 같음과 다름의 두 회전으로 이루어진 우주의 혼을 모방한 것이다 – 옮긴이)을 묶어 넣었다. 머리는 우리의 가장 신성한 부분이자, 우리 안에 있는 모든 것의 주인이다. 신이 몸을 조립할 때, 다른 신체 부위는 전부 머리의 하인으로 만들었다.'[4]

히포크라테스와 그의 학파는 뇌가 생각과 감정의 위치라고 주장했다. '우리의 기쁨, 즐거움, 웃음, 재미, 그리고 슬픔, 고통, 분노, 눈물의 원천은 바로 뇌다. 뇌는 우리가 생각하고, 보고, 듣게 해주는 기관이다.' 수면 장애, 건망증, 기벽도 뇌 때문에 일어난다. 그뿐만 아니라 히포크라테스는 '신성한 고통sacred sickness'이라 불리던 뇌전증 역시 신성함이나 초자연적 현상과는 아무런 상관이 없고, 뇌에서 점액phlegm을 빼내지 못해서 발생하는 고통이라며 신랄하게 비판했다.

히포크라테스 학파는 해부학적 절개를 하지는 않았지만, 전반적으로 임상적 관찰과 경험에 의존했다. 따라서 질병의 징후는 그런대로 잘 묘사했지만, 질병의 원인을 다루는 데에 문제가 있었다. 앞에서 점액을 언급한 것처럼, 이들은 '혈액, 점액, 황담즙, 흑담즙'이라는 네 가지 체액의 균형과 불균형이 건강과 질병을 설명한다고 생각했다. 그러나 근본적인 해부학과 생리학에 관한 지식은 부족했을지라도, 히포크라테스는 주석에서 볼 수 있듯이 심장이 생각이나 감정과 관련 있다는 주장을 단호히 거부했다.[5]

하지만 알크메온에서 히포크라테스로 이어지는 뇌 이론의 전통은 소수의 견해였다. 이보다 훨씬 오래되고 널리 받아들여진 견해는 아리스토텔레스가 단정적으로 수용한 심장 이론이었다. 아리스토텔레스는 뇌 이론이 '틀렸다고' 일축하면서 마음의 위치가 심장임을 지지하는 강력한 경험적 근거를 다음과 같이 설명했다. 경험에 따르면 감정이 심장에 영향을 미친다는 것은 확실하다. 두렵거나, 흥분하거나, 분노하거나, 각성하면 심장이 빠르게 뛴다. 진정했을 때는 심장이 안정되고 천천히 뛴다. 한편 감정적으로 어떤 상태에 있든지, 뇌에서는 아무것도 느껴지지 않는다. 심장은 감각 경험에 필요한 혈액의 원천이며, 따뜻하다. 이러한 온기는 고등생물임을 암시한다. 뇌는 상대적으로 피가 적고, 차갑고, 감각이 없다. 심장 자체는 고통을 직접 느끼지만, 살아 있는 동물의 뇌 자체는 어떠한 고통이나 불편함도 없이 절개될 수 있다. 심장은 혈관계를 통해 몸의 모든 근육 및 감각기관과 이어져 있다. 혈액이 부족한 뇌는 그렇지 않다. 심장은 생명에게 꼭 필요하지만, 뇌는 아니다. 이 세상에 심장이 없는 동물은 거의 없지만, 뇌가 없는 동물은 많다. 심장은 태아에서도 가장 먼저 발달하고, 삶이 끝날 때는 기관 중에 가장 마지막으로 작동을 멈춘다. 뇌는 태아에서 심장 이후에 발달하고, 죽을 때도 심장보다 먼저 멈춘다. 눈, 귀, 코, 입은 편의상 높은 곳이 유리해서 머리에 달려 있는 것이지, 이 기관들이 뇌와 가깝다고 해서 여기서 수용한 감각 정보들이 두뇌를 향한다는 뜻은 아니다. 감각은 몸 전체에서 발생하며, '공통감각common sense'으로 통합될 중심점이 필요하다. 이것이 심장이 그 중요성에 걸맞게 몸 한가운데에 있는 이유다.[6]

하지만 아리스토텔레스는 그렇다고 뇌가 중요하지 않다는 의미는 아니라고 말했다. 오히려 심장이 뜨거운 기관이기 때문에 '냉정하고 정확하게, 합리적으로 작동하도록 균형을 맞춰줄 차가운 기관이 필요하며, 따라서 선천적으로 차가운 두뇌가 심장의 열기와 소란을 진정시켜주는 것'이라고 말했다. 두꺼운 근육, 뼈, 막 등으로 싸여 있는 심장과 달리 뇌는 거의 뼈로만 둘러싸여 있어서 더 차갑다. 열을 더 쉽게 발산해 피를 식힌다. 우리는 추운 날씨에 쓰는 모자가 뇌에서 방출하는 열을 일부 보존한다는 걸 안다. 만약 뇌가 너무 뜨거워지면 충혈되면서, 뇌전증의 원인인 점액을 생산한다. 하지만 요점은 뇌야말로 심장이 적절한 온도를 유지해서 생각과 감정 작업을 제대로 수행하도록 도와주는 필수 보조기관이라는 사실이다. 따라서 인간의 두뇌가 큰 것은 다른 동물보다 지능이 뛰어나다는 특성과 연관이 있다. 뇌가 크면 열을 더 잘 발산하기 때문이다. 또 의도한 건 아니지만 아리스토텔레스는 정신질환이 뇌의 오작동으로 발생한다는 올바른 주장을 펼쳤다. 비록 그 원인을 뇌가 심장을 효율적으로 식히지 못했기 때문이라고 잘못 짚었지만 말이다.

마음에 관한 아리스토텔레스의 논의를 다룰 때 종종 간과되는 한 가지는 그리스 철학에서 마음이란 **프시케**(라틴어로는 **아니마**anima)라는 개념으로, 지금과는 사뭇 달랐다는 점이다. 이는 사물에 **생기를 불어넣거나**, 살아 있게 유지하는 힘, 또 무생물과 생물을 구분 짓는 '운동과 변화'의 원리였다. 운동과 변화는 아리스토텔레스가 특히 중요하게 여긴 개념이었다. 그는 이전 시대 철학자들이 이러한 현상이 일어나는 원리를 설명하는 데 실패했다고 비난했다. 또 (제논이 고안한 운동의 역설이 보여주듯이) 운동과 변화가 불가능하다는 파르메니데스의 견해에 반대했다.[7] 아리스토텔레스에게는 정적이고 차가운 뇌와 대조되는, 박동하는 따뜻한 심장이야말로 생각과 감정을 포함한 모든 형태의 행동 원리가 자리 잡을 수 있는 최적의 후보였다.

시대를 훨씬 앞서 간 생물학자였던 아리스토텔레스는 달팽이에서 코끼리까지 크기가 다양한 동물 총 49마리를 해부했다. 이 과정에서 아리스토텔레스는 뇌를 조사하고 뇌척수막meninges(뇌와 척수를 둘러싼 3개의 막 – 옮긴이), 뇌반구, 뇌실ventricle(뇌척수액으로 차 있는 뇌 속 빈 공간 – 옮긴이) 등을 확인했다. 실제로 어떤 경우에는 살아 있는 동물을 해부하기도 했다. 따라서 그가 뇌의 실제 기능을 알아차리지 못했다는 점은 꽤 놀라워 보일 수도 있다. 아마도 아리스토텔레스가 의사는 아니다 보니 머리를 다쳐 어떤 정신적 결함을 보이는 환자를 관찰하고 치료한 경험이 없었기 때문이 아닐까 싶다. 뇌의 같은 부위를 다친 다른 환자들이 비슷한 정신적 결함을 보인다는 사실을 알아차릴 기회가 없었던 것이다. 만약 이런 기회가 있었다면, 아리스토텔레스의 주장을 옳은 방향으로 이끌어 줄 큰 지침이 됐을 것이다.

찰스 그로스Charles Gross는 이집트와 동부 지중해 세계에 대한 알렉산드로스 대왕의 정복 및 헬레니즘화 이후 수 세기 동안 전반적인 과학의 발전, 특히 앞서 언급한 한계점에도 불구하고 뇌를 이해하는 데 있어 아리스토텔레스가 미친 긍정적 영향을 강조했다. 알렉산드로스 대왕의 어릴 적 친구였다가 이집트의 통치자가 된 프톨레마이오스 1세는 알렉산드리아에 무세이온Musaeum이라는 거대한 기관을 설립했는데, '뮤즈의 신전'이라는 뜻의 무세이온은 대학이자 연구기관이었다. 이곳에서 수많은 학자가 국가의 지원을 받아 공부하고 학생들을 가르치고, 연구했다. 프톨레마이오스 1세가 무세이온을 설립하는 데 조언을 해준 사람들은 아리스토텔레스의 주요 추종자이자 후계자인 테오프라스토스Theophrastos의 제자들이었다. 프톨레마이오스는 테오프라스토스가 무세이온으로 와서 직접 감독하도록 설득했지만, 테오프라스토스는 제자 스트라톤Strato과 데메트리오스Demetrios를 대신 보냈다. 이들은 여러 면으로 아리스토텔레스의 학교 리시움Lyceum의 연장선상에서 기관을 꾸려나갔다. 아리스토텔레스의 실용과학, 특히 해부가 무세이온에서 계속됐다. 이는 칼케돈Chalcedon의 헤로필로스Herophilos와 키오스Ceos의 에라시스트라토스Erasistratos의 연구에서 볼 수 있듯이 해부학, 특히 신경해부학의 번영으로 이어졌다. 이들은 인체 해부를 체계적이고 광범위하게 수행한 것으로 알려진 최초의 해부학자들이다. 테르툴리아누스Tertullian는 이들이 사형수 600명 이상을 산 채로 해부했다고 주장했다.

헤로필로스와 에라시스트라토스의 주요 관심사 중 하나는 바로 뇌였다. 헤로필로스는 최초로 대뇌와 소뇌를 구분했고 시신경과 눈돌림신경oculomotor nerve 사이의 연관성을 알아냈으며, 눈 자체의 내부 구조를 인식하고 머리뼈 안의 신경과 혈관의 차이를 알아차렸다.[8] 에라시스트라토스는 심장 판막을 묘사하고 심장이 펌프 같은 역할을 한다는 사실을 알아차렸으며, 운동 신경과 감각 신경을 구별하고 이 두 종류가 뇌까지 가는 경로를 추적했다. 두 사람 모두 경험에 의거하여 마음의 위치가 뇌라고 결론지었다.

테르툴리아누스는 알렉산드리아에서 행해진 인간 생체 해부에 대한 기독교 사상가들의 분노를 표명했다. 반면 로마의 역사학자 켈수스Celsus는 '범죄를 저지른 사람들을 희생해서 무고한 사람들을 치료할 방법을 찾아내는 것은 많은 이들이 주장하는 것처럼 잔인한 일이 아니다. 그리고 희생되는 사람들은 소수일 뿐이다'라며 생체 해부를 옹호했다.[9] 이런 **종류**의 정당화는 오늘날 살아 있는 동물을 대상으로 하는 실험을 옹호할 때도 사용된다. 이 문제에 대해 사람들은 설사 실험에 동원된 사람이 소수라도 테르툴리아누스의 견해에 동의하는 경향이 있다. 실제로 그로스가 관측한 바에 따르면, '사람의 생체를 해부하는 일은 (제3제국 전까지는) 다시는 체계적으로 실행되지 않았다(어쩌면 1930년대와 1940년대에 일본이 점령한 영토에서 자행한 생체 해부 실험을 그로스가 덧붙였을지도 모르겠다). 새로운 중세 대학에서 되살아나기 전까지 서양에서는 생체가 아닌 시체 해부조차도 행해지지 않았고, 의학이나 과학적 목적이 아니라 법의학 목적으로만 행해졌다.'[10]

그로스는 알렉산드리아 학자들이 인간 해부를 받아들인 것은 미라를 만드는 이집트의 풍습 때문이라는 흥미로운 주장도 펼쳤다. 미라를 만들려면 방부 처리를 하기 전에 시체에서 뇌와 다른 기관을 제거해야 한다. 또 다른 이유는 그리스가 이집트를 지배하는 위치에 있었기 때문에, 양심의 가책을 거의 느끼지 않고 죄수들을 생체 실험의 대상으로 대했다는 것이다. 게다가 일반적으로 헬레니즘 세계에서는 시체가 그것을 조종하던 사람이 떠나고 남겨진 껍데기에 불과하다고 여기게 되었으므로, 이를 다룰 때 별다른 감정의 동요가 없었다. 변명 또는 복합적인 이유가 무엇이든지 간에, 해부학은 한때 알렉산드리아에서 번성했지만, 더 중요한 진보가 일어나기까지는 그로부터 4세기가 더 걸렸다. 이번에는 갈레노스Galen의 연구를 통해서였다.

갈레노스는 동물의 사체 및 생체 해부를 바탕으로 뛰어난 해부학자가 됐다. 당시 로마에서는 사람의 시체를 해부하는 게 금지되어 있었다. 따라서 인간의 해부학적 구조를 이해하기 위해 갈레노스는 가장 가깝고 비슷한 동물인 원숭이, 특히 바바리마카크Barbary macaque를 해부했다. 대상이 동물로 제한되다 보니, 어쩔 수 없이 인간의 해부학적 구조를 잘못 추론한 부분들이 있었다(이러한 잘못된 추론은 16세기 베살리우스의 연구가 있기 전까지는 완전히 밝혀지지 않았다). 하지만 갈레노스의 천재성은 이런 한계를 상당 부분 보완했다.

다작을 하는 연구자이자 사상가였던 갈레노스는 의학, 철학, 윤리학에 관한 논문을 500편 이상 썼다. 갈레노스는 히포크라테스와 플라톤을 찬양하면서, 아리스토텔레스와 에라시스트라토스의 견해를 반대했다. 다른 고대 문헌들과 마찬가지로 갈레노스의 말뭉치는 일부만이 살아남았다. 특히 191년 로마에서 일어난 도서관 화재로 많은 작품이 소실됐다고 전해진다. 살아남은 작품들은 이후 아랍과 유럽의 의학에 지대한 영향을 미쳤다. 실제로 갈레노스는 르네상스 시대까지 의학의 **권위자**였다.

갈레노스는 히포크라테스를 존경했지만, 본인의 연구에서는 증상을 관찰하는 데 그치지 않고 그 생리학적 근거를 조사하기 위해 직접 수술용 메스를 들었다. 갈레노스의 관심사는 해부학과 생리학을 넘어서 약용 식물을 채집하고 처방하는 약리학pharmacology과 정신신체질환(심리적 요인으로 일어나는 신체 질환 – 옮긴이)을 알아차리고 설명하는 심리학까지 뻗어 나갔다. 그는 해부와 수술에 쓰이는 외과 도구들을 발명하기도 했다. 갈레노스는 특히 히포크라테스의 4체액설에 영향을 받은 이전 시대의 의학 이론들에 조예가 깊었는데, 이들이 시사하는 바 중 하나는 체액 사이의 불균형이 신체적 질병을 일으킬 뿐만 아니라, 체액 중 어느 한 가지가 다른 체액보다 우세하면 성격과 심리에도 영향을 미친다는 것이었다. 그에 따라 사람의 기질을 혈액이 우세한 다혈질sanguine, 황담즙이 우세한 담즙질choleric, 흑담즙이 우세한 우울질melancholic, 점액이 우세한 점액질phlegmatic로 나누었다(각각의 기질은 순서대로, 변덕스럽지만 활기차고 외향적인 사람, 화를 잘 내지만 카리스마 있는 사람, 우울하지만 예술적인 사람, 수줍음이 많지만 침착하고 이성적인 사람으로 여겨졌다 – 옮긴이).

갈레노스의 이론에서 핵심 개념은 **프네우마**pneuma이다. 문자 그대로는 '숨결'이라는 뜻이지만 '정기spirit'라는 뜻도 지닌다. 프네우마는 폐로 흡입되어 심장, 간, 뇌를 거친 뒤, 몸의 나머지 부분으로 전달된다. 프네우마는 심장에서 **생명의 정기**pneuma zotikon로 변해 몸에 온기(생명)를 불어넣고, 뇌에서 **프시케 또는 동물의 정기**pneuma psychikon, 다시 말해 마음 또는 영혼으로 변한다. 프시케는 뇌실을 차지하고 거기서 온몸에 퍼진 신경을 활성화하며, 운동을 전송하고 감각을 수신한다. 뇌는 사고, 기억, 상상, 의지, 감각 등 모든 인지 기능의 위치다. 갈레노스는 뇌를 지배자 또는 통치자라는 뜻에서 **헤게모니콘**hegemonikon이라 불렀다.

갈레노스는 해부 연구를 통해 전체 12개 중 10개의 **뇌신경**cranial nerve, 두 대뇌반구를 잇는 **뇌들보**corpus callosum, 뇌실, 해마hippocampus의 **뇌활**fornix이나 중간뇌midbrain의 **덮개**tectum와 같은 조직, **미주신경**vagus nerve(제10뇌신경

Cranial Nerve 10)에서 갈라져 나와 후두 근육으로 이어지는 **되돌이후두신경** recurrent laryngeal nerve, 뇌 혈액 공급 등을 확인했다. 그리고 척수를 다친 병사들이 부상 정도에 따라 마비 및 무감각의 정도가 다른 점을 관찰하고, 원숭이 생체 해부에서도 척수를 다르게 잘라 같은 현상을 확인하면서, 운동 및 감각에서 척수의 중요성을 확인했다. 갈레노스는 5번 목뼈cervical vertebra(사람의 경우 목에서 후두와 비슷한 높이)에서 척수가 잘리면 모든 사지가 마비되고 감각을 잃지만, 가로막diaphragm은 움직인다는 점을 알아냈다. 척수를 세로로 반 잘라내면 잘라낸 쪽과 같은쪽ipsilateral 신체에서는 수의운동voluntary movement(의지에 따라 마음대로 할 수 있는 운동 – 옮긴이) 능력이 소실되고, 반대쪽contralateral 신체에서는 온도와 통증을 느끼는 감각이 소실된다. 신체 반쪽의 근육이 마비되거나 약화되는 **편마비**hemiplegia가 얼굴마비와 함께 오는 건 그 반대쪽 대뇌반구에 병변이 일어난 결과다. 이는 뇌신경이 개입하고 있다는 걸 암시한다. 한편 얼굴마비 없이 오는 편마비는 병변이 척추에 있다는 것을 암시한다. 갈레노스는 머리속 혈종(두개골 안에서 출혈이 일어나 고인 혈액)을 빼내고 압력을 낮추기 위해서, 머리를 다친 환자들의 두개골에 구멍을 내기도 했다. 전체적으로 갈레노스는 뛰어난 해부학자이자 의학자였다.[11]

『티마이오스』에 감명을 받은 갈레노스는 자신의 생리학에서 프네우마의 위치를 설명할 때 마음은 뇌에, 감정은 심장에, 욕망은 간에 있다는 플라톤의 '영혼삼분설'을 반영했다. 앞서 언급한 것처럼 '마음'은 이성, 기억, 지각, 상상, 의지로 이루어져 있다. 프네우마의 세 위치 사이에 **부조화**dyskrasia가 일어나면 정신질환이 발생한다. 마치 네 개의 체액 사이에 불균형이 일어나면 신체 질병이 발생하고, 불균형 정도가 약한 경우에는 성격에서 다른 기질이 두드러지는 것과 비슷하다. 갈레노스는 조증mania,

섬망delirium, 뇌염phrenitis, 망상분열증paraphrenia, 혼수coma, 강경증catalepsy, 뇌전증, 치매dementia 등 다양한 정신질환과 뇌 질환을 묘사했다. 그리고 사랑이나 야망 같은 열정을 정신질환과 구분하는 데 주의를 기울이면서, 열정의 경우에는 너무 심각해지더라도 의학 치료가 아니라 상담(오늘날의 심리치료psychotherapy)으로 해결해야 한다고 주장했다. 이 부분에 있어서 갈레노스는 '마음의 평화'인 **아타락시아**ataraxia를 얻는 방법에 대한 스토아학파의 조언을 차용했다. 즉, 주변 세상에서 통제할 수 없는 부분을 용감히 직시하고, 자신의 내부에 있는 욕구, 두려움, 욕망을 정복해야 한다는 것이다.[12]

갈레노스의 저서는 16세기까지 의학계에서 성서나 다름없었다. 기독교와 이슬람교 양쪽 교리에서 금지했기 때문에, 13세기가 끝날 때까지 인간 해부는 행해지지 않았다. 알렉산드리아 무세이온에서 수행한 연구 이후로 약 1,500년의 공백이 있었다. 하지만 이븐 시나Avicenna 같은 무슬림 세계의 학자들이 그리스 과학과 철학의 말뭉치를 보존하고 전달하는 데 중요한 역할을 했다. 실험적 해부학을 다시 부활시킨 초기 인물은 문디누스Mundinus라고 알려진 볼로냐의 몬디노 데 루치Mondino de' Luzzi였다. 문디누스는 갈레노스를 따라서 인지 능력이 뇌 속에 있다고 여겼고, 그 중에서도 뇌실을 **동물의 정기**의 원천으로 보았다. 하지만 갈레노스의 권위도 이후의 추종자들도, 마음의 위치가 심장인가 뇌인가 하는 논쟁을 멈출 만큼 설득력이 충분하지는 못했다. 16세기 후반에도 아리스토텔레스 추종자인 안드레아 체살피노Andrea Cesalpino는 여전히 '심장이 모든 정맥의 근원일 뿐만 아니라 모든 신경의 근원'이라고 주장했다. 데카르트는 저서 『철학의 원리Principles of Philosophy』에서 몸과 마음이 만나는 장소(데카르트의 선택은 뇌 속에 있는 솔방울샘pineal gland이었다)가 어디인가에 대한 의견

불일치가 책을 저술하는 시점인 17세기 전반, 윌리엄 하비와 동시대까지도 활발하게 이어지고 있다고 언급했다.

하지만 뇌가 마음의 위치라는 주장이 뇌 활동이 곧 정신 현상이라는, 아니면 정신 현상을 생성한다는 주장과 동일한 건 아니다. 사람들은 대부분 계속해서 마음과 몸을 이원적으로 받아들였다. 사람들의 질문은 '신체의 어느 부위가 정신 현상을 일으키는가?'가 아니라 '신체의 어느 부위가 "이미 개별적으로 존재하는" 마음과 연관돼 있는가, 또는 신체의 어느 부위를 통해 마음이 작동하는가'였다. 계몽주의 이전까지는 주로 기원전 고대에서 찾을 수 있는, 가장 유물론적 성향이 강한 사상가들은 마음, **프시케**, **아니마**가 **프네우마** 또는 어떤 정제된 액체로 이루어졌다고 여겼다. 따라서 그 기원이 심장이든 뇌든 무엇이든지 간에, 마음의 물질이 신경을 통해 전달된다고 믿었던 사람들은 정신 작용을 일으키는 기관에 대해서 오늘날의 신경과학자들과는 상당히 다르게 생각했다. 유명한 해부학자 사무엘 쫨머링Samuel Soemmerring의 저서 『영혼의 기관에 관하여On the Organ of the Soul』(1796)를 보면 뇌실에서 발견되는 액체가 마음이라고 주장한 것을 확인할 수 있다. 한편 동시대 사람인 카를 프리드리히 부르다흐Karl Friedrich Burdach와 요한 프리드리히 메켈Johann Friedrich Meckel은 뇌 자체가 '영혼의 기관'이라고 생각했다. 부르다흐는 뇌 전체를 마음으로 여겼고, 메켈은 '영혼의 원시적 기능'은 하부 뇌에, '고등 능력'은 상부 뇌에 있다고 여겼다. 발생학embryology과 비교 연구에 기반을 둔 해부학자로서는 이러한 분류가 거의 올바른 방향으로 진행되고 있다는 사실이 그리 놀랍진 않다.

심지어 19세기 초까지도 일부 연구자들은 신경이 생명의 정기 또는 유체가 흐르는 관이라고 생각했다. 처음에 연구자들은 전기가 할 수 있

제3부 | 두뇌와 마음

는 역할에 대해 거의 이해하지 못했다. 임펄스가 이동하는 방식인 활동 전위의 전기화학적 전파(축삭axon 벽을 통한 소듐 이온과 포타슘 이온의 극성 역전을 이용), 또 신경전달물질에 의해 시냅스를 가로지르는 순수한 화학적 전달에 관해서는 더더욱 이해하지 못했다.

하지만 뇌와 신경계의 기능을 연구하기 위해 전기 자극을 사용하기까지는 그리 오래 걸리지 않았다. 18세기 후반, 범죄자들의 시체를 이용한 루이지 갈바니의 무시무시한 실험이 그 길을 보여주었다. 19세기에 많은 생리학자들이 동물 생체와 사체로 실험을 수행했다. 이들은 목이 잘린 개구리의 발에 전기 충격을 가하거나 개와 원숭이를 포함한 다양한 생물을 산 채로 해부하면서, 더 많은 것을 배우고 더 많은 가설을 세웠다. 이 발전에서 중요한 인물 중 한 명은 데이비드 페리에David Ferrier다. 페리에는 개와 원숭이의 대뇌겉질에서 관련 영역의 활성화를 보여주는 자극을 확증해서 운동 기능에 대한 정확한 지도를 그려냈다. 그다음에는 뇌 영역에 손상을 일으킨 뒤 관련 기능이 상실된다는 점을 보였다. 페리에는 마카크원숭이의 뇌지도를 인간의 뇌에 적용해 대략적인 결과를 얻었고, 이 지도는 임상실습 및 신경외과에서 사용됐다. 환자들에게 다행스러운 점은, 의학이 증거를 기반으로 하는 절차라는 것이다. 신경학자들은 행동에 미치는 영향을 관찰해서 병변이나 종양을 결정하는 방법을 개발하는 과정에서 페리에의 지도를 결정적 평면도가 아니라 안내 책자 정도로만 활용하는 법을 빠르게 배워나갔다.[13]

인류가 신경 세포를 제대로 이해하기 시작한 건 19세기 후반, 카밀로 골지Camillo Golgi가 뇌 조직을 경화하고 염색해서 현미경으로 더 잘 볼수 있게 하는 기술을 개발하면서부터다. 이후 유명한 신경해부학자 산티아고 라몬 이 카할Santiago Ramón y Cajal이 골지가 개발한 염색법을 더욱 발전시켰다. 카할이 그린 뉴런 그림은 오늘날까지도 사용되고 있다. 카할의 연구는 '망reticulum'(골지 이전의 해부학자들이 볼 수 있는 건 이 얽힌 섬유망뿐이었다)으로서의 신경계 개념을 개별 세포로서의 뉴런 개념으로 대체하는 데 중요한 역할을 했다. 카할이 사용했던 것보다 해상도가 훨씬 더 높은 기구들을 활용한 연구 결과는 뇌와 신경계에 있는 뉴런의 종류가 매우 다양하다는 것을 보여주고 있다.

다만, 신경해부학이 지금과 같이 과학으로서 성숙한 단계에 도달하고 있었고 마음의 위치 또는 마음과 연결된 기관이 '심장'인지 '뇌'인지에 대한 논쟁에서 뇌가 확실히 승리했음에도, 마음 그리고 마음과 몸의 관계에 관한 문제는 여전히 남아 있었다. 최소한 몸과 마음이 별개라는 이원론적 견해가 왜 옹호될 수 없는지를 보여야 할 필요성이 느껴졌다는 점에서 그랬다.

'심신이원론Mind-body dualism'은 정신 현상과 신체 현상, 즉 마음과 몸이 서로 다른 별개의 두 **유형**이라고 주장하는 형이상학적 이론이다. 이원론적 견해를 설명하는 **표준구**locus classicus(특정 주제에 대해서 가장 유명하거나 권위 있는 것으로 간주되는 구절 – 옮긴이)는 데카르트의 저서 『성찰 Meditations on First Philosophy』이다. 여기서 데카르트는 이 세계에 존재하는 모든 것이 물질적 실체 또는 정신적 실체 중 하나로 이루어져 있다고 주장했다. 여기서 '실체substance'는 철학에서 쓰이는 기술적 용어로, '모든 존재의 가장 기본적이고 근본적인 유형'이다. 데카르트는 '물질적 실체'를 '외부 공간을 차지하는 것, 즉 연장된 실체'로 규정하고, '정신적 실체'를 '생각, 즉 사유하는 실체'로 규정했다. 데카르트는 마음과 물질이 **현실에서 구분된** 것이라는 개념을 방법론적 주장으로 뒷받침했다. '내가 어떤 것과 또 다른 것을 뚜렷하게 구분해서 이해할 수 있다는 사실 자체로, 그 두 가지가 (현실에서) 구분된 것이라고 확신할 수 있다.' 의문의 여지가 있는 주장이다.

데카르트는 물질과 마음이 **본질적으로** 다른, 즉 각각의 유형으로 만드는 '본질essence'이 다른 실체라고 묘사하면서, 이 둘이 어떻게 상호작용하는가 하는 극복할 수 없을 것 같은 문제를 불러일으켰다. 어떻게 발가락을 찧는 물리적 사건이 고통이라는 정신적 결과로 이어지는 걸까? 어떻게 '일어날 시간이야'라고 생각하는 정신적 사건이 실제로 침대에서 몸을 일으키는 물리적 사건으로 연결되는 걸까? 데카르트는 마음과 물질이 뇌 속에 있는 솔방울샘에서 상호작용한다고 주장했다. 좌뇌와 우뇌가 쌍을 이루는 주변 구조와 달리 솔방울샘은 단일 구조이며, 신경망 전체가 뻗어 나갔다가 다시 돌아오기 편하도록 중앙에 자리하고 있다는 것이다. 데카르트의 후계자들은 곧 데카르트의 주장이 마음과 뇌의 상호작용을 설명해 주지 못한다는 점을 알아차렸다. 데카르트의 주장은 문제를 단순히 작은 기관 하나 속에 숨겨버릴 뿐, 실제적으로 상호작용의 원리를 설명하지는 않기 때문이다.

데카르트의 후계자들은 상호작용 문제에 있어서 영웅적 해결책을 택했다. 이원론은 받아들이되, 마음과 물질이 상호작용한다는 점은 부정하는 전략이었다. 이들은 마음과 물질이 상호작용하는 것처럼 보이는 것은 행위자가 뒤에서 행동한 결과라고 주장했다. 프랑스의 철학자이자 오라토리오회 수도사 니콜라 말브랑슈Nicolas Malebranche와 독일의 철학자이자 수학자 고트프리트 빌헬름 라이프니츠Gottfried Wilhelm Leibniz는 이 해결책의 다른 버전을 제시했다. 말브랑슈는 필요할 때마다 신이 매번 정신적 사건과 물리적 사건을 일치시킨다고 생각했다. 예를 들어 신이 배

고픔이라는 정신 감각을 감지하면, 물리적 움직임을 발생시켜서 우리가 주방으로가 피넛 버터 샌드위치를 만들어 먹도록 유도하고, 그 결과 다시 포만감이라는 정신 감각이 발생하는 식이다. 이 교리는 '기회원인론 occasionalism'이라 불린다. 정신적 사건이 발생했을 때 그와 관련한 물리적 사건이 요구되거나, 반대로 물리적 사건이 발생했을 때 그와 관련한 정신적 사건이 요구될 때마다, 신이 이를 제공한다. 매 순간 요구되는 수많은 상관관계를 고려하면, 이 시나리오에서 신이 보유한 무한한 힘은 확실히 유용하다. 엄청나게 의심쩍은 마음에서 몸으로의 일치, 또 몸에서 마음으로의 일치에 일일이 관여해야 한다니, 이런 곤란한 상황에서는 제아무리 신이라 할지라도 분명 세계를 창조한 걸 후회하게 될 것이다.

라이프니츠 역시 마음과 물질이 상호작용하지 않는다고 생각했다. 하지만 라이프니츠는 신이 우주를 창조할 때 물리적 영역과 정신적 영역이 서로 완벽히 평행하게 흘러가도록 설정해서, 마치 마음과 물질이 상호작용하는 것처럼 **보이도록** 만들었다고 주장했다. 이를 '병행론 parallelism'라고 부른다. 병행론은 그 대가로 엄격한 결정론determinism을 불러온다. 결정론적으로 움직이지 않으면, 두 영역 사이의 병행이 깨져버리기 때문이다. 결정론은 자유의지, 도덕적 책임, 인간 본성의 이해에 관한 익숙한 문제를 불러일으킨다.

확실히, 이원론이 불러일으킨 문제를 회피하려는 이런 시도 가운데 어떤 것도 썩 명쾌하게 마음에 와 닿지는 않는다. 데카르트 시대 이후의 철학자들도 대부분, 유일하게 타당한 대안이라고 할 수 있는 일원론 monoism을 택했다. 세상에는 오직 한 종류의 실체만이 있다는 것이다. 가능한 시나리오는 크게 세 가지다. 물질적 실체만이 존재하거나, 정신적 실체만이 존재하거나, 아니면 마음으로도 물질로도 발현하는 중립적 실체가 존재할 수 있다. 세 가지 가설 모두 지지자가 있다. 스피노자Spinoza, 버클리Berkeley, 윌리엄 제임스William James는 뒤의 두 가설의 대표적인 지지자였다.[14] 하지만 이 가운데 유신론theism과 가장 모순되는데도 불구하고 가장 영향력이 컸던 가설은, 정신 현상을 물질 기반으로 환원한 첫 번째 가설이었다.

데카르트 본인은 솔방울샘 가설이 무용지물이라고 인정한 이후로 상호작용 문제를 만족스럽게 설명할 방법을 찾는 일을 그만뒀지만, 이원론 자체를 버리진 않았다. 한 가지 이유는 유신론적 교리를 버리기를 꺼렸기 때문이다. 이원론의 강력한 대안인 유물론적 일원론materialist monism은 유신론과 모순됐다. 하지만 이원론의 진실성에 대한 광범위한 가정에 더 일반적으로 영향을 미친, 또 다른 이유가 있었다. 가장 중요한 건 정신적인 것과 물리적인 것의 속성이 완전히 다르다는 점이었다. 물리적인 것은 위치, 무게, 속도, (거시적인 경우) 색, 향기 등이 있다. 반면 생각, 기억, 희망 같은 정신적인 것에는 그런 속성이 없다. 의식적 존재는 육체적 죽음 이후에도 살아남는다는 데카르트의 견해 등에서 볼 수 있듯이, 정신 현상은 존재하기 위해서 물리적 현상에 의존하지 않는다. 또 우리는 바위, 나뭇가지, 빗방울 같은 많은 예시에서, 물리적인 것도 대부분 정신적인 것에 의존하거나 연결되어 있지 않다는 것을 목격한다. 따라서 물리적인 것과 정신적인 것은 독립적인 두 실체로 여겨진다. 정신적인 것과 물리적인 것의 차이는 오늘날까지도 마음에 관한 사고에 끈질기게 남아 있다. 다만 약간 변형돼 **감각질**(퀄리아qualia)이라는 문제로 남아 있다(이에 관해서는 뒤에서 더 설명하겠다).

마음에 문제에 관한 훨씬 더 최근의 영웅적 행동은, 정신에 관한 모든 이야기를 **행동**에 관한 이야기로 번역함으로써, 정신 현상과 물리적 현상의 관계에 대한 질문을 재조명한 것이었다. 즉, 고통, 감정, 욕구 같은 정신 개념을 한 사람의 관측 가능한 행동과 기질에 대한 묘사로 환원하는 것이다. 이는 정신 현상에 대한 언급을 완전히 제거하고 동시에 정신 현상의 원인으로서 뇌에 대한 이론을 제시할 필요성을 제거하면서 문제를 해결한다. 행동주의자Behaviourists들은 정신과 달리 행동은 공적으로 관찰할 수 있다는 사실을 강조한다. 행동 관찰을 통해 정신 현상을 해석하면, 심리학 연구 데이터를 수집하기 위해 내면적이고 주관적인 자기 성찰적 보고에 의존할 필요가 없다. 'X는 고통스러워하고 있다'라는 표현은 'X는 피를 흘리고, 움찔거리며, 신음하고 있다'로 대체된다. 따라서 행동주의적 관점에서, '고통'의 의미에 대한 객관적이고 명료한 설명을 얻을 수 있다.

이러한 견해를 지지한 주요 인물로는 B. F. 스키너B. F. Skinner와 J. B. 왓슨J. B. Watson이 있다. 그리고 철학자 길버트 라일Gilbert Ryle과 W. V. O. 콰인 W. V. O. Quine이 이들의 견해를 발전시켰다. 이 사상가들 사이에도 견해의 차이는 있지만, 이들은 모두 똑같이 결정적인 어려움에 직면했다. 행동주의가 거의 모든 행동을 **설명**하는 과정에서 나타나는 믿음과 욕구라는 근본적 정신 현상에 대한 언급을 제거하는 데 실패한다는 것이다. 한 사람의 몸이 가게로 들어갔다가 과자 봉지 하나를 들고 다시 나타났다고 묘사하는 것은 그 사람의 행동에 대한 적절한 설명이 될 수 없다. 이 설명에는 가게 안에 과자가 있을 거라는 그 사람의 믿음, 과자를 먹고 싶다는 욕구, 과자를 먹으려는 의도 등이 들어가야 한다. 'X는 과자가 먹고 싶다'를 '만약 이러이러한 상황이 닥치면, X는 가게에 가서 과자를 들고 나온다' 같은 식으로만 분석하려 하면, 필수적인 무언가를 누락하고 만다. 결국 '이러이러한 상황'이라는 절 안에 믿음과 욕구에 대한 언급이 살며시 포함될 수밖에 없다.

유명한 저서 『마음의 개념The Concept of Mind』에서 라일은 데카르트 및 이원론자들이 일반적으로 지닌 관점을 '기계 속의 유령'이라는 문구로 묘사하면서, 과학적, 철학적으로 이원론자들의 의견에 동의하지 않는다는 뜻을 밝혔다.[15] 이원론자들이 야기한 상호작용 문제는 **블랙박스** 문제로 대체됐다. 뇌의 작용은 완전히 불투명하다. 뇌가 정신 현상을 야기하든, 구현하든, 아니면 정신 현상의 지배를 받든지 간에 우리는 알 수 없고 추측할 수도 없다. 행동주의와 이를 계승한 '기능주의Functionalism'는 뇌가 어떻게 작동하는지를 설명하는 이론 없이도 정신 현상을 특징짓고 이해하는 법을 찾기 위한 노력이었다. 기능주의는 고통이나 욕구 같은 정신 상태를 그 고통이나 욕구가 수행하는 **역할**의 측면에서 이해해야 한다고 주장한다. 즉, 특정 종류의 입력을 특정 종류의 행동과 연관 짓는 인과 관계 속에서 고통을 식별할 수 있다는 것이다. 행동주의자들과 달리 기능주의자들은 '고통'을 '관찰 가능한 경련이나 신음'으로 **환원**하지 않는다. 그 대신에 이러이러한 상황과 이러이러한 행동 사이의 연결을 기능적 의미에서 이해하려고 한다. 행동주의와 마찬가지로 기능주의는 블랙박스 안에서 기능적 상태가 어떻게 발생하는지는 이해하려 하지 않는다. 안으로 들어가는 입력과 바깥으로 나오는 행동에만 집중하며, 기계가 돌아가는 원리는 뭐가 됐든 신경 쓰지 않는다.

하지만 블랙박스 내부에서 일어나는 일을 이해하려는 노력을 회피하는 것은 분명 만족스러운 태도가 아니다. 게다가 뇌와 정신 현상이 어떻게 연결되어 있는지를 조사하려는 노력은 이미 꽤 이전부터 진행 중이었다. 19세기에 뇌 연구에 기여한 사람들은 뇌 기능이 국소적 영역에 따라 특화되어 있는지, 아니면 전역적인지를 두고 의견이 갈렸다. 19세기 초 골상학자 프란츠 요제프 갈Franz Josef Gall은 각기 다른 능력이나 기능이 뇌 영역에 국소화해 있다는 이론을 주장했다. 사람의 두개골에서 튀어나온 부분을 감지해서 그러한 국소성을 확인하려던 갈의 노력은 우스꽝스러워 보이지만, 국소화에 관한 그의 아이디어는 원칙적으로 오늘날 많은 신경과학자가 지닌 견해와 다르지 않다. 프랑스의 의사이자 생리학자 장 피에르 플루랑스Jean Pierre Flourens는 토끼와 비둘기를 대상으로 실험해서 뇌가 주로 기능에 따라서 나눠져 있다는 점을 보였다. 플루랑스는 지각과 판단은 대뇌반구에서, 균형과 운동 협응은 소뇌에서, 호흡이나 순환처럼 생명유지에 필수적인 자율기능은 뇌줄기에서 담당한다는 점을 밝혔다. 기억과 추론의 경우에는 특정 영역을 발견하지 못해서, 전역적 뇌의 활동이 담당한다고 결론지었다.[16]

플루랑스의 조사 방법은 뇌의 손상된 영역과 정신 기능을 연결 짓는 '병변 연구'로 알려져 있다. 그런 면에서 앞서 언급한 페리에의 연구와 비슷한 점이 있다. 플루랑스보다 약간 늦게 태어났지만 동시대에 살았던 또 다른 프랑스 의사 폴 브로카Paul Broca는 동일한 기술을 이번에는 실제 사람 뇌에 적용하면서 중요한 발견을 했다. 언어를 **산출**하는 데 특화된 이마엽frontal lobe 영역(**아래이마이랑**inferior frontal gyrus)을 밝혀낸 것이다. 19세기 후반, 독일의 정신과 의사이자 신경병리학자 칼 베르니케Carl Wernicke가 이번에는 언어를 **이해**하는 데 특화된 다른 뇌 영역을 밝혀낸다. 관자엽 상부에 있는 겉질, **위관자이랑**superior temporal gyrus이었다. 브로카와 베르니케가 발견한 두 영역 모두, 오른손잡이인 경우 90퍼센트, 왼손잡이인 경우 70퍼센트의 확률로 중추가 왼쪽 대뇌반구에 있었다. 두 영역은 궁형섬유속arcuate fasciculus이라 불리는 섬유 다발로 연결되어 있다. 브로카와 베르니케 둘 다 해당 뇌 영역의 부상이나 질병을 통해 그 기능을 깨

닫게 됐다.[17]

뇌 영상 기술이 등장하기 전까지는, 병변연구(인간 뇌의 손상 및 질병, 동물 연구에서 유추한 병변, 뇌수술을 받는 환자에게서 관측한 현상 등)가 인간 뇌를 연구하는 주요 수단이었다. 뇌 손상이 정신적 삶에 미치는 영향에 관한 가장 유명한 예로는 철도 공사 노동자 피니어스 게이지Phineas Gage의 일화를 들 수 있다. 1848년 9월, 게이지는 버몬트Vermont에서 철로 부설을 위해 폭약으로 바위를 터뜨리는 공사 현장에서 감독을 맡고 있었다. 화약이 폭발하는 순간, 1미터 정도 되는 쇠막대가 게이지의 머리를 향해 날아들었다. 쇠막대는 게이지의 왼쪽 뺨과 눈구멍을 지나, 이마엽 일부를 손상하고 머리 위로 관통해 나왔다. 게이지는 순간적으로 정신을 잃었지만 마차에 실릴 때는 의식이 있었고, 인근 마을 캐번디시Cavendish에 있는 호텔로 돌아간 후에는 직접 계단을 걸어서 자신의 방까지 올라갔다. 지역 의사 존 할로John Harlow가 진찰하는 동안, 머릿속 상처에서 내부적으로 흘러나온 피를 상당량 삼키고 있던 게이지는 구토를 했다. 그리고 이 행동 때문에 '두개골 위쪽에 난 구멍으로 60cc 정도 크기의 뇌가 밀려 나와 바닥으로 떨어졌다.'[18] 처음에는 머리 상처에서 감염이 일어나 어려움을 겪었지만, 할로가 능숙하고 성실하게 치료한 덕분에 게이지는 잘 회복할 수 있었다. 할로는 1848년 12월 〈보스턴 의학 및 외과 학술지Boston Medical and Surgical Journal〉에 이 사건을 다룬 자신의 두 논문 중 첫 번째 논문을 발표했다.[19]

게이지는 12년을 더 살았지만, 그를 알던 사람들은 게이지가 '예전의 게이지가 아니었다'고 묘사했다. 사고 전과 후에 성격이 완전히 달라진 것이다. 사고 후의 게이지는 더 폭력적이고, 감정적으로 불안정했으며, 툭하면 욕설을 내뱉었다. 사고 이전의 침착하고, 믿음직스럽고, 예리한 모습은 온데간데없었다. 말년에 이르러서는 어느 정도 침착한 성격을 되찾은 것 같았지만, 추가로 뇌전증을 얻었다. 1860년 5월, 게이지는 36세의 나이로 뇌전증 발작을 일으키던 중 사망했다.[20]

　피니어스 게이지의 사례는 뇌와 성격의 상관관계를 보여주는 강력한 지표였으며, 뇌 기능이 국소적이라는 입장과 전역적이라는 입장 간의 논쟁에 불을 지폈다. 게이지의 이야기는 일명 '미국 쇠막대 사건American Crowbar Case'으로 뉴스에 보도되면서 유명해졌고, 이를 둘러싼 선정주의 보도 때문에 신체적 부상에 따른 정신적 변화의 특징, 정도, 지속 기간 등을 정확히 설명하기가 어려워졌다. 부상 후의 변화를 더 극적으로 보이게 하기 위해서, 게이지의 부상 전 성격은 실제보다도 더 좋게 부풀려졌다. 게이지는 남은 인생을 사는 동안 박람회장의 구경거리 같은 존재가 됐고, 칠레Chile에서 역마차 운전수로 일하는 등 다양한 장소에서 일을 했으므로, 신뢰할 만한 임상적 그림을 그리는 게 불가능했다. 책임감 있는 의사였던 할로는 게이지의 경과를 추적하기 위해 노력했고, 이 불행한 사람이 사망한 후에는 두개골까지 확보했지만, 그가 수집한 증거들은 확실히 입증되지 않았다.[21]

　브로카와 베르니케가 보인 예시는(처음에는 과학계 일부 사람들에게 회의적인 반응을 불러일으켰지만, 이후 3절에서 확인할 수 있듯이 다른 연구자들도 이미 독립적으로 의식을 이해하려고 노력하고 있었다) 이후 언어 능력뿐만 아니라 기억, 감정, 시각, 운동 제어 역시 뇌에 국소화해 있다고 시사하는 병변 연구의 수가 증가하는 결과를 낳았다. 1950년대에는 기억을 담당하는 해마의 역할이 밝혀졌다. 또 당시 심각한 뇌전증으로 고통받는 환자들은 발작이 한 쪽에서 다른 쪽으로 전이되는 것을 방지하기 위해서 두 반구를 잇는 뇌들보를 절단하는 외과 수술을 받았는데, 아주 간단히 말하자면 이를 통해 좌뇌가 주로 언어와 추리를 담당하고, 우뇌가 공간 능력을 담당한다는 점이 밝혀졌다.[22]

신경 심리학자 로저 스페리Roger Sperry는 분리뇌split-brain 연구로 1981년 노벨생리의학상을 받았다. 1950년대 초 스페리는 원숭이, 고양이, 사람을 대상으로 한 연구를 통해서, 뇌의 두 반구가 분리되어 있으며 각 반구가 독립적으로 정신적 삶의 중추로 작용한다는 것을 알아냈다. 스페리는 뇌들보가 분리된 사람들이 명백한 기능 장애를 보이지 않는 점에 흥미를 느꼈다. 두꺼운 신경 섬유 다발로 이루어진 뇌들보는 그 순수한 크기로 보아 분명 중요한 역할을 하는 구조임이 틀림없었다. 그런데도 뇌들보가 절단된 환자들에게서 명백한 문제점이 나타나지 않은 것이다. 당시 각 반구가 반대쪽 신체와 시각 영역을 지배한다는 사실은 이미 알려져 있었다. 스페리는 이러한 편측성laterality에 착안해서 한쪽 반구에만 정보를 주입하는 실험을 설계했고, 그 결과 두 반구가 서로 독립적이라는 사실을 발견했다. 예를 들어 스페리가 한 환자의 오른쪽 눈에 어떤 물체를 뜻하는 단어를 보여주면서 말하라고 하면, 환자는 단어를 쉽게 말했다. 반면 왼쪽 눈에 이 단어를 보여주면 환자는 단어를 말하지 못했지만, 그 단어가 뜻하는 물체를 그림으로 그려보라고 하면 그릴 수 있었다.[23]

만약 다른 면에서 괜찮다면, 분리뇌 환자들은 기억 및 사회적 기술을 계속 유지하고, 정상적으로 기능하며 살아간다. 그들은 피아노를 치는 것처럼 반대편 팔다리가 독립적으로 움직여야 하는 신기술은 배우지 못하는 것처럼 보인다. 하지만 그 외에 명백한 결함은 거의 없다. 더 명백한 결함은 더 국소 부위에 병변이 있을 때 발생한다. 이를 통해 특정 뇌 영역과 문제가 생긴 기능을 연결 지을 수 있다. 비침습적(피부를 관통하지 않는, 또는 신체의 어떤 구멍도 통과하지 않는 – 옮긴이) 뇌 영상 기술이 본격적으로 활용되기 전까지는, 병변 연구가 각 영역과 기능을 연결하는 뇌 지도를 그리는 유일한 수단이었다.

하지만 병변 연구가 특정 인지 기능이 특정 해부학적 구조에 국소화해 있다는 점을 증명한다는 가정은 문제가 있다. 적어도 뇌 구조와 뇌 기능 사이에 **변하지 않는** 일대일 상관관계를 정립하기 어렵다는 점에서는 그렇다. 일단, 사람마다 뇌가 다르다. 그리고 어떤 기능은 뇌 전반에 분산돼서 수행된다. 또 뇌는 가소성plasticity을 지니고 있기 때문에 새로운 도전을 맞이했을 때 뉴런 구조가 발달하거나 변할 수 있다. 기능의 모듈화 또는 국소화에 집착하면, 이러한 점을 간과할 위험이 있다. 부상이나 질병은 보통 뇌에서 한 영역에만 영향을 미치지 않는다. 뇌에서 어떤 영역은 뇌졸중에 더 취약하고, 광범위하게 손상돼서 많은 기능을 방해하거나 망가뜨릴 수도 있다. 한편, 뇌는 가외성redundancy을 지니고 있기 때문에 작은 뇌전증이 일어나도 딱히 명확한 결함이 나타나지 않기도 한다. 어떠한 경우든지 간에, 특정 영역에 손상이 일어났을 때 손상되지 않은 영역은 그대로일 거라고 가정하는 것은 옳지 않다. 종종 잃어버렸던 기능을 뇌의 다른 영역에서 담당하면서 회복하는 경우도 목격된다.

또 어떤 때는 떨어져 있는 다른 뇌 영역이 손상됐다는 이유로, 건강한 뇌 영역이 기능을 멈출 수도 있다. 그 떨어져 있는 영역과의 연결이 작동에 필수적인데 해당 영역이 손상되었거나 연결이 끊어진 경우다. 따라서 국소 뇌 영역이 손상됐기 때문에 특정 기능을 상실했다고 추론하거나, 반대로 특정 기능을 상실했기에 국소 뇌 영역이 손상됐다고 추론하는 것은 오해의 소지가 있을 수 있다.

이러한 병변 연구의 문제점은 영상 기술이 등장하면서 크게 개선되어 왔다. 영상 기술에는 단일광자방출 전산화 단층촬영SPECT(때로는 엑스

선을 이용한 전산화 단층촬영CT과 결합해 쓰기도 한다), 양전자방출 단층촬영 PET('단층촬영tomography'이란 투과성 방사선을 사용해 절편이나 횡단면의 이미지를 얻는 방법이다), 대뇌 산소 공급을 측정하는 근적외선분광법NIRS, 전기적 '뇌파' 활동을 측정하는 장비인 뇌파계EEG, 뇌의 자기장을 기록하는 뇌자도MEG와 뇌에 자기장을 유도하는 경두개자기자극술TMS, 자기공명영상 MRI 등이 있다. 특히 MRI의 경우 뇌와 뇌 기능 연구가 발전하는데 크게 기여했다. MRI 개념은 흥미로우면서 그만큼 단순하기도 하다. fMRI(기능적 자기공명영상) 스캐너에 들어간 연구 대상에게 그림을 보여주거나 소리를 들려주거나 무언가를 기억하거나 상상하라고 요구하는 등 다양한 자극을 가한다. 그런 다음 뇌에서 어느 영역이 피를 더 많이 끌어들이는지 혈류를 모니터한다.

이렇게 개념이 단순하다는 점은, fMRI 방식이 간접적이라는 사실을 간과하게 한다. fMRI는 다음과 같이 작동한다. 뉴런이 발화하면, 신진대사 에너지를 소모한다. 뉴런에는 포도당과 산소를 저장하는 공간이 따로 없다. 따라서 활성화한 뉴런은 뇌가 공급해 주는 혈액에서 포도당과 산소를 받아야 한다. 이러한 현상이 일어나는 영역에서 활성화한 뉴런으로 산소가 전달되면서, 산소 분자와 결합한 옥시헤모글로빈 대 결합하지 않은 디옥시헤모글로빈의 비율이 변한다. 산소를 포함한 혈액과 포함하지 않은 혈액은 자성이 다르다. 산소를 포함한 혈액은 반자성diamagnetic으로 자기장에 밀려나고, 포함하지 않은 혈액은 상자성paramagnetic으로 자기장에 끌린다. 상자성 반응이 증가했다는 건 산소를 포함하지 않은 혈액이 증가했다는 뜻이므로, 그 영역에 있는 뉴런이 산소를 더 많이 사용하고 있다는 사실을 유추할 수 있다. fMRI 스캐너는 이러한 변화를 감지하고 기록한다. 이러한 방법으로 이미지화하는 것을 BOLD 반응blood oxygen level dependency('혈중 산소치 의존' 또는 '혈류역학적' 반응)이라 부른다. 활성화한 뉴런이 덜 활성화한 뉴런보다 상대적으로 더 빠르게 산소를 소모하는 점을 이용한 것이다. 이렇게 수집한 미가공 데이터는 **복셀**voxel(3차원 픽셀) 3만 개의 3차원 배열이며, 약 1밀리미터의 공간 해상도로 2초에 한 번씩 수집된다.[24] 각 복셀에는 뉴런이 수십만 개 있다. 뉴런은 자극을 받으면 100밀리초millisecond(1밀리초는 1,000분의 1초 – 옮긴이) 이내로 발화하는데, BOLD 반응은 6초 정도 걸린다. 따라서 fMRI의 시간 해상도는 뉴런 활동과 비교하면 굉장히 느리다.[25]

fMRI는 뉴런 대사 활동의 절대량을 측정하지 않는다. 자극이 주어지기 전과 후의 활동 수준의 상대적 차이를 측정할 뿐이다. 뉴런 활동의 강도를 측정하는 것도 아니다. BOLD 신호의 원인이 무엇인지는 알려지지 않았다. 활동 전위일까? 시냅스 활동일까? 억제일까? 가해진 자극과 관찰된 결과가 반드시 인과관계에 있는 것도 아니다. 단지 짧은 시간 안에 거의 동시에 발생했기 때문에, 둘 사이에 어떤 종류의 연결이 있다고 암시할 뿐이다.

fMRI가 직면한 문제는 뇌조직과 공기가 자기장에 다르게 반응한다는 점이다. 이 점이 신호에 변동이나 왜곡을 일으켜서, 원래는 인지 기능에 중요했을 특정 뇌 영역에서 BOLD 반응이 없는 것처럼 보일 수가 있다. 게다가 fMRI 스캐너에 들어간 대상은 엄청난 소음에 노출되어 있다. 이 점이 그들의 반응에 영향을 미칠 수 있다. 또 이들은 계속해서 바뀌는 강력한 자기장에도 노출되어 있다. 자기장이 있을 때와 없을 때에 뇌 활동이 동일할 거라는 가정, 아니면 차이가 있더라도 미미해서 관찰 결과의 신뢰도에는 영향을 미치지 않을 거라는 가정이 깔려 있다. 모든 관찰 및 실험과 마찬가지로, fMRI 역시 간섭자 문제를 피해 갈 수 없다.

이러한 기술적 질문을 차치하고서라도, 비판가들은 fMRI가 제공하는 데이터에 해석적 한계가 있다고 지적한다. 무수한 데이터가 특정 영역과 특정 기능을 연관지었다고 하더라도 그 영역이 그 기능에 **꼭 필요한** 것인지, 아니면 그저 다른 영역이 활동할 때 부가적으로 활성화한 것인지를 확실히 알려주지는 않는다는 것이다(반면, 병변 연구로는 알 수 있다). 또한 fMRI는 활동이 증가하거나 변화하지 않는 영역을 관찰하지 못하므로, 지속적으로 활성화되어 있는 영역들이 뇌 기능에 기여하는 바에 대해서는 아무것도 알려주지 않는다.

하지만 이런 의구심에도 불구하고, fMRI는 강력한 도구이다. 가장 큰 장점은 병변 연구와는 달리 **건강한** 뇌를 연구할 수 있다는 점이다. fMRI는 비침습적이며, 그 공간 분해능과 시간 분해능은 (물론 한계는 있지만) 다른 어떤 기술보다도 훨씬 뛰어나다. 또 fMRI는 임상의와 연구원 모두에게 굉장히 유용한 자원이다. 신경학, 신경심리학, 신경정신의학 등의 임상 환경에서 그 유용성을 훌륭하게 입증해 왔으며, 인지신경과학 연구 분야에 풍부한 데이터와 통찰을 제공하고 있다.

새로운 기술로 추진력을 얻은 신경과학은 여전히 초기 단계에 있지만, 그 눈부신 발전은 두 가지 성취를 이뤄냈다. 첫째, 마음의 위치에 대한 오래된 질문에 답을 내렸다. 둘째, 인지 및 의식에 대한 연구와 마음의 본질에 대한 새로운 이해를 자극했다. 다음 세 절에서는 이 주제들에 대해 살펴보도록 하자.

2. 인지 두뇌

뇌의 구조에 관한 구체적인 지도는 인터넷을 검색해 보면 쉽게 얻을 수 있다. 따라서 지금부터 설명하는 것은 인지신경과학자들이 뇌의 활동 및 지각, 사고, 기억, 감정과의 관계에 관해 어떤 가설을 세우고 있는지, 그 방향성을 제공하는 대략적 개요일 뿐이다.[1]

뇌에 관한 표준 비유는 뉴런이 1,000억 개 있으며 그 사이의 연결은 100조 개 있다는 것이다. 브라질의 신경과학자 수자나 허큘라노 하우젤 Suzana Herculano-Houzel은 뇌 안에 있는 뉴런 수를 더 정확하게 추산하는 방법을 고안했다. 바로 뇌를 균질한 액체 '수프'로 바꾼 뒤 표본을 추출해서 현미경으로 염색된 핵의 개수를 세는 것이다. 그 수는 (위아래로 약 80억 개 정도 차이는 있지만) 약 860억 개였다.[2] 반올림한 수치는 전반적으로 1,000억 개라는 추정치에서 크게 벗어나지 않는다. 어쨌든 두뇌에는 뉴런이 굉장히 많으며, 여기에 신경아교세포glial cell까지 더해져 머릿속을 빽빽하게 채우고 있다. 그 수는 흔히 우리은하에 있는 별의 개수, 2,500억 개와 비교되곤 한다(2,500억 개에서 위아래로 약 1,500억 개 정도 차이가 있을 수 있다. 근사치가 말 그대로 근사치로, 상당히 부정확하다). 두 수를 언급하는 요지는 뇌가 얼마나 복잡한지, 또 뇌의 무수한 구성 요소들이 얼마나 작은지를 강조하기 위해서다. 이 점들은 뇌 기능을 연구하는 데 큰 영향을 미친다.

뇌에는 뉴런의 10배가 넘는 신경아교세포가 있다고 알려져 있다. 앞에서 언급한 수프 연구 결과는 뉴런 대 신경아교세포의 비율이 1:1 정도라고 시사한다. **신경아교세포**(영어 glial cell에서 'glial'은 그리스어로 '접착제 glue'라는 뜻이다)는 뉴런 주변에서 뉴런을 지지하고 보호하는, 전기적으로 비활성화된 포장재라고 할 수 있다. 두뇌의 뉴런 가운데 절반 이상은 소뇌cerebellum에 몰려 있다. 소뇌는 마름뇌hindbrain의 일부로서, 대뇌반구 아래 중앙에 있는 조직 덩어리다. '소뇌'는 '작은 뇌'라는 뜻인데, 크기만 보면 맞는 말이지만 뉴런의 개수로 따지면 부적절한 명칭이다. 한편, 겉질cortex(피질)은 뇌 질량의 80%를 차지하지만, 뉴런을 '겨우' 140억~160억 개만 포함하고 있다.

사람의 뇌는 약 1.5킬로그램이다. 성인 남성의 뇌는 평균 부피가 1,274세제곱센티미터로 여성의 뇌보다 약 150세제곱센티미터 더 크다.[3] 다소 말랑말랑한 질감에 주름이 가득하고, 축축하고 번들거리는 모습의 뇌는 (다른 신체 기관들과 마찬가지로) 그렇게 심미적인 물체는 아니지만, 우주에서 가장 매혹적인 물체다.

뇌를 시각화하기 위해서 양쪽 측면에 헤드폰이 달린 제트기 조종사의 헬멧을 떠올려보자(보기에는 영 별로지만, 헬멧 뒤쪽에는 소뇌에 해당하는 테니스볼도 달려 있다고 상상하자). 대뇌 반구 두 개는 세로 방향으로 난 깊은 틈으로 분리되어 있지만, 뇌들보라는 두꺼운 신경 섬유 다발로 이어져 있으며, 각각 네 영역으로 나뉜다. 가로로 긴 타원형의 헤드폰은 **관자엽**(측두엽)으로, 귀 윗부분과 거의 같은 높이에 있다. 잠시 양쪽 헤드폰을 제거하고, 헬멧 본체를 살펴보자. 맨 앞에 위치한 **이마엽**(전두엽)은 대뇌의 약 45퍼센트를 차지한다. 그 뒤로는 대뇌의 약 35퍼센트를 차지하는 **마루엽**parietal lobe(두정엽)이 있다. 마루엽과 이마엽은 뇌를 가로지르는 깊은 틈인 **중심고랑**central sulcus(중심구)으로 분리되어 있다. 마루엽 뒤, 뇌의 뒤쪽에는 대뇌의 약 20퍼센트를 차지하는 **뒤통수엽**(후두엽)이 있다. 언덕과 골짜기로 이루어진 구불구불한 뇌의 친숙한 생김새에서 언덕은 **이랑**gyrus(회)이라 부르고, 골짜기는 **고랑**sulcus(구)이라 부른다. 이렇게 구불구불한 주름은 뇌의 표면적을 늘려서, 한정된 두개골 안 공간을 효율적으로 활용하게 해준다.

헤드폰, 즉 관자엽을 헬멧에 다시 부착하기 전에, 헤드폰의 안쪽 표면과 헬멧 표면이 마주하는 부분을 보자. 이 두 표면 사이의 틈이 **가쪽고랑**lateral sulcus(외측구)이다(좌뇌와 우뇌에 하나씩 있다). 그리고 이 주름 사이에 뇌에서 엄청나게 중요한 부분이 숨어 있다. 바로 **대뇌섬겉질**insular cortex(뇌섬엽피질)로, 의식 자체를 포함해 수많은 기능을 수행하는 곳이다.

겉질은 여러 층으로 되어 있으며, 각 층은 겉질 표면에 수직으로 배열된 뉴런의 기둥과 소기둥으로 이루어져 있다. 위쪽 6개 층은 **새겉질**neocortex(신피질), 아래쪽 4개 층은 **부등겉질**allocortex(이종피질)로 구분된다. 새겉질은 언어, 운동 제어, 감각 인식 등 고등 기능을 담당한다. 한편 해마 같은 변연계 구조가 위치한 부등겉질은 기억, 감정, 동기, 후각 등을 담당한다.

대뇌는 **뇌줄기**brainstem(뇌간)를 통해 척추와 이어져 있다. 뇌줄기는 **중간뇌**(중뇌), **다리뇌**pons(교뇌), **숨뇌**medulla oblongata(연수)라는 세 가지 주요 구조로 이루어져 있다. 중간뇌는 시각 및 청각 정보 처리, 운동 제어, 수면과 각성, 체온 조절 등 다양한 역할을 수행한다. 다리뇌는 대뇌겉질과 소뇌, 숨뇌 간에 메시지를 전달한다. 숨뇌는 호흡, 혈압, 심장 박동 같은 자율 활동과 구토, 재채기 같은 비자발적 활동의 중추다.

모든 척추동물의 뇌는 **앞뇌**forebrain(전뇌), **중간뇌**(중뇌), **마름뇌**(후뇌) 세 부분으로 나뉜다. 각 부분에는 액체가 담긴 공간, **뇌실**ventricle이 있다. 앞뇌는 대뇌다. 중간뇌와 마름뇌는 뇌줄기와 소뇌를 형성한다. 사람의 대뇌는 매우 크며(앞에서 말한 헤드폰 달린 제트기 조종사의 헬멧 전체), 복잡한 정보 처리와 사고가 일어나는 위치로 여겨진다. 대뇌의 이마엽은 추론, 판단, 문제 해결, 감정 및 행동 조절, 성격을 담당한다. 뒤통수엽은 일차 시각중추다(기능의 일부는 인근 영역에 위임하므로 '일차'이다). 대뇌 측면에 있는 관자엽은 언어와 소리 처리를 담당하고, 대뇌 가운데에 있는 마루엽은 감각 정보를 통합하고 공간 및 운동 처리에 관여한다. 관자엽 깊숙한 곳에 있는 **편도체**amygdala(라틴어로 '아몬드'라는 뜻)는 아몬드 모양 세포의 집합체로, 주로 두려움, 불안, 공격성 같은 부정적 감정과 관련 있으며, 기억 및 의사결정에 관여한다.

이러한 대략적 개요는 뇌와 일부 기능에 관해 설명해 준다. 인지신경과학의 목표는 뇌의 구조와 기능 사이의 관계를 보다 상황에 맞게 식별하고 이해하는 것이다. 인지신경과학은 뇌의 각 **영역**뿐만 아니라, 더욱 세부적으로 들어가 뇌의 구성 요소와 그 사이의 연결을 연구한다. 바로 **뉴런**과 **시냅스**다. 뉴런 사이의 수십조 개가 넘는 연결을 전부 지도로 제작하려는 거대한 노력이 바로 '인간 커넥톰 프로젝트Human Connectome Project'다('커넥톰'은 '게놈'과 비슷한 표현이다).

따라서 뉴런과 그 상호 연결은 인지신경과학의 주요 관심사다. 뉴런은 정말 놀랍고 작은 기계다. 각 뉴런은 **축삭** 한 개와 **가지돌기**dentrites(수상돌기) 여러 개가 돌출된 세포체로 이루어져 있다. **세포체**cell body, soma에는 세포핵과 여러 세포소기관organelle이 들어 있다. 세포핵은 대부분의 DNA를(사실상 미토콘드리아 DNA를 제외한 전부를) 포함하고 있다. 이 DNA들은 다양한 단백질과 결합해 염색체chromosome를 형성한다. 세포체는 뇌의 회색질grey matter을 구성한다. 축삭과 신경아교세포는 백색질white matter이다. 축삭은 **말이집**myelin이라는 줄줄이 소시지 같은 지방 조직막으로 싸여 있다. 말이집은 축삭을 절연하는 역할을 하며, 전기적 임펄스인 활동 전위가 말이집 사이에 난 틈에서 틈으로 건너뛰게 해서 이동 속도를 높여준다. 이 틈은 '랑비에 결절Nodes of Ranvier'이라는 꽤 시적인 이름을 갖고 있다. 이를 최초로 기술한 20세기 프랑스 의학자 루이앙투안 랑비에의 이름을 딴 것이다.

활동 전위는 틈새에서 틈새로 즉, 랑비에 결절에서 랑비에 결절로 건너뛰며 이동한다. 이때 포타슘 이온과 소듐 이온이 축삭 벽을 가로질러 위치를 바꾸면서 그 지점에서 극성을 역전시키는 원리를 이용한다. 축삭은 축삭말단axon terminal 또는 **축삭끝가지**telodendria라는 수많은 돌출부에서 끝나는데, 인접한 다른 뉴런의 가지돌기 끝 부분과 붙어 있지 않고 약간 떨어져 정렬해 있다. 이러한 뉴런과 뉴런 사이의 틈새가 바로 시냅스 틈이다. 이곳에 도달한 신호는 대부분 전기적 신호에서 화학적 신호로 변한다. 축삭말단은 시냅스를 가로지르는 신경전달물질을 방출한다. 반대편에 있는 가지돌기가 이를 수용하면, 자신의 세포체로 전달될 또 다른 전기적 신호가 자극된다. 어떤 경우에는 축삭과 축삭끼리, 가지돌기와 가지돌기끼리 시냅스로 연결되어 있기도 하다. 하지만 일반적으로 뉴런은 축삭을 통해 신호를 보내고, 가지돌기를 통해 신호를 받는다. 어떤 가지돌기는 신호를 더 흥분시키고, 어떤 가지돌기는 신호를 억제한다. 흥분과 억제의 총합이 축삭을 따라 신호를 더 앞으로 전달할지 말지를 결정한다.

활동 전위의 진폭은 변하지 않지만, 그 수는 변한다. 즉 동일한 크기의 '스파이크'가 얼마나 많이 뉴런을 따라 전파되는지가 달라진다. 스파이크의 밀도는 전달되는 정보를 암호화한다. 모든 소리의 크기가 일정하고, 원래처럼 점과 선이 아니라 점과 침묵으로만 표현되는 모스 부호

Morse Code를 상상해 보자. 침묵이 길수록 강도가 약해지고, 침묵이 짧을수록 강도가 세진다. 특정 부호는 주어진 시간 동안 나타난 점의 개수로, 이를테면 1초당 점의 개수로 표현할 수 있다. 1초에 점 한 개를 A, 1초에 점 26개를 Z라고 해서 알파벳 A부터 Z까지 표현하는 것이다(예를 들어 1초에 점 10개면 J일 것이다). 아서 쾨슬러의 자전적 소설『한낮의 어둠Darkness at Noon』에 등장하는 죄수들은 감방을 가로지르는 파이프를 이런 방식으로 톡톡 두드려서 소통한다. 5×5 격자를 이용해, 각 행렬 쌍에 알파벳을 한 글자씩 할당했다. 예를 들어 1행 1열은 알파벳 A, 2행 3열은 알파벳 H, 3행 5열은 알파벳 O를 의미했다. 이 예시는 아주 간단한 방법으로도 매우 복잡한 정보를 전달할 수 있다는 사실을 보여준다. 뉴런의 활동전위가 협력해서 해내는 일도 이와 동일하다.

각각의 축삭은 수많은 가지돌기와 소통한다. 한 뉴런에서 나간 신호가 다른 많은 뉴런에게 전달된다는 뜻이다. 또 각 뉴런은 다른 많은 뉴런에게 신호를 받는다. 계산에 따르면 각 뉴런은 약 만 개의 다른 뉴런과 연결되어 있다. 이 만 개의 뉴런은 또 각각 만 개의 뉴런과 연결되어 있다. 뇌의 여러 층에 있는 뉴런 수백억 개를 생각해 보자. 그리고 잠잘 때조차 쉬지 않는 뇌의 활동을 생각해 보자. 격동하는 뉴런의 상호 연결과 그 활동은 그야말로 압도적이다.

뉴런의 종류에는 크게 세 가지가 있다. 바로 **감각뉴런**sensory neuron(감각신경세포), **운동뉴런**motor neuron(운동신경세포), **연합뉴런**interneuron(사이신경세포)이다. 감각뉴런은 시각, 청각, 후각, 미각, 감각 정보를 각 기관에서 뇌로 전달해서, 뇌가 처리하고, 해석하고, 반응할 수 있도록 한다(불꽃에 화상을 입거나 바늘에 손가락을 찔리는 것처럼 고통스러운 촉각은 척수를 거쳐 뇌로 전달된다. 뇌에 고통이나 행동이 입력되기 전에, 척수 자체도 재빨리 손을 떼는 등 필요한 비자발적 행동을 취한다). 운동뉴런은 뇌와 척수에서 메시지를 받아서 근육, 기관, 샘gland(또는 선. 땀샘, 갑상선 등과 같이 각종 물질을 분비하거나 배출하는 세포 집단 – 옮긴이)으로 전달한다. 연합뉴런은 뇌 영역 안에서 다양한 기능을 수행하는 신경회로를 형성하는 연결 뉴런이다.

이렇게 대강의 설명을 따라가다 보면, 다시금 뇌가 특정 영역이 특정 기능을 담당하는 모듈 방식으로 특징지어지는 것처럼 여겨질 것이다. 이는 앞에서 언급한 것처럼 병변 연구와 영상 연구를 통해서도 쉽게 도출할 수 있는 추측이다. 하지만 역시나 앞에서 언급한 것처럼, 문제는 그렇게 간단하지 않다. 아마 진실에 좀 더 가까운 묘사는, 뇌를 '네트워크들의 네트워크'로 보는 것이다. 기능이 한 영역에 국소화해 있지 않고 좀 더 넓은 영역에 퍼져 있지만, 각 네트워크의 허브들이 이러한 분포를 조정하는 핵심 역할을 하는 것이다. 이것이 2010년에 막대한 자금을 지원받으면서 시작된 인간 커넥톰 프로젝트에서 연구하는 아이디어 중 하나다.[4] 프로젝트의 목표는 개별 뉴런이 아닌 밀리미터 단위로 뇌의 연결 지도를 그려내는 것이다(1세제곱센티미터에는 뉴런이 5만 개 정도 있다). 이는 프로젝트의 첫 단계로서, 궁극적 목표보다는 낮게 잡은 셈이다. 궁극적 목표는 뇌 속에 있는 100조 개의 시냅스 연결로 이루어진 커넥톰 지도를 그리는 것으로, 인간 게놈 프로젝트Human Genome Project가 직면했던 것보다 훨씬 더 야심차다.

뇌를 커넥톰으로 바라보는 것이 기능의 전문화라는 개념을 전부 버리겠다는 뜻은 아니다. 커넥톰은 뇌 전체가 기능을 담당한다는 개념이 아니라, 살짝 언급했듯 뇌가 네트워크들의 네트워크라는 개념이다. 그리고 그 안에서 분포를 담당하는 허브들이, 특정 기능의 국소화와 비슷한 역할을 한다. 개략적으로 설명하면, 다양하게 응용 가능한 어떤 작업에 적합한 한 네트워크가 조정 허브에 의해 호출되면, 마찬가지로 호출된 다른 네트워크들과 재능을 합칠 수 있다. 이러한 네트워크들의 결합이 특정한 대규모 작업을 수행한다. 또 다른 상황에서, 이 네트워크는 이번엔 다른 네트워크들의 집합과 재능을 합쳐서 또 다른 대규모 작업을 수행한다. 즉 소규모 네트워크들은 역할을 수행하기 위해, 필요에 따라 더 큰 규모의 다양한 네트워크에 모집될 수 있다. 오늘날 신경과학자들은 약간의 변형은 있지만 큰 틀에서는 이러한 개념에 의견 일치를 보이고 있다.[5]

OX 퀴즈에 나올 법한, 뇌에 관한 몇 가지 흥미로운 사실들이 있다. 예를 들어, 우리 뇌의 겉질에 있는 뉴런의 약 10퍼센트는 20세에서 90세 사이에 죽는다. 1초에 뉴런 한 개씩 죽는 셈이다. 하지만 한때 옳다고 여겨졌던 것과 달리, 뇌에서 뉴런이 새로 생성되지 못한다는 생각은 사실이 아닌 것 같다. 관자엽에 있는, 새로운 환경에 적응하는 법과 기억을 담당하는 해마 회로의 일부인 치아이랑dentate gyrus(치상회)에서 뉴런이 생성되는 것이 관측됐다. 뇌는 점점 늙어가며 단단한 뼈가 보호해 주고는 있지만, 연약하다. 하지만 뇌에는 '가소성'이 있다. 뇌 속의 연결 회로는 끊임없이 변화한다. 부상이나 질병 같은 극단적인 경우에는 특정 영역의 기능을 다른 영역이 맡아서 수행하기도 한다. 무엇보다도, 뇌의 가소성은 평생에 걸쳐 지속된다.

인지신경과학은 감각, 주의, 운동, 기억, 언어, 의사 결정, 감정, 글자와 숫자를 이해하는 방법 등 뇌의 다양한 기능을 연구하는 데 상당한 진전을 이루었다. 이러한 일들이 어떻게 일어나는지 이해하기 위해, 서로 다르지만 이어져 있는 두 인지 기능, 시력과 기억력을 살펴보자.

시력이 작동하는 방식은 극도로 경이롭다. 정상 상태에서 눈 뒤쪽에 있는 망막에 2차원 패턴이 투사되면, 다시 말해 광자가 망막을 때려서 그 구성 요소인 막대세포rod cell와 원뿔세포cone cell가 활성화하도록 자극하면, 일련의 사건이 촉발되고, 그 결과 바깥세상처럼 입체감 있게 배열된 3차원의 천연색 영화가 펼쳐진다. 마치 창문을 통해 집 밖을 바라보듯이, 눈을 통해 몸 밖을 바라보는 느낌이다. 하지만 사실 세계는 우리 뇌 속에, 주로 뇌 뒷부분에 있다. 버스, 거미, 찻잔, 겨울바람 등 우리가 경험하는 모든 것은 전기화학적 활동전위로 이루어져 있다.

시신경은 망막 중간쯤에서 눈에서 멀어지면서 맹점blind spot(망막에서 시세포가 없어서 상이 맺히지 않는 부분 – 옮긴이)을 형성한다. 하지만 뇌에서 주변 정보를 이용해 누락된 부분을 잘 채워주기 때문에 우리가 알아차리지는 못한다. 망막을 따라 전달된 임펄스는 시신경교차에서 교차한 뒤 최소 10개의 경로로 나뉘어 뇌로 들어간다. 그중 주요 경로는 뇌 뒤쪽의 뒤통수 부분으로 간다. 이곳은 **줄무늬뇌겉질**striate cortex 또는 V1이라고도 불리는 **일차 시각겉질**이 있는 곳이다. 이 경로는 **가쪽무릎핵**lateral geniculate nucleus(LGN)이라는 이름의 시상thalamus 일부를 거쳐서 지나간다. 시상은 감각 입력을 처리하는 일반적 중추이며, 각 반구에 하나씩 있는 가쪽무릎핵은 들어오는 시각 정보를 색상과 움직임에 따라 분류해서, 다음 단계에서 쓰일 수 있도록 준비한다. 다음 단계에서는 명암 대비와 테두리를 처리한다. 이는 시야에서 입체감과 움직임을 분석하는 데 중요하다.

좌뇌는 신체 오른쪽에서 오는 정보를 다루고, 우뇌는 신체 왼쪽에서 오는 정보를 다룬다. 따라서 왼쪽 눈은 시야의 오른쪽 반만을 보고, 오른쪽 눈은 시야의 왼쪽 반만을 본다고 생각할지도 모르겠다. 실제로는 한쪽 눈을 감아보면 쉽게 확인할 수 있듯이, 각 눈은 시야의 양쪽을 다 본다. 코 때문에 반대쪽 시야가 일부 가리긴 하겠지만 말이다. 실제로 작동하는 원리는 다음과 같다. **각** 눈에서 망막의 오른쪽 절반은 왼쪽 시야를 보고, 왼쪽 절반은 오른쪽 시야를 본다. 이때 망막의 왼쪽 절반에서 온 데이터(즉 오른쪽 시야에 대한 데이터)는 좌뇌반구, 즉 망막과 같은 쪽에 있는 가쪽무릎핵으로 들어간다. 그리고 동시에 각 망막과 같은 쪽 시야에서 온 나머지 절반의 데이터는 그 절반의 망막 반대쪽 반구에 있는 가쪽무릎핵으로 들어간다. 따라서 양쪽 반구의 가쪽무릎핵은 각각 양쪽 눈 둘 다에게서 시각 데이터를 받게 된다.

고양이 뇌에 있는 단일 뉴런에 대한 기록을 통해, 일차 시각겉질 V1에 있는 세포들이 모서리와 선의 방향을 감지하는데 특화되어 있다는 점이 드러났다. 이 발견으로 하버드대학교의 데이비드 허블David Hubel과 토르스튼 위즐Torsten Wiesel이 노벨생리의학상을 받았다. 이 발견은 처음에는 우연히 이루어졌다. 허블과 위즐은 실험 대상 고양이에게 보여주고 있는 슬라이드 중 한 장에 균열이 발생했을 때, V1 영역에 있는 세포 하나가 활성화하는 것을 발견했다. 추가 실험을 통해, 특정 세포를 흥분시키는 방향을 가진 선을 고양이에게 보여주면 개별 세포를 활성화할 수 있다는 점이 확인됐다. 개별 세포들은 전체적인 표현을 달성하기 위해 상향식으로bottom-up 결합하기는 하지만, 각 세포들은 더 복잡한 표면과 모양을 인식하는 고등 분석으로부터 하향식으로top-down 피드백을 받는다. 예를 들면, 마치 고등 인식 영역들(뒤통수엽의 다른 부분 및 관자엽, 마루엽에서 시각 처리를 담당하는 부분)이 시각 데이터가 어떤 형태라고 분석하고 난 뒤, V1에서 방향을 감지했던 세포에 다시 신호를 보내서, 구체적으로 무엇을 더 확인하면 좋을지 알려주고 추가 데이터를 요구하는 것과 같다.

인류가 진화하는 과정에서 10개가 넘는 시각 입력 경로가 발달했다. 더 나중에 발달한 더 복잡한 경로는 원시적인 경로를 대체하는 대신에 보완했다. 그중 한 경로는 눈에서부터, 낮과 밤에 대한 정보를 사용하는 시상하부hypothalamus의 일부로 이어진다. 야행성 포유류는 물론 밤이라는 걸 알고 있을 때만 돌아다닌다. 아주 오래전 영장류 조상에게는 이 기능이 생존에 중요했다. 아마도 귀가 시간 지키기, 해질 무렵 술 한잔할 시간 같은 수정된 형태로 이 기능은 여전히 우리에게 중요하다. 또 다른 경로는 갑작스러운 섬광이나 불빛, 또는 광도 변화를 인식했을 때, 눈과 몸의 비자발적 움직임으로 연결해 주는 경로다. 아마도 예기치 못한 위험에 대한 회피반사일 것이다. 또는 시야 중심에 있는 건 아니지만 중요할 수도 있는 무언가, 예를 들면 움직이는 뱀에게로 주의를 돌리기 위한 것일 수도 있다.

시각 경로가 여러 개 있고 각각 진화적으로 가치 있는 특정 목적을 수행한다는 점, 이는 가장 특이한 인지 현상 한 가지를 설명해 주는지도 모른다. 바로 **맹시**blindsight 또는 겉질시각상실cortical blindness이다. 보지 못하는(본다고 인식하지 못하는) 사람들이 만약 정상적으로 볼 수 있다면 시야에 들어왔을 정보에 반응하는 현상이다. 실험에서 물체가 어디 있는지를 가리켜 보라고 요청하자, 이 사람들은 그 물체를 볼 수 없다고 말하면서도 위치를 정확하게 가리켰다. 반대 증상은 안톤–바빈스키 증후군Anton-Babinski Syndrome이다. 완전히 눈이 멀어서 정상적으로 볼 수 있다면 시야에 들어왔을 어떤 것에도 반응하지 못하면서도, 자신이 앞을 볼 수 있다고 주장하는 증상이다.[6]

터널 시야나 갑작스러운 명암 대비 같은 다른 가능성을 제외했을 때, 맹시에 관한 가장 깔끔하고 그럴듯한 설명은 의식적인 지각을 우회하는 시각 입력 경로가 있다는 것이다. 시각 지각이 굉장히 선택적이라는 데에는 의심의 여지가 없다. 아마 유명한 고릴라 실험에 대해 대부분

들어본 적이 있을 것이다. 이 실험에서는 선수들이 농구공을 주고받는 횟수를 세어 달라고 관중들에게 부탁한 다음, 선수들 사이로 고릴라 한 마리를 지나가게 했는데 많은 관중들이 고릴라의 존재를 알아차리지 못했다. 이런 예를 보면, 무의식적 시각 경험이 눈으로 보는 게 아닌 다른 다양한 방법으로도 발생할 수 있다는 생각을 하게 된다.[7] 우리가 특정한 시각 데이터를 무시할 수 있다면, 반대로 입력 없이 시각 데이터를 이용하고 있을지도 모르는 것이다.

물론 시각은 단순히 수동적인 감각과는 거리가 멀다. 시각은 쓰이기 위해 존재한다. 가쪽무릎핵과 뒤통수엽을 통해 처리된 정보는 뒤통수엽 주변부에 공유되고, 앞쪽에 있는 관자엽과 마루엽으로도 각각 **배쪽경로**ventral stream, **등쪽경로**dorsal stream를 통해 전달된다. 관자엽으로 가는 배쪽경로는 사물을 인식하는 능력을 포함한다. 특히 얼굴처럼 중요한 부분을 인식하므로 기억과도 연결되어 있다. 마루엽으로 가는 등쪽경로는 주의를 기울이고, 행동하고, 움직이는 데 사용된다. 이러한 두 경로의 기능은 뇌 안에 더 폭넓게 퍼져 있으므로, 어느 한 쪽 경로가 손상되면 선택적 시각 장애를 겪을 수 있다. 예를 들어 색각을 잃었지만 여전히 움직임을 보는 건 가능하거나, 반대로 움직임을 보는 능력을 잃었지만 여전히 색을 인식하는 건 가능할 수가 있다.

색각의 경우에는 국소화가 명백하다. V4라고도 불리는 뒤통수엽의 혀이랑lingual gyrus은 적어도 사람의 경우 색각의 **주요** 중추로 여겨진다. 혀이랑을 다치면 세계가 회색 음영으로 보인다. 이를 **완전색맹**achromatopsia이라 부르는데, 흔하게 발생하진 않는다. 그 이유는 V4 영역이 각 반구에 하나씩 총 두 개 있어서, 뇌졸중이나 부상으로 한 번에 둘 다 손상되기는 쉽지 않기 때문이다. V4는 fMRI 스캔에서 '몬드리안 패턴'(색칠한 사각형.

화가의 이름에서 따왔다)을 눈앞에 보여주었을 때 활성화하는 부위다. 색은 진화적 측면에서 분명 중요한 정보다. 뇌에 색을 구분하는 전용 영역이 있을 뿐만 아니라, 조명 등의 조건이 달라져도 색을 동일하게 인식하는 '색채 항상성color constancy'을 유지하는 장비가 갖춰진 점을 보면 알 수 있다. 음식, 독성 물질, 짝짓기를 위한 유혹, 위험 신호 등은 많은 경우에 그 표시가 색으로 이루어져 있다. 이러한 표시를 제대로 알아차리는 것은 사느냐 죽느냐 하는, 유전자 생존이 걸린 문제가 될 수 있다.

V5라는 작은 영역에 손상을 입으면 움직임을 인지하는 능력을 상실할 수 있다. 모든 것이 정지 상태의 연속으로 보이는 것이다. 날아가는 비행기는 하늘에 움직임 없는 점이 연속해서 스타카토처럼 찍힌 것으로 보인다. 미국 남서부 관광 목장의 카우보이들은 말이 이런 방식으로 주변 환경을 본다고 주장한다. 측면을 향한 단안시monocular vision(한쪽 눈으로 만 보는 것 – 옮긴이)를 이용해 머리 왼편과 오른편을 번갈아 가며 사진 찍고, 먹잇감의 입장에서 포식자를 계속 감시하다가 무언가 새로운 게 나타났다고 생각한 쪽으로부터 달아난다는 것이다. 이 카우보이들은 보통 신경과학자가 아니며, 말을 지나치게 감상적으로 대하는 편도 아니다. 말을 연구하는 신경과학자나 말의 고귀함과 아름다움을 찬양하는 사람들은 말이 양안시binocular vision(두 눈으로 보는 것 – 옮긴이)를 이용한다고 생각한다. 전체적으로 흐릿하고, 입체감도 잘 감지하지 못하고, 적록색맹이지만, 두 눈으로 360도를 본다고 생각한다. 말 시야에 대한 이런 견해 차이를 비교하는 일은 흥미롭다. 이러한 주장들은 애나 슈얼Anna Sewell(영국의 아동 문학 작가. 말 시점에서 쓴 『검정 말 이야기』로 동물 애호 운동에 크게 공헌했다 – 옮긴이)의 소설을 제외하고는 확증할 수 있는 어떠한 주관적 보고서도 없는 관련 신경과학에 크게 의존하면서, 행동만으로 추론해서 얼

마나 많은 결론을 내릴 수 있는지 보여준다.[8]

　시각의 주요한 용도는 물체 인식object recognition이다. 이 과정을 이해하려면, 관련 뇌 구조를 식별하고 이를 정신심리학, 학습과 기억의 심리학과 결합해야 한다. 기억 속의 어떤 것과도 일치하지 않을 정도로 낯선 물체를 보더라도, 시각 처리 방식은 그게 무엇인지 가설을 세우고 분류할 수 있다. 그러기 위해서는 대상을 배경과 구분하고, 이전에 경험한 적 있는 물체와의 유사성을 찾아내고, 지금 제시된 데이터 패턴에서 중요한 부분을 묶고, 이를 바탕으로 해석을 시도해야 한다. 익숙하든 낯설든 어떤 물체를 볼 때는 각 부분을 전체와 통합해야 하고, 다른 조명, 다른 각도, 다른 거리에서도 대상을 동일하게 인식하는 '대상 항등성object constancy'을 유지해야 한다. 이 과정에서 중요한 역할을 하는 것이 관자엽 아래 곡면에 해당하는 **아래관자겉질**inferotemporal cortex(하측두피질)이다.

　결국 물체 인식 중에서도 중요한 건 얼굴 인식이다. 가장 초기 유아기 때부터 우리에게 얼굴은 중요한 관심의 대상이었다. 얼굴 인식이 어떻게 작동하는지에 관해서는 다양한 모형이 있다. 가장 주된 가설은 역시나 아래관자겉질에 있는 **방추형이랑**fusiform gyrus이 얼굴 인식과 표정 분석을 담당한다는 가설이다. 이는 방추형얼굴영역FFA으로 알려져 있다. 연구자들은 자폐스펙트럼 장애 환자의 경우 이 영역의 겉질 층에 있는 뉴런의 수가 적거나 밀도가 낮다는 점을 발견했다. fMRI 스캔에서 환자들에게 얼굴 사진을 보여주었을 때, 이 영역이 덜 활성화하는 모습도 관찰할 수 있었다. 뉴런의 밀도가 낮은 상태와 스캔에서 나타난 과소 활동은 모두 뉴런 간의 연결이 적다는 점을 암시한다. 연구자들은 방추형이랑을 관찰한 결과를 토대로, 자폐에서 저하되는 다른 기능과 관련 있는 다른 뇌 영역도 상황이 비슷할 거라는 가설을 세웠다. 연구 결과, 감정과

관련이 있는 편도체에서도 뉴런의 밀도가 낮고 연결이 적다는 점이 드러났다.[9]

방추형얼굴영역은 자신이 담당해야 하는 것 외의 다른 자극에는 덜 반응한다. 이 점은 인지 기능이 약간은 분포되어 있을지라도, 전반적으로 국소화해 있다는 견해에 힘을 싣는다. 방추형얼굴영역(양쪽 관자엽에 모두 있지만 오른쪽이 더 활발하다)이 얼굴이 대해 확실한 결정을 내리도록 작동한다는 증거가 있다(이는 **범주적 지각**categorical perception으로 알려져 있다). 잘 알고 있는 두 얼굴을 섞은 합성 사진을 보여주면, 방추형얼굴영역은 애매한 요소는 무시하고, 완전히 한 명의 얼굴만을 선택한다.

얼굴 인식의 사회적 중요성은 뇌가 얼굴에 특화된 시각 처리를 한다는 주장에 무게를 실어 준다. 얼굴을 인식하지 못하는 증상인 **얼굴인식불능증**prosopagnosia의 약 2.5퍼센트는 유전이지만, 대부분은 뇌졸중과 같은 뇌 손상으로 발생한다. 앞에서 언급한 내용에서 유추할 수 있듯이, 뒤통수엽이나 관자엽, 가장 흔하게는 방추형얼굴영역이 손상됐을 때 나타난다.[10]

'마음의 눈'으로 무언가를 본다고 상상해달라고 요청한 후, fMRI 스캐너로 실험 대상의 뇌를 살펴보면 V1 영역이 활성화한다. 이 발견은 시각적 상상을 할 때 어떤 인지 기능이 쓰이는가 하는 논쟁에 마침표를 찍는다. 초기 이론은 시각적 상상이 기본적으로 의미론적semantic이라고 보았다. 단어를 이해하고 기억하는 데 쓰이는 것과 동일한 영역을 사용한다는 것이다. 물론 확실히 기억은 판타지 장면을 시각적으로 상상할 때조차, 환상적 객체로 재결합되는 구성 요소를 제공한다. 하지만 대상에게 어떤 장면을 상상하라고 요청한 뒤 fMRI 기계로 스캔한 결과, 시각적 상상을 할 때 뇌의 시각 중추가 활성화된다는 확실한 증거를 얻을 수 있었다. 또 다른 증거는 시각 처리와 관련한 뇌 영역을 다친 뇌졸중 환자가 (색깔이나 모양 등) 장면을 시각화하지 못한다는 점에서 찾을 수 있다. 또 어떤 사물을 완벽하게 시각화할 수 있는 환자가 그 사물을 직접 봤을 때는 알아차리지 못하는 현상을 보면, 뇌의 처리 과정이 '구획화'되어 있다는 점을 알 수 있다.[11]

여기서 알 수 있는 사실은 (여러분이 잠시 이 책에서 눈을 떼고 주변을 둘러보는 것처럼) 정상적인 시각을 지닌 사람들의 '본다'라는 단순한 행동이 사실은 엄청나게 복잡한 사건의 묶음이라는 점이다. 이는 전기화학적으로 암호화된 데이터의 홍수가 눈에서 출발해 다양한 경로를 따라 (주로) 뇌 뒷부분으로 들어갔다가, 다시 앞쪽에 있는 관자엽과 마루엽으로 향하는 여정이다. 여정의 각 단계에서는 다음 단계를 준비하기 위해서 데이터를 처리하고 분석하며, 동시에 기억 및 비교, 대조, 추론, 평가 능력을 활용한다. 이러한 정보는 보는 데에만 사용되지 않는다. 주변 환경에 적절히 대응하고 계획하기 위한 기초 데이터의 일부이며, 균형과 운동 제어에도 기여한다.

이게 전부가 아니다. 운동선수가 공을 잡는 상황을 생각해 보자. 이 단순한 행동에 필요한 시각 처리와 운동 협응의 대부분은 주로 뒤통수엽과 관자엽의 신경 회로가 근육 활동과 골격 위치를 제어하면서 무의식적으로 일어난다. 운동선수는 자신에게로 날아오는 공을 본다. 하지만 공을 잡기 위해서 공의 궤적이나 근육 간의 협응 같은 걸 의식적으로 계산하지는 않는다. 또 다른 경우를 생각해 보자. 공간에서는 아주 작은 움직임이지만 사회적으로는 강력한 의미를 지닌 행동을 보았다고 하자. 예를 들어 여러분의 배우자가 은밀하고 친밀하게 다른 이성의 손을 만지는 상황을 목격했다고 하자. 이때 들어온 시각 데이터는 사회적으로 학습한 추상적이고 의미론적인 해석과 추론을 마구 쏟아낼 것이다. 시각은 **인지** 과정이다. 우리는 무언가를 보는 게 아니라, 언제나 **무언가로서** 본다. 시각은 매우 해석적이다. 시각 인지 과정의 연속적인 뉴런 활동 단계에서 감지한 모양, 색, 방향, 대조 등은 기본적인 내용을 훨씬 뛰어넘는 의미를 지닌다. 이 중에서 일부는 신경학의 언어로, 일부는 심리학의 언어로 묘사할 수 있다. 가장 큰 문제는 두 언어 사이의 번역에 관한 것이다. **어떻게** 번역할 것인가, 번역을 **할 수는 있는가** 하는 문제다. 공을 잡는 운동선수와 그녀의 질투심 많은 남편을 생각해 보자. 선수가 공을 잡는 행동은 신경학적 용어로 완전히 설명할 수 있다. 이 선수가 다른 남자의 손을 은밀히 잡는 행동에 대한 남편의 해석은 심리학적 용어로 쉽게 설명할 수 있지만, 신경학적 용어로는 설명하기 쉽지 않다. 오랫동안 지속된 이 딜레마는 아직도 해결되지 않았다.

앞 단락에서 기억이 몇 번 언급됐는데, 잠깐이지만 기억이 얼마나 중요하고 결정적인 기능인지를 가늠할 수 있었다. 기억은 우리가 수행하는 거의 모든 인지 행동에 필요하다. 우리의 정체성과 인격을 구성하는 요소다. 기억을 잃으면 세계와의 연결이 끊어지고 자기 자신을 잃게 된다. 노화 및 다양한 뇌 부상이 기억을 손상하는 현상을 토대로 기억을 주로 담당하는 뇌 영역이 어디인지 밝혀내고, 뇌 연구가 늘 그렇듯이 의학적 치료법을 찾는 데 도움이 될 수 있다.

기억 연구에서 가장 중요한 이름은 2008년 82세의 나이로 사망한 헨리 몰레이슨Henry Molaison일 것이다.[12] 신경과학 문헌에서는 H. M.으로 알려져 있다. H. M.은 7살에 자전거 사고를 겪고, 아마도 그로 인해 10살부터 뇌전증 발작으로 고통받기 시작했다. 이후 15년 동안 증세는 점점 심각해졌고, 가족들과 의사는 외과수술만이 유일한 치료법이라고 생각하게 됐다. H. M.은 하트퍼드 병원의 신경외과의사 윌리엄 스코빌William Scoville에게 수술을 받기로 했다. 스코빌은 그전에도 정신병 환자들의 관자엽 일부를 제거하는 실험적 수술을 집행한 경험이 있었다. 스코빌은 H.M.이 발작을 일으키는 원인이 해마에 있다고 추측했다(나중에 밝혀지듯이 잘못된 추측이다). 그래서 상처를 지지는 칼을 이용해 해마를 주변 부등겉질로부터 분리해 내고, 진공 장치로 빨아들였다. 수술이 진행되는 동안 H. M.은 깨어 있는 채로 수술 의자에 앉아 있었다.

H. M.의 해마는 위축된 것처럼 보였고, 주변 조직은 손상을 입은 상태였다. 스코빌은 (추후에 밝혀진 바에 따르면 전부는 아니지만) 손상된 주변 조직도 제거했고, 이 과정에서 편도체와 **내후각겉질**entorhinal cortex이라는 내측 관자엽 일부가 제거됐다. 내후각겉질은 기억, 시간 인지, 공간 탐색을 담당하는 신경 회로의 허브 중 하나다. 수술 결과 뇌전증이 발생하는 빈도가 줄어들고 증상도 완화됐지만, 병 자체가 완전히 사라지지는 않았다. 오히려 수술의 가장 두드러진 영향은 H. M.이 그 이후로 새로운 기억을 형성하지 못한다는 점이었다. 이러한 증상을 **순행성 기억상실** anterograde amnesia이라고 부른다. 한편 H. M.의 **작업기억**working memory과 **절차기억**procedural memory은 멀쩡했다. 작업기억은 현재 하고 있는 작업을 위해 한정된 기간 동안 일정량의 정보를 기억하는 능력이다. 때때로 '단기기억short-term memory'으로 착각되는데, 비슷하지만 다르다. 절차기억은 신발끈을 묶거나 이를 닦는 것처럼 다양한 일을 의식하지 않고 수행하는 방법에 대한 기억이다. H. M.은 약간의 역행성 기억상실retrograde amnesia도 겪었다. 수술 전 2년 동안의 기억은 거의 잃었고, 그전 10년 동안의 기억도 약간 잃었다. 하지만 10대 초반까지의 어린 시절은 온전히 기억하고 있

었다(수술받을 당시 H. M.은 27세였다).

　H. M.의 기억 장애에 관한 이야기에 추후 가능해진 fMRI 스캔을 이용한 연구 결과와 H. M.의 뇌에 대한 사후 검사가 추가되면서, 기억을 이해하기 위한 풍부한 증거를 제공하고 다양한 추측을 가능하게 했다. 제일 먼저 생각해 봐야 할 가장 명백한 사실은 H. M.이 어떤 능력은 잃어버리고 어떤 능력은 그대로 유지했다는 점이다. 이는 다양한 기억 기능이 각기 다른 뇌 영역에서 이루어진다는 뜻이었다. 작업기억, 절차기억, 장기기억, 새로운 기억 형성은 모두 다른 영역에서 일어나는 것으로 보였다. 해마는 확실히 새로운 기억 형성 및 학습과 연관이 있는 것처럼 보였다(H. M.은 수술 후에 새로운 의미 정보를 습득하는 데 어려움을 겪었다). 하지만 fMRI 스캔과 사후 조사가 보여주는 증거는 좀 더 모호했다. 일단 수술이 해마의 절반만 제거하고 나머지 절반은 남겨뒀으며, 생각보다 뇌의 다른 영역을 더 많이 손상했다는 점이 드러났다. 또, H. M.의 이마엽에서 그전에는 발견하지 못했던 병변이 감지됐다. 처음에 생각했던 것보다 뇌 기능을 국소화하기가 좀 더 어려워진 것이다.

　하지만 이러한 연구가 국소화를 전부 부정하는 것은 아니었다. 오히려 국소화론을 보강하는 진자는 앞뒤로 계속 흔들리고 있었다. H. M.의 뇌를 포함해 비슷하게 내측 관자엽에 손상을 입은 환자들의 뇌를 조사한 결과는 이 영역이 장기기억과는 관련이 있지만, 작업기억, 단어기억, 새로운 운동 기술을 습득하는 능력 등과는 관련이 없다고 강력히 시사하고 있었다. H. M.은 기억, 더 정확하게는 새로운 '일화기억episodic memory'이나 일상의 자서전적 기억을 새로 습득하지는 못했지만, 놀랍게도 신발끈을 묶거나 자전거를 타는 것처럼 무의식적인 **암묵기억**implicit memory은 반복적으로 자극에 노출해 반응을 개선하는 '반복 점화repetition priming'를 통해 새로 습득할 수 있었다. 이러한 현상은 장기 일화기억이 내측 관자엽에 위치한 반면, 다른 기억 능력은 다른 영역에 위치한다는 것을 의미했다.

지형기억topographical memory 역시 뇌의 다른 영역에 위치한다. 수술을 하고 몇 년 뒤 새로운 집으로 이사한 H. M.은 새집의 평면도를 그려낼 수 있었다. **해마곁이랑**parahippocampal gyrus(해마 주변의 회색질 영역, 해마방회)과 연관 있는 공간처리능력이 손상되지 않았다는 뜻이었다. 사실 스코빌의 메스와 진공 장치로부터 살아남은 해마와 인근 영역 덕분에, H. M.은 수술 후의 기억도 어느 정도 습득할 수 있었던 것으로 보인다. 예를 들어 H. M.은 당시 미국 대통령 같은 중요한 공인에 대한 정보를 새로 습득했다.

흥미로운 발견은 H. M.의 사건 전 역행기억이 어린 시절에는 괜찮지만 수술 시점에 가까워질수록 점점 신뢰도가 떨어진다는 점이었다. 이러한 현상은 노인이나 일반적 유형의 치매를 겪는 사람에게서도 나타나는데, 어린 시절의 장기기억이 내측 관자엽에 저장되지 않는다는 점을 시사한다. 이 현상으로 대두된 한 가지 주장은 내측 관자엽이 후기에 형성된 기억을 강화하는 데는 중요한 역할을 하지만, 의미기억semantic memory을 포함해 초기에 학습한 것들은 다르게 형성되고 뇌의 다른 영역에 저장된다는 것이다.

해마 외에도 기억과 관련 있는 뇌 영역이 최소 네 군데 있다. 바로 뇌활, 시상, 유두체mammillary body, 이마엽이다. 이 영역 중 한 곳에 질병이나 부상이 발생하면 다양한 기억 장애가 일어날 수 있다. 이러한 신경 위치의 분포는 기억의 다양한 종류뿐만 아니라 다양한 사용법에 대해서도 생각해 보게 한다. 다시 말해 기억은 단순히 전화번호 같은 정보나 목격한 교통사고 같은 사건을 상기하는 것뿐만 아니라, 어떤 절차를 수행하고 환경을 헤쳐나갈 방안을 찾는 일 등에 사용된다.

또 어떤 종류의 기억을 잊어버림으로써, 다른 종류의 기억을 더 효율적으로 할 수 있다는 망각의 유용성도 설명할 수 있다. 우리는 종종 우리가 듣거나 읽은 것을 잊어버린다. 처음 어떤 정보에 직면했을 때 너무 급하게 받아들였거나, 정말로 관심이 없었거나, 주의가 산만해졌거나 해서 제대로 처리하지 않았기 때문일 수 있다. 하지만 다음과 같이 효율상의 이유로 망각하기도 한다. 여러분이 1시간 전에 안경을 어디에 뒀는지를 기억하기 위해서는, 어제 또는 지난주에 안경을 어디에 뒀는지 잊어버려야 한다(완전히 같은 장소에 둔 경우는 예외로 하자).

우리가 무언가를 잊겠다고 선택할 수 있을까? 어려울 것 같아 보이지만, 실험 설정상에서는 무언가를 잊어버리도록 유도하는 것이 가능해 보인다. 하지만 기억과 망각에 대한 지시에 반응하는 뇌 영역을 식별하려는 fMRI 연구를 살펴보면, 회의감을 느끼게 된다.[13] 망각과 기억을 놓고 봤을 때, 상대적으로 기억은 해마 안에 위치한 것으로 여겨지고, 망각은 우뇌의 뒤가쪽이마엽앞겉질dorsolateral prefrontal cortex(배외측전전두피질)에 위치한 것으로 여겨진다. 하지만 이 두 영역은 명백하게 연결되어 있지가 않다. 따라서 이 점을 적절히 설명할 방안을 찾아야 한다. 예를 들어, 앞띠다발겉질anterior cingulate cortex(전대상피질)처럼 뒤가쪽이마엽앞겉질에 가까운 어떤 구조가 내후각겉질 같은 중간 구조에 영향을 미쳐서 해마로 가는 정보 흐름을 억제할 수 있을까? 기술적 용어 자체는 그럴듯한 느낌을 자아낸다.[14] 뉴런이 860억 개나 되고, 그 복잡한 대규모 집단을 연구하는 현재 방식이 엄청나게 간접적이라는 사실을 다시금 떠올리면서, 앞으로 과학이 더 발전하기를 기대해본다.

무언가를 의도적으로 잊어버리는 게 어렵긴 해도 가능하다면, 일어나지 않은 일을 '기억'하는 건 너무나도 쉬워 보인다. 거짓 기억, 더 흔하게 왜곡 기억은 흥미롭고 중요한 현상이다. 실험에 따르면, 사람들은 강력한 연상 링크를 통해서 일어나지 않은 기억을 형성하도록 유도될 수 있다. 한 실험에서는 실험 대상에게 '수면'이라는 단어는 제외하고 '침대', '휴식', '기상'이라는 단어를 기억하게 했다. 나중에 물어보자 실험 대상자들은 단어 배열에서 '수면'이라는 단어를 들었다고 확신했다. 연구자들의 표현에 따르면 '강력한 기억 착오'다.[15]

이와 관련하여 '회복 기억 치료법recovered memory therapy'이 논쟁을 불러일으키기도 했다. 이 치료를 받은 고객들은 억압되어 있던 기억을 회복하거나 혹은 회복했다고 믿게 됐다. 이때 고객이 회복한 또는 꾸며낸 기억은 어린 시절의 성적 학대와 같은 충격적인 사건에 관한 것이었다. 충격 때문에 기억이 억압된 것이다. 치료 수단으로는 최면술, 이미지 유도, 약물, 꿈 해석 등이 쓰였다.

사람들은 보통 다른 사람에게 쉽게 영향을 받는다. 꼭 카리스마 있고 강압적인 인물이 특정 방식으로 생각하도록 이끌어야 하는 건 아니다. 우리는 소셜 미디어에서 평범한 사람들이 음모론을 주장하기만 해도 쉽게 동요한다. 이런 점을 고려했을 때, 회복 기억 치료법은 단지 고객들이 무언가를 '기억'하고 있다고 굳게 믿게 했을 뿐일 가능성이 크다. 이는 수많은 법정 소송, '회복 기억 치료법'에 대한 미국 정신의학회와 영국 왕립정신의학회의 비난, 일부 사법권의 보험회사가 이 치료법을 사용한 치료사의 보험 처리를 거부한 일 등을 보면 알 수 있다. 학대 발생과 그 부작용의 사례는 현실에 명백하게 드러난다는 사실을 고려해 보자. 영국 왕립정신의학회 위원회는 '아동기 성적 학대가 상당히 많이 일어난다는 점을 감안할 때, 이들 가운데 오직 소수만이 기억이 억압되고 또 그들 중

소수만이 이후에 기억을 회복했다고 하더라도 확증 사례가 상당히 많아야 하는데 실제로 확증 사례는 하나도 없다'라고 말했다.[16]

눈구멍(눈확, 안와orbit) 바로 위쪽에 있는 뇌 영역인 **눈확이마겉질**orbitofrontal cortex(안와전두피질)이 손상되면, 거짓 기억을 확신에 차서 만들어내는 말짓기증(작화증confabulation)에 걸릴 수 있다. 일부 이론가들은 이러한 거짓 기억이, 조각났다가 다시 짜깁기된 진짜 기억으로 이루어졌다고 생각한다. '말짓기증'은 거짓말과는 다르다. 거짓말을 하는 사람은 가짜라는 것을 알면서 진짜인 것처럼 얘기하지만, 말짓기증에 걸린 사람은 자신의 기억이 거짓이라고 인식하지 못할 수 있다.

기억, 상상, 믿음, 말짓기의 복잡성은 신경과학에서 뇌 영역의 활성화를 관찰해서 진짜 기억과 거짓 기억을 구분하는 작업을 어렵게 한다. 하지만 어떤 실험 결과는 진짜 기억과 거짓 기억을 구분하는 게 그렇게 어렵지 않다고 시사하기도 한다. 이 실험에서는 실험 대상의 한쪽 반구에 어떤 '기억'을 보여줬을 때, 그 기억이 진짜인 경우에는 반대쪽 반구에도 반응이 나타났고, 거짓인 경우에는 반응이 나타나지 않았다.[17] 이는 거짓말 탐지기('폴리그래프polygraph') 기술을 신뢰하는 사람들의 관심을 불러일으켰다. 거짓말 탐지기는 미국에서는 널리 사용되지만, 다른 국가의 사법권에서는 대부분 인정되지 않고 있다. 거짓말을 정확히 감지하는 게 가능할까? 현 거짓말탐지기 기술을 바탕으로 한 증언은 일부 범죄자들에게 사형을 선고하는 데에도 쓰이고 있다. 신경과학 이론과 기술의 정교함은 이러한 관행을 보강해 갈 것이다.

신경과학이 연구하는 인지 기능과 심리 현상 그리고 부상이나 질병에 의한 정신이상 전반에 걸쳐서, 조사에 가장 민감한 부분은 상실되거나 망가졌다는 사실을 쉽게 관측할 수 있는 기능들과 감각 경로다. 예를 들면 기억, 언어, 감정 그리고 사회적, 물리적 환경하에서 합리적인 반응이라고 예상되는 특정 행동 등이 있다. 앞서 언급했듯이 신경과학이 관측하는 것은 '상관관계'다. '원인'이 아니기 때문에, '설명'이라고도 할 수 없다. 하지만 이 상관관계는 거의 설명에 가까워서, 어떤 경우에는 임상적으로 응용이 가능하다.

관계, 욕구, 애정, 자신의 역할과 직업에 대한 책임, 장기 계획 등 더 복잡한 인간 생활로 들어가면, 신경과학의 기여는 적어도 지금으로서는 덜 직접적이다. 여기에는 심리적으로 명확한 상처를 남기는 나쁜 경험이 뇌에는 (최소한 현재 우리가 볼 수 있는 구조 수준에서는) 관측 가능한 손상을 남기지 않는다는 점도 포함된다. 이러한 현상은 뇌 속의 활동 전위만으로 이해하기가 훨씬 더 어렵다.

그럼에도 신경과학자들은 미래에 신경과학이 완벽해지면, 뇌 활동과 관련된 모든 것을 뇌 활동의 언어로 이해할 수 있을 거라고 가정한다. 실제로 이들이 **해야만 하는** 가정이다. 최소한 이를 목표로 하는 게 이 분야의 규제 원칙이 되어야 한다. 따라서 신경과학은 모든 정신 현상이 궁극적으로는 신경학적 용어로 이해될 수 있을 거라는 강력한 형태의 **환원주의**를 구현한다.

환원주의를 비판하는 사람들은 이것이 원칙적으로 불가능하다고 생각한다(이들은 환원주의가 '진주를 조개의 질병으로만 여기는 사고'라고 정의하는 경향이 있다). 한 가지 이유는 이 비판가들이 창발성emergent property에 대한 이론을 지지하기 때문일 수 있다. 창발성이란 심리적 현상이 신경 활동으로 발생하고 신경 활동 없이는 존재하지 못하지만, 그럼에도 추가적인 무언가가 없이 신경 활동만으로는 설명할 수 없는 것, 예를 들면 우리

에게 특정 상황이 무엇을 **의미하는가**, 아니면 어떻게 **느껴지는가** 하는 것
이다. 특히 후자는 다음 절에서 다룰 의식 문제의 핵심이다.

이러한 논쟁은 핵심적이다. 논쟁의 한편에는 심리학 언어(욕구, 믿음,
사랑, 필요, 갈망, 기쁨과 같은 개념의 용어)와 신경과학 언어 사이의 관계를, 먼
옛날 질병을 설명하던 '귀신 들림demonic possession' 같은 용어와 오늘날 의학
용어 사이의 관계로 동일시하는 사람들이 있다. 신경철학자 퍼트리샤와
폴 처칠랜드가 대표적으로 이러한 견해를 지니고 있다.[18]

논쟁의 또 다른 편에는 믿음이나 욕구 같은 의도적 개념이 꼭 필요
하다고 주장하는 사람들이 있다. 이러한 개념이 다른 사람의 행동을 해
석하고 예측하는 수단으로서 '마음 이론theory of mind'을 구성하기 때문이
다.[19] 마음 이론은 사람이 아닌 동물의 행동에도 적용된다. 고양이가 계
속 울면서 밥그릇이 놓인 부엌 근처를 배회하는 이유가 먹이를 먹고 싶
다는 욕구 때문이라는 발언은, fMRI 스캔을 통해 고양이 뇌 속을 들여다
본 전문가들이 내리는 결론만큼이나 고양이의 행동을 단순하고 유용하
게 설명해 준다.

이제 우리는 예를 들어 '마음 이론'이라는 개념이 아동기 인지 발달
과 (좀 다르지만 관련 있는) 자폐증을 이해하는 강력한 수단임을 인정하면
서도, 동시에 앞서 언급했듯 신경 회로가 이 질병들의 작동원리를 이해
하는 데 도움이 될 수 있으며 언젠가 문제를 해결해 줄지도 모른다는 귀
중한 가능성을 배제하지 않고 받아들일 수 있다.

동일한 현상을 설명하는 두 접근법 모두 각자의 용도가 있고, 언젠
가는 상호 번역될 수 있을 거라는 공통감을 확인하는 건 매력적인 일이
다. 이후에 4절에서 다시 언급하겠지만, 이는 올바른 접근 방식으로 보인
다. 하지만 이러한 접근 방식을 비판하는 사람들은 탐구를 방해하는 문

제들을 다시 한 번 언급하면서, 신경과학이야말로 망치 문제, 지도 문제, 등불 문제, 간섭자 문제, 파르메니데스 문제의 확실하고 전형적인 예라고 단호히 주장할 것이다. 가령 여러분이 뉴런의 활동 전위를 기본 개념으로 하는 이론을 지지한다면, 모든 것이 활동 전위로 환원될 것이다(망치 문제, 파르메니데스 문제). 또 우리는 볼 수 있는 것, 실제 구성 요소의 크기에 비해 상대적으로 훨씬 크게 보이는 구조물만을 보기 때문에, 우리가 그리는 지도는 축척이 엄청나게 작을 것이다(등불 문제, 지도 문제). 또 우리가 그 지도를 그리는 데 쓰는 장비가 풍경 자체에 영향을 미칠 수도 있다(간섭자 문제). 이 모든 점을 인정해야 한다. 하지만 신경과학자들은 이 점을 알고 있고, 자기 비판적으로 고려하고 있다. 과학적 탐구 방법은 상당 부분이 이러한 장벽을 예상하고 대항하는 일이다. 탐구가 이런 문제들을 직면하고 있다고 인식할 때, 우리는 탐구를 포기하라는 협박장을 받는 게 아니다. 이 문제들을 피해서 연구하라는 초대장을 받는 것이다.

3. 신경과학과 의식

훌륭하면서도 진부한 표현을 하자면, 의식은 우주에서 가장 친숙하면서도 가장 불가사의한 존재다. 의식은 굉장히 친숙하다. 우리가 깨어 있을 때, 그리고 조금 특이한 형태지만 우리가 자고 있을 때에도 친밀하게, 즉각적으로 경험할 수 있기 때문이다. 또 술을 마시거나 사랑에 빠졌을 때는 의식이 왜곡되는 현상을 경험하기도 한다. 따라서 우리는 **의식이 있다는 느낌**이 어떤 건지 굉장히 잘 안다.

동시에 의식은 굉장히 불가사의하다. 우리는 의식이 무엇인지 거의 알지 못하며, 의식이 뇌 활동에서 어떻게 발현하는지는 아예 모른다. 어떤 이들은 의식이 뇌 활동에서 발생한다는 것 자체에 의문을 표하기도 한다.

상당히 최근까지도 의식을 대하는 관점은 크게 세 종류가 있었다. 첫째, 의식을 신체 속에 깃들어 있거나 어떻게든 신체와 결부된, 영혼이나 마음 같은 무형의 구조에 돌리는 것이다(앞에서 말했지만 오래된 견해다). 둘째, 액체나 기체처럼 정제된 형태의 어떤 물질 구조가 있다고 여기는 것이다. 이 물질이 뇌(아니면 심장)에서 나와서 신체에 퍼진 뒤, 생기를 불어넣고, 주변 세계와의 접촉을 감지하게 해준다는 것이다. 셋째, 모든 문제를 무시하고 그냥 마음을 있는 그대로 받아들이는 것이다. 전 세계적으로 살펴보면, 오늘날에는 세 번째 선택지를 고른 사람이 가장 많다는 것을 알 수 있다. 다만, 종결 문제처럼 의식에 대해 생각해 볼 필요가 있을 때는 첫 번째 관점이 호출되곤 한다.

첫 번째와 두 번째 선택지는 시사하는 바가 많다. 먼저, 첫 번째 선택지는 예를 들면 의식이 육체적 죽음 이후 신체와 떨어져 존재한다는 믿음과 일반적으로 연결돼 있다. 또 사람 이외의 것들, 동물, 식물, 심지어는 산, 강, 아니면 (범심론자panpsychist들의 주장처럼) 우주 전체에 의식이 있다는 개념과도 일치한다. 하지만 의식이 육체적 연결을 요구하지 않는다고 생각하는 사람들은 인간보다 열등한 존재에 의식이 있다는 생각도 부정하는 경우가 많다(따라서 중세 시대 '존재의 대사슬Great Chain of Being' 개념에서도 인간보다 계층이 높은 모든 존재, 천사, 대천사 등에게는 의식이 있다고 여겼다). 의식과 같이 엄청난 수수께끼를 다루는 과정에서는 추측에 기반한 사고들을 통제할 길이 없다.

오늘날 경험적 탐구를 통해 강하게 뒷받침되며 학자들이 주로 동의하는 의견은 두 번째 선택지다. 수정사항은 그 물질 기반이 신경이라는 관을 통해 흐르는 액체나 기체가 아니라, 뇌 속에 있는 뉴런의 복잡한 상호 연결이 일으키는 전기화학적 신호라는 것이다.

'의식 있는conscious'이라는 영어 단어는 철학자 존 로크가 그의 저서 『인간지성론』(1691)의 제2판에서 사용하면서 널리 쓰이기 시작했다. 로크가 이 용어를 만든 건 아니고(일부 어원학자들이 그 이전에도 썼다는 점을 확인했다), 대중화한 것이다. 의식은 '잘 아는'이라는 뜻의 라틴어 단어 **conscius**를 영어로 옮긴 것이다. 동사형 **conscire**는 '잘 알고 있다'라는 뜻이다(con은 '함께', scire는 '안다'를 뜻한다). 로크는 사람이 어떻게 시간이 흘러도 자기정체성self identical을 유지할 수 있는지, 즉 어떻게 인생의 후반부에도 초반부와 동일한 사람일 수 있는지를 설명하는 과정에서 이 용어를 사용했다.[1] 이는 '인격동일성personal identity'이라 불리는 흥미로운 문제다. 가령 당신이 지금 50세라고 했을 때, 20세일 때의 당신과 지금의 당신이 동일한 사람이라는 걸 무엇으로 해명할 수 있을까? 예를 들어 20세에 저축하기 시작한 돈을 50세에 받을 자격이 있다고 한다면, 이때 동일성을 해명하는 건 돈이다. 당신은 과거에 저축 계좌를 개설했던 그 사람과 동일인물이다. 하지만 동시에, 재미없고 성숙하고 안정적인 50세의 당신은 변덕스럽고 멋대로이고 혼란스러웠던 20세의 당신과는 '상당히 다른 사람'일 것이다. 이 점은 두 가지 생각을 하나로 묶게끔 한다. 하나는 신체의 연속성(점점 나이가 들고 살이 쪄 가지만, 세포 교체 등을 겪으면서도 여전히 동일한 신체라는 점)에 대한 생각이고, 다른 하나는 인격의 연속성에 대한 생각이다. 어떤 게 **'당신'**인가? 만약 신체와 인격 둘 다 변할 수 있다면, '당신 변했다'라는 말에 무슨 의미가 있는가? 다시 말해 둘 다 변해버려서 변한 '당신'이라는 기준이 없어졌을 때, 즉 변했다는 사실을 충분히 인식할 수 있을 만큼 동일하게 유지되어 온 '당신'이 없을 때 말이다. 또 변했다는 말을 들을 만큼 동일하게 유지되어 온 부분은 무엇인가?

이에 대해 로크는 인격동일성은 '시간이 흘러도 자신이 동일인물이라는 의식'으로 이루어져 있다고 답했다. 이 의식은 자기 인식self-awareness, 기억, 미래에 대한 자기중심적 관심으로 이루어져 있다. 말하자면 '자신을 알고 있는' 것이다. 자신이 자신이라는 것을 아는 것은 기억의 기능이다. 로크의 견해는 신학자들에게 도전장을 내밀었다. 당시까지 받아들여지던, 인격동일성이 불멸의 영혼 안에 들어 있다는 가정을 밀어내 버렸기 때문이다. 또 로크의 견해는 철학자들의 반발을 불러일으켰다. 문제를 잘못된 방향으로 끌고 가는 것처럼 보였기 때문이다. 로크는 기억을 인격동일성의 기반으로 설정했지만, 분명[2] 로크의 설정과 반대로 인격동일성이 기억의 기반일 것이다. 애초에 기억을 만들어 낸 무언가를 경험한 사람과 지금의 내가 동일인물이 아니라면, 어떻게 그 기억이 **내** 기억이 될 수 있겠는가?[3]

　　로크가 촉발한 논쟁은 17~18세기 계몽주의로 등장한 다른 사상들과 함께 마음과 자아에 대한 사고에 혁명을 일으켰다. 이에 관해서는 다음 절에서 논의할 것이다. 지금 이야기하고자 하는 건, 의식이란 '계속되는 경험의 중심으로서 자신을 인식하는 것'이라는 로크의 아이디어가 기껏해야 의식에 관한 이야기의 일부에 불과하며, 실제로 너무나도 제한적이라는 점이다. 사람은 꽤 자주, 자신을 인식하지 않으면서도 의식이 있을 수 있다. 이를테면 음악을 듣거나, 어떤 일에 몰두하고 있을 때 그렇다. 그러다가 외부에서 불청객이 흐름을 끊으면, 다시 자신을 인식하게 된다.

　　그럼에도 **인식**awareness은 이 이야기에서 필수적인 부분일 수밖에 없다. '무엇을 인식하는가?'에 대합 답은 일반적으로 두 가지다. 첫째, 주의의 대상, 둘째, 어떤 의식 상태에 있을 때 느껴지는 성질이다. 첫 번째 답변은 의식이 **의도적**이라는 특성과 관련 있다. 즉, 의식 상태는 일반적으로 무언가를 향한다는 것이다. 심지어 목적 없는 무의식 상태를 지향하는 (숙련자가 아니면 힘들다) 명상에서조차도, 최소한 진언이나 호흡 등에 집중한다. 두 번째 답변은 **감각질**과 관련 있다. 감각질은 특정한 의식 상태에 있을 때 경험한 성질이다. 고통스러울 때, 무더운 날 시원한 맥주를 한잔 마실 때, 빨간 드레스를 보거나 트럼펫 소리를 들을 때 **어떻게 느껴지는가** 하는 것이다. 감정 상태 또한 현상적 성질을 지닌다. 행복할 때, 슬플 때, 흥분했을 때, 평온할 때 **어떻게 느껴지는가** 또한 감각질이다. 하지만 여기서 감정을 불러일으키는 생각, 사람, 상황 같은 의도적 대상은 다양할 수 있다. 휴일 아침에 아무런 압박 없이 일어났을 때 편안하고 만족스러운 느낌을 생각해 보자. 대상의 부재 자체가 의도적 대상이 될 수도 있다.

감각질에 대한 경험은 '현상적 의식phenomenal consciousness'이라 불린다. 경험자가 자신의 감각질을 인식할 수 있다는 점에서, 현상적 의식은 '접근적 의식access consciousness'으로 간주되기도 한다. 하지만 피아노로 즉흥 연주를 할 때처럼, 의식은 있지만 자신을 인식하지 못할 정도로 완전히 몰두한 경우에는 의식 상태에 접근하지 못하는 것일까? 물론 여러분은 피아니스트가 감각질을 경험하고 있다고 말하고 싶을 것이다. 그러지 않고서야 어떻게 연주하면서 건반을 두드려 조정할 수 있겠는가? 피아니스트는 음을 듣는다. 그리고 의식에는 음을 듣는 '것 같은 무언가'가 있다. 따라서 피아니스트는 의식하지 못한 채 자신의 의식에 접근한다. 이는 자신의 의식에 **접근하는 것**과 자신의 의식을 **관찰하는 것**을 추가적으로 구분할 필요성을 시사한다. 의식을 관찰한다는 건, 자신의 의식을 의식하는 것이다. 추론, 계획, 지시, 소통 등을 목적으로 자신이 경험하고 있는 것을 자기 성찰적으로 의식하는 것이다.

의식에 관한 신경과학 연구에서, 실험 대상의 자기 성찰은 의식과 관련 있는 뇌 영역을 찾는 데 중요한 추가 자료가 된다. 이러한 뇌 영역을 식별하는 건, 환자가 의식이 있지만 그 사실을 알리지 못하는 감금 증후군locked-in syndrome(의식은 있으나 전신마비로 인해 외부 자극에 반응하지 못하는 상태 – 옮긴이) 상태는 아닌지 판단하는 데도 중요할 수 있다. 뇌 영역을 자극한 뒤에 대상이 보고하는 내용과 연관 짓는 일, 또 연관된 행동(인과관계가 불확실하므로 자극으로 인한 '결과적' 행동이라고 말하는 건 위험하다)을 관찰하는 일은 상당히 정확하고 강력한 상관관계를 성립해 준다. 이러한 관찰은 뇌 상태를 관찰해서 알 수 있는 정보와 대상이 실제로 경험하는 일 사이의 '설명의 격차'를 좁히는 데 도움이 된다. 뇌 속에서 일어나는 사건과 대상이 겪는 경험 사이의 상관관계를 정립하더라도, 이 둘이 어떻게 **연결**되어 있는지는 여전히 알 수 없다는 점은 인정해야 한다. 그럼에도 이러한 상관관계를 이해하려는 노력, 예를 들어 의식이 존재할 때와 존재하지 않을 때의 신경 상태를 이해하려는 노력은 가치 있다고 여겨진다. 이는 궁극적인 환원주의적 목표를 달성하기 위한 첫 단계일지도 모른다.

19세기 연구가들은 뇌와 중추신경계에서 의식과 상관관계가 있는 곳이 어디인가 하는 문제로 골치를 앓았다. 사실 이것은 심신이원론의 업데이트 버전이라 할 수 있다. 이원론 개념은 빠졌지만, 여전히 몸과 마음의 상호작용에 관한 문제였다. 일부 연구자들은 목이 잘린 개구리를 자극했을 때 다리가 움직이는 것을 보고 의식이 뇌뿐만 아니라 척수에도 있다고 생각했다. 하지만 약간 변형한 실험에서 목이 잘린 개구리가 점점 뜨거워지는 물속에서 탈출하려고 하지는 않는다는 게 관찰되면서, 결국 척수반사는 무의식적인 반응이고, 의식은 뇌 어딘가에 있다고 생각하게 됐다. 뇌 가운데서도 순전히 겉질에만 있는지, 아니면 중간뇌와 마름뇌에도 있는지에 대해서는 의견이 분분했다. 어쨌든 19세기가 끝날 무렵에는 의식이 뇌 어딘가에 있다는 데 의견이 모였다.[4]

20세기 전반 동안 신경과학은 칼 래슐리Karl Lashley와 그 후계자들 덕분에 크게 발전했다. 이들은 원래 플로리다주 오렌지파크Orange Park에 있다가 지금은 에모리대학교Emory University에 있는 여키스 국립영장류연구센터Yerkes Primate Center(센터 설립자 로버트 여키스Robert Yerkes가 우생학을 지지한 점을 고려해 2022년부터는 에모리 국립영장류연구센터로 이름을 바꿨다 – 옮긴이)에서 연구했다. 래슐리는 학습 후 뇌에 나타내는 물리적 변화를 나타내기 위해 '기억흔적engram'이라는 용어를 만들었으며, 동물들의 학습과 기억에 대해 연구했다. 물론 언제나 옳은 결론에 도달한 것은 아니었다(래슐리는 기억이 뒤통수엽의 V1 영역에 있다고 생각했다). 래슐리와 영장류연구센터의 후계자들은 병변이 일어난 뇌 영역과 특정 행동 사이의 상관관계를 관찰했다. 특히, 관자엽이 학습과 기억에 관여하고 있음을 보여주었다. 또 시각 처리가 V1 영역에만 국한되어 있지 않으며, '작업기억'이 이마엽에서 일어난다는 중요한 사실들을 밝혀냈다. 실로 중요한 진보였다.

뇌 영역과 의식 경험의 연결성을 탐구하는 한 가지 방법은 의식을 일부러 바꾼 다음 뇌에서 어떤 부분이 반응하는지 보는 것이다. 시카고 대학교 심리학자 하인리히 클뤼버Heinrich Klüver는 붉은털원숭이들에게 메스칼린mescaline을 투여한 뒤 행동을 관찰했다. 메스칼린은 리세르그산 디에틸아미드Lysergic acid diethylamide(LSD)나 사일로사이빈psilocybin('환각버섯')과 비슷한 효과를 일으키는 환각제다. 멕시코의 아메리카원주민이 전통적으로 오랫동안 사용했던 물질로, 페요테peyote 선인장에서 추출한다. 클뤼버는 직접 메스칼린을 흡입하고 시각 효과를 묘사했는데, 그중 하나는 거미줄처럼 반복되는 형상들이 눈에 보이는 현상이었다.[5] 클뤼버는 메스칼린의 영향을 받은 원숭이들이 뇌전증 환자와 비슷하게 행동한다는 것을 알아차리고, 신경외과 의사 폴 부시Paul Bucy와 협력해 관자엽을 주의 깊게 관찰했다. 관자엽은 일반적으로 극심한 뇌전증 발작의 근원지로 알려져 있다. 부시가 양쪽 관자엽에 병변을 일으키자, 원숭이들의 행동이 몰라보게 돌변했다. 원숭이들은 클뤼버와 부시가 '정신시각상실psychic blindness'이라 이름 붙인, 분별력을 상실한 행동을 보였다. 뱀이나 사람을 두려워하지 않고, 원래는 거부하던 물질을 거리낌 없이 먹었으며, 성적으로 문란해져서 같은 종은 물론이고 다른 종과도 짝짓기를 시도했다.[6]

'클뤼버-부시 증후군Klüver-Bucy Syndrome'은 환자가 좌뇌와 우뇌 양쪽에 있는 내측 관자엽과 편도체를 모두 다쳤을 때 발생했다. 클뤼버와 부시가 원숭이에게서 관찰한 것처럼, 이 환자들은 '무분별탐식증pica'(이식증, 부자연스런 것을 먹는 행위), 구순고착hyperorality(유아처럼 입술과 입으로 물체를 탐색하려는 욕구), 성욕과다hypersexuality 등의 증상을 보인다. 또 성격이 온순해지고, 익숙한 것을 식별하는 능력이 감소한다. 관자엽의 역할에 대한 추가 연구가 뒤따랐다. 특히 브렌다 밀너Brenda Milner는 관자엽 절제술을 받은 뇌전증 환자를 연구해서 학습과 기억을 이해하는 데 크게 기여했다.[7]

병변 연구, 분리뇌 연구, 기억상실증 환자들에 대한 연구로 증거가 쌓이고 이후 비침습적으로 뇌 기능을 연구하는 기술이 등장하면서, 의식 자체를 과학적 연구의 목표로 삼으려는 노력이 늘어갔다. 1990년대 초, 프랜시스 크릭Francis Crick과 크리스토프 코흐Christof Koch의 논문이 이러한 움직임을 굳건히 했다. 이들은 뇌의 시각 처리 과정은 이미 잘 알려져 있으므로, 시각 체계를 이용해 경험적으로 의식을 연구하면 유용할 것이라고 주장했다.[8] 철학자 데이비드 차머스David Chalmers가 '의식의 어려운 문제Hard Problem of Consciousness'라고 명명한 것처럼, 어떻게 뇌 활동으로 감각질에 대한 경험이 발생하는지를 설명하는 일은 굉장히 어렵지만(참고로 '의식의 쉬운 문제'는 지각, 학습, 기억, 감정 등에서 뇌 영역이 하는 역할을 기술하는 일이다). 그럼에도, 크릭과 코흐는 '의식의 신경상관물the neural correlates of consciousness(NCC)'(특정 의식을 지각하기 위한 최소한의 신경 메커니즘 – 옮긴이)을 찾는 일이 최소한 첫발을 내딛는 일이 될 거라며 옹호했다.[9]

크릭과 코흐의 이러한 주장은 저명한 심리학 교수 스튜어트 서덜랜드Stuart Sutherland가 『국제심리학 사전The International Dictionary of Psychology』(1989)

에서 다음과 같이 발언하던 시기에 이루어졌다. '의식은 매력적이지만 규정하기 힘든 현상이다. 그게 무엇인지, 무슨 일을 하는지, 왜 발달하는지 구체적으로 명시하는 건 불가능하다. 의식에 관한 글 중에 읽을 만한 가치가 있는 건 아무것도 없다.'[10] 하지만 이후 몇십 년 동안, 상황은 급변하게 된다.

신경과학으로 의식을 설명하려면, 신경 데이터를 효과적으로 해석하는 심리학적 계산 모형이 필요하다. 그러한 모형을 이용해 의식이 어떤 상태인지 식별할 수 있어야 하고, 더 중요하게는 의식의 **내용**content을 구체적으로 명시할 수 있어야 한다. 내용을 명시할 수 있다면 정말 큰 돌파구가 될 것이다. 상관관계를 정립하겠다는 좀 더 작은 목표는 앞서 언급한 것처럼 일인칭 시점의 자기 성찰적 보고 또는 행동, 혹은 둘 다를 제3자가 관측해서 체계적으로 뇌 상태를 식별하면서 달성했다. 하지만 '의식의 어려운 문제 속 핵심 측면'에 대한 **설명**, 다시 말해 신경 활동에서 **어떻게 의식이 발생하는가** 하는 문제에 대한 답은, 제3자의 관측으로 의식의 발생뿐만 아니라 원인과 내용까지 충분히 식별할 수 있게 되는 날에야 얻을 수 있을 것이다.

신경 데이터를 활용해 의식적 정신 상태와 무의식적 정신 상태를 구분하겠다는 첫 번째 목표는 표현의 무의식 처리라는 존재를 관측할 수 있다는 가정에서부터 시작한다. 즉, 무의식 상태와 비교했을 때 의식 상태에서 어떤 다른 처리가 일어나는지 찾는 일이자, 의식적 감각 처리와 무의식적 감각 처리를 구분하는 '추가적인 무언가'를 찾는 일이다. 예를 들어 맹시를 지닌 사람들이 볼 수 없다고 말하면서도 시각 데이터에 반응할 수 있는 것을 떠올려보자. 여기서 앞을 볼 수 있는 사람과 앞을 볼 수 없는 사람이 시각적 데이터에 보이는 반응의 차이를 확인해야 하는 것이다.

이에 대해 다양한 이론이 발전해 왔다. 1988년 버나드 바스Bernard Baars가 처음 제안한 '전역 뉴런 작업공간Global Neuronal Workspace(GNW)' 모형에서는 다음과 같이 주장한다. '의식을 만드는 것은 작업기억을 갖춘 전문가들이 분포해 있는 전역 작업공간이라는 사회다. 전역 작업공간의 내용은 시스템 전체에 중계될 수 있다.'[11] 여기서 '전문가'는 뇌 영역들이 아니라 '계산 단위'들이다. 단기 작업기억의 내용은 모든 전문가 단위에 보내진다. 그러면 전문가 단위들은 협력해서 그 내용을 처리한다. 이러한 관점에서 보면, 의식은 통합적 기능이다. '고도로 전문화된 장비들의 대규모 병렬 분산 시스템'으로 이루어진 '뇌연결망brainweb'이다.[12]

스타니슬라스 데하네Stanislas Dehaene와 동료들은 작업공간 모형을 발전시키면서, 정보를 무의식적으로 병렬 처리하는 뇌 신경망의 복잡성에 집중했다. 이들의 견해에 따르면 정보는 신경회로가 '하향식 주의 증폭에 의해서, 뇌 전체에 퍼진 수많은 뉴런을 포함하는 뇌 규모의 일관된 활동에 동원될 때' 의식이 된다. 데하네와 동료들은 먼 거리에 걸쳐 서로 연결되어 있는 뉴런들을 '작업공간뉴런workplace neurons'이라고 부른다. 그리고 바로 이 작업공간뉴런들 덕분에 네트워크가 전역적으로 정보를 사용할 수 있는 거라고 생각한다.[13] 바스와 데하네가 말하는 '작업공간'에서 핵심 아이디어는 의식이 전역 수준의 활동에 따른 통합 기능이라는 점이다. 바스와 데하네 모두 의식이 **기능적으로** 무엇인지를 설명하면서, 뇌 전역 또는 굉장히 넓은 영역에서 일어난다고 말하고 있다. 하지만 색, 맛 등 감각질 경험 자체가 **어떻게** 발생하는지는 말하지 않고 있다. 비판가들은 데하네의 '하향식 **주의** 증폭'이라는 표현이 실제로 설명해야 할 내용을 애매하게 둘러대고 있다고 지적한다.

또 다른 대안으로는 좀 더 국소화된 '순환 처리Recurrent Processing' 모형이 있다. 서로 연결된 뇌의 감각 영역에서 정보를 앞먹임feedforward 연결, 수평 연결, 되먹임feedback 연결에 따라 앞뒤로 전송하면서 처리하는 모형이다. 앞먹임 연결은 정보 처리의 초기 단계에서 후기 단계로 순행하는 연결이다. 시각 입력으로 설명하자면, 다음 단계에서 모양이나 표면 같이 더 세세한 해석을 할 수 있도록, V1에서 처리한 데이터를 관자엽과 마루엽으로 분배하는 연결이다. 되먹임 연결은 정보 처리 과정에서 더 높은 단계를 담당하는 영역이 낮은 단계를 담당하는 영역으로 데이터를 돌려보내는 연결이다. 수평 연결은 겉질 영역 내에서 서로 정보를 주고받는 연결이다. 순환 처리의 여러 단계에서 수평 연결과 되먹임 연결이 발생한다. 그리고 가장 높은 단계에서 발생하는 처리가 의식을 구성한다. 작업공간 모형과 마찬가지로, 핵심은 통합이다. 하지만 작업공간 모형과 달리 순환 처리 모형은 의식을 담당하는 게 뇌 전체가 아니라, 관련 있는 일부 신경회로들이라고 주장한다. 이 견해의 주요 지지자로는 암스테르담대학교의 신경과학자 빅토르 라머Victor Lamme가 있다.[14]

또 다른 접근법으로는 '통합정보이론Integrated Information Theory(IIT)'이 있다. 이 이론은 의식 자체를 시작 데이터로 여기면서, 의식 데이터가 발생하려면 물리적 시스템이 어떤 속성을 띠고 있어야 하는지를 추론한다. 그러기 위해서는 먼저 의식 자체의 본질적 속성을 명시해야 한다. 이를 '공리axiom'(증명 없이 자명한 진리로 인정되는 기본 원리 – 옮긴이)라 한다. 한편, 이 공리를 적용한 물리적 시스템의 본질적 속성은 단순히 '공준postulate'이라 한다. 물리적 시스템은 추론된 것이며, 꼭 생물학적 시스템일 필요는 없기 때문이다. 의식의 본질적 속성 다섯 가지는 **실재적**이고, **구조적**이고, **구체적**이고, **통합적**이고, **제한적**이라는 것이다. (각각 순서대로, 경험은 그 자체로서 존재한다는 '내재적 존재 공준', 여러 감각기관 정보와 느낌, 감정 등이 복잡하게 구조화되어 있다는 '구성 공준', 구체적 내용을 풍부하게 포함하고 있다는 '정보 공준', 독립적인 구성 요소로 환원될 수 없다는 '통합 공준', 내용과 시공간의 제약을 받으며 나를 제외한 외부에서 일어나는 일은 내 경험에서 제외된다는 '배제 공준'이 된다 – 옮긴이) 그 물리적 기반이 무엇이든지 간에, 인과적으로 이러한 속성에 부합해야 하며 통합정보이론에는 이러한 요구사항을 만족해서 통합적이고 확실한 결과를 도출하는 법을 제시해 주는 수학 모형이 있다. 이 이론은 감각질에 대한 경험을 시작점으로 정하면서, 주관적 경험을 '정보를 통합하는 시스템의 능력'으로 명확히 **정의**하고, '질량, 전하, 에너지와 같은 기본량으로 취급한다. 따라서 무엇으로 만들어졌든지 간에, 모든 물리적 시스템은 정보를 통합할 수 있을 만큼의 주관적 경험을 지니고 있다.'[15]

이 이론들이 주장하는 일반적 내용을 정리하자면, 의식이란 상호 연결된 각양각색의 신경 회로가 수행하는 정보 통합으로 이루어져 있으며, 관측 가능한 방식으로 '서로 소통하는' 것이다. 이러한 견해를 처음 정립할 때는 사고 실험이 쓰였지만, 이제는 이를 지지하는 경험적 증거가 상당히 많아졌다. 예를 들어, 경두개자기자극술과 뇌파계를 이용해 깨어 있는 대상에게 임펄스를 가하면, 겉질에서 넓은 영역이 지속적으로 반응하는 것을 확인할 수 있다. 반면 잠자고 있는 대상에게 같은 자극을 가하면, 제한적인 영역이 짧은 시간 동안만 반응한다.[16] 이 기술은 각성 상태, 렘REM수면(빠른눈운동수면) 상태, 깊은 수면 상태, 코마 상태 등 다양한 상태에서 의식의 정도를 측정할 수 있게 해준다. 임상적으로는 식물인간이나 감금 증후군 상태에 있는 환자들의 의식을 감지하거나, 질문 및 자극에 대한 뉴런 반응을 추적해서 환자들과 소통하는 데 활용할 수도 있다.[17] 또 경두개자기자극술은 시각 체계에서 하향식 되먹임을 차단해서, 더 낮은 단계에서 수신한 시각 입력을 인식하지 못하게 억제하는 데도 사용된다.[18]

요약하자면, 무의식적 감각 정보 처리의 경우 관련 있는 감각 기관에만 한정되어 있지만, 의식적 감각 정보 처리의 경우 원래는 따로 특화되어 있는 신경 회로들이 상호 연결하면서 겉질 전체에서 이루어진다는 생각이 여러 증거를 바탕으로 보편화하고 있다.[19]

또 이러한 경험적 데이터들은 의식이 의도적이라는 아이디어를 뒷받침해 준다. 여러 실험은 뇌가 어떻게 공백을 메꿔서 경험에 기여하는지 보여 준다. 뇌는 색이 없는 시야에도 색의 대비를 주입해 원근감과 거리를 판단한다. 경험에 따라 감각 데이터를 해석하고 물리적 환경에 대해 '최선의 추측'을 한다. 이는 헤르만 폰 헬름홀츠Hermann von Helmholtz가 100년 전에 제안한 가설을 입증해 준다. 뇌는 예측 장치이자 확률 기계다. 수신한 데이터를 바탕으로 추론해서 주변 세계의 사물에 대한 이론을 세우고, 복잡한 피드백 메커니즘을 사용해서 자신의 예측을 점검하고, 조정하고, 오류를 최소화한다.[20]

뇌가 그 구성 요소인 신경계에서 오고 가는 정보를 높은 단계에서 통합한다는 건 놀라운 생각은 아니다. 두뇌는 신경계가 제공하는 가능성 중에서 주인의 생존과 번식이 더 유리한 쪽에 가중치를 부여한다. 하지만 이 과정이 반드시 **의식**을 포함해야 할까? 생존에 극도로 민감하게 반응하는 신경회로를 갖고 있으면서도, 감각이 입력되고 그에 대한 반응이 일어나고 있다는 사실을 자기성찰적으로 인식하지는 않는 존재를 상상하는 건 어렵지 않다. 하물며 신경회로를 갖고 있다고 해서 그 처리 과정이 주관적으로 어떤 느낌인지 알아야 할 필요는 더더욱 없을 것이다. 실제로 신경과학이 확실히 밝혀낸 사실 중 하나는 그런 처리 과정의 **대부분**이 사람을 포함한 모든 동물 내부에서 인식되지 않은 채 일어난다는 점이다. 심지어 우리는 이런 무의식적 행동에서 이익을 얻는다. 우리가 테니스를 칠 때, 의식하면 오히려 더 못 치는 걸 생각해 보라.

지금까지 언급한 이론들은 의식이 무엇을 추가하는가 하는 질문(의식이 왜 존재하는가 하는 질문과 밀접한 연관이 있다)에 답하지 못한다. 즉 의식 연구에서 '좀비 문제Zombie Problem'라 불리는 문제를 해결하지 못한다. 모든 동물은 원칙적으로는 의식 없이 설명할 수 있는 방식으로 환경에 반응하고 목표를 추구하고 위험을 피하는 등 모든 일을 한다. 따라서 다시 한번 말하지만, 의식이 정보 통합으로 이루어져 있다는 주장은 의식이 발생하는 이유에 대해서는 아무것도 설명하지 못한다. 의식이 **정보 통합이 일어나는 특정 방식을 따르는 이유**는 더더욱 설명하지 못한다. 의식이 생리학적으로 **어떻게** 발생하는지는 말할 것도 없다.

지금까지 이야기한 모든 이론에는 계산 개념이 내포되어 있다. 노벨상 수상자 로저 펜로즈Roger Penrose는 계산 모형을 거부하면서, 의식을 설명하려면 다른 사고방식이 필요하다고 주장했다. 계산 모형을 부정한다는 것은 중요한 의미를 지닌다. 계산 모형의 기본 원칙을 따르는 인류의 두 가지 중대한 야망이 타격을 입기 때문이다. 하나는 머신러닝을 통한 인공지능의 개발이고, 또 하나는 인간 커넥톰 프로젝트다. 펜로즈가 옳다면, 인공지능은 아무리 똑똑해지더라도 절대로 그 이름에서 '인공'을 떨쳐낼 수 없을 것이다. 또 정신 작용과 그 속성을 뉴런의 상호 연결로 완벽히 표현해내겠다는 인간 커넥톰 프로젝트의 목표는 불가능하거나, 가능하더라도 불완전할 것이다.

펜로즈는 애초에 '계산'이라는 개념 자체를 마음에 적용할 수 없다고 거부하면서부터 시작한다. 용어 자체가 말해주듯이 계산은 계산기가 하는 일이다(더 정확하게는 수학 계산을 위한 이상적 계산기인 '튜링기계Turing Machine'가 하는 일이다). 명시된 절차를 순서에 따라 실행하는 일이다. 펜로즈의 견해에 따르면, 아무리 정교한 계산 모형일지라도 의식을 시뮬레이션할 수는 없다. 의식에는 근본적으로 비계산적인 무언가가 있기 때문이다. 펜로즈는 '일부 형식 체계 안에서 명제를 증명하기 위한 어떤 규칙들도 그 체계의 모든 참 명제를 입증하는 데 충분할 수 없다'라는 쿠르트 괴델Kurt Gödel의 논리 증명(괴델의 불완전성정리 – 옮긴이)을 인용한다. 펜로즈는 인간이 참이라고 알 수 있는 산술의 모든 명제를 증명할 수 있는 어떠한 일련의 증명규칙도 존재하지 않는다는 점을 괴델이 밝혀주었다고 보았다. 여기서 한발 더 나아가, 인간의 사고가 계산의 형태를 따르지 않는다는 점을 받아들였다.

그렇다면 계산 모형의 대안은 뭘까? 펜로즈는 뇌의 미세 구조에서 일어나는 양자 사건 수준에서 답을 찾아야 한다고 주장한다. 이전에도 다른 많은 사람이 비슷한 주장을 했다. 물론 설명할 방법이 없을 때는 신비로운 이야기를 들먹이는 게 가장 둘러대기 좋다. 그리고 양자 현상은 확실히 신비롭다. 하지만 펜로즈는 양자론, 수학, 우주론에 크게 기여한 저명한 물리학자이다. 특히 스티븐 호킹Stephen Hawking과 함께 블랙홀을 연구한 것으로 유명하다. 따라서 의식이 발현할 수 있는 장소로서 양자 수준을 지목하는 모든 사람 가운데서 가장 신뢰할 만하다고 볼 수 있다. 하지만 펜로즈의 주장은 거의 전 세계에서 합창하는 수준의 반대 목소리에 부딪히고 있다.

펜로즈는 마취과 전문의 스튜어트 해머로프Stuart Hameroff와 협력해 다음과 같은 주장을 펼쳤다. 뇌 신경세포 속 미세소관microtubule을 구성하는 입자에서 '객관 환원Objective Reduction(OR)'이라는 과정이 일어나서 의식과 자유 의지라는 현상이 발생한다. 미세소관은 튜불린tubulin이라는 단백질로 이루어진 거대한 분자로, 세포에서 비계scaffolding(건설 현장의 높은 곳에서 공사할 수 있도록 설치한 임시 가설물 – 옮긴이) 역할을 하면서 모양을 잡아주고, 분자회합(같은 종의 분자 여러 개가 결합해 하나의 집합체를 형성하는 현상 – 옮긴이)이나 세포 분열 같은 다양한 세포 활동에 관여한다. 해머로프는 미세소관에 있는 전자들이 양자 효과가 일어날 수 있는 응축물을 형성해서, 펜로즈가 파동함수의 **객관 환원 붕괴**objective-reduction collapse라고 부르는 현상을 일으킨다고 주장했다. 객관 환원 붕괴는 펜로즈의 양자론에 등장하는 비계산적이며 비무작위적인 현상이다.[21]

펜로즈–해머로프 이론에 대한 논쟁 중에는, 뉴런 사건에서 파동함수 붕괴가 어떤 역할을 하기에는 뇌가 '너무 축축하고, 따뜻하고, 잡신호가 많다'는 주장도 있다. 신경생리학자들은 이 이론이 뉴런 속 세포 구조 및 신경아교세포와의 관계에 대해 정확히 설명하고 있는지에 의문을 표한다.[22] 데카르트가 마음과 뇌의 연결점을 애매모호하게 솔방울샘에 숨겨서 비난받았던 점을 떠올리자. 여기서도 똑같은 비난을 할 수 있다. 이번에는 숨기는 장소가 미세소관으로 바뀌었을 뿐이다. 하지만 적어도 펜로즈–해머로프 이론에서는 조금 더 정황적인 설명을 하고 있다. 즉, 미세소관을 구성하는 원자 속에서 전자의 양자 상태가 수행하는 역할을 설명한 것이다. 하지만 데카르트의 주장에 비해서 엄청나게 많은 발전이 있었다고 보기는 어렵다. 파동 함수 붕괴라는 양자 연출은 우리가 어떻게 색, 향기 등을 주관적으로 경험하는지 여전히 설명하지 못한다. 만약 이 이론이 지금 상태로는 옳지 않을지라도 제대로 된 방향으로 나아가고 있다고 밝혀진다면, 그에 따른 한 가지 결론은 의식이 동물에 국한된

게 아닐지도 모른다는 것이다. 양자 상태는 물리적 우주 속에서 우리가 아는 모든 것의 기반을 이루기 때문이다.

앞서 1절에서 몸과 마음의 문제에 관한 데카르트의 주장을 둘러싼 논쟁을 다루면서, 특정한 '영웅적' 해결책을 소개했었다(행동주의를 지칭한다 – 옮긴이). 방금 언급한 다양한 어려움을 고려했을 때, 의식 문제는 그 자체로 영웅적 해결책을 도입할 수밖에 없게 한다. 이러한 영웅적 해결책 중 하나는 가장 명백해 보이는 사실에 정면으로 반박하는 것으로, 의식이라는 게 존재하지 않는다고 보는 '제거주의자 관점Eliminativist View'이다. 또 하나는 의식의 보편적이고 근본적인 편재성ubiquity(어디에나 있음 – 옮긴이), 다시 말해 일종의 범심론panpsychism의 가능성을 받아들이는 것이다. 이는 데이비드 차머스가 받아들인 관점이기도 한데, 더 창의적이고 급진적인 해결책이 아니고서는 '의식의 어려운 문제'를 다루는 게 매우 까다롭기 때문이다. 따라서 줄리오 토노니Giulio Tononi의 관점에서와 같이, 의식이 없는 물체에서 어떻게 의식이 발생하는지를 알아내려고 노력하는 대신에, 의식을 기본 사실로 받아들이고 시작한다.[23]

제거주의자들의 관점은 대니얼 데닛Daniel Dennett의 견해와 완전히 동일하진 않지만 비슷한 면이 있다.[24] 데닛은 의식이 존재하지 않는다고 한 건 아니지만, 의식을 **'허상'**으로 여긴다. 더 정확하게는 컴퓨터 화면에 있는 아이콘과 비슷한 '사용자 허상user illusion'이라고 주장한다. 데닛은 이 관점을 더 발전시키기 위해 두 가지 자원을 활용한다. 한 가지 자원은 뇌를 감각 경로에서 수신한 정보를 처리하기 위해 협력하는 수십억 개의 작은 무의식 요소로 보는 개념이다. 뇌의 구성 요소는 의식이 없다. 따라서 구성적으로 봤을 때 뇌 전체도 의식이 없다. 뇌의 작용이 불러일으키는 것은 '의식이라는 허상'이다. 또 다른 자원은 사물이 실제와 다르게 **보이**

도록 하는 지각적 허상과 마술적 속임수가 있다는 개념이다. 데닛은 시각적 허상을 예로 들면서 어떻게 뇌가 사물을 꾸며내고, 공백을 메꾸고, 존재하지 않는 움직임을 보고, 다른 사물을 똑같이 보고, 똑같은 사물을 다르게 보는지 설명한다. 데닛은 이 두 개념을 바탕으로 의식이 상대적으로 중요하지 않은, 미미한 특징이라는 견해를 펼친다. 의식은 정신 작용이 진짜로 하는 일, 즉 수십억 개 무의식 요소의 (데닛이 이 용어를 직접 사용한 건 아니지만) 부수 현상이라는 것이다.

데닛의 첫 번째 자원, 수십억 개의 작은 요소 개념은 적어도 신경과학자와 심리학자 사이에서는 거의 논란을 일으키지 않는다. 하지만 이 개념을 받아들인다고 해서 앞서 언급한 의식의 어려운 문제가 해결되는 건 아니다. 의식의 어려운 문제를 해결하기 위해 허상과 속임수에 의존한다는 것이 타당한지는 확실하지 않다. 그렇다. 뇌는 공백을 메꾸고, 데이터를 해석하고, 정보를 추가하거나 덜어내고, 우리를 속이기도 한다. 때로는 유용하기 때문에 그렇게 하고(전화 통화에서 상대방이 말하는 걸 일부 놓쳐도, 뇌에서 알아서 잘 추측해 준다), 때로는 시각 체계가 우리가 속아 넘어가기 쉬운 방식으로 작동하기 때문에 그렇게 한다. 여기서 오히려 후자의 경우가 의식의 존재와 유용성을 **대변**한다. 자신이 지각적 허상에 현혹되는 대상이라는 점을 인식하는 일은 단순히 흥미로운 일을 넘어서 생명을 구하는 일이 될 수도 있다. 이 점을 **인식하지 못하면**, 즉 내가 보고 있는 게 진짜로 일어나는 일이 아니라는 걸 깨닫지 못하면, 재앙이 될 수 있다. 따라서 '의식이 왜 존재하는가?'라는 질문에 대한 한 가지 답은, 무의식 정신 작용이 말하는 내용을 의식이 수정하고 중단할 기회가 있기 때문이라고 할 수 있다. 하지만 어쨌든 '의식이 허상이라면', 누구에게 또는 무엇에게 있어 허상인 걸까?

무의식 정신 작용이 말하는 내용을 의식이 관찰하고, 수정하고, 중단할 수 있다는 아이디어는 결과적으로 선택, 자유의지, 정신적 삶에 대한 생각으로 이어진다. 우리가 인간 본성과 도덕적, 사회적 차원에 대해 고려할 때 중요한 역할을 하는 개념들이다. 신경과학은 이런 종류의 현상에 대해 이야기할 위치가 (아직) 아니라고 부인할지도 모르지만 이 현상들과 관련해 적어도 한 가지는 이야기할 가치가 있다. 인류의 역사에서 우리의 도덕관과 사회 질서는 계속, 때로는 극적으로 변해 왔다는 사실이다. 이는 정신적 현상이 뇌의 신경 메커니즘으로 결정되지 않는다는 증거다. 의식의 산물인 정신적, 사회적 현상이 수십억 개의 무의식 사건으로 환원될 수 있다는 아이디어에 회의적일 수밖에 없는 이유다. 우리는 개인적, 사회적 변화에서 경험이 어떤 역할을 하는지 설명할 수 있다. 또 여러 사회적, 역사적 힘이 충돌해 상호작용하면서 만들어 내는 확신, 발견, 행운, 재난 등을 우리가 인식하지 못할 이유는 무엇인가?

수많은 무의식 하부 단위subunit가 같이 활동하면서 정신 현상을 만들어 낸다는 데닛의 견해와 결을 같이 하는 의견들이 많이 있다. 그중 하나는 1986년에 마빈 민스키Marvin Minsky가 동명의 저서에서 제안한 '마음의 사회Society of Mind' 관점이다. 이 책에서 민스키는 마음이 수많은 개별적이고 간단한 부분들 사이의 연결로 이루어져 있다고 설명한다. 각 부분 단위에는 마음이 존재하지 않는다. 이 개별 단위를 민스키는 (마음이 없으므로 오해의 소지가 있지만) '행위자agent'라고 이름 붙였다. 로버트 온스타인Robert Ornstein의 이론에서는, 마음이 존재하지 않는 개별 요소가 모인 일명 '얼간이들의 집단squadron of simpletons'이 마음을 구성한다.[25] 데닛, 민스키 등의 견해는 거의 동시에 등장했는데, 의미심장하게도 마침 계산 은유가 가장 설득력을 띠던 시기였다.

지금까지 설명한 이론들과 일치하지만, 이 이론들에서 **창발** 개념은 아무런 역할을 하지 않았다. 창발성에 대한 경험적 증거는 대상에게 다른 종류의 의미를 지닌 상황이 주어졌을 때, 그에 대한 반응으로 높은 단계의 피드백 메커니즘(이미 신경 회로에서 정보를 통합하는 것으로 확인된 메커니즘이다)이 어떻게 다르게 기능하는지를 조사해서 얻을 수 있을지도 모른다. 즉, 분석, 성찰, 지식 수용 등의 **생각**을 요구하는, 말하자면 **마음**이 작용하는 반응을 조사하는 것이다. 이때 마음이란 우리가 일상적으로 '마음 이론' 개념을 사용할 때 가장 명확하게 이해하고 간결하게 묘사할 수 있는 의미에서의 마음이다(마음 이론은 우리가 다른 사람의 행동과 의도를 해석하는 익숙한 방식으로, 믿음, 욕구, 느낌, 기억, 추론에 대한 비공식적 이론이다).

때로는 우리가 궁극적으로 이해하고 싶어하는 것이 정신적 삶, 사고, 지식, 추론, 느낌, 열정, 불안 같은 것들, 즉 '마음 이론'에서 이야기하는 마음이라는 점 때문에, 이 문제를 인정하거나 회피하는 과정에서 신경과학이 마음과 뇌에 대해 모호하게 언급하는 일이 발생한다. 신경과학은 뇌를 정신 현상의 기초로 여기면서 '의식의 신경 상관물'을 식별하는 데는 뚜렷한 공적을 보이고 있다. 하지만 일반적으로 마음, 특히 의식은 아직도 그 그림에 완전히 통합되지 않았다.

4. 마음과 자아

앞 절 마지막에 언급된 문제는 다음과 같이 설명할 수 있다. 두 사람이 경기장에서 일련의 사건을 관찰한다고 상상해 보자. 한 명은 물리학자다. 그녀는 사건을 질량, 운동량, 진동수, 역학 원리와 같은 용어로 묘사할 것이다. 또 다른 한 명은 사회학자이다. 그는 사건을 축구 경기라고 묘사할 것이다. 이들은 두 가지 다른 목적으로 두 가지 다른 언어를 사용하고 있다. 둘 다 자신의 관점에서는 정확하다. 여기서 중요한 질문을 던지게 된다. 두 언어 사이에는 어떤 관계가 있을까?

환원주의자들은 사회학의 언어가 하나도 남김없이 물리학의 언어로 번역될 수 있으며, 또 언젠가는 그렇게 될 거라고 말한다. 여기서 문제는 '하나도 남김없이'라는 주장이다. 여기 경기장에서 일어나는 사건은 축구 선수들과 관중들에게 특정한 의미를 지닌다. 그 의미를 물리학의 언어로 포착할 수 있을 거라고는 지금으로서는 상상하기 어렵다. 환원주의자들은 번역 절차가 다음과 같을 거라며 반박할 것이다. 사회학의 개념은 신경과학의 언어로 다시 기술될 것이다. 이 과정에서 축구 경기의 의미는 뇌 속의 복잡한 사건으로 식별될 것이다. 그다음 뇌 속에 있는 뉴런의 활동은 화학적으로 기술될 것이다. 그다음 화학적 설명은 궁극적으로 양자론, 끈 이론, 아니면 미래의 물리 이론의 용어로 환원될 것이다.

이에 대한 답은 크게 두 부류로 나뉜다. 하나는 환원주의자들의 주장이 옳다는 것이다. 또 다른 하나는 창발주의자emergentist들의 주장이다.

현상 구조에서 한 단계는 다른 단계가 지니지 못한 속성을 띨 수 있으며, 한 단계에서 다른 단계로 내려가거나 올라갈 때 그 속성이 사라진다는 것이다. '살아 있다'는 속성을 예로 들어 보자. 모든 해부학적 부분이 제대로 연결되어 있고 생리적으로 잘 기능하는 한, 동물은 살아 있다는 속성을 지닌다. 하지만 이 동물을 절단하면 각각의 팔다리와 기관들은 더는 살아 있다는 속성을 지니고 있지 않다.

축구 경기를 관람하는 한 관중을 상상해 보자. '골', '파울', '페널티', '심판', '오프사이드', '주장', '중앙 공격수' 같은 개념과 이들 사이의 관계(선수의 파울과 심판의 페널티, 불공정한 판정, 각 팀의 점수, 주장의 역할 등)는 관중의 뇌 속에서 실제로 뉴런으로 표현된다. 그는 경기 매 순간 '마음에 떠오르는' 모든 것을 받아들인다. 무슨 일이 일어났는지 이해하고, 그 결과를 신경 쓰고, 일련의 사건이 펼쳐질 때 각 상황이 의미하는 바를 알아차린다. 이 복잡한 과정이 뇌에서 어떻게 구체적으로 발현되고 관리되는가 하는 경험적 질문은 아마도 커넥톰 프로젝트가 완성되고 나면 답할 수 있을 것이다. 또 다른 매우 어려운 질문은 어떻게 이 복잡한 과정이 뇌 주인에게 의미를 지니고 중요해지느냐는 것이다. 우리는 무언가가 어떤 **사람**(아니면 **가족**, **국가** 등 공동의 이해관계가 있는 집단)에게 '의미 있다'고 말한다. 이런 표현은 이해가 된다. 하지만 '의미' 자체(중요성, 가치, 차이)는 특징짓기가 어렵다.

이를 좀 더 이해하기 위해서, 이번에는 원통을 돌려 반대쪽 끝 망원경으로 들여다보자. 신경학의 측면에서가 아니라, 정신의 측면에서 살펴보자는 것이다.

마음에 대해 생각하는 한 가지 방법은 머릿속뿐만이 아니라 주변의 물리적, 사회적 환경까지 포함하도록 시야를 넓히는 것이다. 이 아이디어는 우리가 어떤 개념을 이해할 때, 우리가 알고 있는 것이란 대부분 뇌 속의 사건과 바깥 세계의 사건을 연결하는 과정을 포함한다는 생각에서 촉발된다. 명백한 예를 들어보자. 나무라는 개념을 이해하고, 이를 개나 건물 같은 다른 사물과 구분하려면, 뇌 안에서 일어난 관련 생리학적 현상이 뇌 밖에 있는 나무 또는 다른 사물과 결정적 관계를 유지해야 한다. 나무를 한 번도 직접 본 적이 없는 사람은 책이나 사진을 통해 얻은 간접적 지식이라도 활용할 것이다.

하지만 나무라는 개념을 이해하는 과정에는 덜 명백한 부분도 있다. 우리가 나무에 대해 생각할 때마다 다른 엉뚱한 무엇인가가 아닌 나무를 제대로 생각하기 위해서는, 머릿속에서 일어나는 일과 머리 밖에 있는 나무 사이의 관계가 어떤 형태로든 남아 있어야 한다. 이는 어떤 불가사의하거나 마법 같은 일도 암시하지 않는다. 단지 나무에 대한 생각을 다른 사물에 대한 생각과 구분하려면, 바깥세상에 존재하는 나무에 대한 참조가 불가피하다는 것을 의미할 뿐이다. 우리는 진짜 나무에 대한 참조 없이 마음속에 있는 나무를 '개별화'할 수 없다(다른 사물과 구분해 생각할 수 없다). 또 나무에 대한 생각이 우리의 것이 되도록 하는 어떤 경로(주로 지각 경로)에 대한 참조 없이도 불가능하다.

따라서 사고가 근본적으로 외부 세계와 연결되어 있다는 아이디어는 '마음'을 뇌 활동만으로는 설명할 수 없으며, 외부의 사회적, 물리적 환경과의 관계를 통해 이해해야 한다는 더 일반적인 아이디어로 넘어가게 된다. 철학자들은 이렇게 생각하는 주체와 주변 환경의 관계를 통해서만 제대로 설명할 수 있는 생각을 **넓은 내용**broad content이라고 명명한다. 어떤 사람들은 모든 생각이 사실상 넓은 내용이며, **좁은 내용**narrow content(주변 환경과 독립적으로, 두개골 내부에서 일어나는 일만으로 설명할 수 있다는 생각) 같은 건 없다고 주장한다. 만약 넓은 내용만 존재한다는 주장이 옳다면, 이것이 의미하는 바는 매우 크다. 마음을 이해하는 행위가 단순히 뇌만을 이해하는 행위 이상이라는 뜻이기 때문이다. 마음을 이해하려면 언어, 사회, 역사를 이해해야 한다.

이러한 생각은 문화 및 창의성과 관련한 무언가를 탐구할 때는 명백해 보인다. 예를 들어 우리는 어떤 예술가를 이해할 때 자연스레 그 사람을 형성하는 데 기여한 영향, 역사적 환경, 경험 등을 살펴본다. 그러나 뇌가 정신현상을 생성하는 방법에 대해 생각할 때면, 우리는 주변 환경의 중요성을 과소평가하는 경향이 있다. 생각해 보자. 지각에 대한 정신생리학에서조차 지각 관계에서 먼쪽끝distal end(머리 밖)의 성질은 최소한으로만 명시하고, 시신경이나 시각겉질 같은 몸쪽끝proximal end(머리 안쪽)의 기구에만 주된 초점을 맞춘다. 물론 시각을 이해하려면 시신경의 활동을 세세하게 설명해야 한다. 들어온 빛이 망막의 막대세포와 원뿔세포를 자극하고 시신경을 활성화하면서 전파해 나간다는 설명을 하고 나면 시각에 대해 더 할 말이 없을지도 모른다. 하지만 **시각**을 이해했다고 해서 **시지각**을 이해한 것은 아니다. 우리는 절대 **무언가를 보는** 게 아니라, 항상 **무언가로서 본다**는 걸 기억하자. 개념은 언제나 시각적 경험에 바탕을 둔다. 그리고 이 개념들이 우리에게 수정체 너머 바깥세상에 무엇이 존재하는지를 알려준다. 따라서 마음을 이해하려면 그것을 발현하는 뇌만 이해하는 '좁은 내용'이 아닌, '넓은 내용'의 접근법이 필요하다.

다시 한 번 강조하지만 뇌가 마음의 전부가 아니라는 말이, 마음이 비물질적인 무언가라는 뜻은 아니다. 마음은 데카르트가 말한 것처럼 천상의 것, 영적인 것이 아니다. 여기서 의미하는 건 마음이 뇌와 뇌, 또는 뇌와 자연환경이 상호작용한 산물이라는 것이다. 근본적으로 사회적 동물인 우리에게, 뇌와 뇌의 상호작용에 따른 복잡한 사회 현실은 아마 무엇보다도 중요한 환경일 것이다. 사람은 복잡하게 얽힌 네트워크상의 한 점이다. 정신적 삶의 내용은 대부분 그 네트워크에서 나온다. 따라서 여러 뇌가 상호작용한 산물인 개인의 마음은 fMRI 스캔에서 직접적으로 드러나지 않는다. 개인의 성격과 감성을 구성하는 역사적, 사회적, 교육적, 철학적 차원은 개인의 뇌가 외부 입력 없이 생성하는 전기화학적 신호를 훨씬 뛰어넘는다.

따라서 신경과학은 뇌의 많은 부분과 그 안에서 마음이 발현되는 방식을 밝히는 흥미롭고 매력적인 학문이지만, 우리가 마음과 정신적 삶에 관해 알고 싶어 하는 **모든 것**을 가르쳐주지는 못한다. 예일대학교의 심리학자 폴 블룸Paul Bloom은 도덕성을 신경심리학적으로 탐구하면서 문제의 핵심을 건드린다. 신경과학은 우리의 도덕적 정서가 이미 우리 안에 내장되어 있으며, 혐오와 기쁨에 대한 기본 반응에 뿌리를 두고 있다고 이야기한다. 이에 블룸은 도덕성이 변한다는 점을 지적하는 간단명료한 방식으로 의문을 제기한다. 블룸은 지금 자신의 논문을 읽는 사람들은 1800년대의 사람들과 비교했을 때 '여성, 소수 민족, 동성애자의 권리에 대해 다른 믿음을 지니고 있으며, 노예 제도, 아동 노동, 공공의 즐거움을 위한 동물 학대와 같은 관행에 대해서도 직관적으로 다르게 판단한다'고 지적하면서, '이성적으로 심사숙고하고 토론을 펼친 덕분에 이러한 발전이 있었다'라고 덧붙였다.[1] 블룸이 언급한 것처럼 세계화를 통해 다른 사람, 다른 사회와의 접촉을 확장해 나간 점이 큰 기여를 했다. 예를 들어 우리는 세계 반대쪽에 있는 낯선 이를 돕기 위해 기부도 하고 헌혈도 한다. 그는 말한다. '내 생각에 우리가 놓치고 있는 건 숙의를 거친 설득의 역할에 대한 이해다.'

오늘날의 심리학, 특히 신경심리학은 이러한 차원을 무시한다. 심리학이 부주의해서가 아니라, 심리학의 연구 범위를 벗어나기 때문이다. 예를 들어 의사 결정에 대한 실험은 단순히 특정 시간 동안 이루어지는 선택에 집중하면서, 실험 대상이 직접 자신의 결정을 보고하기도 전에 의사 결정에 관여한다고 가정된 뇌 활동을 기록한다. 이러한 연구가 실제로 보여주는 게 무엇인가 하는 질문들은 넣어두고서라도, 설령 휴대 가능한 헤드셋 같은 fMRI 스캐너가 발명돼서 청혼이나 대학 지원 등에 대한 생각과 뇌 활동의 상관관계를 실시간으로 추적할 수 있게 된다 하더라도, 그러한 상관관계는 의사 결정 과정 자체를 설명하지는 못할 것이다. 게다가 마음은 뇌가 아니라는 생각을 함께 고려해 보자. 정신적 삶의 한 가지 특징에 불과한 의사 결정을 이해하는 데 필요한 일의 규모가 얼마나 큰지가 명확해진다.

지혜, 재치, 지능, 지각력, 성숙함, 능력 등의 성질(반대편에는 분노, 억울함, 편견, 적개심, 증오 등도 있다)을 나열하다 보면 뇌와 마음을 이해하는 일의 복잡성에 막막해진다. 하지만 그렇다고 우리가 이 주제에 대한 질문에 영원히 답할 수 없을 거라는 뜻은 아니다. 오히려 답을 찾으려는 노력 속에서 우리는 어떤 질문을 던지고 있는지, 어떤 현상을 조사하고 있는지를 새롭게 생각해 보게 된다. 정신적 삶, 그 성격과 성질에 관한 커다란 질문들에 대해서는 신경과학보다도 문학, 역사, 철학에서 더 많은 것을 배울 확률이 높다. 신경과학의 중요성을 폄하하는 건 전혀 아니다. 신경 현상과 특히 반대되는 정신적, 도덕적, 사회적 현상들이 문제가 되는 단계에서는 탐구 분야 사이에 연결이 이루어져야 한다고 제안하는 것이다.

몇몇 사람들에 따르면, 이러한 연결은 **신경철학**neurophilosophy이라는 새로운 분야에서 실제로 이루어지고 있다. 앞 절에서 살펴본 것처럼 이원론과 비유물론적 일원론(다양한 이상주의 및 '중립적 일원론')이 주요 가능성에서 배제된 이후, 특히 주관성, 의식, 표현에 관한 정신 상태와 뇌 상태의 관계에 대한 질문은 심리철학의 중심이었다. 신경철학을 지지하는 사람들은 깊이 있는 신경과학의 연구 기술을 이용해 도덕성, 의도, 자유 의지, 자아, 합리성에 대한 질문을 더 많이 탐구할 수 있다고 주장한다. 전통적 철학 탐구의 안일한 추측 방식은 이제 더 확실한 근거를 바탕으로 이미 놀랍고 획기적인 발견을 하고 있는 새로운 방식에 자리를 내어줄 수 있다고 주장한다. fMRI 연구가 의사 결정 및 자유 의지는 전의식적preconscious 과정이라고 시사하기 이전에도, 연결부절개술commissurotomy을 받아 두 대뇌반구가 분리된 사람들이 두 개의 자아를 지닌 것처럼 행동한다는 점은 알려져 있었다. 또 뇌화학 연구는 정신 교란, 감정, 사회적 유대감의 본질에 대한 통찰력을 제공해 주었다.

이건 좋은 점들이다. 그러므로 이 프로젝트에 대해 회의적이거나 비판적이어서는 안 된다고 말할 수 있지만, 그럼에도 불구하고 이 프로젝트의 철학적 전망과 관련해 무엇이 중요한지 판단하는 능력은 유지되어야 한다. 한번 주변 사람들을 떠올려 보자. 그 사람들이 어떤 성격인지, 무엇을 알고 무엇을 믿는지, 그 사람들의 가치관과 세계관은 어떠한지 생각할 때, 신경과학적 접근법은 이야기의 전체가 아니라 일부만을 들려줄 뿐이다. 왜 그런지는 이미 언급했다. 마음은 '넓은' 측면에서 이해해야 한다. 한 사람의 마음은 그것을 발현하는 사람의 뇌 이상이다. 그 사람이 부모, 선생님, 공동체, 물리적 환경과 지속적으로 피드포워드 및 피드백을 통해 상호작용한 산물이다. 이렇게 설명해 보자. 마음이 사회적 환경과 물리적 환경에 연결된 뇌라는 말은, 이러한 환경에 연결되지 않은 뇌는 결국 마음의 위치가 아니라는 말이다. 뇌 기능이 지금과 같은 특징을 얻게 된 과정과 맥락에 대한 설명 없이 단순히 뇌만을 묘사하는 건 마음에 대한 묘사라고 할 수 없다.

이러한 견해를 뒷받침하는 간단한 경험적 관찰이 있다. 바로 몸을 움직이고 방향을 감지하는 동물만이 뇌를 필요로 한다는 점이다. 사람 뇌에서 각 신체 기관의 움직임을 담당하는 영역을 비율에 따라 사람 모형에 은유적으로 나타내 보면, 손과 입이 굉장히 커진다(이를 '대뇌겉질 호문쿨루스' 또는 '펜필드의 호문쿨루스'라고 부른다. 인터넷에 검색하면 실제 모형을 확인할 수 있다 – 옮긴이). 즉, 운동 겉질에서 엄청나게 많은 부분이 손과 입을 움직이는 데 할애된다. 또 다른 경험적 상관관계는 인간의 뇌가 진화 역사에 따른 여러 층으로 이루어져 있다는 점이다. 인간의 뇌에는 다른 동물들과 공유하는 더 원시적 구조가 있고, 그 바깥을 커다란 대뇌겉질이 덮고 있다. 겉질은 단순히 감각 경험과 움직임, 그리고 그 둘의 복잡한 상호작용을 담당할 뿐만 아니라, 생각과 추론 같은 정신 작용, 언어 사용, 사회적 복잡성 등에 관여한다. 이러한 복잡성은 아마도 다른 동물과 **종류**에는 차이가 없지만, **정도**에는 큰 차이가 있다.

이처럼 마음을 환원할 수 없는 범주에 넣다 보면, 필연적으로 **자아** self라는 개념이 수행하는 역할에 눈을 돌리게 된다. 존 로크는 인격동일성에 대해 고려할 때, 흥미롭게도 **인격체**person라는 개념에 초점을 맞췄다. 지속하는 동일성에 대한 원칙을 세울 때 신체에 의존하지 않기 위해 선택한 개념이다. 인격체는 성장하고, 변화하고, 늙어간다. 피니어스 게이지의 일화에서 볼 수 있듯이, 어떤 사람이 사고를 당하면 신체는 똑같지만 기억, 성격, 목표 등이 바뀌거나 완전히 사라질 수 있다. 로크는 의도적으로 '자아'가 아닌 '인격체'라는 개념을 선택했다. **인격체는 법정에 선** 실체다. 도덕적, 법적 권리와 책임을 지닌 존재라는 뜻이다. 평범한 성인은 인격체다. 상업 회사도 인격체. 아기는 권리는 있지만 책임이 없기 때문에 아직 인격체가 아니다. 이런 것들은 정의의 문제다. 로크는 이러한 인격체가 자기 인식을 하려면 기억이 필요하며, 기억이 자기 인식을 지속해 준다고 보았다. 따라서 로크는 지속하는 개체로서의 '인격체'를 선택했다. 어떤 사람이 인생의 이전 단계를 기억하지 못한다면, 더는 동일한 사람이라고 할 수 없다. 그 사람의 정체성이라는 사슬이 끊어진 것이다.

동일성, 자아, 인간성이라는 세 가지 속성이 전부 '영혼'에 있다고 보는 신학자들은 로크의 주장에 불쾌감을 느꼈고, 로크에 주장에 뒤이은 많은 논의들에서 인격의 법의학적인 측면은 제쳐놓고 전적으로 **자아**의 관점에서만 생각했다. 이는 약간 논점을 회피하는 측면이 있다. 영혼과 별반 다를 바 없는 형이상학적 개체라는 개념을 다시 도입하는 일이기 때문이다. 로크의 18세기 후계자 데이비드 흄David Hume도 이를 부인했다. 흄은 우리가 자신의 내부를 들여다봤을 때, 지금 지각하고 느끼는 것 속에서 '자아'를 찾을 수 있는지 의문을 표했다. 흄의 대답은 '아니다'였다. 우리는 그저 지각의 '일시적 다발'만을 발견할 것이다. 흄은 이를 통해 자아라는 개념을 경험적으로 반박하면서, 자아란 우리가 시간이 흘러도 자기동일성을 유지한다고 착각하게 하는 유용한 허구라고 묘사했다. 흄의 이론은 '자아에 대한 다발론Bundle Theory of the Self'으로 알려져 있다.

자아와 인격동일성에 관한 흄의 견해는 로크의 이론이 나오고 50년 뒤에 발표됐다. 그동안에 이 문제를 놓고 로크와 신학자(특히 에드워드 스틸링플릿Edward Stillingfleet 주교) 사이에서뿐만 아니라 일반 대중들 사이에서도 격렬한 논쟁이 있었다. 얼마나 큰 이슈였는지 1712년 〈스펙테이터Spectator〉지에서는 인격동일성이 무엇으로 이루어져 있는지 결정하기 위해 '왕국의 모든 현인wit'을 불러 모아 회의를 개최하자고 촉구할 정도였다.**²** 그로부터 얼마 후 '토리 위트Tory wits'라는 집단(당시 영국에서 토리는 지금과 다른 함축적 의미를 지니고 있었다**³**)이 이 논쟁을 패러디했다. 풍자 작가 조너선 스위프트Jonathan Swift, 시인 알렉산더 포프Alexander Pope, 극작가 존 게이John Gay, 여왕의 주치의 존 아버스넛John Arbuthnot, 정치인 볼링브로크Bolingbroke 자작 등이 속한 이 집단은 『마르티누스 스크리블레루스의 회고록The Memoirs of Martinus Scriblerus』이라는 책을 집필했다. 주인공 마르티누스는 열정이 넘쳐서 모든 논쟁에 뛰어들지만, 그 어떤 논쟁도 똑 부러지게 해내지 못하는 인물이다. 이 책의 한 절은 인격동일성에 대한 질문을 집중적으로 다루고 있다. 샴쌍둥이 중 한 명이 마르티누스와 결혼해서 딜레마가 발생하는 내용인데, 오늘날에는 조금 저속해 보일 수도 있지만 이 주제에 대한 논쟁을 훌륭하게 정리하고 있다.**⁴**

흄이 자아 개념을 전적으로 거부했음에도 불구하고, 자아 논쟁은 필연적으로 장기적인 유산을 남겼다. 창의적 결과물에 대한 예술 소유권을 바라보는 낭만주의Romantism적 태도의 중요한 특징은 자아 개념을 전적으로 수용하는 것이라 볼 수 있다. '천재'라는 아이디어를 고려해 보자. 원래 천재는 다른 사람의 어깨에 기대어 귀에 영감을 불어넣어 주는 존재였다(영어로 영감을 뜻하는 'inspiration'은 '숨을 들이쉰다'는 뜻이다). 낭만주의 개념은 천재를 예술적 자아로 여기면서 그 둘을 동일시한다. 스윈번Swinburne의 시 「헤르타Hertha」의 첫 구절은 창조적 자아에 대한 좌우명이라고도 할 수 있다. '나는 시작을 행하는 존재 / 시간이 내게서 생겨났네 / 내게서 신과 인간이 생겨났네.' 한편, 자아라는 개념이 민주적이라고 말하는 사람도 있다. 모든 사람은 자아이거나, 자아가 있다. 즉 온전한 개인이다. 이러한 지위는 한때 위대한 영웅적 인물에게나 주어지던 것이었다.

자아 개념이 등장한 후, 자아가 성찰하거나 인식하기 어려운 깊이를 지녔다는 생각에 도달하기까지는 그리 오래 걸리지 않았다. 이 생각에는 로크보다 좀 더 일찍 태어난 동시대 철학자 바뤼흐 스피노자Baruch Spinoza가 간접적으로 영향을 미쳤다. 위대한 저서 『에티카Ethica』의 마지막 두 편, '인간의 예속에 관하여Of Human Bondage'와 '인간의 자유에 관하여Of Human Freedom'에서 스피노자는 어떻게 우리가 무의식적으로 또는 절반만 의식적인 상태로 파악한, 불분명하고 불완전하게 인식된 반쪽짜리 아이디어에 사로잡힐 수 있는지 이야기한다(그 아이디어와 우리 자신을 명확하게 이해하고 진실을 바라볼 때, 비로소 그로부터 자유로워질 수 있다). 마르크스, 니체Nietzsche, 프로이트 같은 19세기와 20세기 초 '의심의 대가들'이 주장했던 자아, 개인, 의식에 대한 사상들이, 로크 이후 형성된 자아, 개성, 인격체에 대한 사상에 얼마나 빚지고 있는지 추측하는 것은 흥미롭다.

이 모든 이야기를 하는 건 결국 마음에 대해 토론할 때 자아에 대한 질문을 빼놓을 수 없기 때문이다. 즉 자아감, 자기 인식을 살펴보고 개개인이 시공간상 우주의 중심이자 개인적, 사회적 의미를 해석하는 주인공이라는, 경험의 주관적 성격에 대한 질문을 다루어야 한다는 뜻이다. 마음의 근본과 성질을 연구한다는 의미에서, 신경과학 역시 자아를 설명하는 일에 전념한다. 실제로 그래야만 한다. '세상에 존재한다'는 경험은 의식적, 정신적 삶의 핵심 차원이다. 이는 지각, 고유감각proprioception(몸 안에서 무슨 일이 일어나는가, 몸이 무엇을 하고 있는가에 대한 내부 인식), 고의성뿐만 아니라 개인이 처리하는 정보의 맥락과도 연관이 있다.

자아에 대한 개념을 어떻게 풀어나갈지 생각하다 보면, '통합'이라는 개념과 '감정'이라는 개념이 마음속에 떠오르며 서로 연결된다. 앞서 설명했던 의식의 계산 이론들에서는 정보 통합이 핵심 역할을 한다. 이는 자아를 '해석기interpreter'로 여기는 마이클 가자니가Michael Gazzaniga의 이론 등에서 다시 반복된다. 안토니오 다마지오Antonio Damasio 같은 이론가들은 의식의 근원이 자아라는 (처음엔 잘 정의되지 않는) **느낌**feeling에 있다고 생각한다. 자기관찰이라는 의식 기능에 대한 아이디어와 자기인식의 정서적 근원에 대한 아이디어 모두, 현재 신경과학의 연구 목표를 고려해 보았을 때는 높은 수준에 있다. 하지만 창발적 속성에 호의적인 이론들에서는 그 어려움이 덜해 보인다. 나아가 가자니가나 다마지오의 용어로 이해된 자아 개념이 강력한 설명 역할을 하는, 이른바 조작 이론operational theory이라고 불릴 수 있는 것들에서는 훨씬 덜 까다로워 보인다. 창발주의emergentism와 조작주의operationalism 중 어느 쪽이 우리를 설득하든지 간에 (두 관점이 양립할 수 없는 건 아니다), 언젠가 마음의 과학이 완성되려면 왜 자아감이 경험의 핵심적 특징인지를 설명해 내야만 한다.

저서 『일어나는 일의 느낌The Feeling of What Happens』의 제목에서 추측할 수 있듯이, 다마지오는 의식이 독특한 종류의 느낌, 즉 '느낀다는 느낌'으로 이루어져 있다고 생각한다.[5] 느낌으로부터 의식이 발현하는 과정을 점진적으로 살펴보자. 느낀다는 느낌은 원초적 수준의 자아다. 처음에는 막연하지만, 나중에는 우리가 자신만의 고유한 일인칭 관점이라고 여기게 되는 강하고 지속적인 인식이다. 자아라는 것 그리고 우리 안에서 감정적 반응을 일으키는 자아의 대상들은 세계에 대한 관계 모형을 구성한다. 이 시점에서 의식은 '느낀다는 느낌'에서 '안다는 느낌'으로 발전한다. 이는 다마지오가 설명하는 의식적 자아의 핵심 현상, 즉 우리의 안다는 경험에 대한 이해를 제공한다. 우리 각자가 가진 자신이 중심인 세계를 나타내는, 뇌 속에서 상영하는 영화의 소유자이자 관찰자라는 느낌 말이다.

상당히 친숙한 이야기다. 흥미로운 건 신경과학이 이 설명에 살을 붙여준다는 점이다. 다마지오는 병리학적 데이터에서 의식과 관련한 놀라운 현상을 발견했다. 어떤 환자들은 깨어 있는 데다가 상호작용이 가능할 정도로 주변을 인식하고 있었지만, 그 모든 걸 무의식적으로 하고 있었다(뇌전증 발작의 여러 증상 가운데 결여 자동증을 나타내는 환자로, 의식이 돌아왔을 때는 그 사이에 일어난 일을 전혀 기억하지 못한다 – 옮긴이). 의식이 단순히 깨어 있는 것 또는 자극에 반응하는 것과는 다른 무언가라는 뜻이다. 의식이라는 추가적인 차원을 이해하려면, 의식이 어떻게 생존에 이익을 가져다주었는지를 알아내야 한다. 그렇지 않았다면, 고등 포유류에서 의식이 진화하지 않았을 것이다. 다마지오의 설명은 주위의 환경을 반영한 지도를 그린 후 자신을 위치시키고, 계획을 세우며, 그에 따른 최선의 행동 방침을 판단할 수 있을 때, 생명체의 주요 목표인 에너지를 적절히 활용하고 자신을 위험으로부터 보호하는 능력이 훨씬 향상된다는 것이다. 오토마타Automata(스스로 움직이는 자동 기계 또는 로봇 – 옮긴이)도 주변 환경을 인식하고 민감하게 반응하면서 이런 일을 어느 정도 잘해낼 수는 있겠지만, 진짜 의식이 있는 생물만큼 잘할 수는 없다.

다마지오는 앞서 설명한 신경학적, 신경심리학적 데이터가 보여주는 증거를 받아들였다. 이 데이터들은 정신 능력이 어느 정도 국소화해 있으며, 정신 처리의 상당 부분이 무의식적으로 일어남을 암시했다. 하지만 다마지오는 이 데이터들이 추가로 또 다른 아이디어를 뒷받침한다고 주장했다. 바로 의식이 다양한 단계로 나뉘어 있으며, 하나가 아닌 여러 개로 이루어져 있다는 아이디어다. 따라서 다마지오는 **핵심 의식**core consciousness과 이를 구성하는 원초적 자아 감각, 그리고 더 고차원적 현상인 **확장 의식**extended consciousness과 그 주체인 **자서전적 자아**autobiographical self

를 구분했다. 이러한 견해에서 보면 의식은 언어, 기억, 추론, 주의 등의 인지 기능으로 이루어져 있지 않다. 거꾸로 이러한 인지 기능의 전제가 되는, 좀 더 근본적인 것이다.

다마지오는 의식과 추론의 근본이 정서emotion라고 주장한다.[6] 환자가 뇌를 다쳐 의식에 문제가 생기면, 언제나 정서적 능력에도 문제가 생긴다. 또 다마지오는 어떤 뇌 손상이 특정한 정서를 느끼는 능력을 앗아간 경우, 추론 능력에도 장애를 초래한다는 점을 발견했다. 지나치게 많은 정서도 논리에 방해가 되지만, 너무 적어도 방해가 되는 것이다. 하지만 무엇보다도 흥미로운 건, 정서가 의식에 직접적으로 영향을 준다는 주장이다. 정서를 의식의 기원으로 보는 것은, 곧 정서가 사고 및 인격동일성의 기반이라고 말하는 것이기 때문이다.

가자니가는 앞서 언급한 노벨상 수상 신경심리학자 로저 스페리와 함께 '좌뇌 해석기Left-brain interpreter' 이론을 개발했다. 이들은 좌뇌와 우뇌를 분리하는 연결부절개술을 받은 사람들을 대상으로 연구했다.[7] 앞에서 언급한 관찰 결과에 자극을 받은 가자니가는 우선 먼저 환자 세 명을 대상으로 직접 실험을 진행했다(그중 한 명은 연결부절개술을 받기 전후로 실험에 참여했다). 이러한 관찰과 연구를 토대로 가자니가가 내린 결론에 대한 정확한 설명은 그가 〈의식연구저널Journal of Consciousness Studies〉에서 숀 갤러거Shaun Gallagher와 한 인터뷰의 도입부에서 확인할 수 있다. '심리학은 죽었다. 자아는 뇌가 발명한 허구다. … 우리의 의식적 학습은 **사후** post factum(事後) 관찰이며, 이미 뇌가 달성한 것들을 다시 모으는 일이다. 우리는 말하는 법을 배우지 않는다. 뇌가 무언가를 말할 준비가 됐을 때 말이 나오는 것이다. 우리는 우리의 삶을 책임지고 있다고 생각하지만, 실제로는 그렇지 않다.'[8]

가자니가의 견해에 따르면 자아라는 허구는 고도로 모듈화된 뇌 활동의 성질에서 생겨나는 창발성이다. '고도로 모듈화'됐다는 것은 뇌 속에 각기 다른 단계에서 작용하는 국소화된 기능이 엄청나게 많이 있으며, 이 국소화된 기능들이 의식적 입력 없이 모든 인지와 감정 작업을 수행한다는 뜻이다. 우리의 삶을 책임지는 것은 뇌다. 좌반구에 있는 이 '해석기'는 일이 일어난 후에 타당성을 제공한다.

나보고 왜 갑자기 점프했느냐고 물으면, 뱀을 본 것 같아서 그랬다고 대답할 것이다. 그럴싸한 대답이지만, 사실 나는 뱀을 의식하기 전에 점프했다. 무언가를 보았지만, 무엇을 보았는지는 모르는 상태였다. 뱀을 본 것 같다는 설명은 내 의식 체계 속에 있는 사후 정보에서 나온 것이다. 내가 점프했다는 것과 뱀을 보았다는 것은 사실이다. 하지만 사실 나는 뱀을 의식하기 (밀리초의 세계에서 보면) 훨씬 전에 점프했다. 점프해야겠다고 의식적으로 결정하고 실행한 게 아니다. 나는 어떤 면에서는 왜 점프했느냐는 질문에 거짓으로 꾸며내 답한 것이다. 과거 사건에 대해서 가짜로 설명하면서 진짜라고 믿은 것이다. 내가 점프한 진짜 이유는 편도체가 두려움을 감지해서 나온 무의식적 자동 반응 때문이다. 그리고 내가 답변을 꾸며낸 이유는 사람의 뇌가 인과 관계를 추론하도록 작동하기 때문이다. 우리의 뇌는 이리저리 흩어진 사실들을 토대로 이치에 맞는 설명을 하도록 작동한다.[9]

이치에 맞는 설명을 하겠다는 해석기의 목표는 자칫하면 문제를 일으킬 수 있다. 예를 들어 딱 맞아떨어지는 인과 관계를 따르느라고 사건을 잘못 해석하는 '이야기 짓기 오류narrative fallacy'가 발생할 수 있다. 또 도박판에서 연패를 당했을 때 이제 판도가 뒤집힐 거라는 식의 잘못된 판단을 하는 일도 흔하게 발생한다.

가자니가의 결론은 우리가 우리의 선택과 결정, 삶과 인생 이야기를 지휘하거나 지휘할 수 있는 통일된 자아라고 착각하게 되는 이유는 사후에 합리화하는 해석기의 활동 때문이라는 것이다. 실제로는 우리가 무엇을 하는지 알기도 전에, 독립된 모듈의 집합체인 뇌가 모든 일을 하고 있다. 해석기는 실험에서도 실제 상황에서도, 여러 오해와 실수에 속아 넘어갈 수 있다. 실제 상황에서는 뇌가 취약한 질병이나 병변 때문에 그럴 수 있다. 이는 가자니가가 표현한 것처럼, 해석기는 뇌를 구성하는 시스템으로부터 '얻는 정보만큼만 훌륭하다'는 점에 증거를 더해준다.

겉으로 보기에 이 설명의 핵심에는 일관성이 없어 보인다. 도박꾼 예를 생각해 보자. 해석기는 논리적으로 영원히 잃지만은 않을 거라고, 이렇게까지 오래 잃었으면 '분명' 상황이 뒤집힐 거라고 생각한다. 그래서 그 사람은 도박을 계속한다. 정확히는 도박을 계속하겠다고 **선택한다.** 만약 가자니가의 이론이 아니라, 뇌 안에서 어떤 식으로든 발현하며 모든 것을 통제하는 자아가 있다는 이론이 옳다면 도박을 계속하겠다는 선택은 뇌 속의 관련 모듈들에게 칩을 더 사고, 컵 안에 주사위를 넣고 흔들고, 테이블에 던지라고 지시하는 결과로 이어질 것이다. 하지만 가자니가의 이론에서는, 해석기가 상황이 뒤집힐 거라고 스스로를 속이고 있을지언정, 도박을 계속하겠다고 선택하는 건 **'해석기'**가 아니다. 해석기뿐만이 아니라 다른 그 무엇도, 어떠한 선택도 하지 않는다. 오로지 무의식적 뇌 활동만이 있을 뿐이다. 그러면 왜 뇌는 도박을 계속하려 하는 걸까? 만약 무의식적으로 그렇게 하는 거라면, 해석기가 무슨 생각을 하는지는 상관이 없다. 해석기는 부수적 현상이다. 해석기가 뇌 활동에 영향을 미치지 않고, 따라서 사회적, 물리적 환경에서 뇌의 행동에도 영향을 미치지 않는다면, 해석기의 실수가 낳은 명백한 **결과**는 어떻게 설명할 수 있을까?

신경과학적 환원주의(다시 한번 말하지만, 사실일지도 모른다)는 '우리' 각자는 '나'가 존재한다고 착각하지만, 실제로 '나'는 없고 그 허상만 있다고 한목소리로 주장한다. 데닛의 주장이 불러일으킨 질문처럼, **무엇**이 (**누구**라고는 물을 수 없다) '나'가 존재한다고 착각하고 있는 걸까? 데카르트의 견해에서 건져낼 수 있는 한 가지가 있다면, 그의 '나는 생각한다, 고로 나는 존재한다'라는 **코기토**cogito가 설득력(의 허상?)을 가지는 이유를 무언가가 설명해야 한다는 것이다. '잘못 생각하는 주체는 **무엇**인가? 게다가, '나'가 없다면 '그들'도 없다. 우리는 인격체와 행위자의 세계가 아니라 오토마타, 단도직입적으로는 좀비의 세계에 살고 있는 것이다. 마찬가지로 인간 본성, 행위, 도덕, 책임, 가치, 의미도 전부 허구다. 다른 식으로 생각하면, 실제로 우리는 우리 자신과 이 세계를 대단히 체계적으로 잘못 기술하는 이론에 따라 살고 있는 것이다.

가자니가가 뇌의 고도화된 모듈성에 대해 말하는 모든 것, 즉 모듈들의 무의식적 처리 과정이라던가 모든 모듈에게서 정보를 얻는 창발적 좌뇌 해석기라는 개념은 거의 전부 사실이다. 비판가들이 동의하지 않을 내용이 한 가지 있다면, 해석기가 단순히 부수 현상이라는 부분이다. 가자니가가 설명하는 내용은 해석의 창발성에 의해서 뇌의 모듈 활동에 인과적으로 피드백을 준다는 아이디어와 일치한다. 경험적 데이터에 따르면 결국 시각 처리는 높은 단계가 낮은 단계에 피드백을 주면서 작용한다. 가자니가 유형의 이론은 사실상 이러한 피드백이 특정 단계의 모듈에서 멈추며, 그보다 높은 단계에서는 일어나지 않는다고 말한다. 어떤 식으로든 가장 높은 단계인 해석기 단계에서는 피드백이 일어나지 않는다는 것이다. 하지만 이런 주장은 우리 자신에 대한 경험적 데이터(다마지오의 '자아라는 느낌')와 상충한다. 또 다른 사람과 동물도 의식이 있는 의도적 행위자라는 전제하에, 우리에게 그들과의 상호작용을 연구하는 이론을 정립하게 해준 데이터와도 상충한다.

거의 모든 연구 형태에 영향을 미치듯이 신경과학 연구에도 영향을 미치는 문제들(핀홀 문제, 지도 문제, 간섭자 문제 등)을 나열하다 보면, 이 중요한 과학의 역사가 정말 짧다는 점을 다시 한 번 깨닫게 된다. 하지만 이런 신생 연구 분야에 가장 큰 영향을 미치는 문제는 바로 종결 문제다. 일반적으로는 결론에 도달하려는 욕구, 완벽하게 설명하려는 욕구, 모든 걸 끝맺고 도장을 찍어버리려는 욕구를 뜻한다. 하지만 여기서는 **결론으로 도약하려는** 욕구라고 묘사하는 편이 더 적절하겠다. '인지 기능의 신경 상관물'은 어느 때보다도 정밀하게 식별되고 있으며 이미 임상 응용을 비롯해 우리에게 많은 희망을 안겨주고 있다. 여기서 프톨레마이오스 문제를 약간 수정한 질문을 던져 보자. '작동은 하지만, 진실인가?' 우리가 행위자가 아니라 좀비라는 극단적인 견해는 우리를 잠시 멈춰 서서 생각해 보게 한다. 그렇다. 진실일 수도 있다. 그렇다면 우리는 그 진실을 두고 무엇을 할 것인가? 아무것도 하지 않을 것인가? 우리는 우리 자신에게 하는 거짓말 속에서 살고, 우리 자신과 서로에게 계속 벌이나 상을 주고, 아이들이 성숙해지고 똑똑해지길 바라면서 교육하고, 우리의 양심과 씨름하고, 또 스스로 점점 더 많이 알아가는 과정에서 더 나은 선택을 하면서 읽고, 배우고, 토론한다. 이 모든 것이 허상일까? '우리'가 한다고 생각하는 것들을 사실은 뇌가 이미 하고 있기 때문에?

이에 대한 대안책은, 의식과 자아를 진정으로 이해하는 과제로서 신경과학에 도전하는 것이다. 의식 그리고 자아와 관련한 깊고 지속적인 경험적 사실들을 설명하는 것이다. 앞서 의식 자체를 과학 연구의 목표로 삼으려고 노력한 크릭과 코흐의 도전 정도만이 그 연장선상에 있다. 크릭과 코흐가 도전장을 내민 이후 지금 이 책이 쓰이기까지 수십 년 동안, 학계의 주요 흐름은 의식을 제거해 버리거나, 최소한 의식의 영향을 제거해 버리는 것이었다. 주의 사항이 하나 있다면, 이런 흐름이 결론으로 섣불리 도약하는 행동일 수도 있다는 점이다.

신경과학의 연구 기술이 윤리적으로 부적절하게 쓰일 수도 있다는 우려는 더는 공상과학소설 속 이야기가 아니다. 새로운 세대의 거짓말 탐지기 기술은 이제 진짜 현실로 다가왔고, 의식 상태의 내용을 식별할 날도 머지않았다. 시각계 활성화 스캐닝은 이미 연구자들에게 의식 상태의 내용을 어렴풋이나마 암시해 주고 있다.[10] 신경과학이 완벽해지면 일반적 감각 경로가 아니라 더 직접적으로 뇌와 소통할 수 있을 것이며(감금 증후군 환자에게는 희망적이다), 그 결과 인지 상태의 내용을 구체적으로 명시하는 (대중적인 표현을 사용하자면) '독심술'이 가능할 거라는 것은, 신경과학의 가정이자 목표이다. 여러분의 생각에 대한 사생활이 완전히 없어지는 걸 두려워할지도 모르겠지만, 그건 수많은 결과 가운데 하나에 불과하다. 생각을 통제하고, 사고와 기억을 주입하고, 기존의 기억을 삭제하고, 성격을 바꿔버리고, 행동을 통제하는 등 좋은 목적뿐만 아니라 악의적인 목적으로도 사용될 수 있는 이 기술의 전망을 신중히 고려해야 한다. 신경과학이 이미 알고 있는 지식과 이미 할 수 있는 일을 고려했을 때, 이 중 어느 것도 예상의 범위를 벗어나는 일이 아니다.

다른 한편으로 나는 '그레일링의 법칙Grayling's Law'이라는 개념을 소개하려 한다. **행할 '수 있는' 모든 일은, 행할 수 있는 사람에게 이익이 된다면 행해'질' 것이다.** (이는 필연적으로 다음 법칙으로 귀결된다. **행할 수 있는 일이, 만약 행해졌을 때 그걸 막을 수 있는 사람에게 비용이 발생하는 일이라면 행해지지 '않을' 것이다.** 이는 사람으로 인한 기후 위기, 가난한 국가에 만연한 질병 등에 충분한 조치가 취해지지 않는 이유를 설명해 준다)[11] 이 법칙은 치명적인 자율형살상무기 시스템lethal autonomous-weapons systems(LAWS), 태아 유전자 변형, 인간 자유를 침해하는 AI 사용, 신경과학을 이용한 세뇌 등 문제가 되는 발전이 결국 **일어날 것**이라고 이야기한다. 이러한 발전은 민영 기관 및 공공 기관에 다양한 방식으로 이익을 줄 게 분명하기 때문이다. 이 책에서 살펴본 지식 진보의 세 영역 가운데, 신경과학은 도덕적 질문을 가장 많이 불러일으키는 분야다. 안타깝게도 그레일링의 법칙은 매우 강력하다. 그럼에도 유엔 등의 국제기구와 인권 단체에서는 자율형살상무기 시스템을 통제하려는, 훌륭하지만 근본적으로 효과적이지 못한 노력을 하고 있다. 마찬가지로 신경과학이 응용의 티핑포인트에 도달하기 시작하면, 우려와 논쟁이 일어날 것이다. 이러한 논쟁은 지금 당장 시작해도 절대 이르지 않다.

결론: 올림퍼스산에서 내려다본 풍경

인류는 확실한 믿음에서 불확실한 지식을 향해 진전해 왔다. 지식을 통해 믿음에서 무지로 넘어왔다. 지금 우리는 '지식으로 가득 찬 새로운 무지'라는 놀랍고도 역설적인 상태에 와 있다. 지식을 탐구하는 과정에서 엄청나게 많은 것을 배우고 통달했지만, 산을 오르는 등반가들처럼 더 높이 올라갈수록 우리의 무지도 더 넓게 펼쳐지는 광경을 목도하고 있다. 지식의 최전선 자체가 지평선 저 너머에 놓여 있어서 차마 가늠할 수 없는 상황이다.

지식이 진보하면서 드러난 무지의 수준을 보고 있노라면, 우리는 이제 막 여행을 시작했을 뿐이라는 사실을 깨닫게 된다. 이 여정의 첫 단계에서 인류가 살아남을 수 있으리란 보장은 없다. 우리는 여전히 너무나도 원시적인 사고와 감정에 사로잡혀 있다. 전쟁과 언쟁을 일삼고, 말도 안 되는 이야기를 믿고, 사소한 문제에 짧은 인생을 낭비한다. 하지만 이 단계에서 살아남는다면, 먼 미래의 인류가 세계와 시간, 마음을 보는 방식은 지금의 우리로서는 상상도 할 수 없는 새로운 방식일 것이다.

근대는 한 개인이 알아야 할 모든 것을 알 수 있다는 믿음이 버려진 16세기에 시작됐다. '르네상스적 인간Renaissance Man'이란 지식의 산 정상에 서서 이쪽 해안 끝에서 저쪽 해안 끝까지 전부 내려다볼 수 있는 사람이라는 개념이다. 말하자면, 올림퍼스산에서 내려다보는 것이다. 오늘날에는 설령 제너럴리스트generalist(모든 분야에 두루두루 상당한 지식과 경험을 지닌 사람 – 옮긴이)라 할지라도, 한 사람이 이렇게 모든 걸 내려다볼 수 있을 거라고 주장하는 사람은 거의 없다. 진정한 의미로서의 지식 진보에 필요한 건 전문성이다. 하지만 이러한 전문성은 역설적으로 우리를 우물 안에 가둔다. 청동기 시대를 연구하는 역사가는 양자물리학에 대해 거의 알지 못하고, 양자물리학을 연구하는 물리학자는 청동기 시대에 대해 거의 알지 못한다. 인류의 지식에 대한 위대한 진보는, 전체적인 흐름을 잃고, 시간과 의미 속에서 우리의 위치에 대한 감각을 잃고, 때로는 비인간적인 수많은 사물 중에서도 사람에 초점을 맞추는 감각을 잃는 대가로 이루어졌다.

교육은 우리가 적성에 맞는 전분 분야의 지식을 갖추면서, 동시에 과학, 역사, 예술에 대한 일반적 문해력을 갖추게 하는 것을 목표로 해야 한다. 하지만 고등 교육은 상당한 반전을 겪어 왔다. 예전에는 특별한 전문 지식은 개인의 관심사와 경험에 따라 나중에 습득하게 하고, 일단은 **일반적 문해력을 갖추게 하는 것이 목표**였다. 하지만 지금은 일반적 문해력을 개인의 관심에 따라 나중에 습득하게 하고, **특별한 전문 지식을 심어주는 것을 목표**로 하고 있다.[1]

이러한 반전은 스위치를 누른 것처럼, 중간 과정 없이 바로 일어났다. 일반적 문해력과 전문 분야 양쪽 모두에 가치를 두고 그 상호 결실을 이해한 교육 기관에서는, 학부에서 교양과목을 배우고 대학원에서 전문 분야를 습득한다는 개념이 한때 설득력을 얻었다. 하지만 조급함과 비용 문제, 기술 상거래를 위한 인력 투입이라는 급박한 경제적 수요 등은 교육과 지적 성숙이 함께 가야 한다는 개념에 압박을 가하면서, 이 둘을 **훈련**training이라는 단 하나의 노력으로 대체해 버렸다. 그 결과 거의 천 년을 유지해 왔던 표준적인 고등 교육 기간을 절반 또는 절반 이상 쳐내서, 결국 2년으로 단축하려는 움직임이 일었다.

교육이 아닌 훈련을 요구하고 전문성을 지나치게 강조해서 탐구 분야들 사이의 연결이 약해진다면, 특히 과학과 인문학이라는 '두 문화Two Cultures'(20세기 중반에 C. P. 스노가 언급했다)의 격차가 지금보다 더 벌어진다면, 인간사를 제대로 다루기 어려워진다는 진정한 의미의 위험에 처하게 될 것이다. 간단한 예를 들어보자. 무기, 특히 자율형살상무기 시스템은 복잡한 컴퓨터 기술(소형화 포함)과 AI가 결합하면서 이미 빠르게 발전하고 있다.[2] 체제의 한 편에서는 기술 발전이 주는 영향을 고려하고, 또 한 편에는 사회적, 정치적, 법적, 도덕적, 인도주의적 측면을 고려하면서 서로 연결 짓지 않는다면, 이 둘 사이에 위험한 부조화가 일어날 수 있다.

우리가 얼마나 아는지, 또 우리의 무지가 얼마나 큰지 이해하는 것은 이러한 연결을 확인하는 데 도움이 된다. 무지를 이해하는 것은 다른 측면에서도 유용하다. 과거 (주로 신학적) 확신의 시대에는, 확신이 사람을 죽일 수도 있었다. 내가 옳으면, 너는 틀린 것으로 간주됐다. 특히 실재와 영혼에 관한 중대한 질문에 있어서는, 상대방이 틀린 생각을 하고 있다는 사실이 위험했고, 이에 대해 무언가 조처를 해야만 했다. 하지만 우리가 다 함께 무지의 바다에서 탐구의 배에 올라타 노를 젓고 있는 거라면, 내가 옳고 너는 틀리다는 것보다는 훨씬 더 나은 견해를 지니게 된다.

이 점은 결국 진실에 관한 문제로서 이렇게 다르게도 표현할 수 있다. 들어가는 글에서 던졌던 질문을 여기 다시 한 번 적어보자. '**진실 문제**Truth Problem. 경험적 탐구가 파기될 가능성을 지니고 있다는 점을 감안할 때, 그 신뢰도가 부족하다고 판단할 만한 충분한 기준(과학에서의 5시그마처럼)은 무엇인가? 이는 진실이라는 개념을 탐구가 (아마 도달할 수는 없지만) 이상적으로 수렴해 가는 목표로서, 실용적으로만 다뤄야 한다는 뜻

인가? 그렇다면 "진실"이라는 개념 자체는 어디에 있는가?'

답은 질문 안에 들어 있다. 진실이라는 개념은 이상화된 개념이다. 이 개념을 향해 탐구는 온 힘을 쏟고, 이 개념을 이용해 발견과 주장의 신뢰도를 측정한다. 이 점은 중요한 의미를 지닌다. 지식이 '가장 엄격히 뒷받침되는 최선의 믿음'이라고 할 때, 우리는 사실상 그 지식을 믿는 게 **합리적**인지에 대해, 즉 지식의 **합리성**rationality에 대해 생각하고 있는 것이다. '합리적'이라는 건 영어로 '**ratio**(비율)-nal'인데, 이는 **비례한다**는 뜻이다. 결국 합리성은 우리의 믿음에 대해 우리가 가진 증거의 비율이자 우리가 적용하는 추론의 타당성이다. 정원 아래 요정이 살고 있다는 믿음이 **비합리적**인 이유다. 요정이 있다는 증거는 전부 이야기, 전설, 다른 사람의 믿음 등에서 온 것이다. 영향력이 지나치게 막강한 꽤 많은 사고방식들, 특히 종교에도 적용되는 이야기다.

증거가 매우 강력한 경우, 합리적 믿음은 진실로 받아들여지고, 비합리적 믿음은 완전히 거짓으로 여겨진다(비합리적 믿음을 전제로 행동했을 때 나쁜 결과로 이어질 확률이 높다는 걸 알게 된 후에는 더더욱 그렇다). 합리적 믿음은 서로 상당한 일관성을 띠는 경향이 있다. 합리적 믿음은 서로 일치하고, 많은 경우 서로를 뒷받침해 주며, 서로 일치하지 않는 경우(양자이론과 일반상대성이론처럼)에는 그러한 불일치를 그대로 놔두는 걸 용납하지 않는다.

반면, 비합리적 믿음은 서로 독립적인 경향이 있다. 둘 이상의 믿음이 서로 일치하지 않는 경우에도 흔히 합리적 믿음과 함께, 또는 동시에 유지될 수 있다. 첫 번째 예로는 유령이 벽을 통과할 수 있으면서(물질과 상호작용하지 않음), 동시에 우리에게 해를 끼칠 수 있다는(물질과 상호작용함) 믿음이 있다. 나는 어린 자녀들에게 초자연적 현상을 두려워하지 말라고 달래주면서 이를 언급한 적이 있다. 두 번째 예로는 신이 전지전능하고 완전히 선하다고 믿으면서, 동시에 소아암과 같은 자연악natural evil이 존재한다는 사실을 인식하는 모순이 있다. 이는 신이 전능하지 않거나 실제로는 선하지 않다는 걸 의미한다. 또는 더 합리적으로, 그러한 실체 같은 건 존재하지 않음을 의미한다. 신학에서 '악의 문제Problem of Evil'라고 알려진 이 문제에 대한 일반적 해결책은 모든 고통은 지금으로서는 불분명해 보이지만, 장기적으로는 더 커다란 선을 제공한다는 것이다. 신성의 불가사의함이라는 양탄자는 언제나 어려움을 덮어버리는 좋은 묘책이 된다. 이러한 묘책은 그 자체로 비합리적 믿음의 표식이다.

핀홀 문제를 비롯해 탐구를 방해하는 12가지 문제는 탐구의 조건을 설정한다. 탐구는 이 문제들을 다양한 방식으로 피하고, 설명하고, 다루고, 받아들이고, 이해하고, 무엇보다도 해결해야 한다. 이 문제들은 탐구의 본질을 정의한다. 이 문제들의 존재를 인식하게 된 건, 최근 엄청난 지식을 생성함과 동시에 더 엄청난 무지를 알려준 새로운 탐구의 세계가 열리면서부터다. 16~17세기 과학 혁명으로 고전 고대에서 멈췄던 탐구 활동이 마침내 재개되기 전, 즉 확신의 시대에는 이러한 문제들이 거의 고려되지 않았다. 이 문제들은 지식, 그리고 그 상관물인 무지가 낳은 자식이다. 우리가 지식으로 무지를 탐구하는 데 도움을 주고 앞으로의 여정에도 도움이 될 것이다.

지식은 무언가를 할 수 있는 능력을 준다. 그리고 무언가를 할 수 있는 능력은 도덕적 딜레마를 불러온다. 새로운 지식이 새로운 무지를 불러오면, 이러한 딜레마가 더 심해질 수 있다. 여기서 알아본 새로운 지식의 세 영역 가운데, 신경과학은 나쁜 씨앗과 좋은 씨앗을 둘 다 지니고 있다. 그것도 매우 좋은 씨앗과 잠재적으로 매우 나쁜 씨앗이다. 지식의 잠재력을 아는 것은 우리에게 성찰할 수 있는 기회를 준다.

　마지막 요점이다. 탐구는 정말이지 신나는 일이다. 인류의 과거가 오스트랄로피테신의 텅 빈 눈구멍을 통해 우리를 올려다보았을 때, 메소포타미아의 **텔**에서 고전기 이전의 고대가 드러났을 때, 물리학의 입자충돌기와 수학으로 자연이 비밀이 밝혀졌을 때, 시각 정보가 뒤통수엽의 여러 영역에 기반해 있음을 확인했을 때, 지식의 최전선을 넘어가는 느낌은 연구자들에게 인류가 왜 끊임없이 노력하는지를 알려주었다. 바로 다른 무엇에도 비할 수 없는 발견의 흥분이다. 경계선이나 울타리, 담벼락과 달리, 최전선의 위대한 점은 바로 자신을 넘어서, 더 멀리까지 여행하도록 우리를 초대한다는 점이다. 그리고 여행을 떠날 준비는 끝났다.

부록 I : 그림

고대 역사

그림 1

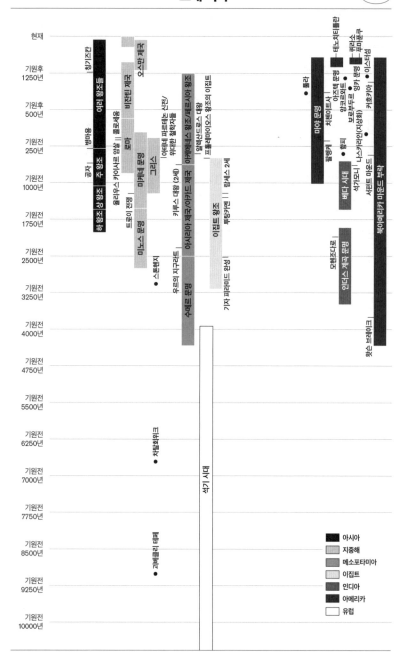

범례:
- 아시아
- 지중해
- 메소포타미아
- 이집트
- 인디아
- 아메리카
- 유럽

446

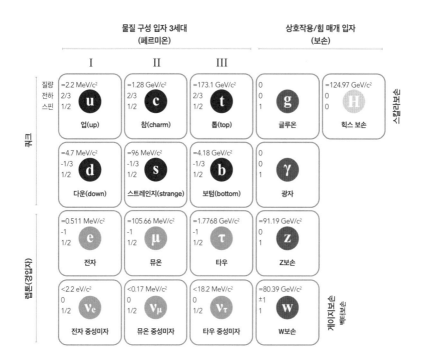

인류 진화

그림 3

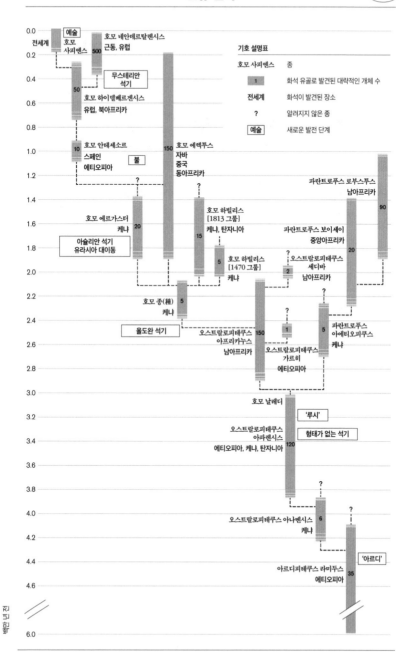

기호 설명표

호모 사피엔스	종
1	화석 유골로 발견된 대략적인 개체 수
전세계	화석이 발견된 장소
?	알려지지 않은 종
예술	새로운 발전 단계

전세계

0.0
0.2
0.4
0.6
0.8
1.0
1.2
1.4
1.6
1.8
2.0
2.2
2.4
2.6
2.8
3.0
3.2
3.4
3.6
3.8
4.0
4.2
4.4
4.6
6.0

백만 년 전

예술
호모 사피엔스

호모 네안데르탈렌시스
근동, 유럽
500

무스테리안 석기

호모 하이델베르겐시스
유럽, 북아프리카
50

호모 안테세소르
스페인
에티오피아
10

호모 에렉투스
자바
중국
동아프리카
150

불
?

호모 에르가스터
케냐
20

아슐리안 석기
유라시아 대이동

?

호모 하빌리스
[1813 그룹]
케냐, 탄자니아
15

호모 하빌리스
[1470 그룹]
케냐
5

파란트로푸스 로부스투스
남아프리카
90

파란트로푸스 보이세이
중앙아프리카
20

오스트랄로피테쿠스
세디바
남아프리카
2
?

호모 종(種)
케냐
5

올도완 석기

오스트랄로피테쿠스
아프리카누스
남아프리카
150

오스트랄로피테쿠스
가르히
에티오피아
1
?

파란트로푸스
아에티오피쿠스
케냐
5
?

호모 날레디

'루시'

형태가 없는 석기

오스트랄로피테쿠스
아파렌시스
에티오피아, 케냐, 탄자니아
120

오스트랄로피테쿠스 아나멘시스
케냐
6
?

?

'아르디'

아르디피테쿠스 라미두스
에티오피아
35

뇌

그림 4

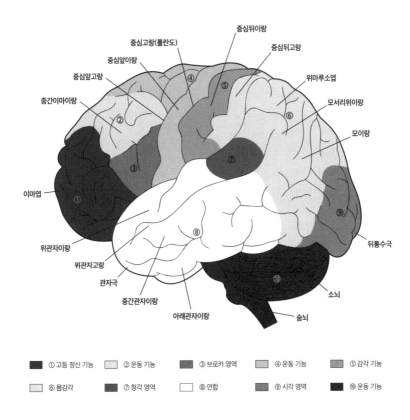

■ ① 고등 정신 기능	▨ ② 운동 기능
■ ③ 브로카 영역	▨ ④ 운동 기능
▨ ⑤ 감각 기능	▨ ⑥ 몸감각
■ ⑦ 청각 영역	□ ⑧ 연합
▨ ⑨ 시각 영역	■ ⑩ 운동 기능

부록 II: 길가메시 서사시

이 **서사시**는 오만한 길가메시에 대한 이야기다. 길가메시는 신하들의 눈에 마치 한 마리 사자처럼 보일 만큼 용맹한 전사이자 강력한 통치자였다. 빼어난 외모를 지녔으며, '다른 어떤 왕보다 위풍당당하고 독보적인 영웅 … 돌진하는 야생 황소 … 백성의 보호자'였다. 하지만 길가메시는 오만한 행동으로 백성들을 괴롭히기 시작했다. 특히 결혼식 날 신랑 대신에 자신이 신부와 첫날밤을 보내는 **초야권**droit de seigneur이라는 권력을 행사했다. 어떠한 여성도 길가메시의 손아귀를 벗어날 수 없었다. 사람들은 신에게 불만을 호소했다. 그에 따라 아루루Aruru라는 여신이 길가메시를 저지하고자 진흙으로 사람을 빚었다. 그의 이름은 엔키두Enkidu였다. 아루루는 엔키두를 야생 짐승들 사이에서 자라게 했다. 엔키두의 '몸은 온통 털로 뒤덮여 있었고, 풍성하게 부푼 머리털은 여성처럼 길게 늘어져 있었다. … 엔키두는 가젤과 함께 풀을 뜯어 먹고 동물들과 함께 물웅덩이에서 목을 축였다.' 어느 날 한 사냥꾼이 우연히 물웅덩이에서 엔키두를 목격했다. 그 야생성과 엄청난 힘에 겁먹은 사냥꾼은 즉각 아버지에게 자신이 본 야만인에 관해 이야기했고, 아버지는 우루크로 가서 길가메시에게 이 사실을 보고하라고 조언했다.

이야기를 전해 들은 길가메시는 사냥꾼에게 매춘부 샴하트Shamhat를 데리고 다시 엔키두가 물을 마시던 물웅덩이로 가서, 샴하트와 성관계를 맺도록 엔키두를 유혹한 뒤 길들이라고 명했다. '가거라, 사냥꾼아. 샴하트를 데리고 가거라. 동물들이 물웅덩이에서 목을 축이고 있을 때, 샴하트가 예복을 벗고 성적 매력을 드러내게 하라. 엔키두가 샴하트를 보면, 가까이 다가올 것이다. 거사를 치르고 나면, 야생에서 함께 자란 동물들은 엔키두를 생경해할 것이다.'

계획은 실행에 옮겨졌다. 사냥꾼과 샴하트는 물웅덩이로 가서 엔키두를 기다렸다. 마침내 엔키두와 짐승들이 물가로 다가왔을 때, 사냥꾼이 외쳤다. '바로 저자다, 샴하트! 여인의 몸을 노출시켜 저자가 그대의 관능미에 빠지게 하라. 억누르지 말거라. 저자의 에너지를 받아들여라! 그대를 보면 가까이 다가올 터이니, 예복을 펼쳐 그대 위에 저자가 눕게 하라. 야만적인 여인의 일을 행하라. 그러면 야생에서 함께 자란 동물들은 저자를 생경해하게 될 것이다. 저자의 욕망이 그대 위에서 신음할 것이다.' 샴하트는 자신의 몸을 엔키두에게 드러냈다. 예복을 펼치고, '그의 에너지를 받아들였다. … 엔키두는 샴하트 위에 누웠고, 샴하트는 야만적인 여인의 일을 행했다. 엔키두의 욕망은 샴하트 위에서 신음했다. 엔키두는 6박 7일 동안 머무르면서 질릴 때까지 샴하트와 관계를 맺었다.'

계획은 성공했다. 동물들은 엔키두의 '완전히 고갈된 몸'을 보고는 달아나 버렸다. 샴하트는 엔키두의 아름다움을 칭송한 뒤, 우루크의 매력, 길가메시의 영광과 용맹에 대해 들려주면서 엔키두에게 우루크로 함께 가자고 권유했다. 한편, 길가메시는 엔키두가 우루크로 오는 예지몽을 연속적으로 꿨다. 길가메시의 어머니는 꿈 이야기를 듣더니 엔키두와 길가메시가 서로 사랑하는 친구가 될 거라는 뜻이라고 해석해 주었다. '너에게 강력한 동지가 올 것이다. 그는 친구인 너를 구원해 줄 것이다. 그의 힘은 막강하다. 너는 그를 마치 아내처럼 사랑하고 포용할 것이다, 그가 너를 몇 번이나 구해줄 것이다.'

샴하트는 엔키두에게 빵을 먹고 맥주를 마시는 법을 가르쳐 주었다. 또 양치기들과 함께 지내면서 문명으로 들어갈 전반적인 준비를 하게 했다(엔키두는 늑대와 사자로부터 양 떼를 보호하는 데 도움을 주었다). 엔키두는 면도를 하고 몸에 오일을 발라 외모가 말끔해졌다. 그리고 마침내, 우루크로 들어갔다.

엔키두가 우루크에 도착했을 때, 마침 길가메시는 신랑이 비용을 많이 들인 한 결혼식 피로연에서 **초야권**을 행사하려던 참이었다. 이 소식을 들은 엔키두는 부부 관계를 침해하는 폭력적 사고에 격분하면서, 서둘러 피로연장으로 달려가 길가메시가 입장하는 것을 막아섰다. 싸움이 시작됐다. 길가메시는 결코 엔키두를 이길 수 없다는 것을 깨닫자 싸움을 멈췄다. 순식간에 둘 사이에 우정이 싹텄다. '길가메시와 엔키두는 입을 맞추고, 친구가 됐다.'

그들에게 명성을 가져다줄 거라는 점 외에, 왜 길가메시와 엔키두가 삼나무 숲으로 가서 괴물 훔바바Humbaba가 지키고 있는 거대한 삼나무를 베어버리기로 했는지는 알려져 있지 않다. 그 부분의 기록이 발견되지 않았기 때문이다. 훔바바는 무시무시했다. '그의 포효는 대홍수요, 입은 불이며, 숨결은 죽음이다. 훔바바는 숲 속에서 소리가 아무리 작더라도 100리그(거리의 옛 단위로, 1리그는 약 4킬로미터에 해당한다 – 옮긴이) 떨어진 곳에서도 전부 듣는다! 이기기Igigi(메소포타미아 신화에서 중간 계급의 신들인 아눈나키Annunaki를 섬기는 하위 신들 – 옮긴이) 가운데 감히 누가 그에게 대적하겠는가?' 길가메시와 엔키두에게는 특별 제작한 무기가 있었고, 숲으로 가는 여정은 길었다. 그동안 길가메시는 또다시 악몽에 시달렸지만, 엔키두는 이를 긍정적으로 해석했다. 마침내 숲에 도착했을 때, 길가메시는 훔바바와 싸워서 그를 무찔렀다. 훔바바는 앞으로 하인이 될 테니 자신을 살려달라고 간청했다. 하지만 엔키두는 그 괴물을 살려두지 말고, '갈아버리고 죽이고 완전히 쳐부수어 없애버리라!'라고 길가메시를 설득했다.

  길가메시와 엔키두는 '꼭대기가 하늘에 닿은' 삼나무를 쓰러트린 뒤에, 강물을 따라 니푸르로 띄워 보내서 거대한 문으로 만들었다. 이들은 훔바바의 머리도 잘라 가져갔다. 다음으로 길가메시와 엔키두는 몸에 붙은 먼지를 털어내고 돗자리를 깐 다음 몸에 오일을 발랐다. 왕관을 쓴 길가메시의 외모는 눈부셨다. 그 모습에 반한 여신 이쉬타르는 다음과 같이 제안했다. '길가메시여, 이리 와서 나의 남편이 되거라. 너의 아름다움을 맛보게 해다오. 네가 나의 남편이 되고, 내가 너의 아내가 될 것이다. 금과 청금석으로 만든 전차를 네게 주마. 호박금으로 된 뿔과 금으로 된 바퀴가 달렸으며, 힘이 넘치는 노새들이 끌 것이다!' 하지만 이쉬타르가 남편을 여러 번 안 좋게 바꾼 전적이 있었기에, 길가메시는 구애를 거절했다. 그 과정에서 길가메시는 이쉬타르가 과거 배우자들에게 얼마나 나쁘게 대했는지를 나열함으로써 그녀의 화를 돋웠다. 이쉬타르는 한걸음에 아버지 아누Anu(메소포타미아 신화의 하늘 신이자 최고 신으로 그리스 로마 신화의 제우스와 동일시된다 – 옮긴이) 신에게 달려가, 길가메시가 자신에게 '비열한 짓을 하고 욕설을 퍼부었다!'며 불평했다. 그리고 길가메시를 죽여버릴 수 있게 '하늘의 황소'를 달라고 부탁한다. 만약 주지 않으면 '지하 세계의 문기둥을 쓰러뜨리고 박살 내고 납작하게 만들어서, 죽은 자들이 위로 올라와 산 자들을 잡아먹게 할 것!'이라고 협박했다.

  결국 코뚜레를 넘겨받은 이쉬타르는 하늘의 황소를 끌고 유프라테스강으로 내려왔다. 황소가 울자 땅에 커다란 구멍이 벌어졌다. 첫 번째 구멍에는 우루크의 젊은이 100명이 빠져 죽었고, 두 번째 구멍에는 200

명이 빠져 죽었다. 격투 끝에 엔키두가 황소를 붙잡았다. 엔키두는 길가 메시에게 황소의 어깨와 양 뿔 사이에 칼을 꽂으라고 외쳤다. 황소가 쓰러지자 길가메시와 엔키두는 그 커다란 심장을 도려내 샤마쉬Shamash(메소포타미아 신화의 태양신 – 옮긴이)에게 바쳤다. 황소의 생식기는 잘라내어 이쉬타르의 면전에 던졌다. 이쉬타르는 모든 '여신도와 사제, 매춘부를 불러 모아 황소의 생식기("뒷다리")를 애도하게 했다.'

하늘의 황소를 죽이고 삼나무를 쓰러뜨린 행위는 처벌을 받아야 했다. 둘 중 한 명은 목숨을 내놓아야 했다. 신들은 회의를 열고 엔키두를 죽이기로 결정했다. 엔키두는 오랫동안 병을 앓았고, 길가메시는 안쓰러워하며 곁을 지켰다. 운명의 날, 길가메시는 병상에서 말을 걸던 도중에 사랑하는 친구가 이미 숨을 거두었다는 사실을 깨달았다. '너를 사로잡은 이 잠은 무엇이냐? 너는 어두워졌고, 내 말을 듣지 않고 있구나!' 그 순간 길가메시는 '엔키두의 눈이 움직이지 않는 것을 알아차렸다. 손을 대보니, 심장도 뛰지 않았다.' 비탄에 빠진 길가메시는 머리를 밀고 옷을 찢어버린 뒤 '새끼를 잃은 암사자처럼' 이리저리 배회했다. … '황무지를 떠돌며 비통하게 울었다.' 사랑하는 친구의 시체를 품에 안고 8일간 애도하던 중, 길가메시는 엔키두의 콧구멍에서 구더기가 떨어져 나오는 것을 목격하게 된다. 자신도 불멸의 존재가 아니며, 언젠가는 죽게 될 거라는 공포가 길가메시를 사로잡았다.

죽음이 두려워진 길가메시는 불멸의 비밀을 알아내기 위해 먼 조상 우트나피쉬팀Utnapishtim을 찾아 여행을 떠나기로 결심했다. '머나먼 곳에 있는 자 우트나피쉬팀'은 신에게 영생을 부여받은 인물이었다. 여정은 길고 험난했다. 길가메시는 곧 더럽고 수척해졌다. 직접 설명하기 전까지는, 마주친 사람들 가운데 아무도 눈앞에 있는 인물이 전설적인 길가메시라고 믿지 않았다. 마침내 길가메시는 죽음의 물을 건너 우트나피 쉬팀과 아내(아내 역시 영생을 얻었다)가 살고 있는 장소에 도착했다. 우트 나피쉬팀은 길가메시에게 자신이 어떻게 불멸을 얻게 됐는지 설명해 주었다. 아누와 다른 신들이 대홍수를 일으켜 인류를 모조리 쓸어버리기로 결정했을 때, 에아Ea(메소포타미아 신화에 등장하는 지혜와 담수의 신으로 아누의 아들이다 – 옮긴이)가 우트나피쉬팀에게 커다란 배를 만들어 가족과 동물들을 태우라고 말했다. 우트나피쉬팀은 갑판이 여섯 개에 들판만큼 커다란 배를 만들고 기름, 맥주, 포도주, 도축한 고기를 실은 뒤, 가족과 동물들을 태웠다. 뒤이어 거대한 홍수가 일어나 산까지 덮어버렸다. '지평선에서 검은 구름이 솟아올랐다. … 육지는 항아리처럼 산산조각이 났다. … 하루 종일 남풍이 불어 산을 물에 잠기게 하고 사람들을 집어삼켰다. 휘몰아치는 급류 속에서 그 누구도 서로를 알아볼 수 없었다. … 심지어는 신들조차 홍수에 겁을 먹고 하늘로 돌아갔다. … 이쉬타르는 출산이라도 하는 것 마냥 비명을 질렀다. … 6박 7일 동안 바람과 홍수가 몰려왔으며, 폭풍우가 땅을 평평하게 만들어 버렸다. 7일째 되던 날, 폭풍은 여전히 휘몰아치고 있었으며 홍수는 출산 중인 산모처럼 온몸을 비틀고 있었다.'

폭풍이 잦아들자 우트나피쉬팀은 환기구를 열었다. 얼굴에 신선한 공기가 느껴졌다.[1] 그는 비둘기를 날려 보냈다. 하지만 마른 땅을 찾지 못한 비둘기는 다시 돌아왔다. 얼마 후에는 굴뚝새를 날려 보냈지만, 굴뚝새 역시 다시 돌아왔다. 하지만 이후에 큰까마귀를 날려 보냈을 때는, 다시 돌아오지 않았다. 홍수가 끝나고 있다는 걸 알 수 있었다.

신들은 모든 것을 몰살하려던 계획을 후회하면서, 지구상의 생명들을 구한 우트나피쉬팀에게 보상으로 불멸을 선물했다. 하지만 이 선물은 길가메시가 받을 수 없는 것이었다. 실망한 길가메시는 별 소득 없이 우루크로 돌아와야 했다. 하지만 위로가 될 만한 일이 있었다. 우루크로 돌아가는 길에 불로초를 찾을 수 있을 거라고 우트나피쉬팀이 알려준 것이다.

길가메시는 불로초를 찾는 데 성공하지만, 어느 날 잠시 쉬던 사이에 뱀에게 불로초를 도둑맞고 만다. 뱀이 허물을 벗고 새로운 피부를 드러내는 모습에서 불로초의 재생 능력을 확인할 수 있다.[2]

여기서 요약한 일부 조항들은 **법전**이 쓰이던 당시의 시대 상황을 보여준다. 법전은 사람들이 거짓 고발하지 못하게 막는 것에서부터 시작한다. 고발이 거짓으로 드러나면, 고발 내용이 사실일 경우 피의자가 받았을 벌을 거짓 고발인이 대신 받아야 한다고 위협한다. 무죄를 평가하는 한 가지 방법은 유프라테스강으로 뛰어드는 것이다. 피의자가 가라앉는지 헤엄치는지를 보기 위해서다. 만약 피의자가 헤엄쳐 나오면 고발인은 사형에 처해지고, 피의자가 그 재산을 차지한다. 재판관들도 오판에 대한 처벌을 받는다. 만약 어떤 사건을 잘못 판결했다고 밝혀지면, 자신이 부과한 벌금의 12배를 물고 재판관직에서 물러나야 한다.

신전이나 왕궁의 재산을 훔친 자는 누구든 사형에 처한다. 그리고 그 '장물을 넘겨받은' 자 또한 사형에 처한다. 왕궁의 가축을 훔친 자는 그 값의 30배를 물어야 한다. 지불하지 못하는 경우 사형에 처한다. 다른 사람의 소유물을 자신의 것이라고 주장하는 경우에는, 정말로 본인 소유물이라는 사실 또는 정당하게 취득했다는 사실을 충분한 증거를 통해 증명해야 한다. 아이를 유괴한 사람은 사형에 처할 수 있다. 도망친 노예를 잡아 주인에게 돌려준 사람은 주인으로부터 노예 한 명당, 은 2세겔 shekel(화폐 단위로 원래 무게 단위였다 – 옮긴이)의 보상금을 받는다. 왕을 섬기다가 사망하거나 전투에서 포로로 잡힌 사람의 상속인은 재산 상속을 보장받는다.

악천후로 소작농의 작물이 피해를 입은 경우, 그 손실의 부담을 져야 하는 사람은 지주가 아니라 소작인이다. '자신의 제방을 보수하는 일을 게을리하거나 하지 않았기 때문에 제방이 터져서 밭이 다 물에 잠기면, 그 제방의 주인을 팔아 마련한 돈으로 곡식 피해를 대신한다.' 경작인이 황야를 경작지로 개간해서 그 주인에게 돌려주면, 주인은 일 년에 토지 10간^{gan}당 수확물 10구르^{gur}를 경작인에게 지급한다. 어떤 상인이 투자 목적으로 금전을 위탁했는데 중개인이 사업 과정에서 손해를 본 경우, 중개인은 상인에게 원금을 배상해야 한다.

'감옥에 갇힌 채무자가 구타나 혹사로 사망한 경우, 그 주인이 채권자를 고발할 수 있다. 채무자가 자유인이면, 채권자의 아들을 사형에 처한다. 채무자가 노예면, 채권자는 금 3분의 1미나^{mina}를 지불하고, 채무자의 주인에게 받았던 모든 것을 몰수당한다.' 어떤 사람이 빚을 갚지 못해서 자신 또는 처자식을 돈을 받고 팔거나 일을 하도록 넘긴 경우, 이들은 자신을 산 사람 혹은 채권자의 집에서 3년간 일을 하고 4년 차에는 자유의 몸이 된다. 타인의 집에 곡식을 저장한 사람은, 일 년에 곡식 5카^{ka}당 1구르를 그에게 보관료로 지불해야 한다.

어떤 남자의 아내가 다른 남자와 간통하는 현장이 발각되면, 둘 다 묶어서 강으로 던진다. 하지만 남편은 왕에게 청해 아내를 사면할 수 있다. 만약 남편이 전쟁 중에 포로가 됐는데 집에 먹을 것이 없어서 아내가 다른 집에 가서 다른 남자와 아이를 낳았다면, 후에 남편이 석방되어 자신의 집에 이르렀을 때 아내는 원래 남편에게 돌아가지만 아이들은 각자의 친부를 따라가야 한다. 아내가 아이를 낳지 못해서 남편이 또 다른 아내를 맞이하고자 할 경우, 남편이 두 번째 아내를 집에 데려오면 두 번째 아내는 첫 번째 아내와 동등한 대우를 받을 수 없다. 남편이 아내를 얻었으나 아내가 병에 걸려 두 번째 아내를 얻고자 하더라도, 남편은 병에 걸린 아내를 버릴 수 없고 한집에 살면서 살아 있는 동안 부양해야 한다.

이런 식으로 법전은 총 282개 조항으로 되어 있으며, 배를 대여하는 것에서부터 노예 구입, 심지어 의사가 환자를 수술했다가 잘못된 경우에 내야 하는 벌금에 이르기까지('만약 의사가 수술칼로 크게 절개했다가 환자가 죽으면… 의사의 손을 자른다') 생활의 모든 영역을 다룬다. 196조와 200조에는 그 유명한 '눈에는 눈, 이에는 이'가 나온다. '어떤 사람이 다른 사람의 눈을 빠지게 하면, 그 사람의 눈도 뺀다.'하지만 '만약 노예의 눈을 빠지게 했다면, 노예 값의 절반을 지불한다.'[1]

주석

들어가는 글

1. 앤서니 그레일링A. C. Grayling, 『철학의 역사The History of Philosophy』(London, 2019) 중 '소크라테스 이전 시대의 철학자: 탈레스The Presocratic Philosophers: Thales'를 참고하기 바란다.

2. Ibid.

3. 앤서니 그레일링, 『천재 시대: 17세기와 근대정신의 탄생The Age of Genius: The Seventeenth Century and the Birth of the Modern Mind』(London, 2016).

4. 나는 학문적 철학자로서 인식론에 특히 관심이 있다. 나는 두 권의 책과 여러 에세이에서, 우리의 지각 경험과 사고 범위를 포괄하는 세계에 관한 지식 주장을 할 때 정당한 체계를 구축하는 방법에 대해 고찰했다.

5. 여기서도 의문점은 생긴다. 수학과 논리학의 '공식' 체계에서 '지식'은 단순히 정의의 문제, 다시 말해 용어와 체계의 작동 방식을 정의하는 방법에 따른 결과이기 때문이다. 이러한 지식을 **선험적 지식**a priori knowledge이라 부른다. 경험적으로 관찰하거나 실제 세계에서 실험을 통해 얻은 **후천적 지식**a posteriori knowledge과 대조되는 개념이다.

6. 사람이 하는 모든 일이 그렇듯이 과학에서도 때로 사기가 발생한다. 실험 데이터를 위조하고, 요구되는 높은 신뢰도에 도달하기 전에 서둘러 출판하는 일이 생긴다. 하지만 이런 혼란스러운 사건은 거의 항상 빠르게 발견되고 바로잡힌다. 이런 식으로 과학 커뮤니티의 믿음을 배신하는 과학자는 누구든 신용을 잃고 배제된다. 과학에는 이런 사람들이 서 있을 곳이 없다.

7. 다음 저서에서는 유전의학과 AI에 관해 다룰 예정이다.

8. '빅뱅Big Bang'이라는 이름은 1949년 프레드 호일Fred Hoyle이 BBC 라디오 방송에서 지은 것이다. '정상우주론Steady State Theory'의 지지자였던 호일이(제1부 3절 참고) 팽창우주론을 조롱하는 의미에서 이 이름을 지었다고 알려져 있다.

9. (소실된 문학 목록 등을 통한) 추정에 따르면, 고전 고대 문학의 90%가 소실됐다. 380년 기독교를 로마 제국의 국교로 선언한 테살로니카 칙령the Edict of Thessalonica에 따라 '이교도'의 과거를 지우고자 광신도들이 의도적으로 없앤 것이 대부분이다. 다음 책을 참고하기 바란다. 캐서린 닉시Catherine Nixey, 『어두워지는 시대The Darkening Age』(London, 2017).

제1부 | 과학

1. 과학 이전의 기술

1. 인류 진화는 이후에 제2부 2절에서 다룬다.

2. 카르파초carpaccio 같이 요리 안 된 날고기를 좋아하는 사람도 많지만, 이런 고기들은 먹을 때까지 보통 잘 썩지 않는다. 부드럽게 만들 목적으로 썩을 때까지 매달아 둔 사냥감은 날것으로 먹는 경우가 거의 없다.

3. 과거에 대한 '판독'은 다양한 주관이 개입된다. 다시 말해 우리는 무언가를 발견하면 우리에게 친숙한 방식으로 이해한다. 이후에 제2부 4절에서 다루겠지만, 이는 논란의 여지가 있다.

4. 청동기 시대 붕괴에 관해서는 이후에 제2부 1절을 참고하기 바란다.

5. **자음문자**abjad: 히브리어, 아랍어처럼 각 문자 기호가 자음을 나타내고 모음은 추론하는 문자 체계. **표어문자**logograph: 중국어, 일본어처럼 각 문자 기호가 단어나 형태소(언어에서 가장 작은 의미 단위)를 나타내는 문자 체계.

6. 리처드 불리엣Richard Bulliet, 『바퀴, 세계를 굴리다: 바퀴의 탄생, 몰락, 그리고 부활The Wheel: Inventions and Reinventions』 (New York, 2016).

7. Ibid., p. 1.

8. 데이비드 W. 앤서니David W. Anthony, 『말, 바퀴, 언어: 유라시아 초원의 청동기 기마인은 어떻게 근대 세계를 형성했나The Horse, the Wheel, and Language: How Bronze-Age Riders from the Eurasian Steppes Shaped the Modern World』 (Princeton, NJ, and Oxford, 2007).

9. 리처드 불리엣Richard Bulliet, 『바퀴, 세계를 굴리다: 바퀴의 탄생, 몰락, 그리고 부활The Wheel: Inventions and Reinventions』 (New York, 2016), 3장을 참고하기 바란다.

10. 일반적으로 마차wagon는 4륜, 수레cart는 2륜을 뜻한다. 수레의 앞바퀴 쌍이 독립적인 축에 놓여 있지 않은 이상, 수레가 마차보다 조종하기 쉽다. 랜슬럿과 귀네비어의 이야기는 다음 책을 참고하기 바란다. 크레티앵 드 트루아Chrétien de Troyes, 『수레를 탄 기사Le Chevalier de la charrete』 (1171년경).

11. 앤서니 그레일링, 『전쟁: 탐구War: An Enquiry』 (New Haven, Conn., and London, 2017), pp. 22-27.

12. 데이바 소벨Dava Sobel, 『경도 이야기: 인류 최초로 바다의 시공간을 밝혀낸 도전의 역사Longitude: The True Story of a Lone Genius Who Solved the Greatest Scientific Problem of His Time』 (London, 1995).

13. 앤서니 그레일링, 『천재 시대: 17세기와 근대정신의 탄생The Age of Genius: The Seventeenth Century and the Birth of the Modern Mind』 (London, 2016).

14. 앤서니 그레일링, 『전쟁: 탐구War: An Enquiry』 (New Haven, Conn., and London, 2017).

15. 앤서니 그레일링, 『빛을 향하여: 현대 서구 세계를 만든 자유와 권력을 위한 투쟁 이야기』Towards the Light: The Story of the Struggles for Liberty and Rights that Made the Modern West (London, 2007), 『천재 시대: 17세기와 근대정신의 탄생』The Age of Genius: The Seventeenth Century and the Birth of the Modern Mind (London, 2016).

2. 과학의 발흥

1. '판독'에 관해서는 이후에 제2부 4절에서 더 자세히 논의한다.

2. 앤서니 그레일링, 『철학의 역사』The History of Philosophy (London, 2019) 중 특히 제1부를 참고하기 바란다.

3. 참고로 인도유럽어근 ag-에서 파생된 그리스어 **agein**, 산스크리트어 **ajati**는 '이끌다, 움직이다, 끌어내다, 끌고 가다'라는 뜻이다.

4. 앤서니 그레일링, 『빛을 향하여: 현대 서구 세계를 만든 자유와 권력을 위한 투쟁 이야기』Towards the Light: The Story of the Struggles for Liberty and Rights that Made the Modern West (London, 2007), 『천재 시대: 17세기와 근대정신의 탄생』The Age of Genius: The Seventeenth Century and the Birth of the Modern Mind (London, 2016). 이 두 책에서는 16세기 종교개혁 이후 어떻게 개신교 교회 집단의 힘이 과학적 추측과 출판을 통제하지 못한 만큼 약해졌는지 논의한다. 갈릴레오의 재판에서 알 수 있듯이 가톨릭 국가들에서는 상황이 달랐으며, 과학적 탐구에 대한 반대가 한동안 이어졌다.

5. 과학 역사에서 유명 인사들이 거의 남성인 이유는, 여성은 참여할 기회를 박탈당했기 때문이다. 이러한 상황은 20세기 중반 이후로 훨씬 나아지고 있다.

6. 벤자민 패링턴Benjamin Farrington, 『그리스 과학』Greek Science (1944; London, 2nd edn 1949), p. 153.

7. 브라헤는 1573년 자신의 저서 『인생에서도 기억에서도 그 누구도 본 적 없는 새로운 별에 관하여』De nova et nullius aevi memoria prius visa stella에서 초신성에 관해 자세히 설명했다. 브라헤는 직접 관측하고 기록했을 뿐만 아니라, 다른 이들의 관측도 분석했다. 17세기 초 케플러가 이 책을 두 번 재인쇄했다.

8. 미적분학과 관련 있는 다른 거인으로는 르네 데카르트René Descartes, 피에르 드 페르마Pierre de Fermat, 그리고 케임브리지대학교에서 뉴턴의 후원자이자 정교수 전임자였던 아이작 배로Isaac Barrow가 있다.

9. 엄밀히 말하면 F는 모든 힘의 벡터 합이다.

10. 이러한 설명은 다른 주요 과학 분야, 특히 화학과 생물학의 발전에 대한 설명을 누락하고 있다. 화학에서의 발견을 생물학에 응용하기까지는 시간이 좀 더 걸렸다. 하지만 이미 생물학에서는 현미경이 필수 도구였고, 18세기에 칼 폰 린네Linnaeus가 분류 체계를 도입하면서 생물학 지식이 더욱 체계적으로 정리됐다. 과학이 다양한 전문 분야로 나뉘기

시작한 시점은 알렉산드로 볼타Alessandro Volta가 전지를 발명하면서부터다. 1800년에 일어난 이 사건으로 전기 분해 요법이 가능해졌고, 화합물을 원소로 분리할 수 있게 됐다. 그에 따라 화학은 물리학에서 떨어져 나와 독자적인 학문으로 큰 발전을 보이기 시작했다. 현대적 원자론의 첫 번째 버전 역시 존 돌턴John Dalton이 화학적 상호작용을 설명하기 위해 원자라는 작은 입자 개념을 도입하면서 등장했다.

3. 과학적 세계관

1. 앤서니 그레일링, 『철학의 역사The History of Philosophy』(London, 2019), pp. 47-51.

2. See Steven Weinberg, 'The Making of the Standard Model', *European Physical Journal C*, vol. 34 (May 2004), pp. 5-13.

3. 강입자는 다시 **메손**meson(**중간자**)과 **바리온**baryon(**중입자**)으로 나뉜다.

4. 구체적으로는 '갈릴레이 변환Galilean transformations'을 '로런츠 변환Lorentz transformations'으로 대체하는 일이다.

4. 핀홀을 통해

1. 플랑크 질량은 22μg(=22×10⁻⁶g — 옮긴이)이다. 따라서 소립자의 에너지는 굉장히 크다. 여기에 c를 곱하면 $1.2×10^{28}$eV, 또는 20억 줄Joule을 얻는다.

2. 리처드 파인먼Richard Feynman, 『일반인을 위한 파인만의 QED강의QED: The Strange Theory of Light and Matter』(Princeton, NJ, and Oxford, 2014).

3. 앤서니 그레일링, 『철학의 역사The History of Philosophy』(London, 2019), pp. 256-267. 칸트에 견해에 관해 간략히 설명되어 있다.

4. 이러한 조직 원리, 특히 후천적 조직 원리는 '개념'이라고 부를 수 있다.

5. Eugene Wigner, 'The Unreasonable Effectiveness of Mathematics in the Natural Sciences', *Communications on Pure and Applied Mathematics*, vol. 13, no. 1 (February 1960).

6. R. W. Hamming, 'The Unreasonable Effectiveness of Mathematics', *American Mathematical Monthly*, vol. 87, no. 2 (February 1980), pp. 81-90.

7. Ibid., p. 88.

8. 만약 가장 큰 자릿수에 1에서 9 사이의 숫자들이 등장하는 빈도수가 동일하다면, 각 숫자는 각각 11.1%의 확률로 등장할 것이다. 하지만 실제로는 숫자 1은 30%의 확률로, 숫자 9는 5% 미만의 확률로 등장한다.

9. R. W. Hamming, 'The Unreasonable Effectiveness of Mathematics', *American*

Mathematical Monthly, vol. 87, no. 2 (February 1980), p. 89.

10. Ibid.

11. Ibid., p. 90.

12. 이렇게 말하는 것이 수학이 경험적이라는 존 스튜어트 밀John Stuart Mill의 이론에 동의한다는 의미는 아니다. 하지만 집합을 묘사하고 비교하는 것이 숫자의 기본 개념을 이해하는 계기가 될 수 있다는 생각은 타당성이 있다.

13. 위에서 언급했듯이, 밀은 수학이 경험에 뿌리를 내리고 있다고 생각했다. 집합이나 집단 같은 사물의 **묶음**은 우리가 인지할 수 있고, 눈으로 보고 어느 것이 더 큰지 구분할 수 있다. 밀은 이러한 기본적 직관을 정교하게 다듬은 것이 수학이라고 생각했다.

14. 알렉산더 L. 테일러Alexander L. Taylor, 『하얀 기사The White Knight』 (Edinburgh, 1952). 루이스 캐럴의 수학 트릭은 『이상한 나라의 앨리스Alice in Wonderland』 이야기 곳곳에 등장하며 즐거움을 선사한다. 이 트릭은 제2장에 등장한다.

15. 더글러스 호프스태더Douglas R. Hofstadter, 『괴델, 에셔, 바흐: 영원한 황금 노끈Gödel, Escher, Bach: An Eternal Golden Braid』 (New York, 1979). 공식 언어와 구조에 대한 유익하고 흥미로운 연구를 담고 있다.

16. Sundar Sarukkai, 'Revisiting the "Unreasonable Effectiveness" of Mathematics', *Current Science*, vol. 88, no. 3 (10 February 2005), pp. 415-423 (420).

17. 존 D. 배로John D. Barrow, 프랭크 J. 티플러Frank J. Tipler, 『인류적 우주원리The Anthropic Cosmological Principle』 (Oxford, 1986), pp. 16, 21-22.

18. 데이비드 도이치David Deutsch, 『현실의 구조: 모든 것의 이론을 향하여The Fabric of Reality: Towards a Theory of Everything』 (London, 1997).

19. 예를 들어 다음 논문을 참고하기 바란다. Philippe Brax, 'What Makes the Universe Accelerate? A Review on What Dark Energy Could be and How to Test It', *Reports on Progress in Physics*, vol. 81, no. 1 (January 2018).

제2부 | 역사

1. '민' 숭배는 기원전 4천년기로 거슬러 올라간다.

1. 역사의 시작

1. '문명civilization'은 굉장히 광범위한 용어다. 여기서는 최소한 사회와 행정 조직, 노동 분배, 장식된 공예품, 교환 시스템, 이후 문자 체계로 발전하는 기록 보관 등의 복잡한 상호 작용으로 특정 지을 수 있는, 다수의 인구가 정착한 도시생활을 뜻한다.

2. J. Michael Rogers, 'To and Fro: Aspects of the Mediterranean Trade and Consumption in the Fifteenth and Sixteenth Centuries', *Revue des mondes musulmans et de la Méditerranée*, nos. 55-56 (1990), pp. 57-74.

3. 올리버 임피Oliver Impey, 아서 맥그리거Arthur MacGregor (eds.), 『박물관의 기원: 16~17세기 유럽의 호기심의 방The Origins of Museums: The Cabinet of Curiosities in Sixteenth–and Seventeenth–century Europe』 (London, 1985).

4. 알라스테어 해밀턴Alastair Hamilton, 『요한 미카엘 반슬레벤의 1671~1674년 레반트 여행: 반슬레벤의 이탈리아 보고서의 주석판Johann Michael Wansleben's Travels in the Levant, 1671-1674: An Annotated Edition of His Italian Report』 (Leiden and Boston, 2018).

5. 롤랭은 얀선주의자였고, 종파적 적대감 때문에 학문적 커리어에 큰 타격을 입었다. 파리대학교 총장으로 선출됐지만, 얀선주의자라는 이유로 취임이 금지됐다.

6. 마르크 반 드 미에룹Marc van de Mieroop, 『고대 근동 역사: B.C. 3000년경~B.C. 323년A History of the Ancient Near East: c. 3000-323 bc』 (2006; 3rd edn Oxford, 2016).

7. 『창세기』 10장 10절.

8. 늪의 물을 빼버린 동기 중 하나는 사담 후세인Saddam Hussein이 시아파 습지 아랍인들Marsh Arabs에게 지닌 적대감이었다. 이 아랍인들은 습지대에서 태곳적 삶의 방식을 따르며 살고 있었다.

9. 그웬돌린 레익Gwendolyn Leick, 『메소포타미아: 도시의 발명Mesopotamia: The Invention of the City』 (London, 2001).

10. 앤서니 그레일링, 『전쟁: 탐구War: An Enquiry』 (New Haven, Conn., and London, 2017).

11. 사르곤, 모세, 오이디푸스 같은 인물의 탄생 이야기에 대한 연구는 다음의 책에서 확인할 수 있다. 오토 랑크Otto Rank, 『영웅의 탄생: 오토 랑크의 심리학적 신화 탐구The Myth of the Birth of the Hero: A Psychological Interpretation of Mythology, F. Robbins and Smith Ely Jelliffe』 (trs.) (New York, 1914).

12. 철학과 문학에 등장하는 우정이라는 주제는 다음의 책에서 확인할 수 있다. 앤서니 그레일링, 『또 다른 나, 친구Friendship』 (New Haven, Conn., and London, 2013).

13. 에릭 클라인Eric H. Cline, 『고대 지중해 세계사: 청동기 시대는 왜 멸망했는가?1177 bc: The Year Civilization Collapsed』 (Princeton, NJ, and Oxford, 2014), p. 151.

14. 캐럴 토머스Carol G. Thomas, 크레이그 코넌트Craig Conant, 『시타델에서 도시국가로, 기원전 1200~기원전 700년 그리스의 변천Citadel to City-State: The Transformation of Greece, 1200-700 bce』 (Bloomington, Ind., 1999).

15. 조지프 A. 테인터Joseph A. Tainter, 『문명의 붕괴The Collapse of Complex Societies』 (Cambridge, 1976).

16. 콜린 렌프류Colin Renfrew, 『언어고고학: 인도유럽어의 기원은 어디인가?Archaeology and Language: The Puzzle of Indo-European Origins』 (1987; Cambridge, 1990).

17. 마리야 김부타스Marija Gimbutas et al., 『쿠르간 문화와 유럽의 인도유럽화: 1952~1993년 논문에서 발췌The Kurgan Culture and the Indo-Europeanization of Europe: Selected Articles from 1952 to 1993』 (Washington D. C., 1997).

18. 데이비드 W. 앤서니David W. Anthony, 『말, 바퀴, 언어: 유라시아 초원의 청동기 기마인은 어떻게 근대 세계를 형성했나The Horse, the Wheel, and Language: How Bronze-Age Riders from the Eurasian Steppes Shaped the Modern World』 (Princeton, NJ, and Oxford, 2007).

19. Iñigo Olalde et al., 'The Beaker Phenomenon and the Genomic Transformation of North-west Europe', *Nature*, vol. 555, no. 7,695 (8 March 2018), pp. 190-196.

20. Wolfgang Haak et al., 'Massive Migration from the Steppe was a Source of Indo-European Languages in Europe', *Nature*, vol. 522, no. 7,555 (11 June 2015), pp. 207-211.

21. 데이비드 라이크David Reich, 『믹스처: 우리는 누구인가에 대한 고대 DNA의 대답Who We are and How We Got Here: Ancient DNA and the New Science of the Human Past』 (Oxford, 2018), pp. 99-121.

22. 마리야 김부타스Marija Gimbutas 『구유럽의 여신과 신들The Goddesses and Gods of Old Europe』 (London, 1974).

23. 데이비드 라이크, 『믹스처: 우리는 누구인가에 대한 고대 DNA의 대답Who We are and How We Got Here: Ancient DNA and the New Science of the Human Past』 (Oxford, 2018), pp. 106-107.

24. Ibid., p. 102

25. 데이비드 W. 앤서니, 『말, 바퀴, 언어: 유라시아 초원의 청동기 기마인은 어떻게 근대 세계를 형성했나The Horse, the Wheel, and Language: How Bronze-Age Riders from the Eurasian Steppes Shaped the Modern World』 (Princeton, NJ, and Oxford, 2007).

26. Franco Nicolis (ed.), *Bell Beakers Today: Pottery People, Culture, Symbols in Prehistoric Europe: Proceedings of the International Colloquium, Riva Del Garda (Trento,*

Italy), *11-16 May 1998*, Vol. 2 (Trento, 1998).

27. William Jones, 'The Third Anniversary Discourse – on the Hindus', delivered 2 February 1786, *The Works of Sir William Jones*, Vol. 3 (Delhi, 1977), pp. 24-46.

28. p와 b는 비슷한 소리로, 동일한 입술 모양에서 호흡을 얼마나 내뱉느냐에 따라 달라진다.

29. 아이러니한 점은 미국의 정착민이 대부분 영국인이었으며, 미국의 독립 선언에 이의를 제기하면서 영국이 보낸 군대의 3분의 1 이상이 헤센Hessians이라는 고용된 독일 부대였다는 점이다.

30. 아나톨리아-캅카스 스텝 시대와 원시 인도유럽어의 기원에 관한 논쟁은 계속되고 있다. 예를 들면 Kristian Kristiansen, 'The Archaeology of Proto-Indo-European and Proto-Anatolian: Locating the Split', 또는 M. 세랑겔리M. Serangeli와 Th. 올랜더Th. Olander (eds.), 『분산과 다양화: 인도유럽어의 초기 단계에 관한 언어학적 그리고 고고학적 관점Dispersals and Diversification: Linguistic and Archaeo-logical Perspectives on the Early Stages of Indo-European』 (Leiden and Boston, 2020) 등을 참고하라.

2. 인류의 출현

1. 인류 진화 이야기에 관한 좋은 입문서들이 있다. 루이스 험프리Louise Humphrey, 크리스 스트링거Chris Stringer, 『우리 인류 이야기Our Human Story』 (London, 2018); 프란시스코 J. 아얄라Francisco J. Ayala, 카밀로 J. 세라콘데Camilo J. Cela-Conde, 『인류 진화 과정: 초기 호미닌에서 네안데르탈인과 연대 인류로의 여정Processes in Human Evolution: The Journey from Early Hominins to Neanderthals and Modern Humans』(Oxford, 2017); 『새로운 과학자, 인류의 기원: 7백만 년과 집계 New Scientist, Human Origins: 7 Million Years and Counting』 (London, 2018); 앨리스 로버츠Alice Roberts, 『진화: 인류 이야기Evolution: The Human Story』 (2nd edn London, 2018). 지금부터 하는 이야기는 이 출처들을 중심으로 다룬다(다른 주석도 참고하기 바란다).

2. 한때는 '호빗'으로 알려진 아주 작은 종 **호모 플로레시엔시스**가 비교적 최근인 1만 2,000년 전까지 플로레스섬에서 살았던 것으로 여겨졌으나, 이후의 연구 결과에 따르면 **호모 사피엔스**가 인도네시아 지역에 등장한 약 5만 년 전에 멸종한 것으로 추정된다.

3. 각각 큰땅핀치Geospiza magnirostris, 작은나무핀치Camarhynchus parvulus라 불린다.

4. 다음의 논문을 참고하기 바란다. Neus Martínez-Abadías et al., 'Heritability of Human Cranial Dimensions: Comparing the Evolvability of Different Cranial Regions', *Journal of Anatomy*, vol. 214, no. 1 (January 2009), pp. 19-35.

5. 루쉰魯迅, 『아Q정전The True Story of Ah Q』 (1921):
   '아Q가 경멸하는 첸 영감의 맏아들 … 도시의 신식 학교에서 공부한 뒤 일본으로 건너갔다는 것 같다. 반년 뒤에 집으로 돌아왔을 때는 다리도 곧고 변발도 사라진 모습이었다. … 아Q는 그를 "가짜 외국놈"이라고 불렀다.'
   제3장에 나오는 내용으로, 영어 원문은 다음에서 확인할 수 있다.

https://www.marxists.org/archive/lu-xun/1921/12/ah-q/ch03.htm

6. **날레디** 발견에 관한 놀라운 이야기와 그와 관련한 인상적인 과학은 다음 영상에서 확인할 수 있다. https://www.youtube.com/watch?v=7mBIFFstNSo

7. 이는 '일반적'인 경우다. 천 명당 한 명꼴로 성염색체를 하나만 갖고 태어나기도 하고(45X 또는 45Y, 이를 일염색체성sex monosomies이라 부른다), 세 개 이상을 갖고 태어나기도 한다(47XXX 또는 47XXY 또는 47XYY 또는 49XXXXY 등. 이를 다염색체성sex polysomies이라 부른다). 세계보건기구WHO 게놈 리소스 센터Genomic Resource Centre의 '성별과 유전학Gender and Genetics' 기사를 참고하자.

3. 과거의 문제

1. 나는 레반트, 메소포타미아, 이집트 및 주변 지역을 가리킬 때 '중동'이 아닌 '근동'이라는 용어를 사용할 것이다. 중동은 소비에트가 지배하던 동유럽을 지정학(지리적 환경과 정치적 현상의 관계를 연구하는 학문으로 세계대전 당시 유행했다 — 옮긴이)과 외교사에 도입하면서 새로 만든 냉전시대의 용어다. '오리엔트Orient'는 원래 (단어 뜻 그대로) '동방'이었다. 유럽인과 미국인이 점차 중국과 일본을 인식하고 극동으로 구분하면서 오리엔트는 '근동'이 됐다. 이후 소비에트가 지배하던 유럽이 새로운 '동방'이 되면서, 근동은 '중동'이 됐다. 하지만 중동은 이제 쓸모없는 용어다.

2. 게오르크 G 이거스Georg G. Iggers (ed.), 『역사 이론과 실천The Theory and Practice of History』 (London, 2010).

3. 하지만 노예제도는 다른 이름과 다른 겉모습을 하고 오늘날에도 이어지고 있다. 추산에 따르면 최소한 1,200만 명 이상이 노예 같은 환경 속에서 고통받으며 살고 있다. 이는 15~16세기에 북대서양 노예무역이 이루어지던 당시의 노예 수와 동일하다.

4. Helen Fordham, 'Curating a Nation's Past: The Role of the Public Intellectual in Australia's History Wars', *M/C Journal*, vol. 18, no. 4 (2015).

5. 헨리 레이놀즈Henry Reynolds, 『잊혀진 전쟁Forgotten War』 (Sydney, 2013).

6. Ibid., p. 14.

7. Ryan Lyndall, 'List of Multiple Killings of Aborigines in Tasmania: 1804-1835', SciencesPo, *Violence de masse et Résistance - Réseau de recherche* (March 2008)

8. Ibid.

9. Ibid.

10. Ibid.

11. 헨리 레이놀즈가 말한 내용을 유튜브에서 확인할 수 있다. https://www.youtube.com/watch?v=ClS2gzn3QTg

12. 디 브라운Dee Brown, 『나를 운디드니에 묻어주오Bury My Heart at Wounded Knee』(1970; New York, 2012).

13. Ibid., 제4장 '샤이엔족아! 싸움이 임박했다', pp. 86-87.

14. Ibid.

15. 브라운은 여기서 39대 미국 회의, 두 번째 세션, 상원 보고서 156, 73~96쪽에 나온 벤트Bent의 말을 인용하고 있다.

16. Ibid.

17. 구글에서 'Report of the Joint committee on the conduct of the war at the second session Thirty-eighth Congress'로 검색해 보자.

18. 니얼 퍼거슨Niall Ferguson, 『제국: 유럽 변방의 작은 섬나라 영국이 어떻게 역사상 가장 큰 제국을 만들었는가Empire: How Britain Made the Modern World』(London, 2003).

19. Tom Engelhardt, 'Ambush at Kamikaze Pass', Bulletin of Concerned Asian Scholars, vol. 3, no. 1 (1971), pp. 64-84.

20. 크리스토퍼 R. 브라우닝Christopher R. Browning, 『최종 해결의 기원: 1939년 9월부터 1942년 3월까지, 나치 유대인 정책의 진화The Origins of the Final Solution: The Evolution of Nazi Jewish Policy, September 1939-March 1942. With contributions by Jürgen Matthäus』(Lincoln, Nebr., 2004; London, 2014 edn). 홀로코스트에 관한 포괄적인 역사를 다루고 있다.

21. 앨릭스 J. 케이Alex J. Kay, 『SS킬러 만들기: 알프레드 필버트 대령의 생애The Making of an SS Killer: The Life of Colonel Alfred Filbert, 1905-1990』(Cambridge, 2016), pp. 57-62, 72.

22. 레니 야힐Leni Yahil, 『홀로코스트: 1932~1945년 유럽 유대인의 운명The Holocaust: The Fate of European Jewry, 1932-1945』(Oxford, 1991), p. 270.

23. 가스 트럭은 우츠Łódź 게토에서 온 유대인들을 수용하던 헤움노Chełmno(독일어로 쿨름호프kulmhof) 절멸 수용소에서 시도됐다.

24. 네스타 러셀Nestar Russell, 『적극적 참가자를 이해하다: 밀그램의 복종 실험과 홀로코스트Understanding Willing Participants: Milgram's Obedience Experiments and the Holocaust, Vol. 2』(London, 2019), 중 '나치의 "인도적" 살인법 추구', pp. 241-276.

25. 이스라엘 구트만Yisrael Gutman, 마이클 베른바움Michael Berenbaum(eds.) 『아우슈비츠 죽음의 수용소의 해부학Anatomy of the Auschwitz Death Camp, United States Holocaust Memorial Museum』(Bloomington, Ind., 1998), p. 89.

26. 홀로코스트 강제 수용소에서 사용된 뼈 부수는 기계. https://collections.ushmm.org/search/catalog/pa10007

27. 폴 라시니에Paul Rassiniers, 『홀로코스트 이야기와 율리시즈의 거짓말: 독일 강제 수용소와

유럽 유대인 몰살 혐의에 대한 연구Holocaust Story and the Lies of Ulysses: Study of the German
Concentration Camps and the Alleged Extermination of European Jewry』 (republished 1978 by 'Legion for
the Survival of Freedom, Inc.', based in California); 장 노통 크뤼Jean Norton Cru 『목격자:
1915~1928년 전투 부대 요원들의 기억에 관한 시험, 분석, 비판Witnesses: Tests, Analysis and
Criticism of the Memories of Combatants (1915-1928) (Témoins: Essai d'analyse et de critique des souvenirs de
combattants édités en français de 1915 à 1928)』 (Paris, 1929; Nancy, 3rd edn 2006).

28. 엘하나 야키라Elhanan Yakira, 『포스트시오니즘, 포스트홀로코스트Post-Zionism, Post-Holocaust』
(Cambridge, 2010).

29. Ibid., p. 7.

30. Ibid., p. 8.

31. 데보라 립스타트Deborah Lipstadt, 『홀로코스트 부정: 진실과 기억에 대한 늘어나는 공격Denying
the Holocaust: The Growing Assault on Truth and Memory』 (New York, 1993), p. 75.

32. Ibid., 반스가 소책자 「수정주의와 세뇌Revisionism and Brainwashing」 (1961)에서 주장한
내용이다.

33. Ibid., p. 74.

34. Ibid., p. 214.

35. 아르노 메이어Arno Mayer, 『왜 하늘은 어두워지지 않았을까?Why Did the Heavens Not Darken?』
(Verso, 2012), pp. 349, 452 and 453; 마이클 셔머Michael Shermer, 앨릭스 그로브먼Alex
Grobman, 『역사 부정: 홀로코스트가 결코 일어난 적이 없다고 말하는 자들은 누구이며,
그들은 왜 그런 주장을 하는가?Denying History: Who Says the Holocaust Never Happened and Why Do They
Say It?』 (Berkeley, Calif., 2002), p. 126.

36. 「데이비드 어빙 대 펭귄북스와 데보라 립스타드David Irving v. Penguin Books and Deborah Lipstadt」
(2000), Section 13 (91).

37. 다음을 참고하기 바란다. Speculum, vol. 65, no. 1 (January 1990), esp. Stephen G.
Nichols 'Philology in a Manuscript Culture'; M. J. 드리스콜M. J. Driscoll 『중세 사가의 창조:
고대 노르웨이 사가 문학의 버전, 가변성 및 편집적 해석Creating the Medieval Saga: Version, Variability
and Editorial Interpretations of Old Norse Saga Literature, Judy Quinn and Emily Lethbridge』 (eds.) (Odense,
2010) 중 '페이지 속의 단어들The Words on the Page'.

38. 'Resolution of the Duke University History Department', printed in the Duke Chronicle
(November 1991).

39. 마이클 셔머Michael Shermer, 앨릭스 그로브먼Alex Grobman, 『역사 부정: 홀로코스트가 결코
일어난 적이 없다고 말하는 자들은 누구이며, 그들은 왜 그런 주장을 하는가?Denying History:
Who Says the Holocaust Never Happened and Why Do They Say It?』 (Berkeley, Calif., 2002).

40. 크리스토퍼 힐Christopher Hill, 『다시 살펴보는 영국 혁명의 지적 기원The Intellectual Origins of the English Revolution Revisited』 (Oxford, 1997).

41. 제2차 세계대전 당시 공중 폭격의 도덕성에 대해 다룬 나의 저서 『죽음의 도시들: 전쟁 중에 민간인을 목표로 하는 것이 정당화될 수 있는가?Among the Dead Cities: Is the Targeting of Civilians in War Ever Justified?』 (London, 2011) 역시 독일 상공에서 위험 속으로 날아든 영웅들의 행동에 의문을 제기했다는 이유로 공격을 받았다. 가장 큰 목소리를 낸 것은 캐나다 참전 용사들이었다.

42. 나와 함께 '리샤오쥔Li Xiao Jun'이라는 공동 필명으로 『6월 4일로 향하는 긴 행군The Long March to the Fourth of June』 (London, 1989)을 공저한 쉬유위Xu You Yu가 그러한 사람이었다.

43. 거젠슝Ge Jianxiong이 2004년 12월 6일 〈뉴욕 타임스〉에서 한 말이다.

44. 캐서린 닉시Catherine Nixey, 『어둠의 시대The Darkening Age』 (London, 2017).

45. 앤서니 그레일링, 『철학의 역사The History of Philosophy』 (London, 2019), pp. 3-5.

46. 이는 내 저서 『빛을 향하여: 현대 서구 세계를 만든 자유와 권력을 위한 투쟁 이야기Towards the Light: The Story of the Struggles for Liberty and Rights that Made the Modern West』 (London, 2007)에서 주장하는 핵심 내용이다.

47. 이는 내 저서 『천재 시대: 17세기와 근대정신의 탄생The Age of Genius: The Seventeenth Century and the Birth of the Modern Mind』 (London, 2016)에서 주장하는 핵심 내용이다.

4. 역사 '판독'

1. 예를 들어 다음을 참고하기 바란다. 프랭크 엘웰Frank Elwell, 「이해: 막스 베버의 사회학Verstehen: The Sociology of Max Weber」 (1996). https://www.faculty.rsu.edu/users/f/felwell/www/Theorists/Weber/Whome2.htm
표준구들로는 빌헬름 딜타이Wilhelm Dilthey, 『철학의 본질Das Wesen der Philosophie: The Essence of Philosophy』 (Berlin and Leipzig, 1907), 『엄선작 2권: 인간 세계의 이해Selected Works. Vol. 2: Understanding the Human World』 (Princeton, NJ, 2010)가 있다.

2. 호메로스Homer, 『일리아드Iliad』, Book 18, ll. 20-25, 33, A. T. Murray and W. F. Wyatt (trs.), (1924; 2003 Loeb edn)

3. https://www.smithsonianmag.com/history/gobekli-tepe-the-worlds-first-temple-83613665/

4. Ibid., and Klaus Schmidt, 'Göbekli Tepe - the Stone Age Sanctuaries: New Results of Ongoing Excavations with a Special Focus on Sculptures and High Reliefs', *Documenta Praehistorica*, vol. 37 (2010), pp. 239-256. https://web.archive.org/web/20120131114925/http://arheologija.ff.uni-lj.si/documenta/authors37/37_21.pdf

5. E. B. Banning, 'So Fair a House: Göbekli Tepe and the Identification of Temples in the Pre-Pottery Neolithic of the Near East', *Current Anthropology*, vol. 52, no. 5 (October 2011), pp. 619-660 (626).

6. 다음의 책을 참고하기 바란다. 모리스 블로흐Maurice Bloch, 『우리 몸의 안과 밖: 정신, 진화, 진실, 사회 본질에 관한 이론In and Out of Each Other's Bodies: Theories of Mind, Evolution, Truth, and the Nature of the Social』(Boulder, Col., 2013).

7. 『고대사 백과사전Encyclopaedia of Ancient History』. https://www.ancient.eu/religion/

8. 나는 예전에 의도를 가지고 장려된 판독 문제에 대해서 사람들의 이목을 끌 기회가 있었다. 다음 기사를 참고하자. 'Children of God?', *Guardian*, 28 November 2008. https://www.theguardian.com/commentisfree/2008/nov/28/religion-children-innateness-barrett
'이 연구는 존 템플턴 재단의 자금을 지원받는다. 존 템플턴 재단은 과학에서 종교를 찾거나 과학에 종교를 집어넣으려고 노력하면서, 사람들이 둘 사이의 호환성을 믿도록 장려하는 기관이다. … 이 재단은 굉장히 부유하다. 종교에 우호적인 발언을 한 과학자나 철학자에게 막대한 상금을 수여하고, 종교에 대한 신뢰도와 존경심을 높일 수 있는 종류라면 어떠한 "연구"라도 지원한다.'

9. https://www.templeton.org/

10. 수잔 마주르가 이안 호더를 인터뷰한 내용은 다음에서 확인할 수 있다. 'Çatalhöyük, Religion and Templeton's Broadcast', *Huffington Post*, 28 April 2017.

11. 이안 호더Ian Hodder (ed.), 『문명 출현과 종교Religion in the Emergence of Civilization』(Cambridge, 2010); 『신석기 사회에 작용한 종교Religion at Work in a Neolithic Society』(Cambridge, 2014); 『종교, 역사, 장소와 정착 생활의 기원Religion, History and Place and the Origin of Settled Life』(Cambridge, 2018).

12. 몇 가지 예는 다음과 같다. Guillaume Lecointre, 'La Fondation Templeton', French National Center for Scientific Research; Libby A. Nelson, 'Some Philosophy Scholars Raise Concerns about Templeton Funding', *Inside Higher Ed*, 21 May 2013; Josh Rosenau, 'How Bad is the Templeton Foundation?', ScienceBlogs (5 March 2011); John Horgan, 'The Templeton Foundation: A Skeptic's Take', Edge.org., 2006. https://www.edge.org/conversation/john_horgan-the-templeton-foundation-a-skeptics-take; Sean Carroll, 'The Templeton Foundation Distorts the Fundamental Nature of Reality: Why I Won't Take Money from the Templeton Foundation', Slate.com; Sunny Bains, 'Questioning the Integrity of the John Templeton Foundation', *Evolutionary Psychology*, vol. 9, no. 1 (2011), pp. 92-115. https://doi.org/10.1177%2F147470491100900111; Jerry Coyne, 'Martin Rees and the Templeton Travesty', *Guardian*, 6 April 2011, retrieved 8 April 2018; Donald Wiebe, 'Religious Biases in Funding Religious Studies Research?', *Religio: Revue Pro*

Religionistiku, vol. 17, no. 2 (2009), pp. 125-140; Nathan Schneider, 'God, Science and Philanthropy', *Nation*, 3 June 2010; Sunny Bains, 'Keeping an Eye on the John Templeton Foundation', Association of British Science Writers, 6 April 2011.

13. 이안 호더: 음, 좋다. 그게 모리스의 관점이다. 나는 단순히 모리스가 틀렸다고 생각한다. 그는 한 명의 저자일 뿐이다. 얼마나 많은 저자들이 이 문제를 논의하기 위해 차탈회위크로 왔는지 정확히 모른다. 아마 30명은 훌쩍 넘을 것이다. 하지만 그중에 그렇게까지 극단적인 입장을 고수하는 건 모리스뿐이다. 수잔 마주르: 그렇게 모인 저자 중 다수가 종교학자다.

14. https://www.templeton.org/

15. Iain Davidson, review of Hodder (ed.), *Religion at Work in a Neolithic Society*, *Australian Archaeology*, vol. 82, no. 2 (2016), pp. 192-195.

16. R. G. Klein, 'Out of Africa and the Evolution of Human Behavior', *Evolutionary Anthropology*, vol. 17, no. 6 (2008), pp. 267-281.

17. April Nowell, 'Defining Behavioral Modernity in the Context of Neandertal and Anatomically Modern Human Populations', *Annual Review of Anthropology*, vol. 39, no. 1 (2010), pp. 437-452.

18. 앤서니 그레일링, 『전쟁: 탐구War: An Enquiry』 (New Haven, Conn., and London, 2017).

19. P. G. 체이스P. G. Chase, 『문화의 출현: 인간이 살아가는 독특한 방식의 진화The Emergence of Culture: The Evolution of a Uniquely Human Way of Life』 (New York, 2006).

20. P. 멜라스 P. Mellars et al., 『인류 혁명 다시 생각하기: 현대 인류의 기원과 분산에 대한 새로운 행동적, 생물학적 관점Rethinking the Human Revolution: New Behavioural and Biological Perspectives on the Origin and Dispersal of Modern Humans』 (Cambridge, 2007), 중 제23장. F. 데리코F. d'Errico, M. 반헤렌M. Vanhaeren, '진화인가 혁명인가? 아프리카 안팎의 상징적 행동의 기원에 대한 새로운 증거Evolution or Revolution? New Evidence for the Origins of Symbolic Behaviour In and Out of Africa', pp. 275-286.

21. Nowell, 'Defining Behavioral Modernity'.

22. 루이스 빈포드Lewis Binford et al. (eds.), 『고고학의 새로운 관점New Perspectives in Archeology』 (Chicago, 1968). 매튜 존슨Matthew Johnson, 『고고학적 이론: 입문Archaeological Theory: An Introduction』 (1999; 2nd edn Oxford, 2010)도 참고하기 바란다.

23. 브루스 트리거Bruce Trigger, 『고고학사A History of Archaeological Thought』 (1996; 2nd edn Cambridge, 2006).

24. Michael Shanks and Ian Hodder, 'Processual, Postprocessual, and Interpretive Archaeologies', in Ian Hodder et al. (eds.), *Interpreting Archaeology: Finding Meaning in the Past* (London, 1995).

25. Ibid.

제3부 | 두뇌와 마음

1. 비판가들이 '골상학 같다'는 표현을 한 건 경두개자기자극술transcranial magnetic stimulation, TMS과 뇌파계electroencephalogram, EEG를 이용한 조사가 두개골 밖에서 판독하는 것을 두고 하는 말이다. 하지만 이 조사법들은 두개골 안쪽의 전기화학반응과 그 구조에 대한 진정한 이해를 바탕으로 하고 있다.

2. 데카르트는 네덜란드 라이덴Leiden에 있는 자신의 숙소에서 창밖으로 고양이를 던져서 동물이 의식이 없다는 점을 보였다고 한다. 이 실험으로 문제의 요점에서 어떤 부분을 입증했는지는 분명하지 않다. 앤서니 그레일링, 『데카르트: 천재의 삶과 시간Descartes: The Life and Times of a Genius』 (London, 2006).

3. 뇌가 디지털 장치라는 주장의 예로는 다음을 참고하자. James Tee and Desmond P. Taylor, 'Is Information in the Brain Represented in Continuous or Discrete Form?', IEEE Transactions on Molecular, Biological, and Multi-Scale Communications (21 September 2020). PDF 링크는 다음과 같다. https://arxiv.org/ftp/arxiv/papers/1805/1805.01631.pdf

4. 구글의 '딥마인드DeepMind'와 '알파고AlphaGo'는 이 분야가 어느 방향으로 갈지를 보여주는 초기 지표다. https://www.youtube.com/watch?v=WXuK6gekU1Y

5. 계산 은유를 반대하는 로저 펜로즈의 견해는 이후에 3절에서 다룬다.

1. 마음과 심장

1. 표도르 도스토예프스키Fyodor Dostoevsky, 『카라마조프가의 형제들The Brothers Karamazov』, 3부, 제7편, 1장 '시체 썩는 냄새The Odour of Corruption'. R. Pevear and L. Volokhonsky (trs.) (London, 1992). 다음 책도 참고하기 바란다. 앤서니 그레일링, 『철학의 역사The History of Philosophy』 (London, 2019)』 중 '신플라톤주의Neoplatonism', pp. 123-130.

2. 칼 포퍼Karl Popper와 존 에클스John Eccles는 (인류 전체의) 마음이 도서관(오늘날에는 하드디스크)에 있다는 견해를 취했다. 융Jung은 보편적인 무의식 정신, 즉 플라톤과 비슷한 원형archetype의 고향이라는 다른 개념을 지니고 있었다. 이 견해들은 여기서 토론하는 대상은 아니다.

3. Charles Gross, 'Aristotle on the Brain', *Neuroscientist*, vol. 1, no. 4 (July 1995), pp. 245ff.

4. 플라톤, 『티마이오스Timaeus』 (Harmondsworth,1965), Section 12.

5. 히포크라테스Hippocrates, 『신성한 질병에 대하여On the Sacred Disease』 중 '체액에 대하여On the

Humours'와 '심장에 대하여On the Heart'를 참고하라. 더 많은 히포크라테스의 말뭉치corpus는 다음에서 확인할 수 있다. https://oll.libertyfund.org/title/coxe-the-writings-of-hippocrates-and-galen

6. 아리스토텔레스가 심장을 마음의 위치로 선택한 다른 이유들은 주로 그의 생물학 저서 『동물부분론De partibus animalium』, 『동물지Historia animalium』, 『자연학 소론집Parva naturalia』에서 확인할 수 있다. 다음의 논문도 참고하기 바란다. Gross, 'Aristotle on the Brain', pp. 247-248.

7. 앤서니 그레일링, 『철학의 역사The History of Philosophy』(London, 2019) 중 '아리스토텔레스Aristotle'를 참고하기 바란다.

8. 헤로필로스는 최초로 여성의 생식 기관을 연구하고 조산술에 대한 글을 쓰기도 했다.

9. 하인리히 폰 슈타덴Heinrich von Staden, Herophilus, 『초기 알렉산드리아의 의학술The Art of Medicine in Early Alexandria』(Cambridge, 1989): Gross, 'Aristotle on the Brain', pp. 249-250에서 인용했다.

10. Ibid.

11. Stavros J. Baloyannis, 'Galen as Neuroscientist and Neurophilosopher', *Encephalos*, vol. 53 (2016), pp. 1-10.

12. Ibid., p. 8

13. 데이비드 페리에David Ferrier, 『뇌의 기능The Functions of the Brain』(London, 1876).

14. 앤서니 그레일링A. C. Grayling, 『철학의 역사The History of Philosophy』(London, 2019)에서 각 이름을 참고하기 바란다.

15. 길버트 라일Gilbert Ryle, 『마음의 개념The Concept of Mind』(Chicago, 1949). 이외에도 다음의 책 등을 참고하기 바란다. 스티븐 핑커Steven Pinker, 『마음은 어떻게 작동하는가How the Mind Works』(New York, 1997) 중 '제1장: 표준 설비Chapter 1:Standard Equipment', '마음은 어떤 신성한 기체가 움직이는 게 아니다minds are not animated by some godly vapor'.

16. 과학적 업적을 고려하면 좀 이상해 보이지만 플루랑스는 다윈에 반대하는 창조론자였다. 박물학자 필립 헨리 고스Philip Henry Gosse처럼 플루랑스는 과학이 창조론을 증명해 주길 바랐다. 플리머스 형제교회Plymouth Brethren의 일원이었던 고스는 자신의 믿음과 반대되는 화석 및 지질학적 증거와 씨름해야 했다. 시인이자 비평가인 헨리 고스의 아들, 에드먼드 고스Edmund Gosse의 가슴 아픈 회고록 『아버지와 아들Father and Son』(1907)에서 관련 이야기 및 부자의 관계를 확인할 수 있다.

17. 또 궁형섬유속은 중심고랑 양쪽에 있는 관자엽이마엽의 운동 중추와 연결된 것으로 보인다. 우반구에서는 이 구조가 시각공간 처리와 관련이 있다. 브로카와 베르니케의 원래 연구는 다음에서 확인할 수 있다. Paul Broca, 'Remarques sur le siège de la faculté du langage articulé, suivies d'une observation d'aphémie (perte de la parole)', *Bulletin*

de la Société Anatomique, vol. 6, no. 36 (1861), pp. 330-337; Carl Wernicke, *Der aphasische Symptomencomplex: Eine psychologische Studie auf anatomischer Basis* (Breslau, 1874).

18. John Martyn Harlow, 'Passage of an Iron Rod through the Head' (1848). https://web.archive.org/web/20140523001027/https:/www.countway.harvard.edu/menuNavigation/chom/warren/exhibits/HarlowBMSJ1848.pdf

19. Ibid.

20. John Martyn Harlow, 'Recovery from the Passage of an Iron Bar through the Head' (1868), *Publications of the Massachusetts Medical Society*, vol. 2, no. 3, pp. 327-347. Reprinted in David Clapp & Son (1869). https://en.wikisource.org/wiki/Recovery_from_the_passage_of_an_iron_bar_through_the_head

21. Ibid.

22. 해마와 기억에 관해서는 다음을 참고하기 바란다. W. B. Scoville and B. Milner, 'Loss of Recent Memory after Bilateral Hippocampal Lesions', *Journal of Neurology, Neurosurgery and Psychiatry*, vol. 20, no. 1 (1957), pp. 11-21. 분리뇌 관찰에 관해서는 다음을 참고하기 바란다. Roger W. Sperry, M. S. Gazzaniga, and J. E. Bogen, 'Interhemispheric Relationships: The Neocortical Commissures; Syndromes of Hemisphere Disconnection', in *Handbook of Clinical Neurology*, P. J. Vinken and G. W. Bruyn (eds.) (Amsterdam, 1969), pp. 273-290.

23. Roger W. Sperry,, 'Cerebral Organization and Behavior', *Science*, vol. 133, no. 3,466 (2 June 1961), pp. 1,749-1,757. http://people.uncw.edu/puente/sperry/sperrypapers/60s/85-1961.pdf

24. 3T에서 측정했을 때의 이야기다. 여기서 T는 테슬라로, 자속밀도를 측정하는 단위다. 더 고해상도도 가능하다. 2019년에 사람을 대상으로 10.5T에서, 동물을 대상으로 21.5T에서 안전성이 시험되었다.

25. 뇌자도MEG와 사건 관련 전위event-related potential, EPR는 시간 해상도가 높지만, 공간 해상도가 낮다.

2. 인지 두뇌

1. 뇌 해부학에 관해서는 예를 들어 다음과 같은 웹페이지를 참고할 수 있다. https://www.hopkinsmedicine.org/health/conditions-and-diseases/anatomy-of-the-brain

2. Suzana Herculano-Houzel and Roberto Lent, 'Isotropic Fractionator: A Simple, Rapid Method for the Quantification of Total Cell and Neuron Numbers in the Brain', *Journal of Neuroscience*, vol. 25, no. 10 (2010), pp. 2,518-2,521. 비판가들은 이 숫자를 산출할 때 20세에서 70세 사이 남성 4인의 뇌를 사용했으며, 표준 편차가 80억이었다고 지적한다.

즉 상한값upper bound은 흔히 말하는 '1,000억 개'에서 그렇게 멀지 않다는 뜻이다.

3. 역시 과유불급이라는 말이 맞는 것 같다.

4. O. Sporns, 'The Human Connectome: A Complex Network', in M. B. Miller and A. Kingstone (eds.), *The Year in Cognitive Science*, Vol. 1,224 (Oxford, 2011), pp. 109-125.

5. 예를 들어 다음을 참고하기 바란다. Lisa Feldman Barrett and Ajay Satpute, 'Large Scale Brain Networks in Affective and Social Neuroscience', *Current Opinion in Neurobiology*, vol. 23, no. 3 (January 2013), pp. 361-371; Katherine Vytal and Stephen Hamann, 'Neuroimaging Support for Discrete Neural Correlates of Basic Emotions', *Journal of Cognitive Neuroscience*, vol. 22, no. 12 (December 2010), pp. 2,864-2,885.

6. 안톤-바빈스키 증후군은 **질병인식불능증**, 즉 장애에 대한 자기인식 결여의 한 형태이다. 환자들이 자신에게 장애가 있다는 사실을 부정하는 것이다.

7. 고릴라 농구 비디오는 다음에서 확인할 수 있다. https://www.youtube.com/watch?v=vJG698U2Mvo

8. 카우보이들의 정신신경과학은 말하자면 말의 입에서 직접 나온다. 나는 애리조나주Arizona 투손Tucson 근처에 있는 관광 목장에서 일주일을 보낸 적이 있다. 매일 말을 타고 소노란 사막Sonoran Desert의 가시 돋친 선인장 사이를 달리면서, 말 심리에 대한 카우보이들 의견의 원천을 알 수 있었다. 그 대부분은 대서양 건너편에 사는 승마사들은 동의하지 않을 내용이었다. 흥미로운 의견 차이이다.

9. Neha Uppal and Patrick Hof, 'Discrete Cortical Neuropathology in Autism Spectrum Disorders', in *The Neuroscience of Autism Spectrum Disorders* (Amsterdam, 2013), pp. 313-325. https://doi.org/10.1016/B978-0-12-391924-3.00022-3

10. Thomas Grüter, Martina Grüter, and Claus-Christian Carbon, 'Neural and Genetic Foundations of Face Recognition and Prosopagnosia', *Journal of Neuropsychology*, vol. 2, no. 1 (2008), pp. 79-97.

11. Marlene Behrmann et al., 'Intact Visual Imagery and Impaired Visual Perception in a Patient with Visual Agnosia', *Journal of Experimental Psychology: Human Perception and Performance*, vol. 20, no. 5 (November 1994), pp. 1,068-1,087.

12. 필립 J. 힐츠Philip J. Hilts, 『기억의 유령Memory's Ghost』 (New York, 1996); 수잰 코킨Suzanne Corkin, 『영원한 현재 HM: 헨리 몰레이슨이 세상에 남긴 것들과 뇌과학의 거대한 진보Permanent Present Tense: The Unforgettable Life of the Amnesic Patient, H. M.』 (New York, 2013).

13. Sarah K. Johnson and Michael C. Anderson, 'The Role of Inhibitory Control in Forgetting Semantic Knowledge', *Psychological Science*, vol. 15, no. 7 (July 2004), pp. 448-453.

14. Michael C. Anderson et al., 'Prefrontal-hippocampal Pathways Underlying Inhibitory Control Over Memory', *Neurobiology of Learning and Memory*, vol. 134, Part A (2016), pp. 145-161.

15. Henry L. Roediger III and Kathleen B. McDermott, 'Creating False Memories: Remembering Words Not Presented in Lists', *Journal of Experimental Psychology: Learning, Memory, and Cognition*, vol. 21, no. 4 (July 1995), pp. 803-814.

16. Sydney Brandon et al., 'Recovered Memories of Childhood Sexual Abuse: Implications for Clinical Practice', *British Journal of Psychiatry*, vol. 172, no. 4 (April 1998), pp. 296-307.

17. Monica Fabiani et al., 'True but Not False Memories Produce a Sensory Signature in Human Lateralized Brain Potentials', *Journal of Cognitive Neuroscience*, vol. 12, no. 6 (December 2000), pp. 941-949.

18. 퍼트리샤 처칠랜드Patricia Churchland, 『신경철학: 뇌와 마음에 관한 통합된 과학을 향해서Neurophilosophy: Toward a Unified Science of the Mind/Brain』 (1986; 2nd edn Cambridge, Mass., 1989); 폴 처칠랜드Paul Churchland, 『작동하는 신경철학Neurophilosophy at Work』 (Cambridge, 2007).

19. '마음 이론'이라는 용어는 데이비드 프리맥David Premack과 가이 우드러프Guy Woodruff의 유명한 다음 논문에서 처음 도입됐다. 'Does the Chimpanzee Have a Theory of Mind?', *Behavioral and Brain Sciences*, vol. 1, no. 4 (December 1978), pp. 515-526.

3. 신경과학과 의식

1. 존 로크John Locke, 『인간지성론An Essay Concerning Human Understanding』, Book 2, Chapter 27 (2nd edn London, 1691). 아일랜드의 철학자이자 과학 작가 윌리엄 몰리뉴William Molyneux의 제안으로 제27장 '동일성과 차이성에 대하여Of Identity and Diversity'가 제2판에 추가됐다.

2. 대니얼 데닛Daniel Dennett은 언제나 '뉴 칼리지 오브 더 휴머니티스' 학생들에게 '분명surely'이라는 표현이 주장에서 가장 약한 부분을 나타낸다고 말했다.

3. 앤서니 그레일링, 『철학: 주제에 따른 안내서Philosophy: A Guide through the Subject』 (Oxford, 1995; 2nd edn 1998) 중 '현대 철학 II: 경험주의자들Modern Philosophy II: The Empiricists', 또 『철학의 역사The History of Philosophy』 (London, 2019) 중 '존 로크John Locke', pp. 217-226.

4. Matthias Michel, 'Consciousness Science Underdetermined', *Ergo*, vol. 6, no. 28 (2019-2020). http://dx.doi.org/10.3998/ergo.12405314.0006.028

5. 메스칼린과 그 효과에 대한 지식은 올더스 헉슬리Aldous Huxley의 『지각의 문The Doors of Perception』 (1954)으로 더 널리 퍼지게 됐다. 이 책은 이후 몇 년 동안 LSD에 대한 사람들의 관심이 커지는데 기여했다.

6. H. Klüver and P. C. Bucy, '"Psychic Blindness" and Other Symptoms following Bilateral Temporal Lobe Lobectomy in Rhesus Monkeys', *American Journal of Physiology*, vol. 119 (1937), pp. 352-353.

7. B. Milner, 'Intellectual Function of the Temporal Lobes', *Psychological Bulletin*, vol. 51, no. 1 (1954), pp. 42-62.

8. Francis Crick and Christof Koch, 'Towards a Neurobiological Theory of Consciousness', *Seminars in the Neurosciences*, vol. 2 (1990), pp. 263-275; Francis Crick and Christof Koch, 'Why Neuroscience May be Able to Explain Consciousness', *Scientific American*, vol. 273, no. 6 (1995), pp. 84-85.

9. David J. Chalmers, 'Facing Up to the Problem of Consciousness', *Journal of Consciousness Studies*, vol. 2, no. 3 (1995), pp. 200-219.

10. 2017년 아닐 세스Anil Seth가 왕립 연구소Royal Institution에서 의식에 관해 강연하면서 인용했다. https://www.youtube.com/watch?v=xRel1JKOEbI. 세스는 휴고 크리츨리Hugo Critchley와 함께 서식스대학교University of Sussex 새클러 의식과학연구 센터의 공동 소장이다. 다음의 글도 참고하기 바란다. Anil K. Seth, 'The Real Problem', *Aeon*, 10 November 2016. https://aeon.co/essays/the-hard-problem-of-consciousness-is-a-distraction-from-the-real-one

11. 버나드 J. 바스Bernard J. Baars, 『기억의 인지 이론A Cognitive Theory of Consciousness』 (Cambridge, 1998).

12. Bernard J. Baars, 'The Global Brainweb: An Update on Global Workspace Theory', *Science and Consciousness Review* (October 2003). http://cogweb.ucla.edu/CogSci/Baars-update_03.html

13. Stanislas Dehaene and Lionel Naccache, 'Towards a Cognitive Neuroscience of Consciousness: Basic Evidence and a Workspace Framework', *Cognition*, vol. 79, nos. 1-2 (April 2001), pp. 1-37.

14. Victor A. F. Lamme, 'Separate Neural Definitions of Visual Consciousness and Visual Attention: A Case for Phenomenal Awareness', *Neural Networks*, vol. 17, nos. 5-6 (2004), pp. 861-872.

15. Giulio Tononi, 'An Information Integration Theory of Consciousness', *BMC Neuroscience*, vol. 5, no. 1 (November 2004), Article No. 42. https://bmcneurosci.biomedcentral.com/articles/10.1186/1471-2202-5-42

16. Marcello Massimini et al., 'Breakdown of Cortical Effective Connectivity during Sleep', *Science*, vol. 309, no. 5,744 (2005), pp. 2,228-2,232; Adenauer G. Casali et al., 'A Theoretically Based Index of Consciousness Independent of Sensory Processing and Behavior', *Science Translational Medicine*, vol. 5, no. 198 (2013).

17. Adrian M. Owen et al., 'Detecting Awareness in the Vegetative State', *Science*, vol. 313, no. 5,792 (September 2006), p. 1,402; Anil K. Seth, Adam B. Barrett and Lionel Barnett, 'Causal Density and Integrated Information as Measures of Conscious Level', *Philosophical Transactions of the Royal Society A: Mathematical, Physical, and Engineering Sciences*, vol. 369 (2011), pp. 3,748-3,767.

18. John R. Ives et al., 'Method and Apparatus for Monitoring a Magnetic Resonance Image during Transcranial Magnetic Stimulation', US Patent No. 6,198,958 B1, 6 March 2001.

19. Dehaene and Naccache, 'Towards a Cognitive Neuroscience of Consciousness'; Lior Fisch et al., 'Neural "Ignition": Enhanced Activation Linked to Perceptual Awareness in Human Ventral Stream Visual Cortex', *Neuron*, vol. 64, no. 4 (2009), pp. 562-574; Raphaël Gaillard et al., 'Converging Intracranial Markers of Conscious Access', *PLoS Biology*, vol. 7, no. 3 (17 March 2009).

20. Karl Friston, 'The Free-energy Principle: A Rough Guide to the Brain?', *Trends in Cognitive Sciences*, vol. 13, no 7 (July 2009), pp. 293-301; Anil K. Seth, 'Interoceptive Inference, Emotion, and the Embodied Self', *Trends in Cognitive Sciences*, vol. 17, no. 11 (November 2013), pp. 565-573.

21. Stuart Hameroff and Roger Penrose, 'Consciousness in the Universe: A Review of the "Orch OR" Theory', *Physics of Life Reviews*, vol. 11, no. 1 (2014), pp. 39-78 and 94-100 respectively.

22. 단코 D. 게오르기에브Danko D. Georgiev, 『양자 정보와 의식: 가벼운 소개Quantum Information and Consciousness: A Gentle Introduction』 (Boca Raton, Flor., 2017), p. 177.

23. 차머스가 직접 설명한 내용은 TED 토크에서 확인할 수 있다. https://www.youtube.com/watch?v=uhRhtFFhNzQ

24. 대니얼 데닛Daniel Dennett, 『의식의 수수께끼를 풀다Consciousness Explained』 (Harmondsworth, 1992), 『박테리아에서 바흐로, 그리고 역으로From Bacteria to Bach and Back』 (London, 2017).

25. 마빈 민스키Marvin Minsky, 『마음의 사회The Society of Mind』 (New York, 1986); 로버트 E. 온스타인Robert E. Ornstein, 『의식의 진화Evolution of Consciousness』 (Upper Saddle River, NJ, 1991).

4. 마음과 자아

1. Paul Bloom, 'How Do Morals Change?', *Nature*, vol. 464, no. 7,288 (25 March 2010), p. 490.

2. 한때 '위트Wit'는 '지성'과 '분별력'을 의미했다(오늘날에는 주로 '재치'를 의미한다 — 옮긴이). 분별력이라는 의미는 '그는 정신을 바짝 차리고 있다He has his wits about him'나 '제정신이

아닌witless'과 같은 표현에 아직까지 남아 있다. 재치가 있다는 게 지성이 뛰어나다는 암시라는 점이 흥미롭다.

3. 18세기 영국에서 토리파는 의회보다 왕실의 권력을 지지했다. 휘그파Whig는 그 반대 입장을 취했다.

4. 이 딜레마는 약간 저속한 면이 있다. 샴쌍둥이에게는 '생식기관organ of generation'이 붙어 있었는데, 이는 마르티누스의 부부 관계(의무)가 동시에 간통죄 및 다른 범죄로 연루된다는 뜻이다. 이어지는 법정 사건에서 상대 측 변호사가 인간성과 동일성에 관한 논쟁을 펼친다.

5. 안토니오 다마지오Antonio Damasio, 『일어나는 일의 느낌: 몸, 감정, 의식의 형성The Feeling of What Happens: Body, Emotion and the Making of Consciousness』 (New York, 1999).

6. 안토니오 다마지오, 『데카르트의 오류: 감정, 이성, 그리고 인간의 뇌Descartes' Error: Emotion, Reason, and the Human Brain』 (New York, 1994).

7. Roger W. Sperry, M. S. Gazzaniga, and J. E. Bogen, 'Interhemispheric Relationships: The Neocortical Commissures; Syndromes of Hemisphere Disconnection', in *Handbook of Clinical Neurology*, P. J. Vinken and G. W. Bruyn (eds.) (Amsterdam, 1969); 다음 책도 참고하기 바란다. P. A. 로이터 로렌츠P. A. Reuter-Lorenz et al. (eds.), 『마음의 인지신경과학: 마이클 S. 가자니가에게 바치는 헌사The Cognitive Neuroscience of Mind: A Tribute to Michael S. Gazzaniga』 (Cambridge, Mass., 2010).

8. 'The Neuronal Platonist: Michael Gazzaniga in Conversation with Shaun Gallagher', *Journal of Consciousness Studies*, vol. 5, nos. 5-6 (1 May 1998), pp. 706-717 (712).

9. 마이클 가자니가Michael Gazzaniga, 『누가 담당하는가? 자유의지와 뇌과학Who is in Charge? Free Will and the Science of the Brain』 (New York, 2011).

10. 한 가지 예로, 아닐 세스Anil Seth는 왕립 연구소에서 강연할 때 글래스고대학교Glasgow University 연구진이 이 부문에서 진보를 이루었다고 언급했다. https://www.youtube.com/watch?v=xRel1JKOEbl (28분 30초에 다음 논문을 인용하고 있다. L. Muckli et al., 'Contextual Feedback to Superficial Layers of V1', *Current Biology*, vol. 25, no. 20 (2015), pp. 2,690-2,695.)

11. 앤서니 그레일링, 『세상의 선함을 위하여: 지구의 위기에 지금 글로벌 합의가 필요한 이유For the Good of the World: Why Our Planet's Crises Need Global Agreement Now』 (London, 2023).

결론: 올림퍼스산에서 내려다본 풍경

1. 조 헨리 뉴먼 John Henry Newman 추기경의 『대학의 이념The Idea of a University』 (1852)은 제너럴리스트generalist의 관점에 대한 고전적 글이다. http://www.newmanreader.org/works/idea/. 주제 일부는 다음 책에서 반복된다. D. 다이체스D. Daiches(ed), 『새로운 대학의 이념The Idea of a New University』 (London, 1964). 이 책에서는 1960년대에 영국에 새로 설립된

최초의 '판유리 대학교Plate Glass Universities'인 서식스대학교의 목표를 제시하고 있다.

2. 앤서니 그레일링, 『전쟁: 탐구War: An Enquiry』(New Haven, Conn., and London, 2017).

부록 II : 길가메시 서사시

1. 원문을 문자 그대로 번역하면 '그는 공기가 코 옆으로 떨어지는 걸 느꼈다'이다. 이는 분명 '뺨'일 것이다. '뺨'이나 '얼굴'로 보는 게 의미를 더 잘 전달한다.

2. 여기 나온 인용문들은 모린 갤러리 코바크스Maureen Gallery Kovacs가 번역하고 Wolf Carnahan에서 출간한 전자책 판에서 따왔다. (1998) http://www.ancienttexts.org/library/mesopotamian/gilgamesh/

부록 III : 함무라비 법전

1. L. W. 킹L. W. King이 번역한 영문판은 예일대학교Yale University 법학과 웹사이트에서 확인할 수 있다. https://avalon.law.yale.edu/ancient/hamframe.asp

참고문헌

Anderson, Michael C., et al., 'Prefrontal-hippocampal Pathways Underlying Inhibitory Control Over Memory', *Neurobiology of Learning and Memory*, vol. 134, Part A (2016), pp. 145–161

Anthony, David W., *The Horse, the Wheel, and Language: How Bronze-Age Riders from the Eurasian Steppes Shaped the Modern World* (Princeton, NJ, and Oxford, 2007)

Ayala, Francisco J., and Camilo J. Cela-Conde, *Processes in Human Evolution: The Journey from Early Hominins to Neanderthals and Modern Humans* (Oxford, 2017)

Bains, Sunny, 'Questioning the Integrity of the John Templeton Foundation', *Evolutionary Psychology*, vol. 9, no. 1 (2011), pp. 92–115. https://journals.sagepub.com/doi/10.1177/147470491100900111

—, 'Keeping an Eye on the John Templeton Foundation', Association of British Science Writers, 6 April 2011

Baloyannis, Stavros J., 'Galen as Neuroscientist and Neurophilosopher', *Encephalos*, vol. 53 (2016), pp. 1–10

Banning, E. B., 'So Fair a House: Göbekli Tepe and the Identification of Temples in the Pre-Pottery Neolithic of the Near East', *Current Anthropology*, vol. 52, no. 5 (October 2011), pp. 619–660

Barker, Roger A., et al., *Neuroanatomy and Neuroscience at a Glance* (1999; Chichester, 2018)

Barrett, Lisa Feldman, and Ajay Satpute, 'Large Scale Brain Networks in Affective and Social Neuroscience', *Current Opinion in Neurobiology*, vol. 23, no. 3 (January 2013), pp. 361–371

Barrow, John D., and Frank J. Tipler, *The Anthropic Cosmological Principle* (Oxford, 1986)

Behrmann, Marlene, et al., 'Intact Visual Imagery and Impaired Visual Perception in a Patient with Visual Agnosia', *Journal of Experimental Psychology: Human Perception and Performance*, vol. 20, no. 5 (November 1994), pp. 1,068–1,087

Bentley, Michael, *Companion to Historiography* (London, 2002)

Binford, Lewis, et al. (eds.), *New Perspectives in Archeology* (Chicago, 1968)

Blackmore, Susan, *Consciousness: An Introduction* (2003; London, 2018)

Bloch, Maurice, *In and Out of Each Other's Bodies: Theories of Mind, Evolution, Truth, and the Nature of the Social* (Boulder, Col., 2013)

Brandon, Sydney, et al., 'Recovered Memories of Childhood Sexual Abuse: Implications for Clinical Practice', *British Journal of Psychiatry*, vol. 172, no. 4 (April 1998), pp. 296–307

Brax, Philippe, 'What Makes the Universe Accelerate? A Review on What Dark Energy Could be and How to Test It', *Reports on Progress in Physics*, vol. 81, no. 1 (January 2018)

Broca, Paul, 'Remarques sur le siège de la faculté du langage articulé, suivies d'une observation d'aphémie (perte de la parole)', *Bulletin de la Société Anatomique*, vol. 6, no. 36 (1861), pp. 330–337

Broome, Richard, *Aboriginal Australians: A History since 1788* (St Leonards, NSW, 2020)

Brown, Dee, *Bury My Heart at Wounded Knee* (1970; New York, 2012)

Browning, Christopher R., *The Origins of the Final Solution: The Evolution of Nazi Jewish Policy, September 1939–March 1942*. With contributions by Jürgen Matthäus (Lincoln, Nebr., 2004; London, 2014)

Bulliet, Richard, *The Wheel: Inventions and Reinventions* (New York, 2016)

Carroll, Sean, 'The Templeton Foundation Distorts the Fundamental Nature of Reality: Why I Won't Take Money from the Templeton Foundation', Slate.com

—, *The Big Picture* (London, 2016)

Chase, P. G., *The Emergence of Culture: The Evolution of a Uniquely Human Way of Life* (New York, 2006)

Churchland, Patricia, *Neurophilosophy: Toward a Unified Science of the Mind/Brain* (1986; 2nd edn Cambridge, Mass., 1989)

Churchland, Paul, *Neurophilosophy at Work* (Cambridge, 2007)

Cline, Eric, *1177 BC: The Year Civilization Collapsed* (Princeton, NJ, and Oxford, 2014)

Corkin, Suzanne, *Permanent Present Tense: The Unforgettable Life of the Amnesic Patient, H. M.* (New York, 2013)

Coyne, Jerry, 'Martin Rees and the Templeton Travesty', *Guardian*, 6 April 2011

Crick, Francis, and Christof Koch, 'Towards a Neurobiological Theory of Consciousness',

Seminars in the Neurosciences, vol. 2 (1990), pp. 263–275

—, 'Why Neuroscience May be Able to Explain Consciousness', *Scientific American*, vol. 273, no. 6 (1995), pp. 84–85

Cru, Jean Norton, *Witnesses: Tests, Analysis and Criticism of the Memories of Combatants (1915–1928) (Témoins: Essai d'analyse et de critique des souvenirs de combattants édités en français de 1915 à 1928)* (Paris, 1929; Nancy, 3rd edn 2006)

Curry, Andrew, 'Gobekli Tepe: The World's First Temple?', *Smithsonian Magazine* (November 2008). https://www.smithsonianmag.com/history/gobekli-tepe-the-worlds-first-temple-83613665/

Davidson, Iain, review of Ian Hodder (ed.), *Religion at Work in a Neolithic Society*, *Australian Archaeology*, vol. 82, no. 2 (2016), pp. 192–195

d'Errico, F., and M. Vanhaeren, 'Evolution or Revolution? New Evidence for the Origins of Symbolic Behaviour In and Out of Africa', in P. Mellars et al., *Rethinking the Human Revolution: New Behavioural and Biological Perspectives on the Origin and Dispersal of Modern Humans* (Cambridge, 2007), pp. 275–286

Deutsch, David, *The Fabric of Reality: The Science of Parallel Universes and Its Implications* (1997; Harmondsworth, 1998)

—, *The Beginning of Infinity: Explanations that Transform the World* (London, 2011)

Dilthey, Wilhelm, *Selected Works. Vol. 2: Understanding the Human World* (Princeton, NJ, 2010)

Driscoll, M. J., 'The Words on the Page', in *Creating the Medieval Saga: Version, Variability and Editorial Interpretations of Old Norse Saga Literature*, Judy Quinn and Emily Lethbridge (eds.) (Odense, 2010)

Eagleman, David, *The Brain: The Story of You* (Edinburgh, 2016)

Elton, G. R., *The Practice of History* (1967; new edn London, 1987)

Elwell, Frank, '*Verstehen*: The Sociology of Max Weber' (1996). https://www.faculty.rsu.edu/users/f/felwell/www/Theorists/Weber/Whome2.htm

Engelhardt, Tom, 'Ambush at Kamikaze Pass', *Bulletin of Concerned Asian Scholars*, vol. 3, no. 1 (1971), pp. 64–84

Evans, Richard J., *In Defence of History* (1997; London, 2018)

—, *The Third Reich and the Paranoid Imagination* (London, 2020)

Fabiani, Monica, et al., 'True but Not False Memories Produce a Sensory Signature in

Human Lateralized Brain Potentials', *Journal of Cognitive Neuroscience*, vol. 12, no. 6 (December 2000), pp. 941–949

Farrington, Benjamin, *Greek Science* (1944; Harmondsworth, 2nd edn, 1949)

Ferguson, Niall, *Empire: How Britain Made the Modern World* (London, 2003)

Ferrier, David, *The Functions of the Brain* (London, 1876)

Feynman, Richard, *QED: The Strange Theory of Light and Matter* (Princeton, NJ, and Oxford, 2014)

Fordham, Helen, 'Curating a Nation's Past: The Role of the Public Intellectual in Australia's History Wars', *M/C Journal*, vol. 18, no. 4 (2015)

French, Howard W., 'China's Textbooks Twist and Omit History', *New York Times*, 6 December 2004

Gallery Kovacs, Maureen (trs.), *The Epic of Gilgamesh*, electronic edn Wolf Carnahan, 1998. https://uruk-warka.dk/Gilgamish/The%20Epic%20of%20Gilgamesh.pdf

Gazzaniga, Michael, *Who is in Charge? Free Will and the Science of the Brain* (2011; London, 2016)

Gimbutas, Marija, *The Goddesses and Gods of Old Europe* (London, 1974)

—, et al., *The Kurgan Culture and the Indo-Europeanization of Europe: Selected Articles from 1952 to 1993* (Washington D. C., 1997)

Gosse, Edmund, *Father and Son: A Study of Two Temperaments* (London, 1907)

Grayling, A. C., 'Modern Philosophy II: The Empiricists', in A. C. Grayling, *Philosophy: A Guide through the Subject* (1995; 2nd edn New York and Oxford, 1998)

—, *The Quarrel of the Age*: The Life and Times of William Hazlitt (London, 2000)

—, *Descartes: The Life of René Descartes and Its Place in His Times* (New York and London, 2005)

—, *Among the Dead Cities: Was the Allied Bombing of Civilians in WWII a Necessity or a Crime?* (London, 2006)

—, *Towards the Light: The Story of the Struggles for Liberty and Rights that Made the Modern West* (London, 2007)

—, 'Children of God?', *Guardian*, 28 November 2008. https://www.theguardian.com/commentisfree/2008/nov/28/religion-children-innateness-barrett

—, *Friendship* (New Haven, Conn., and London, 2013)

—, *The Age of Genius: The Seventeenth Century and the Birth of the Modern Mind* (London, 2016)

—, *War: An Enquiry* (New Haven, Conn., and London, 2017)

—, *The History of Philosophy* (London, 2019)

Greene, Brian, *The Fabric of the Cosmos: Space, Time and the Texture of Reality* (London, 2005)

—, *Until the End of Time: Mind, Matter, and Our Search for Meaning in an Evolving Universe* (London, 2020)

Gross, Charles, 'Aristotle on the Brain', *Neuroscientist*, vol. 1, no. 4 (July 1995)

Grüter, Thomas, Martina Grüter, and Claus-Christian Carbon, 'Neural and Genetic Foundations of Face Recognition and Prosopagnosia', *Journal of Neuropsychology*, vol. 2, no. 1 (2008), pp. 79–97

Gutman, Yisrael, and Michael Berenbaum (eds.), *Anatomy of the Auschwitz Death Camp*, United States Holocaust Memorial Museum (Bloomington, Ind., 1998)

Haak, Wolfgang, et al., 'Massive Migration from the Steppe was a Source of Indo-European Languages in Europe', *Nature*, vol. 522, no. 7,555 (11 June 2015), pp. 207–211

Hamilton, Alastair, *Johann Michael Wansleben's Travels in the Levant, 1671–1674: An Annotated Edition of His Italian Report* (Leiden and Boston, 2018)

Hamming, R. W., 'The Unreasonable Effectiveness of Mathematics', *American Mathematical Monthly*, vol. 87, no. 2 (February 1980), pp. 81–90

Harlow, John Martyn, 'Passage of an Iron Rod through the Head' (1848). https://web.archive.org/web/20140523001027/https:/www.countway.harvard.edu/menuNavigation/chom/warren/exhibits/HarlowBMSJ1848.pdf

—, 'Recovery from the Passage of an Iron Bar through the Head' (1868), *Publications of the Massachusetts Medical Society*, vol. 2, no. 3, pp. 327–47. Reprinted in David Clapp & Son (1869). https://en.wikisource.org/wiki/Recovery_from_the_passage_of_an_iron_bar_through_the_head

Harris, Annaka, *Conscious: A Brief Guide to the Fundamental Mystery of the Mind* (London, illustrated edn 2019)

Herculano-Houzel, Suzana, and Roberto Lent, 'Isotropic Fractionator: A Simple, Rapid Method for the Quantification of Total Cell and Neuron Numbers in the Brain', *Journal of Neuroscience*, vol. 25, no. 10 (2010), pp. 2,518–521

Hill, Christopher, *The Intellectual Origins of the English Revolution Revisited* (Oxford, 1997)

Hilts, Philip J., *Memory's Ghost* (New York, 1996)

Hippocrates and Galen, *The Writings of Hippocrates and Galen*, John Redman Coxe (trs.) (Philadelphia, 1846). Available via the Online Library of Liberty. https://oll.libertyfund.org/titles/hippocrates-the-writings-of-hippocrates-and-galen

Hodder, Ian (ed.), *Religion in the Emergence of Civilization* (Cambridge, 2010)

—, *Religion at Work in a Neolithic Society* (Cambridge, 2014)

—, *Religion, History and Place and the Origin of Settled Life* (Cambridge, 2018)

Hoffman, Matthew, 'Picture of the Brain', WebMD, 2014. https://www.youtube.com/watch?v=WXuK6gekU1Y

Hofstadter, Douglas R., *Gödel, Escher, Bach: An Eternal Golden Braid* (New York, 1979)

Homer, *Iliad*, A. T. Murray and W. F. Wyatt (trs.), Vols. 1 and 2 (1924; 2003 Loeb edn)

Horgan, John, 'The Templeton Foundation: A Skeptic's Take', Edge.org., 2006. https://www.edge.org/conversation/john_horgan-the-templeton-foundation-a-skeptics-take

Humphrey, Louise, and Chris Stringer, *Our Human Story* (London, 2018)

Iggers, Georg G. (ed.), *The Theory and Practice of History* (London, 2010)

—, *Historiography in the Twentieth Century: From Scientific Objectivity to the Postmodern Challenge* (1997; Middleton, Conn., 2012)

Impey, Oliver, and Arthur MacGregor (eds.), *The Origins of Museums: The Cabinet of Curiosities in Sixteenth- and Seventeenth-century Europe* (London, 1985)

Johnson, Matthew, *Archaeological Theory: An Introduction* (1999; 2nd edn Oxford, 2010)

Johnson, Sarah K., and Michael C. Anderson, 'The Role of Inhibitory Control in Forgetting Semantic Knowledge', *Psychological Science*, vol. 15, no. 7 (July 2004), pp. 448–453

Jones, William, 'The Third Anniversary Discourse – on the Hindus', delivered 2 February 1786, *The Works of Sir William Jones*, Vol. 3 (Delhi, 1977), pp. 24–46

Jun, Li Xiao, *The Long March to the Fourth of June: The First Impartial Account by an Insider, Still Living in China, of the Background to the Events in Tian An Men Square* (London, 1989)

Kay, Alex J., *The Making of an SS Killer: The Life of Colonel Alfred Filbert, 1905–1990* (Cambridge, 2016)

King, L. W. (trs.), *The Code of Hammurabi* (The Avalon Project, Yale Law School, 2008).

https://avalon.law.yale.edu/ancient/hamframe.asp

Klein, R. G., 'Out of Africa and the Evolution of Human Behavior', *Evolutionary Anthropology*, vol. 17, no. 6 (2008), pp. 267–281

Klüver, H., and P. C. Bucy, '"Psychic Blindness" and Other Symptoms following Bilateral Temporal Lobe Lobectomy in Rhesus Monkeys', *American Journal of Physiology*, vol. 119 (1937), pp. 352–353

Krauss, Lawrence, *A Universe from Nothing* (London, 2012)

—, *The Greatest Story Ever Told* (London, 2017)

Kriwaczek, Paul, *Babylon: Mesopotamia and the Birth of Civilization* (London, 2012)

Leick, Gwendolyn, *Mesopotamia: The Invention of the City* (London, 2001)

Lipstadt, Deborah, *Denying the Holocaust: The Growing Assault on Truth and Memory* (New York, 1993)

Locke, John, *An Essay Concerning Human Understanding* (2nd edn London, 1691)

Lyndall, Ryan, 'List of Multiple Killings of Aborigines in Tasmania: 1804–1835', SciencesPo, *Violence de masse et Résistance – Réseau de recherche* (March 2008). https://www.sciencespo.fr/mass-violence-war-massacre-resistance/fr/document/list-multiple-killings-aborigines-tasmania-1804-1835.html

Manco, Jean, *Ancestral Journeys: The Peopling of Europe from the First Venturers to the Vikings* (London, 2015)

Mark, Joshua J., 'Religion in the Ancient World: Definition', *Ancient History Encyclopedia* (23 March 2018). https://www.ancient.eu/religion/

Martínez-Abadías, Neus, et al., 'Heritability of Human Cranial Dimensions: Comparing the Evolvability of Different Cranial Regions', *Journal of Anatomy*, vol. 214, no. 1 (January 2009), pp. 19–35

Mazur, Suzan, Ian Hodder, 'Çatalhöyük, Religion and Templeton's 25% Broadcast', *Huffington Post*, 28 April 2017. https://www.huffpost.com/ entry/ian-hodder-%C3%A7atalh%C3%B6y%C3%BCk-religion-templetons-25_b_58fe2a64e4b0f02c3870ecf0?guccounter=1&guce_referrer=aHR0cHM6Ly93d3cuZ29vZ2xlLmNvbS8&guce_referrer_sig=AQAAAGnadsos9ygn5gxHiXnw54czAGFTptG6z31jvVxGgU_OpiylkYnK60KB8Z3gNeDHKqGZnkhW0iSSOb7bklaWZ_p3OFTZaru1wa5K_fFqv3Jx4fT3V1I4IRRGn9U2BgctueOlpY0rkAvBosjVkvV3Cr6FilF04DJogN1Y24o-pi2

Michel, Matthias, 'Consciousness Science Underdetermined', *Ergo*, vol. 6, no. 28 (2019–2020). http://dx.doi.org/10.3998/ergo.12405314.0006.028

Mieroop, Marc van de, *A History of the Ancient Near East: c. 3000–323 BC* (2006; 3rd edn Oxford, 2016)

Milner, B., 'Intellectual Function of the Temporal Lobes', *Psychological Bulletin*, vol. 51, no. 1 (1954), pp. 42–62

Nelson, Libby A., 'Some Philosophy Scholars Raise Concerns about Templeton Funding', *Inside Higher Ed*, 21 May 2013. https://www.insidehighered.com/news/2013/05/21/some-philosophy-scholars-raise-concerns-about-templeton-funding

New Scientist, *Human Origins: 7 Million Years and Counting* (London, 2018)

—, *How Numbers Work* (London, 2018)

Nichols, Stephen G., 'Introduction: Philology in a Manuscript Culture', *Speculum*, vol. 65, no. 1 (January 1990), pp. 1–10

Nicolis, Franco (ed.), *Bell Beakers Today: Pottery People, Culture, Symbols in Prehistoric Europe: Proceedings of the International Colloquium, Riva Del Garda (Trento, Italy), 11–16 May 1998*, Vol. 2 (Trento, 1998)

Nixey, Catherine, *The Darkening Age* (London, 2017)

Nowell, April, 'Defining Behavioral Modernity in the Context of Neandertal and Anatomically Modern Human Populations', *Annual Review of Anthropology*, vol. 39, no. 1 (2010), pp. 437–452

Olalde, Iñigo, et al., 'The Beaker Phenomenon and the Genomic Transformation of Northwest Europe', *Nature*, vol. 555, no. 7,695 (8 March 2018), pp. 190–196

Penrose, Roger, *The Road to Reality* (London, 2004)

—, *The Emperor's New Mind* (Oxford, illustrated edn 2016)

Pinker, Steven, *How the Mind Works* (New York, 1997)

Premack, David, and Guy Woodruff, 'Does the Chimpanzee Have a Theory of Mind?', *Behavioral and Brain Sciences*, vol. 1, no. 4 (December 1978), pp. 515–526

Rank, Otto, *The Myth of the Birth of the Hero: A Psychological Interpretation of Mythology*, F. Robbins and Smith Ely Jelliffe (trs.) (New York, 1914)

Rassinier, Paul, *Holocaust Story and the Lies of Ulysses: Study of the German Concentration Camps and the Alleged Extermination of European Jewry* (republished 1978 by 'Legion for the Survival of Freedom, Inc.', based in California)

Rees, Laurence, *The Holocaust* (London, 2017)

Reich, David, *Who We are and How We Got Here: Ancient DNA and the New Science of the Human Past* (Oxford, 2018)

Renfrew, Colin, *Archaeology and Language: The Puzzle of Indo-European Origins* (1987; Cambridge, 1990)

Reynolds, Henry, *The Other Side of the Frontier: Aboriginal Resistance to the European Invasion of Australia* (Sydney, 2006)

—, *Forgotten War* (Sydney, 2013)

Roberts, Alice, *Evolution: The Human Story* (2nd edn London, 2018)

Roediger, Henry L., III, and Kathleen B. McDermott, 'Creating False Memories: Remembering Words Not Presented in Lists', *Journal of Experimental Psychology: Learning, Memory, and Cognition*, vol. 21, no. 4 (July 1995), pp. 803–814

Rogers, J. Michael, 'To and Fro: Aspects of the Mediterranean Trade and Consumption in the Fifteenth and Sixteenth Centuries', *Revue des mondes musulmans et de la Méditerranée*, nos. 55–6 (1990), pp. 57–74

Rosenau, Josh, 'How Bad is the Templeton Foundation?', ScienceBlogs (5 March 2011). https://scienceblogs.com/tfk/2011/03/05/how-bad-is-the-templeton-found

Rovelli, Carlo, *Reality is Not What It Seems* (London, 2017)

Russell, Bertrand, *Introduction to Mathematical Philosophy* (London, 1919)

Russell, Nestar, 'The Nazi's Pursuit for a "Humane" Method of Killing', *Understanding Willing Participants: Milgram's Obedience Experiments and the Holocaust*, Vol. 2 (London, 2019), pp. 241–276

Rutherford, Adam, *A Brief History of Everyone Who Ever Lived* (London, 2016)

Ryden, Barbara, *Introduction to Cosmology* (Cambridge, 2017)

Ryle, Gilbert, *The Concept of Mind* (Chicago, 1949)

Sarukkai, Sundar, 'Revisiting the "Unreasonable Effectiveness" of Mathematics', *Current Science*, vol. 88, no. 3 (10 February 2005), pp. 415–423

Schmidt, Klaus, 'Göbekli Tepe – the Stone Age Sanctuaries: New Results of Ongoing Excavations with a Special Focus on Sculptures and High Reliefs', *Documenta Praehistorica*, vol. 37 (2010), pp. 239–256. https://web.archive.org/web/20120131114925/http://arheologija.ff.uni-lj.si/documenta/authors37/37_21.pdf

Schneider, Nathan, 'God, Science and Philanthropy', *Nation*, 3 June 2010. https://www.thenation.com/article/archive/god-science-and-philanthropy/

Scoville, W. B., and B. Milner, 'Loss of Recent Memory after Bilateral Hippocampal Lesions', *Journal of Neurology, Neurosurgery and Psychiatry*, vol. 20, no. 1 (1957), pp. 11–21

Shanks, Michael, and Ian Hodder, 'Processual, Postprocessual, and Interpretive Archaeologies', in Ian Hodder et al. (eds.), *Interpreting Archaeology: Finding Meaning in the Past* (London, 1995)

Shermer, Michael, and Alex Grobman, *Denying History: Who Says the Holocaust Never Happened and Why Do They Say It?* (Berkeley, Calif., 2002)

Sobel, Dava, *Longitude: The True Story of a Lone Genius Who Solved the Greatest Scientific Problem of His Time* (London, 1995)

Sperry, Roger W., 'Cerebral Organization and Behavior', *Science*, vol. 133, no. 3,466 (2 June 1961), pp. 1,749–1,757. http://people.uncw.edu/puente/ sperry/ sperrypapers/60s/85-1961.pdf

Sporns, O., 'The Human Connectome: A Complex Network', in M. B. Miller and A. Kingstone (eds.), *The Year in Cognitive Science*, Vol. 1,224 (Oxford, 2011), pp. 109–125

Staden, Heinrich von, *Herophilus: The Art of Medicine in Early Alexandria* (Cambridge, 1989)

Susskind, Leonard, et al., *Quantum Mechanics: The Theoretical Minimum* (London, 2014)

Tainter, Joseph A., *The Collapse of Complex Societies* (Cambridge, 1976)

Taylor, Alexander L., *The White Knight* (Edinburgh, 1952)

Tee, James, and Desmond P. Taylor, 'Is Information in the Brain Represented in Continuous or Discrete Form?', *IEEE Transactions on Molecular, Biological, and Multi-Scale Communications* (21 September 2020). https://arxiv.org/ftp/arxiv/ papers/1805/1805.01631.pdf

Thomas, Carol G., and Craig Conant, *Citadel to City-State: The Transformation of Greece, 1200–700 BCE* (Bloomington, Ind., 1999)

Trigger, Bruce, *A History of Archaeological Thought* (1996; 2nd edn Cambridge, 2006)

Uppal, Neha, and Patrick Hof, 'Discrete Cortical Neuropathology in Autism Spectrum Disorders', in *The Neuroscience of Autism Spectrum Disorders* (Amsterdam, 2013), pp. 313–25. https://doi.org/10.1016/B978-0-12-391924-3.00022-3

Vinken, P. J., and G. W. Bruyn (eds.), *Handbook of Clinical Neurology* (Amsterdam, 1969)

Vytal, Katherine, and Stephan Hamann, 'Neuroimaging Support for Discrete Neural

Correlates of Basic Emotions', *Journal of Cognitive Neuroscience*, vol. 22, no. 12 (December 2010), pp. 2,864–2,885

Weinberg, Steven, 'The Making of the Standard Model', *European Physical Journal C*, vol. 34 (May 2004), pp. 5–13

Wernicke, Carl, *Der aphasische Symptomencomplex: Eine psychologische Studie auf anatomischer Basis* (Breslau, 1874)

Wiebe, Donald, 'Religious Biases in Funding Religious Studies Research?', *Religio: Revue Pro Religionistiku*, vol. 17, no. 2 (2009), pp. 125–140

Wigner, Eugene, 'The Unreasonable Effectiveness of Mathematics in the Natural Sciences', *Communications on Pure and Applied Mathematics*, vol. 13, no. 1 (February 1960)

Windschuttle, Keith, *The Fabrication of Aboriginal History* (3 vols.; Paddington, NSW, 2002)

Xun, Lu (Lu Hsün), *The True Story of Ah Q* (1921). https://www.marxists.org/archive/lu-xun/1921/12/ah-q/index.htm

Yahil, Leni, *The Holocaust: The Fate of European Jewry*, 1932–1945 (Oxford, 1991)

Yakira, Elhanan, *Post-Zionism, Post-Holocaust* (Cambridge, 2010)

Zeman, Adam, *Consciousness: A User's Guide* (New Haven, Conn., and London, 1999)

—, *Portrait of the Brain* (New Haven, Conn., and London, 2017)

기타 자료

AlphaGo – The Movie I Full Documentary, YouTube, uploaded by DeepMind, 13 March 2020. https://www.youtube.com/watch?v=WXuK6gekU1Y

Dmanisi Skulls, Google Images. https://www.google.co.uk/search?source=hp&ei=W moDX_GoBqGXlwSAh7DIDw&q=dmanisi+skulls&oq=dmanisi+skulls&gs_lcp=CgZ wc3ktYWIQAzICCAA6CAgAELEDEIMBOgUIABCxAzoECAAQQAzoECAAQCjoGC AAQFhAeUP8iWIJDYLdGaABwAHgAgAFDiAGnBpIBAjE0mAEAoAEBqgEHZ3dzL Xdpeg&sclient=psy-ab&ved=0ahUKEwjxvbXsnbnqAhWhy4UKHYADDPkQ4dUD%2-0CAw&uact=5

'Resolution of the Duke University History Department', printed in the *Duke Chronicle* (November 1991). https://dukelibraries.contentdm.oclc.org/digital/collection/

p15957coll13/id/85692

French National Centre for Scientific Research, Wikipedia, 2020. https://en.wikipedia.org/wiki/French_National_Centre_for_Scientific_Research

'Gender and Genetics', World Health Organization. https://www.who.int/genomics/gender/en/

David Irving v. Penguin Books and Deborah Lipstadt (2000), Section 13 (91), England and Wales High Court (Queen's Bench Division) Decision. http://www.bailii.org/ew/cases/EWHC/QB/2000/115.html

Report of the Joint Committee on the Conduct of the War at the Second Session, 39th US Congress, Senate Report 156, testimony of Robert Bent about the Sandy Creek Massacre

United States Holocaust Memorial Museum, 'Bone-crushing Machine Used by Sonderkommando to Grind the Bones of Victims after Their Bodies were Burned in the Janowska Camp, August 1944'. https://encyclopedia.ushmm.org/content/en/photo/bone-crushing-machine-in-janowska

WN@TL – How New Discoveries of Homo naledi are Changing Human Origins, YouTube. https://www.youtube.com/watch?v=7mBIFFstNSo

Selective Attention Test, YouTube. https://www.youtube.com/watch?v=vJG698U2Mvo

Wikipedia, *John Templeton Foundation*, 2020. https://en.wikipedia.org/wiki/John_Templeton_Foundation

지식의 최전선

1판 1쇄 발행 2024년 5월 30일

지은이 앤서니 그레일링
옮긴이 이송교
펴낸이 이동국
디자인 VUE
펴낸곳 (주)아이콤마

출판등록 2020년 6월 2일 제2020-000104호
주소 서울특별시 서초구 사평대로 140, 비1 102호(반포동, 코웰빌딩)
이메일 i-comma@naver.com **블로그** https://blog.naver.com/i-comma

ⓒ 앤서니 그레일링, 2024
ISBN 979-11-93396-01-8 03400